Norbert Albs

Wie man Mitarbeiter motiviert

*Motivation
und Motivationsförderung
im Führungsalltag*

Cornelsen

Verlagsredaktion: Ralf Boden
Abbildungen: Holger Stoldt, Düsseldorf
Umschlaggestaltung: Knut Waisznor, Berlin

 http://www.cornelsen-berufskompetenz.de

1. Auflage   Druck 4 3 2 1   Jahr 08 07 06 05

© 2005 Cornelsen Verlag Scriptor GmbH & Co KG, Berlin

Das Werk und seine Teile sind urheberrechtlich geschützt.
Jede Nutzung in anderen als den gesetzlich zugelassenen Fällen bedarf der vorherigen schriftlichen Einwilligung des Verlages.
Hinweis zu § 52 a UrhG: Weder das Werk noch seine Teile dürfen ohne eine solche Einwilligung eingescannt und in ein Netzwerk eingestellt werden. Dies gilt auch für Intranets von Schulen und sonstigen Bildungseinrichtungen.

Druck: Stürtz GmbH, Würzburg

ISBN 3-589-23680-9

Bestellnummer 236809

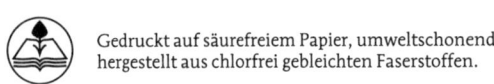 Gedruckt auf säurefreiem Papier, umweltschonend hergestellt aus chlorfrei gebleichten Faserstoffen.

Vorwort

Hand aufs Herz: Sind motivierte Mitarbeiter wirklich wichtig? In Zeiten wirtschaftlicher Bedrängnis stehen produktions-, vertriebs- und finanzwirtschaftliche Zahlen eindeutig im Vordergrund. Wenn der Druck nur groß genug ist, arbeiten die Mitarbeiter (und gemeint sind damit auch die Führungskräfte) auch von alleine. Druck erzeugt Motivation, könnte man meinen.

Dies funktioniert aber nur sehr bedingt. Mehrfach habe ich, wie viele andere auch, die Erfahrung machen müssen, dass Motivation nicht automatisch entsteht, dass auch der Druck durch wirtschaftliche Probleme eben nicht automatisch zu motivierten Mitarbeitern führt. Die Erfahrungen, die ich in 20 Jahren Berufstätigkeit durch mehrere Umstrukturierungen, Betriebsauflösungen und Personalabbau, aber auch in Hochphasen mit intensiver Personalsuche machen konnte, bieten ein breites Spektrum an Erkenntnissen.

Als Personalleiter konnte ich in unterschiedlichen wirtschaftlichen Situationen diverse Aktivitäten und Konzepte zur Unterstützung der Unternehmensziele umsetzen und ihre Wirkung auf die Motivation der Mitarbeiter hautnah erleben. Ich muss gestehen, dass die Ergebnisse nicht immer dem entsprachen, was meine Kollegen und ich vorher erwartet haben. Motivation entsteht eben nicht „auf Knopfdruck", sondern ist abhängig von vielen Details. Mit dem vorliegenden Buch sollen Sie die Möglichkeit erhalten, von diesen Erkenntnissen zu profitieren.

Wer Erfolg und zufriedene Kunden will, sollte bei den Mitarbeitern anfangen. Die Mitarbeiter Ihres Unternehmens sind es, die den entscheidenden Unterschied zum Wettbewerb ausmachen. Die Mitarbeiter sind es, die das Bild eines Unternehmens nach außen prägen. So wie sie ein neues Produkt entwickeln, im Verkauf auftreten, beim Lieferanten verhandeln, Ware produzieren, Dienstleistung erbringen, Telefonate annehmen oder Besucher empfangen – in jedem dieser Beispiele zeigt sich, welcher Geist in Ihrem Unternehmen herrscht. Dies gilt für kleine Betriebe genauso wie für Großunternehmen.

Dieses Buch wendet sich vorrangig an Inhaber und Führungskräfte mittelständisch geprägter Betriebe und Organisationen. Es versucht, eine Lücke zu schließen, die besonders von diesen Unternehmen immer wieder wahrgenommen wird: Der Übergang von allgemeinen Hinweisen, psychologischen Erkenntnissen und wissenschaftlichen Theorien über die Motivation und das Motivieren von Mitarbeitern hin zur Anwendung in der täglichen Praxis. Für sie soll dieses Buch ein Handwerkskasten sein, der verschiedene Werkzeuge bereithält, wohl wissend, dass man zur Lösung eines Problems meistens mehr braucht als Hammer, Säge und Schraubenzieher.

In diesem Buch finden Sie eine Fülle von Hinweisen, Tipps, Checklisten und Anregungen zur Wirkungsweise und Förderung der Motivation Ihrer Mitarbeiter. Sie erhalten Hilfestellung, was Sie z.B. bei der Einführung von variabler Vergütung oder Zielvereinbarungen beachten sollten. Sie erfahren auch etwas über die Grenzen, Nachteile oder Probleme einzelner Motivationsinstrumente.

So, wie dieses Buch auf Praxiserfahrung basiert, werden Sie auch einige Beispiele oder Anregungen finden, die von Wissenschaftlern oder Arbeitsrechtlern eventuell nicht so geäußert worden wären. Dies nehme ich bewusst in Kauf und erhöhe damit die Vielfalt der aufzeigbaren Ideen zum Motivieren von Mitarbeitern. Es geht mir gerade nicht um eine wissenschaftlich und rechtlich stromlinienförmige Darstellung von Möglichkeiten. Es geht mir um praktische Ansätze, die erfolgreich angewendet werden können, obwohl oder gerade weil sie der herrschenden Lehre oder dem Arbeitsrecht nicht zu 100 Prozent entsprechen. Ich weise an den Stellen, wo es diese Abweichungen geben könnte, entsprechend darauf hin.

In Teil A werden die Grundfragen zur Motivation behandelt. Mit vielen Beispielen aus der Praxis werden die Zusammenhänge erläutert, die jede Führungskraft kennen sollte, bevor sie sich mit Leistungsanreizen im Detail beschäftigt. Der interessierte Leser wird am Ende des Buches auf weiterführende Literatur verwiesen.

In Teil B werden 13 konkrete Bausteine zur Motivationsförderung dargestellt. In jedem dieser Bausteine finden Sie viele konkrete und praxiserprobte Anregungen, Tipps und Werkzeuge zur Förderung der Motivation und Zufriedenheit Ihrer Mitarbeiter. Alle Bausteine werden so abgehandelt, dass sie unabhängig von einander gelesen werden können, so, wie es Ihrer Interessenlage entspricht. Zur besseren Übersichtlichkeit wurden die 13 Bausteine in vier Abschnitte untergliedert:
- Motivation aus der Arbeit
- Motivation durch Umfeldfaktoren
- Motivation durch Mitarbeiterauswahl und -förderung
- Motivation durch materielle Rahmenbedingungen

In Teil C werden besonders die Umsetzungsprobleme im Praxisalltag beleuchtet. Jeder Betrieb, jeder Mitarbeiter hat einen eigenen Charakter und seine eigenen Gesetzmäßigkeiten. Diese zu erkennen und in der jeweiligen Situation des Betriebes angemessen darauf eingehen zu können, soll durch die Darstellungen erleichtert werden.

Im letzten Teil wird die betriebswirtschaftliche Seite der Motivation von Mitarbeitern beleuchtet.

Abschließend noch zwei Hinweise:
- Sie finden in diesem Buch sehr viele Beispiele aus der betrieblichen Praxis. Eine Übereinstimmung von Namen und Unternehmensangaben mit tatsächlich existierenden Personen oder Betrieben ist jedoch rein zufällig und nicht beabsichtigt, alle Namen und Bezeichnungen sind frei erdacht.
- Eine sprachlich elegante und gut lesbare Form für eine geschlechtsneutrale Darstellung habe ich bisher nicht gefunden. Dieses Buch richtet sich ausdrücklich an Frauen und Männer gleichermaßen. Ich bitte alle Leserinnen und Leser um Verständnis, dass ich mich für die männliche Schreibweise aller Begriffe entschieden habe.

„WENN WIR SCHON KEINE BODENSCHÄTZE HABEN, DANN SOLLTEN WIR DAS GOLD IN DEN KÖPFEN UNSERER MITARBEITER HEBEN."

Jeder Betrieb, jeder Unternehmer, jeder Personalverantwortliche muss seinen eigenen Weg im Umgang mit der Ressource Mensch finden. Profitieren Sie von den Erfahrungen anderer.

Braunschweig, im Frühjahr 2005 — Norbert Albs

Der Autor

Norbert Albs, Großhandelskaufmann und Diplom-Betriebswirt, war zunächst einige Jahre als Personalreferent in der Metallindustrie tätig, bevor er als Personalleiter in Unternehmen der Lebensmittel- und später in der IT-Branche Verantwortung in der Unternehmensführung übernahm. Seit 1998 arbeitet er bundesweit als Externer Personalleiter, Trainer und Berater. Zu seinen Schwerpunkten zählen Personalbeschaffung und -auswahl, Motivation und Mitarbeiterführung, Vergütung und Leistungsanreize, Umstrukturierungen, Personalabbau sowie die Beratung bei personellen Problemen im Einzelfall. Er ist ehrenamtlicher Arbeitsrichter und Mitbegründer des BUNDESVERBANDES SELBSTÄNDIGER PERSONALLEITER E.V. (BVSP).

Inhaltsverzeichnis

Teil A Grundfragen zur Motivation

1 Motivation – Was ist das? . 12
1.1 Verhalten als Gradmesser der Motivation 13
1.2 Ansichten über Motivation . . 13
1.3 Abgrenzung zur Manipulation 14

2 Begriffsklärungen 15
3 Wie entsteht Leistung? . . . 15
3.1 Menschenbilder 16
3.2 Wollen, Können, Sollen und Dürfen 16
3.3 Die Bedeutung des Vorgesetzten 17
3.4 Motivation – das Wollen 18
3.5 Fähigkeiten und Fertigkeiten – das Können 18
3.6 Zwänge – das Sollen 19
3.7 Rahmenbedingungen – das Dürfen 19
3.8 Zusammenhänge 20

4 Motivation in mir selbst . . 20
4.1 Selbstverantwortung 20
4.2 Motive und ihre Bedeutung im Alltag 20
4.3 Erfahrung 23
4.4 Die innere Einstellung 24
4.5 Glaubenssätze 25
4.6 Zufriedenheit als Teil der eigenen Verantwortung 26
4.7 Leistung und Zufriedenheit . 27
4.8 Zufriedenheit als Anspruchsniveau 29

5 Motivation durch die Führung 31
5.1 Die Führungskraft als Vorbild 32
5.2 Der Kreislauf von Führungs- und Mitarbeiterverhalten . . . 32
5.3 Vertrauen 34
5.4 Kompetenzen der Führungskraft 35
5.5 Führungsstile 36
5.6 Situativer Führungsstil 39

6 Motivation aus der Organisation 41
6.1 Betriebsklima 41
6.2 Unternehmenskultur 43
6.3 Fehlerkultur 43

7 Motivation durch Leistungsanreize 45
7.1 Was sind Leistungsanreize? . 45
7.2 Motivatoren und Hygienefaktoren 46
7.3 Motiviert Geld? 47
7.4 Wirkungsdauer von Leistungsanreizen 49

8 Zusammenfassung 50

Teil B Bausteine zur Motivationsförderung

Motivation aus der Arbeit

9 Arbeitsinhalte 53
9.1 Passen Arbeitsplatz- und Mitarbeiterprofil zusammen? . . 53
9.2 Ausgewählte Einzelprobleme 55
9.2.1 Verantwortung 55
9.2.2 Selbstständigkeit 56
9.2.3 Arbeitsplätze anreichern 56
9.2.4 Abwechslung am Arbeitsplatz . 57
9.2.5 Jobrotation 57
9.2.6 Projekte 58
9.2.7 Verbesserungsvorschläge 58
9.2.8 Qualitätszirkel, KVP 59
9.2.9 Besprechungen 60
9.2.10 Einarbeitung 60
9.2.11 Wirtschaftliche Zwänge des Bewerbers/Mitarbeiters 61
9.3 Arbeitsorganisation 61

9.4	Die Bedeutung der Arbeitsinhalte	62		14.2	Was bewirkt ein sicherer Arbeitsplatz?	85
10	Verantwortung	63		14.3	Was fördert Arbeitsplatzsicherheit?	85
10.1	Ihre Verantwortung als Führungskraft	63				
10.2	Delegation von Verantwortung	64				

Motivation durch Mitarbeiterauswahl und -förderung

10.3	Tipps zum Umgang mit Verantwortung	66
11	Kritik und Anerkennung	67
11.1	Wichtige Grundregeln	67
11.2	Anerkennung	68
11.2.1	Gründe, Anerkennung zu üben	69
11.2.2	Wege der Anerkennung	69
11.2.2.1	Das Anerkennungsgespräch	69
11.2.2.2	Prämie, variable Vergütung	69
11.2.2.3	Öffentliche Anerkennung	70
11.2.3	Wie geht es danach weiter?	70
11.3	Kritik	70
11.3.1	Gründe, Kritik zu üben	71
11.3.2	Wege der Kritik	71
11.3.2.1	Das Kritikgespräch	71
11.3.2.2	Versteckte Kritik	72
11.3.2.3	Öffentliche Kritik	73
11.3.2.4	Die Abmahnung	73
11.3.3	Dokumentation	74
11.3.4	Wie geht es danach weiter?	74

15	Personalentwicklung	88
15.1	Notwendigkeit von Personalentwicklung	88
15.2	Instrumente der Personalentwicklung	89
15.3	Schwerpunkte der Personalentwicklung	91
15.3.1	Anpassungsfortbildung	92
15.3.2	Führungskräfteentwicklung	92
15.3.3	Fachlaufbahn	92
15.4	Personalentwicklung nach Maß	93
15.4.1	Qualifizierte Personalplanung	94
15.4.2	Mitarbeitergespräche	94
15.4.3	Mitarbeiterbefragung	95
15.4.4	Entscheidung durch die Führungskräfte	95
15.4.5	Bedarfsmeldung durch die Mitarbeiter	96
15.5	Lernkultur gestalten	96
15.5.1	Hindernisse einer Lernkultur	96
15.5.2	Voraussetzungen für Lernkultur	96
15.6	Know-how-Transfer	98

Motivation durch Umfeldfaktoren

12	Arbeitsbedingungen	75
12.1	Bedeutung für die Motivation	75
12.1.1	Was sind gute Arbeitsbedingungen?	75
12.1.2	Welchen Effekt haben gute Arbeitsbedingungen?	75
12.2	Arbeitsmittel	76
12.3	Arbeitsumfeld	77
13	Informationen	81
14	Sicherheit des Arbeitsplatzes	83
14.1	Vier wichtige Kategorien	83

16	Ziele und Zielvereinbarungen	99
16.1	Ohne Ziele geht es nicht	99
16.2	Wann sind Ziele motivierend?	101
16.3	Voraussetzungen für Zielvereinbarungen	102
16.4	Die Einführung von Zielvereinbarungen	104
16.4.1	Entscheidung der Unternehmensleitung	104
16.4.2	Klären der Unternehmensziele	104

16.4.3	Planung des Einführungsprozesses...........	105
16.4.4	Einbindung des Betriebsrates und der Mitarbeiter.............	105
16.4.5	Formulierung der Ziele für die Mitarbeiter.................	106
16.4.5.1	Von den Unternehmenszielen abgeleitete Sachziele...............	106
16.4.5.2	Sachziele aus der Aufgabe...........	106
16.4.5.3	Ziele zur persönlichen Entwicklung .	107
16.4.5.4	Teamziele........................	107
16.4.6	Ablauf eines Zielvereinbarungsgespräches....	108
16.4.7	Einführungsentscheidung und Information aller Mitarbeiter ...	110
16.4.8	Schulung der Führungskräfte....	110

17 Auswahl und Integration neuer Mitarbeiter........ 110

17.1	**Auswahlkriterien**	**111**
17.2	**Auswahlverfahren**..........	**113**
17.2.1	Auswahlsicherheit..............	113
17.2.2	Das Bewerberinterview	115
17.2.3	Fragetechniken.................	116
17.2.4	Interne Bewerber...............	117
17.3	**Das Erscheinungsbild des Unternehmens**.............	**118**
17.4	**Vertragsabschluss**	**119**
17.5	**Einarbeitung**...............	**119**
17.5.1	Die Zeit bis zum ersten Arbeitstag	120
17.5.2	Der erste Arbeitstag.............	121
17.5.3	Die ersten Wochen	122
17.5.4	Die Beendigung der Probezeit....	123

Motivation durch materielle Rahmenbedingungen

18	**Entgeltpolitik**.............	**124**
18.1	**Entgeltbestandteile**........	**124**
18.2	**Trends in der Entgeltpolitik** .	**126**
18.3	**Kategorien von Vergütungskomponenten**...	**128**
18.3.1	Die Bedeutung der Vergütungskomponenten nach Mitarbeitertypen.............	128
18.3.2	Bedeutung von Vergütungskomponeneten nach Unternehmensphasen..........	129
18.4	**Entgeltgerechtigkeit**........	**130**
18.5	**Transparenz der Vergütungsstrukturen**......	**131**
18.5.1	Entgeltgruppen.................	131
18.5.2	Funktions-Entgelt-Raster	132
18.5.3	Entgeltvergleiche	133
18.6	**Entwurf eines modernen Vergütungskonzeptes**.......	**133**
18.7	**Entgelte richtig erhöhen**	**136**
18.7.1	Der Entgeltbrief	136
18.7.2	Rechtliche Hinweise	137

19 Variable Vergütung........ 139

19.1	**Der Einführungsprozess**	**139**
19.1.1	Gründe für die Einführung variabler Vergütung.............	139
19.1.1.1	Verbesserung der Wettbewerbssituation	139
19.1.1.2	Kostensenkung..................	140
19.1.1.3	Motivation der Mitarbeiter durch Leistungsanreize............	140
19.1.1.4	Beteiligung der Mitarbeiter am Erfolg	140
19.1.2	Was bewirkt variable Vergütung?	141
19.1.3	Anforderungen an den erfolgreichen Einführungsprozess	141
19.1.3	Anforderungen an das Vergütungssystem	143
19.2	**Hard Facts: Die Rahmenbedingungen**...	**143**
19.2.1	Beurteilungen..................	143
19.2.2	Entscheidungen	145
19.2.3	Fehler	145
19.2.4	Führung	146
19.2.5	Kennzahlen....................	147
19.2.6	Konflikte	147
19.2.7	Verantwortung.................	148
19.2.8	Vertrauen	149
19.2.9	Ziele..........................	150
19.2.10	Zusammenarbeit...............	151
19.2.11	Zusammenfassung	151
19.3	**Die Gestaltungselemente**...	**151**
19.3.1	Beteiligungsumfang	152

19.3.1.1	Formen variabler Vergütungskonzepte	152	21.2	Sozialleistungen von A bis Z	177
19.3.1.2	Messkriterien	152	21.3	So finden sie die richtigen Sozialleistungen	195
19.3.2	Mittelverteilung	155	21.4	Tipps zu Einführung und Änderung von Sozialleistungen	196
19.3.2.1	Bewertung der Zielerreichung	155			
19.3.2.2	Verteilungsart	156			
19.3.3	Mittelverwendung	157	**Teil C**	**Förderung der Motivation im Praxisalltag**	
19.3.4	Vertragsform	158			
19.3.4.1	Unternehmen mit Betriebsrat	158	**22**	**Wie erkenne ich die Motivation meiner Mitarbeiter?**	**199**
19.3.4.2	Unternehmen ohne Betriebsrat	158			
19.3.5	Einführung des neuen Systems	158	22.1	Gründe der Mitarbeit und der Zusammenarbeit	199
20	**Arbeitszeit**	**159**	22.2	Die Rolle der Führungskraft	200
20.1	Wie fördert Arbeitszeit die Motivation?	159	22.3	Wie wahr sind Eigenaussagen zur Motivation?	201
20.2	Vor- und Nachteile starrer Arbeitszeit	161	22.4	Wege, Motivation zu erkennen	202
20.3	Vor- und Nachteile von Überstunden/Mehrarbeit	161	22.4.1	Beobachtung von Verhalten	202
			22.4.2	Das Mitarbeitergespräch	203
20.4	Vor- und Nachteile flexibler Arbeitszeit	162	22.4.3	Das offene Ohr	204
			22.4.4	Die Mitarbeiterbefragung	204
20.5	Vorbereitung und Rahmenbedingungen	164	22.4.5	Die sichtbare Leistung	204
20.5.1	Das richtige Arbeitszeitsystem	164	**23**	**Motivation in Zeiten der Veränderung**	**205**
20.5.2	Einbindung der Mitarbeiter	164			
20.5.3	Hürden bei einer Arbeitszeitveränderung	165	23.1	Was sind Veränderungen?	206
			23.2	Auswirkungen von Veränderungen	207
20.5.4	Zeiterfassung – ja oder nein?	165	23.3	Reaktionen der Mitarbeiter	208
20.6	Arbeitszeitregelungen in der Praxis	166	23.4	Barrieren für Veränderungen	209
20.6.1	Gleitzeit	166	23.5	Aufgaben und Verantwortung der Führung	210
20.6.2	Offene Arbeitszeit	167	23.5.1	Unternehmenspolitik	210
20.6.3	Schichtmodelle	167	23.5.2	Unternehmenskultur	211
20.6.4	Arbeitszeitkonten	168	23.5.3	Loyalität	211
20.7	Rechtliche Rahmenbedingungen	170	23.5.4	Vorbereitung	212
			23.5.5	Prozessbegleitung	213
21	**Sozialleistungen**	**170**	23.6	Anforderungen an die Führung	214
21.1	Die Bedeutung von Sozialleistungen	171	23.7	Veränderungen steuern und verstärken	215
21.1.1	Sozialleistungen decken Bedürfnisse	171	**24**	**Motivation in der Krise**	**216**
21.1.2	Sozialleistungen bewusst machen	173	24.1	Mitarbeiterverhalten in Zeiten der Krise	216
21.1.3	Sozialleistungen altersbezogen	174			
21.1.4	Cafeteriasystem	175			

24.2	Krisenmanagement	217	**Teil D**	**Motivation und Betriebswirtschaft**
24.2.1	Planung und Vorbereitung	217		
24.2.2	Information	218		
24.3	Alternativen zum Personalabbau	218	26	Was kostet und was bringt die Förderung der Motivation? ... 240
24.3.1	Abbau von Überstunden	219	26.1	Investition in die Mitarbeiter 240
24.3.2	Reduzierung von Arbeitszeit	219	26.2	Der Beweiswert von Zahlen . 240
24.3.3	Erhöhung von Arbeitszeit	219	26.3	Der Wert von Mitarbeitern.. 241
24.3.4	Förderung von Teilzeit	220	26.4	Kosten und Nutzen von Personal und Personalarbeit 242
24.3.5	Förderung von Altersteilzeit	220		
24.3.6	Kurzarbeit	221	26.5	Kennzahlen zur Messung von Motivation	243
24.4	Trennung von Mitarbeitern .	221		
24.4.1	Kündigungsgespräche richtig führen	221	26.5.1	Abwesenheit wegen Arbeitsunfähigkeit	243
24.4.1.1	Vorbereitung	221	26.5.2	Arbeitszeitflexibilität	244
24.4.1.2	Beteiligte Personen	223	26.5.3	Fehlerquote	245
24.4.1.3	Gesprächsverlauf	223	26.5.4	Fluktuation	245
24.4.1.4	Folgetermin	224	26.5.5	Variable Vergütung	247
24.4.2	Bewerbungstraining, Outplacementberatung	224	26.5.5.1	Akzeptanz	247
			26.5.5.2	Leistung	248
24.4.3	Unterstützung bei der Vermittlung	226	26.5.6	Verbesserungsvorschläge	249
			26.5.7	Weiterbildung	250
24.4.4	Unterstützung einer Existenzgründung	226	26.5.7.1	Anzahl der Mitarbeiter und Schulungsstunden innerhalb der Arbeitszeit	250
24.5	Die Zeit nach den Kündigungen	227		
24.6	Die Motivation der Ungekündigten	228	26.5.7.2	Anzahl der Mitarbeiter und Schulungsstunden außerhalb der Arbeitszeit	251
24.7	Zusammenfassung: Tipps zur Krisenbewältigung	229	26.5.7.3	Anzahl abgelehnter oder nicht realisierter Schulungsbedarfe	251
25	**Motivation im personenbezogenen Einzelfall**	**229**	26.5.7.4	Know-how-Transfer	252
			26.5.7.5	Weiterbildungsbedarfsabfragen	252
25.1	Schwierige Mitarbeiter	230	26.5.8	Zufriedenheitsbefragung	252
25.2	Suchtkranke	231	26.6	Fazit	253
25.3	Ältere	231			
25.4	Jugendliche und Berufseinsteiger	233	**Literaturempfehlungen**		**254**
25.5	Frauen	234	**Stichwortverzeichnis**		**255**
25.6	Chefs	234			
25.7	Die schweigende Mehrheit	235			
25.8	Motivation bei Verhaltensauffälligkeiten	236			

Teil A

Grundfragen zur Motivation

Wer Leistung will, darf Motivation nicht behindern.
Doch Motivation unterliegt vielen Einflüssen.
Kennen Sie diese?

1 Motivation – Was ist das?

Es gibt unzählige Definitionen, Beschreibungen und Erklärungsversuche zum Begriff „Motivation". Und ich will noch einen Vergleich hinzufügen:

> MOTIVATION IST WIE EIN DEICH – DAS SCHWÄCHSTE STÜCK BESTIMMT DIE WIRKSAMKEIT DES GANZEN.

Ein Vergleich

Das Bild des Deiches weist auf drei Aspekte hin: Funktion, Eigenschaften, Veränderbarkeit.

- Die Hauptfunktion eines Deiches ist die Menschen vor einer aufkommenden Flutwelle zu schützen. Nicht mehr und nicht weniger. Wie ein Deich hat auch die Motivation in einem Menschen eine Schutzfunktion. Jeder Mensch und damit auch jeder Mitarbeiter verfügt über eine innere Motivation, die sein Verhalten bestimmt. Die Ausprägung dieser Motivation hilft, das Verhalten eines Einzelnen gegen äußere Einflüsse stabil zu halten. Ist die Flutwelle jedoch zu stark, weichen die Deiche auf und brechen schließlich. Die Menschen hinter dem Deich sind in Gefahr oder gar verloren.

Motivation stabilisiert gegen äußere Einflüsse

Übertragen auf ein Unternehmen heißt das: Sind Veränderungen, Krisen oder Druck zu groß, bricht die bestehende Motivation von Mitarbeitern ein. Sie lassen alles passiv über sich ergehen oder sie fliehen: Den erwarteten aktiven Beitrag zum Unternehmenserfolg leisten sie nicht mehr.

- Die Art, Stärke und Höhe eines Deiches richten sich immer nach den Anforderungen vor Ort und sind auf seiner gesamten Länge nicht immer gleich. Genauso unterschiedlich ist die Motivation bei Mitarbeitern ausgeprägt, bei jedem etwas anders. Denn jeder hat seine eigenen, individuellen Ziele und Nutzenerwartungen und reagiert entsprechend positiv, gleichgültig oder negativ auf Veränderungen, Rahmenbedingungen oder Reize.

Motivation kann nicht normiert werden

Es ist daher nicht notwendig, sondern sogar kontraproduktiv, wenn von Führungskräften eine Maximierung aller verfügbaren Motivationsinstrumente angestrebt wird. Damit werden unternehmerische Ressourcen nur unnötig vergeudet. Allerdings ist es ebenso fahrlässig, sich auf einzelne Aspekte der Motivation zu konzentrieren, während andere völlig unbeachtet bleiben.

- Natürlich ist die Motivation nicht so statisch wie ein künstlich angelegter Deich. Trotzdem gilt im übertragenen Sinne: Einen Deich ändert man, indem man daran arbeitet, Stück für Stück. Bei Menschen ist das nicht anders. Veränderungen in der Motivation erfolgen langsam, Stück für Stück. Alles andere sind lediglich vorübergehende Verhaltensanpassungen. Fallen die Gründe für diese Verhaltensanpassungen wieder weg, tritt meistens das Verhalten aufgrund der alten Motivationsmuster wieder zutage.

Nachhaltige Veränderungen in der Motivation müsssen langsam erfolgen

Wenn also nachhaltige Verhaltensänderungen im Betrieb erreicht werden sollen, muss sich die Führung mit der Motivation der Mitarbeiter intensiver befassen. Sie sollten daher ein Gefühl für die Stärken, Schwächen, Anforderungen und Bedürfnisse Ihrer Mitarbeiter haben, um mit ihnen erfolgreich arbeiten zu können. Sonst überlassen Sie es anderen Faktoren und Einflüssen außerhalb des Betriebes, in welche Richtung sich das Verhalten Ihrer Mitarbeiter entwickelt.

1.1 Verhalten als Gradmesser der Motivation

Die Motivation zeigt sich meistens recht deutlich im Verhalten von Menschen. Auch nichts zu tun, ist ein Verhalten. Jedem Verhalten liegt ein Motiv zugrunde, auch wenn bei sog. unmotiviertem Verhalten die Motive oft schwer erkennbar sind. Wird durch das gezeigte Verhalten das dahinter liegende Motiv befriedigt, sprechen wir von Zielerreichung, ansonsten bleibt ein Mangelempfinden bestehen.

Vom Verhalten lässt sich auf die Motivation schließen

- Eine Möglichkeit der Reaktion auf Mangel ist Verhalten im Sinne von Leistung: Ist ein Mitarbeiter mit einer Situation oder einem Arbeitsergebnis unzufrieden, arbeitet er so lange, bis das Ergebnis seinen Vorstellungen entspricht.

Leistungsverhalten als Reaktion auf einen Mangel

- Ist dem Mitarbeiter die Situation gleichgültig oder für ihn uninteressant, nimmt er keinerlei Mangel wahr. Doch wo kein (ausreichender) Mangel besteht, besteht auch kein Grund, Leistung zu erbringen.

Ohne Mangel keine Leistung

- Ist das Ziel unklar, zu hoch gesteckt oder zu weit entfernt und deshalb bei aller Anstrengung nicht zu erreichen, bleibt das Motiv wahrscheinlich unbefriedigt. In diesem Fall besteht die Gefahr des Zurückbehaltens von Leistung oder der Resignation. Die Energie wird geschont für Ziele, die erreichbar scheinen.

Unerreichbare Ziele demotivieren

- Kann sich der Mitarbeiter nicht mit dem Ziel identifizieren, hat er aus fehlender innerer Überzeugung kein Motiv, um sich zu engagieren. Er wird seine Energie für andere Ziele schonen.

Motivation erfordert innere Überzeugung

1.2 Ansichten über Motivation

Jeder Betrieb, jede Führungskraft und jeder Unternehmer hat eine eigene Philosophie, wie Mitarbeiter am besten zu motivieren sind. Diese Philosophie hat immer etwas mit persönlichen Einstellungen, Erfahrungen und dem jeweiligen Umfeld zu tun – subjektiv ist sie immer richtig. Doch was für den einen richtig ist, kann für einen anderen völlig falsch sein. Was in einer bestimmten Situation ideal war, kann in einer anderen Situation demotivierend wirken. Subjektiv ist und bleibt nur dann etwas richtig (oder falsch), wenn sich Beteiligte, Situation und Blickwinkel nicht verändern.

Ansichten über Motivation sind meist subjektiv

Ein Beispiel: In einem Unternehmen werden Bewerber abgelehnt, die älter sind als 40 Jahre. Der Geschäftsführer vertritt die Philosophie, dass mit Überschreiten des 30. Lebensjahrs ein Abbau der Leistungsfähigkeit eintritt. Ein Teil der Führungskräfte in dem Unternehmen sieht das völlig anders, denn sie erzielen mit älteren und erfahrenen Mitarbeitern hervorragende Ergebnisse.

Nicht objektive Verhältnisse, sondern subjektive Motive sind entscheidend

Objektiv betrachtet gibt es keine stabilen Verhältnisse von Situationen, Rahmenbedingungen und Beteiligten. Veränderung bestimmt unser Leben. Und zur Veränderung reicht bereits eine Veränderung des Blickwinkels: Was aus Sicht der Führungskraft der „Motivationstreiber" schlechthin ist, könnte aus Sicht eines Mitarbeiters völlig belanglos oder sogar demotivierend sein. Warum? Motivation entsteht in einem Menschen entsprechend seiner persönlichen Bedürfnisse, Wünsche und Ziele; kurz: durch individuelle Motive. Sind diese Motive nicht bekannt oder werden sie nicht beachtet, entscheidet das Zufallsprinzip, ob und wie die Maßnahmen einer Führungskraft den Mitarbeiter erreichen – und ihn motivieren oder demotivieren.

Ein Beispiel: In einem Produktionsbetrieb stehen verschiedene Sonderaufgaben an. Der Produktionsassistent sieht die Chance, sich besonders zu profilieren. Geld oder Freizeitausgleich sind ihm für den Zusatzeinsatz unwichtig; er will Karriere machen und Nachfolger des bald in Rente gehenden Produktionsleiters werden. Einer der Schichtleiter, Familienvater mit zwei kleinen Kindern, übernimmt dagegen erst nach langem Zögern eine zeitaufwändige Zusatzaufgabe. Er will gerade mit dem Umbau seines Wohnhauses beginnen und konnte nur mit dem Angebot von Freizeitausgleich und einer möglichen Prämie motiviert werden, sich in den nächsten Monaten zusätzlich zu engagieren.

1.3 Abgrenzung zur Manipulation

Motivation hat nicht notwendig etwas mit Manipulation zu tun, wie es populistisch immer wieder angemerkt wird. Manipulation zeichnet sich vorrangig aus durch

Kennzeichen der Manipulation

- Verschleierung von Tatsachen zum eigenen Vorteil,
- einseitige Begrenzung von Informationen und/oder Kontakten,
- unbewiesene oder unwahre Behauptungen,
- Bewusstseinskontrolle und/oder die
- systematische Belohnung oder Bestrafung bestimmter Verhaltensweisen.

Die in Einzelfällen bestehende Gefahr manipulierenden Verhaltens soll nicht verkannt oder verharmlost werden. Hierzu zählen z.B. suggestive Fragen, Polemik, Demagogie, Mobbing u.a. Methoden. Solchen Ansätzen, die wir leider überall – auch im Privatleben – immer wieder vorfinden, ist eine klare Absage zu erteilen.

Derartige Praktiken dürfen aber nicht dazu führen, dass jeder Versuch des Motivierens von außen als „Manipulation" verurteilt wird, denn dann wäre jedes menschliche Verhalten manipulativ. Dies würde dann auch für den Guten-Morgen-Gruß gelten, der einem Mitmenschen in der Erwartung entgegengebracht wird, zurück gegrüßt zu werden.

2 Begriffsklärungen

Motivation wird unter anderem definiert als „die Summe der Beweggründe, die das menschliche Handeln in Bezug auf den Inhalt, die Richtung und die Intensität hin beeinflussen".

Psychologisch wird zwischen zwei Formen der Motivation unterschieden:	
Intrinsische Motivation:	Von innen her, aus eigenem Antrieb durch Interesse an der Sache erfolgend, durch in der Sache liegende Anreize bzw. durch die von einer Aufgabe ausgehenden Anreize bedingt.
Extrinsische Motivation:	Von außen her (angeregt), nicht aus eigenem inneren Antrieb erfolgend, sondern aufgrund äußerer Anlässe verursacht, wie durch äußere Zwänge, Strafen oder auch Belohnungen bzw. andere Vorteile.
Weitere wichtige Begriffe sind:	
Motiv:	Bedürfnis, Leitgedanke, Beweggrund, Antrieb, Wille, Wunsch, Anregung, Anreiz, Chance, Vorteil, Ziel ...
Motivierung, motivieren:	Jemandem ein oder mehrere Motive geben etwas zu tun.
Demotivierung, demotivieren:	Jemandem (wiederholt) ein oder mehrere Motive geben etwas zu tun, wobei diese jedoch das Interesse zur Handlung verringern.
Manipulation:	Bewusster und gezielter Einfluss auf Menschen ohne deren Wissen und oft gegen deren Willen, absichtliche Verfälschung von Informationen durch Auswahl, Zusätze oder Auslassungen.
Leistung:	Ergebnis einer Aktivität/Handlung, beeinflusst von den Faktoren Motivation, Fähigkeit, Rahmenbedingungen, Zwänge und Führung.
Fähigkeit:	Wissen, Können, Fertigkeiten, Know-how, Qualifikation ...

3 Wie entsteht Leistung?

Was gilt:
- „Glückliche Kühe geben mehr Milch" oder
- „Glückliche Kühe sind satt und träge"?

Diese beiden Aussagen spiegeln die Pole unterschiedlicher Weltanschauungen wider. Gelten sie auch für Menschen? Die folgenden Feststellungen von zwei Vertretern der Sozialpsychologie sollen verdeutlichen, was mit diesen Polen gemeint ist.

3.1 Menschenbilder

F.W. Taylor (1856 – 1915), Vertreter eines pessimistischen Menschenbildes, beschreibt den Menschen als *„von Natur aus faul und egoistisch; ohne Kontrolle und materielle Anreize denkt er gar nicht daran zu arbeiten."*

Ch. Argyris (geb. 1923), Vertreter eines optimistischen Menschenbildes, meint dagegen: *„Der Mensch will und kann sich permanent bis zur höchsten Reife weiterentwickeln, sofern nur die geeigneten Voraussetzungen dafür geschaffen werden; er setzt sich bei interessanter Arbeit voll ein."*

Doch wir würden die Realität in den Unternehmen verkennen, wenn wir uns auf eine Auseinandersetzung mit diesen Extremen einlassen. Denn jeder kennt aus seinem Umfeld Beispiele wie das des angelernten Arbeiters, der im Betrieb nur auf Anweisung Arbeiten erledigt, der jedoch jede freie Minute in seinem liebevoll gepflegten Schrebergarten verbringt. Weshalb aber zeigt derselbe Mensch derart unterschiedliche und widersprüchliche Verhaltensweisen? Der Hinweis auf seine innere Motivation ist nur ein Aspekt von vier Aspekten der Leistung:

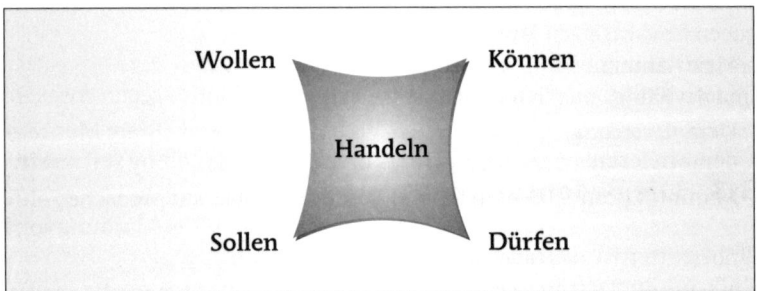

Abb. 3.1:   Vier Aspekte der Leistung: Wollen, Können, Sollen und Dürfen

3.2 Wollen, Können, Sollen und Dürfen

Vier Aspekte der Leistung

Prinzipiell kann Leistung durch vier Aspekte beeinflusst werden.
- Mit dem **Wollen** wird die Motivation beschrieben, die grundsätzliche oder spezielle Bereitschaft einer Person, etwas zu tun oder zu lassen.
- Das **Können** umfasst die Fähigkeiten und Fertigkeiten dieser Person sowie die ihr verfügbaren Hilfsmittel.
- Das **Sollen** steht für allgemeine oder situative Zwänge, ein bestimmtes Verhalten zu zeigen.
- Mit dem **Dürfen** werden die Regeln und Normen beschrieben, innerhalb derer eine Person jeweils agiert.

Mit einem Beispiel soll das verdeutlicht werden: *Herr Görges wird als neuer Vertriebsleiter eingestellt. Er ist hoch motiviert, seine neue Aufgabe mit Elan anzugehen. Noch fehlende Englischkenntnisse sollen in Kürze in einem Intensiv-Sprachkurs nachgeholt werden. Da tritt ein schwer wiegendes Problem mit einem Kunden in Irland auf. Herr Görges würde die Gespräche gern persönlich führen, doch die mangelnden Fremdsprachenkenntnisse hindern ihn daran. Mithilfe eines Dolmetschers kann nach intensiven Verhandlungen das Problem zur Zufriedenheit beider Parteien gelöst werden; das Ergebnis soll in der Form einer neuen Vereinbarung festgehalten werden. Herr Görges hat den Vertrag nicht nur verhandelt, sondern auch noch prüfen lassen und ihn zum Zeichen, dass alles ordnungsgemäß ist, bereits unterschrieben. Freudestrahlend eilt er zu seinem Geschäftsführer mit der Bitte um die zweite Unterschrift. Leider muss er nun erfahren, dass es im Hause üblich ist, Verträge mit Auslandskunden immer von zwei Geschäftsführern unterschreiben zu lassen. Obwohl Herr Görges will und es fachlich auch vertreten kann, er darf nicht unterschreiben und sein Unternehmen so nach außen vertreten. Enttäuscht geht er zurück und stellt der Geschäftsführung den Vertrag blanko zur Verfügung.*

Dieses einfache Beispiel soll die Aufgaben verdeutlichen, die im Zusammenhang mit der Motivation von Mitarbeitern zu leisten sind: Es reicht nicht aus, lediglich dafür zu sorgen, dass die Mitarbeiter hoch motiviert sind. Sie müssen auch die Fähigkeiten haben oder entwickeln, ihre Aufgaben bewältigen zu können. Wenn beide Faktoren gegeben sind, müssen die Rahmenbedingungen und Zwänge die Entfaltung der Motivation und der Fähigkeiten auch zulassen.

Motivation hängt von vielen Faktoren ab

3.3 Die Bedeutung des Vorgesetzten

Unbestritten ist, dass auch der direkte Vorgesetzte einen erheblichen Einfluss auf die Leistungserbringung seiner Mitarbeiter hat. Er trägt eine Mitverantwortung, in welcher Intensität betriebliche Zwänge auf den Mitarbeiter wirken. An seiner Art des Umgangs mit seinen Mitarbeitern liegt es, ob das Quartett von Wollen – Können – Sollen – Dürfen zur Entfaltung kommen kann oder nicht. So wie er die Arbeit seiner Mitarbeiter und damit deren Ergebnisse würdigt, beeinflusst er nachhaltig die zukünftige Leistungserbringung. In dem Maße, wie sich gute Ergebnisse klein reden lassen, lassen sich auch kleine Ergebnisse groß reden. Die Politik liefert uns täglich die passenden Beispiele.

Der direkte Vorgesetzte beeinflusst den Wirkzusammenhang von Wollen – Können – Sollen – Dürfen

Da helfen die besten Unternehmens- und Führungsleitlinien nichts, da helfen keine flexiblen Arbeitszeitmodelle, Appelle an den „*Mitarbeiter als Mitunternehmer*" oder das Propagieren von Teamarbeit und Vertrauen: Das real gezeigte Verhalten der direkten Führungskraft kann die betrieblichen Rahmenbedingungen zum blühenden Leben erwecken oder bis zur Wirkungslosigkeit reduzieren.

Fünf Faktoren, die darüber entscheiden, ob und welche Leistung erbracht wird

Damit bestehen fünf Faktoren, die darüber entscheiden, ob und welche Leistung erbracht wird. Daraus ergibt sich nachfolgende Gleichung:

$$\text{Leistung} = \frac{\text{Wollen} \times \text{Können} \times \text{Sollen} \times \text{Dürfen}}{\text{Vorgesetzter}}$$

Wie wirkt sich diese Gleichung im betrieblichen Alltag aus?

3.4 Motivation – das Wollen

Die Motivation der einzelnen Mitarbeiter gilt als kaum oder nur langsam veränderbarer

Sowohl der Führungsstil der Vorgesetzten als auch das Wollen, also die Motivation der einzelnen Mitarbeiter, gelten als kaum oder nur langsam veränderbare Aspekte. Bereits wenn bei der Besetzung einer freien Stelle ein Mitarbeiter ausgewählt wird, treffen Sie hier die grundlegende Entscheidung. Denn Sie wählen immer Persönlichkeiten aus – und alle Persönlichkeiten haben menschliche Stärken und Schwächen. Persönlichkeitsmerkmale werden wesentlich in der Kindheit und Jugend geprägt. Diese Merkmale sind eine Grundlage des Verhaltens, das jeder Einzelne dann privat und im Arbeitsleben zeigt. Mit Weiterbildung, Feedback-Gesprächen, Leistungsbeurteilungssystemen und Zielvereinbarungen stehen beispielhaft genannte Hilfsmittel zur Verfügung, um auf die Motivation Einfluss zu nehmen. Sie zeigen aber oft nur eine begrenzte Wirkung auf das Verhalten von Mitarbeitern und Vorgesetzten, denn die tiefer liegenden Persönlichkeitsmerkmale werden davon wenig berührt. Das ist auch gut so, denn sonst wäre der Weg zur Manipulation menschlichen Verhaltens frei. Nachhaltige Leistungssteigerung lässt sich nur erreichen, wenn auch andere Faktoren aus der vorgestellten Gleichung verändert werden.

3.5 Fähigkeiten und Fertigkeiten – das Können

Das Können als Synonym für Wissen, Fähigkeiten, Fertigkeiten und Erfahrungen (zusammengefasst als Know-how) unterliegt einem Wachstums-, Alterungs- und Veränderungsprozess gleichermaßen.
- **Wachstum,** weil jeder Mensch ständig dazu lernt, bewusst oder unbewusst.
- **Alterung,** weil bestimmtes Wissen oder bestimmte Fähigkeiten sofort veralten, wenn sie nicht mehr gepflegt oder abgerufen werden.
- **Veränderung,** weil eine Veränderung der Lebensumstände oder im Arbeitsumfeld völlig andere Fähigkeiten erfordern kann als vorher.

Know-how ist zu großen Teilen lern- und trainierbar

Know-how ist zu großen Teilen lern- und trainierbar. Die Verantwortung zur Verbesserung des eigenen Know-hows liegt vorrangig immer bei jedem einzelnen Menschen; es ist seine Verantwortung, ob er lernen will oder nicht, ob er aktiv sein will oder nicht. Doch der Arbeit gebende Betrieb kann wesentliche Hilfestellung geben: Zum Können zählen im erweiterten Sinne auch die Möglichkeiten und Hilfsmittel, die der Arbeitgeber zur Erbringung einer Leistung zur Verfügung stellt. Somit stehen dem Arbeitgeber zur Förderung des Könnens z.B. die Gestaltung der Arbeitsinhalte, der Arbeitsmittel und des Arbeitsumfeldes, die Weitergabe von Informationen sowie natürlich auch die Schulung und Weiterbildung der Mitarbeiter zur Verfügung.

Hilfsmittel, die der Arbeitgeber zur Erbringung einer Leistung zur Verfügung stellt

3.6 Zwänge – Das Sollen

Vielfältige Zwänge, die oft nicht beeinflussbar sind, bestimmen unser Leben:
- *„Die Krankheit meines Kindes zwingt mich, die bereits gebuchte Urlaubsreise abzusagen."*
- *„Der Kunde zwingt mich, meinen Preis um 10 Prozent zu reduzieren, wenn ich den Auftrag nicht verlieren will."*
- *„Die Arbeitszeitregelung zwingt mich, um 7:30 Uhr am Arbeitsplatz zu sein."*

Jeder Mitarbeiter, jede Führungskraft und jeder Unternehmer bewegt sich in einem Netz privater, beruflicher und gesellschaftlicher Zwänge. Sie spiegeln die harte Realität wider, sie bestehen, ob wir das wollen oder nicht. Von unserer Motivation hängt es wesentlich ab, ob wir uns diesen Zwängen unterwerfen, ihnen ausweichen wollen oder gegen sie kämpfen. Gleichgültig, wie wir mit ihnen umgehen: Sie beeinflussen unser Verhalten und damit unsere Leistung.

Private, berufliche und gesellschaftliche Zwänge beeinflussen unser Leistungsverhalten

3.7 Rahmenbedingungen – das Dürfen

Kennen Sie Aussagen wie diese?
- *„Wenn der Seniorchef kommt, stellen wir keine kritischen Fragen!"*
- *„Der Jüngste in der Gruppe holt immer den Freitagskuchen!"*
- *„Der Chef sitzt hier immer auf diesem Platz!"*

Das Dürfen als weiterer Aspekt der Leistungserbringung spiegelt die politische und informelle Seite eines Unternehmens wider. Die Verantwortung und Beeinflussbarkeit liegt hier nahezu ausschließlich im Unternehmen, genauer gesagt, in der Unternehmensleitung. Unternehmenspolitik, ob nach innen oder nach außen, wird immer direkt von der Unternehmensleitung bestimmt. Personalpolitische Instrumente wie die Grundsätze der Entgeltpolitik, Arbeitszeit, Sozialleistungen oder die Sicherheit des Arbeitsplatzes können, richtig eingesetzt, erhebliche Auswirkungen auf die Leistungserbringung entfalten. Das Verhalten der

Politische und informelle Seite eines Unternehmens

Mitarbeiter ist auch eine Reaktion auf die (politischen) Maßnahmen des Arbeitgebers. Dazu kommen die vielen ungeschriebenen Gesetze in einem Unternehmen: die Regeln, Normen, Erwartungen und Rituale.

3.8 Zusammenhänge

ALLE ASPEKTE DER LEISTUNGSERBRINGUNG, DAS WOLLEN, KÖNNEN, SOLLEN UND DÜRFEN SOWIE DAS REALE VERHALTEN DER VORGESETZTEN, PRÄGEN UNTER ANDEREM DAS, WAS ALS UNTERNEHMENSKULTUR BEZEICHNET WIRD.

Motivation wird zu einem wesentlichen Schlüsselfaktor der Leistungserbringung

Diese hat sich über Jahre, oft Jahrzehnte entwickelt, gestaltet von der Unternehmensleitung. Sie setzt die Impulse, sie bestimmt die Richtung, die Mittel, die Methoden und das Ziel. Unternehmenskultur zu verändern heißt damit immer auch Veränderungen in oder durch die Unternehmensleitung; es geht nur Top-down. Ob Veränderung gewollt ist, bestimmt jeder für sich, angefangen bei der Unternehmensleitung. Damit wird die Motivation zu einem wesentlichen Schlüsselfaktor der Leistungserbringung.

4 Motivation in mir selbst

4.1 Selbstverantwortung

Nur individuell schon vorhandene Motivation kann von außen beeinflusst werden

Zunächst ist jeder Mensch für sich selbst, für sein Verhalten und seine Leistung verantwortlich. Bei allen Ansatzpunkten und Möglichkeiten des Motivierens (durch andere, durch die Organisation, durch äußere Anreize) soll dies als Grundsatz vorweg gestellt werden. Motivierung von außen ist meist nur ein Impulsgeber oder der Verstärker einer vorhandenen Motivation. Diese Motivation mag schwach ausgeprägt („... *eigentlich hatte ich keine Lust, mit der Arbeit anzufangen, doch einmal muss es ja sein und dann ist die Sache vom Tisch.*") oder sehr stark sein („... *auf dieses Projekt habe ich mich schon lange gefreut!*"); das hängt von den vielfältigen Bedürfnissen, Wünschen und Zielen ab, die jeder in sich trägt.

4.2 Motive und ihre Bedeutung im Alltag

Ohne Motive läuft jeder Motivationsversuch ins Leere

Überall dort, wo keine Bedürfnisse, Wünsche oder Ziele vorhanden sind, hat ein Mitarbeiter auch keine Motivation, irgendein gewünschtes Verhalten zu zeigen. Wozu auch? Motivierungsversuche von Vorgesetzten laufen hier also ins Leere, erzeugen eventuell sogar Frustration bei allen Beteiligten („Wieso macht der nicht ...?").

Ein Beispiel: *Ein kleines Dienstleistungsunternehmen leidet nach einer Phase stürmischen Wachstums unter deutlichem Umsatzrückgang. Der junge Inhaber praktizierte immer einen offenen, demokratischen Führungsstil und gab seinen Mitarbeitern sehr weit reichende Handlungsfreiheit und die damit verbundene Verantwortung. Ein älterer Mitarbeiter, Herr Stern, der am Aufbau der Gesellschaft einen großen Anteil hatte, zieht jedoch nicht mehr richtig mit. Er klagt einerseits, dass es ihm schwer fällt, neue Aufträge zu beschaffen, doch auch die vorliegenden Aufträge bearbeitet er nicht mehr konsequent. Allen Beteiligten waren die Zahlen unternehmens- und personenbezogen bekannt, genau wie die sich daraus ableitenden Trends und sich abzeichnende Konsequenzen. Verschiedenste Maßnahmen wie Zielvereinbarungen, Vertriebsunterstützung, Organisationsveränderung, Einzelgespräche u.a. zeigten keine Wirkung. Herr Stern ist gleichzeitig davon überzeugt, dass seine Leistung mit der aller anderen Kollegen durchaus vergleichbar sei; er habe in Einzelfällen nur etwas Pech gehabt. Im Rahmen betriebsbedingter Kündigungen wird schließlich auch sein Arbeitsverhältnis gekündigt. Wider Erwarten verläuft diese Kündigung völlig problemlos: Das Interesse von Herrn Stern gilt nämlich schon länger nicht mehr der Arbeit, sondern seiner Privatsituation mit einer schwer kranken Ehefrau."*

Zur Erklärung des Phänomens, weshalb verschiedene Personen in gleichen Situationen unterschiedlich reagieren, sind in der Vergangenheit eine Reihe von Motivationstheorien entwickelt worden. Eine der bekanntesten Motivationstheorien ist die von Abraham Maslow (Motivation und Personality, New York 1954) entwickelte Bedürfnispyramide. Darin sind die menschlichen Bedürfnisse in fünf Ebenen in einer hierarchisch aufsteigenden Reihenfolge geordnet. Maslow unterstellt, dass die

Verschiedene Personen reagieren in gleichen Situationen unterschiedlich

Abb. 4.1: Bedürfnispyramide von Maslow

Sechs Bedürfnisfelder, die in keinem Abhängigkeitsverhältnis zueinander stehen

jeweils niedrigeren Bedürfnisse befriedigt sein müssen, bevor die Bedürfnisse der nächst höheren Ebene bedeutsam werden. Diese These ist inzwischen umstritten und wird nicht mehr als zwingend angesehen.

Abgeleitet von der Bedürfnispyramide nach Maslow sollen im Folgenden sechs Bedürfnisfelder unterschieden werden, die in keinem Abhängigkeitsverhältnis zueinander stehen. Als sechstes Bedürfnisfeld ist das Feld „Wissen" aufgenommen worden. Zwar steht über manchem Eingangsportal alter Gymnasien noch „Wissen ist Macht", doch die Erfahrung zeigt, das es für einige Menschen auch Selbstzweck sein kann: „Wissen, um zu verstehen" ist für sie eine eigenständige Motivation. Mit der Weiterentwicklung ihres Know-hows verbinden diese Personen kein nachgelagertes Ziel; ihnen geht es primär um das Begreifen, Kennen und Erkennen.

Wissen hat in unserer Informationsgesellschaft eine immer kürzere Halbwertzeit. Deshalb erscheint es längst sinnvoll, es als eigenständiges Bedürfnisfeld anzuerkennen.

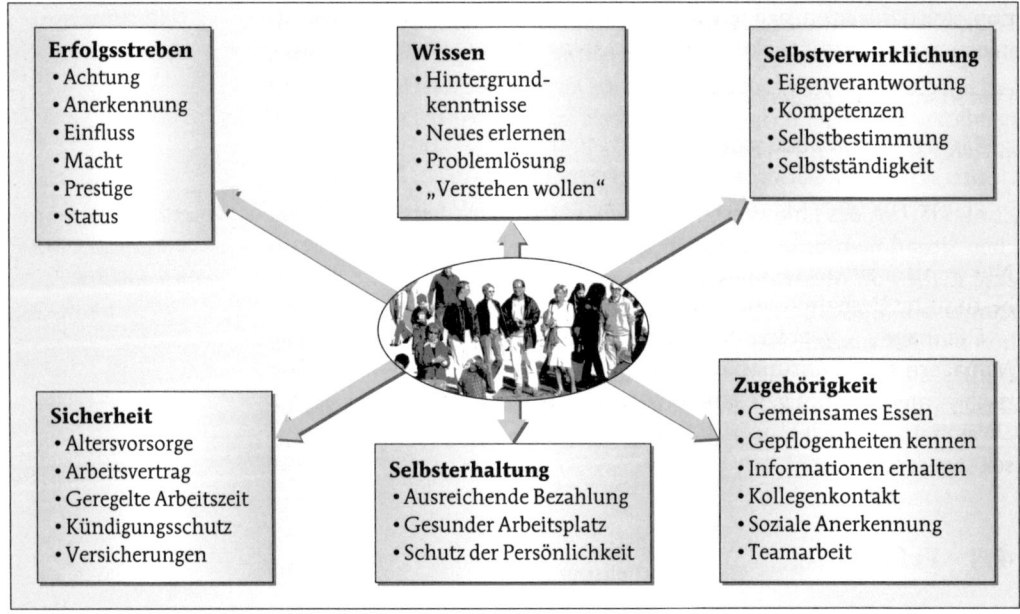

Abb. 4.2: *Beispiele menschlicher Bedürfnisse im Unternehmen*

Motivation ist situationsbezogen

Aus den Bedürfnissen und Motiven, die diesen Feldern zugrunde liegen, speist sich Verhalten. Die Motivation, ein bestimmtes Verhalten zu zeigen, kann situationsbezogen völlig unterschiedlich sein oder sich auch verändern:
- *Ein Mitarbeiter, der im Unternehmen jede Verantwortung ablehnt, unterschreibt einen Darlehensvertrag über 150.000 € für den Bau seines Hauses* oder

- *Einem Mitarbeiter, der vor allem Wert auf gute berufliche Entwicklung gelegt hat, wird die Arbeitsplatzsicherheit wichtiger, weil nach der Geburt des ersten Kindes zumindest zeitweilig das zweite Einkommen ausfällt.*

Aus all dem ergibt sich Folgendes:

DIE ENTSCHEIDUNG, WELCHE BEDÜRFNISSE ALS WICHTIG UND VORRANGIG ANGESEHEN WERDEN, LIEGT IMMER BEIM INDIVIDUUM UND NICHT BEI ANDEREN PERSONEN.

Jeder Auszubildende, jeder Mitarbeiter, jede Führungskraft und jeder Unternehmer entscheiden für sich allein, ob sie z.B. bewusst lernen wollen oder nicht, ob sie sich für eine Veränderung einsetzen oder nicht, ob sie ein Haus bauen oder nicht. Dies liegt in der Verantwortung des Einzelnen, ist Selbstverantwortung.

Wenn z.B. das Erreichen einer weiteren Karrierestufe, eine geregelte Arbeitszeit oder der private Kontakt zu Arbeitskollegen für einen Mitarbeiter unwichtig und damit kein Bedürfnis ist, hat er auch keine Motivation, sich dafür zu engagieren. Es gibt nichts, was ihn veranlassen könnte, in einem dieser Punkte aktiv zu werden, solange er kein Motiv dazu hat.

Ohne Bedürfnis besteht keine Motivation

Und so schließt sich der Kreis:

SÄMTLICHE VON AUSSEN GESTEUERTEN MOTIVIERUNGSVERSUCHE WERDEN SCHEITERN, SOLANGE DER MITARBEITER FÜR SICH KEIN MOTIV ERKENNT, FÜR DIESE MOTIVIERUNGEN EMPFÄNGLICH ZU SEIN.

Nur wenn er ein persönliches Motiv hat, hat er auch die Motivation, ein bestimmtes Verhalten zu zeigen.

Die Frage „ ... und wer motiviert eigentlich mich?", die von manchen Managern oder Führungskräften gestellt wird, kann daher nur rhetorisch gemeint sein. Es ist einfach die falsche Frage. Sie müsste lauten: „Was motiviert mich?" oder „Was bewegt mich?" Und da ist jeder für sich selbst verantwortlich!

4.3 Erfahrung

Es gibt allerdings eine weitere wichtige Einflussgröße für die innere Motivation: Erfahrung. Und deren Einfluss ist beträchtlich.

Ein Beispiel: Herr Rührig, noch relativ neu im Unternehmen, erkennt in seinem Umfeld eine Reihe von organisatorischen und technischen Verbesserungsmöglichkeiten. Bei seinen Kollegen und auch bei seinem Vorgesetzten wecken die Ideen allerdings wenig Begeisterung, rütteln sie doch an lieb gewordenen Bequemlichkeiten und tabuisierten Innovationen aus früherer Zeit.

In diesem simplen Beispiel macht der Mitarbeiter die Erfahrung, dass Veränderungen in seinem Umfeld zumindest derzeit nicht erwünscht sind. Seine Motivation, durch Engagement, Kreativität und Lösungsvorschläge zur langfristigen Sicherung seines Arbeitsplatzes beizutragen, soziale und fachliche Anerkennung und evtl. auch eine Prämie zu erhalten, kann er aufgrund dieser Erfahrung nicht befriedigen. Die Erkenntnis, dass sein Umfeld Veränderungen ablehnt, führt zu einer Reduzierung seiner Motivation, Verbesserungsvorschläge anzubringen.

Positive oder negative Erfahrungen verstärken oder verringern die Motivation nachhaltig

Macht Herr Rührig nun wiederholt die Erfahrung, dass neue Ideen nicht erwünscht sind, wird er im schlimmsten Fall sein Engagement dauerhaft auf Null reduzieren. Er unternimmt nicht nur keine Anstrengungen mehr, Verbesserungsvorschläge zu machen, sondern er wird zunehmend die Fähigkeit verlieren, Verbesserungspotenziale überhaupt wahrzunehmen. Dies ist ein Prozess, der sich in der Regel über viele Jahre entwickelt. Das Ergebnis dieses Prozesses wiederholter, gleichartiger Erfahrungen ist eine Veränderung der inneren Einstellung.

4.4 Die innere Einstellung

Die Einstellung einer Person zu einer anderen Person, zu einer Sache oder Situation ist Teil unserer Persönlichkeit. Sie hat sich von Kindesbeinen an entwickelt und wurde maßgeblich vom Elternhaus geprägt. Mit jedem Erleben, mit jeder Handlung, die eine Person vornimmt, sammelt sie neue Erfahrungen, die Einfluss auf ihre bisherige Einstellung haben. Ein Beispiel: *„Ich dachte, der Müller wäre so arrogant. Die anderen sagten das immer. Doch gestern habe ich den ganz anders erlebt ..."* Diese Erfahrung mehrfach gemacht wird voraussichtlich zu einer neuen und positiven Einstellung gegenüber Herrn Müller führen. Und wäre noch vor einigen Tagen die Zusammenarbeit mit Herrn Müller zumindest innerlich abgelehnt worden, so entsteht jetzt eine Motivation, den beruflichen Kontakt zu ihm zu intensivieren. Jetzt liegt ein Motiv vor, mit Herrn Müller verstärkt zusammenzuarbeiten. Werden die neuen Erfahrungen dabei bestätigt, so ändert sich nicht nur die Einstellung zu Herrn Müller, sondern es wird auch die Grundlage für eine erfolgreiche Arbeit (= Leistung) geschaffen.

Innere Einstellungen prägen die Sicht der Dinge und den Umgang miteinander

> Es ist daher von grossem betrieblichen Interesse, Mitarbeiter mit positiven Einstellungen im Unternehmen zu haben und diese Einstellungen auch zu fördern. Die innere Einstellung ist wichtiger als die Qualifikation!

Kreislauf von der Motivation zur Einstellung

Abbildung 4.3 schematisiert in vereinfachter Form den Kreislauf von der Motivation zur Einstellung. Berufliche Aufgaben und Situationen werden, bewusst oder unbewusst, laufend von jedem Einzlnen daraufhin geprüft, ob die Bewältigung für ihn wichtig ist oder nicht (ob also ein persönliches Motiv vorhanden ist), ob er sich der Aufgabe stellen soll oder

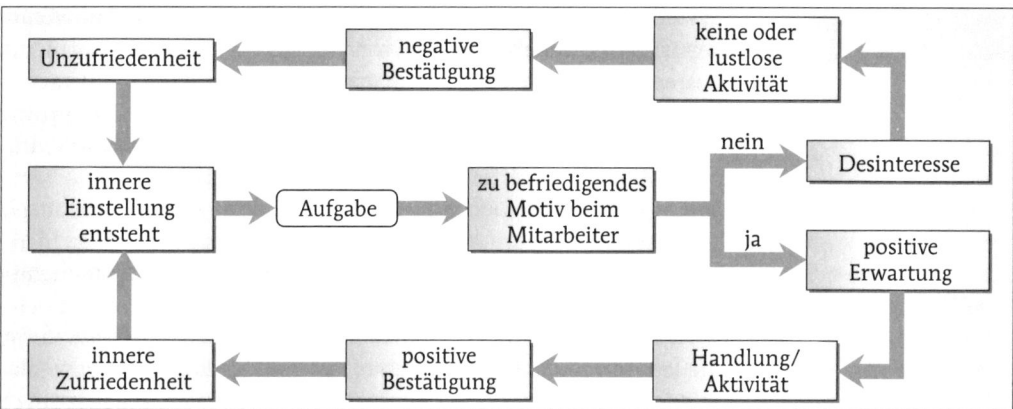

Abb. 4.3: Vom Motiv zur Einstellung

nicht. (Es steht immer auch die „*Was habe ich davon?*"-Frage im Hinterkopf – wir tun nichts bis wenig, wenn wir keinen Nutzen für uns erkennen ...) Besteht ein Motiv, besteht auch die Motivation, sich zu engagieren, denn es wird die Befriedigung eines wirklichen Bedürfnisses erwartet. Werden die Erwartungen erfüllt, entsteht Zufriedenheit und es entwickelt sich die innere Einstellung, dass es lohnt, sich zu engagieren. Mit dieser positiven Einstellung wird die nächste Aufgabe erwartet. Genau das wäre der Idealfall.

Motive fördern die Motivation zur Bedürfnisbefriedigung aktiv zu werden

Kann der Einzelne jedoch kein Motiv erkennen, sich zu engagieren, dann steht er der zu lösenden Aufgabe mit Desinteresse (unmotiviert) gegenüber. Die halbherzige und lustlose Erledigung der Aufgabe als reine Pflichterfüllung macht nicht nur den Mitarbeiter unzufrieden, sondern die erbrachte Leistung auch denjenigen, der ihm die Aufgabe gestellt hat. In der Folge entstehen Frustration und die innere Einstellung, dass

- es ein Fehler war, die Aufgabe anzunehmen,
- der Zeitdruck immer zu groß ist,
- das eigene Versagen programmiert war,
- der Vorgesetzte einfach zu viel verlangt,
- andere für diesen Arbeitsplatz besser geeignet sind,
- der Vorgesetzte andere Mitarbeiter bevorzugt etc.

Frustration als Folge fehlender Motive und daraus resultierender negativer Erfahrungen

4.5 Glaubenssätze

Ob die innere Einstellung zur Leistungserbringung positiv oder negativ besetzt ist, ist manchmal auch an den Glaubenssätzen zu erkennen, die jeder unbewusst immer wieder formuliert. Einige Beispiele:
- „*Du schaffst es, wenn Du nur willst*" und „*Das schaffe ich nicht*" sind zwei Beispiele völlig gegensätzlicher Erwartungen an die eigene Leistungsfähigkeit.

Innere Glaubenssätze beeinflussen die Leistungserbringung

- *„Wir da unten, die da oben"* verdeutlicht die Überzeugung, dass Mitarbeiter im Unternehmen nur ein kleines Licht sind und ohnehin nichts ausrichten können. Die da oben machen sowieso, was sie wollen.
- *„Schuster, bleib bei deinem Leisten"* programmiert auf das Vermeiden von beruflichen Risiken, weil Sicherheit als hohes Gut angesehen wird.
- *„Wes' Brot ich ess, des' Lied ich sing"* offenbart die Einstellung, Ja-Sager zu sein und sich bei Bedarf auch zulasten anderer schadlos zu halten.
- *„Ohne Vitamin B wird man hier sowieso nichts"* zeigt ein großes Misstrauen gegenüber allen Personalentscheidungen und offenbart, dass man sich selbst zum Kreis der Benachteiligten zählt.
- *„Wir sollten zufrieden sein"* steht als Sinnbild für eine Bescheidenheit, die letztlich eine resignativ-optimistische Grundhaltung widerspiegelt. Sie steht aber auch für eine nur begrenzte Bereitschaft, sich voll zu engagieren.

4.6 Zufriedenheit als Teil der eigenen Verantwortung

In Abbildung 4.3 wurde bereits aufgezeigt, dass dem „Faktor Zufriedenheit" bei der Entwicklung der inneren Einstellung eine größere Bedeutung zukommt. Jeder Einzelne hat es in der Hand, für sich zu entscheiden, wann und womit er zufrieden ist. Auch hier gilt das Prinzip der Selbstverantwortung.

Zufriedenheit ist eine Frage des individuellen Anspruchs

Zufriedenheit ist eine Frage des individuellen Anspruchs, der seit der Kindheit vom Umfeld, insbesondere vom Elternhaus, vermittelt wurde: *Dem einen reicht es, ein Fußballspiel am Fernseher zu verfolgen, ein anderer will es live im Stadion sehen. Ein Dritter will es nicht nur sehen – er will auf dem Platz stehen, denn er gehört zur Mannschaft; dabei zu sein ist alles. Und der Vierte will gewinnen, sonst ist er nicht zufrieden.* Jede der vier Personen hat ganz unterschiedliche Ansprüche an das gleiche Fußballspiel. Für die Umsetzung dieser individuellen Ansprüche setzt sich jeder ein. Und jeder wird zufrieden sein, wenn er sein persönliches Ziel erreicht hat.

Ob die Zielerreichung aus der Sicht eines Dritten bedeutsam ist oder nicht, spielt hierbei zunächst keine Rolle. Es spielt auch keine Rolle, ob die Zielerreichung aus der Sicht von anderen als eine große oder kleine Anstrengung angesehen wird.

Wird das Ziel nicht erreicht, schützen innere Einstellungen das Selbstwertgefühl

Doch was passiert, wenn das Ziel nicht erreicht wird? Jetzt kommen innere Einstellungen zum Tragen, die sich in den bereits angesprochenen Glaubenssätzen manifestieren. Sie schützen unser Selbstwertgefühl:
- *„Sei zufrieden!"*
- *„Wer weiß, wofür es gut ist!"*
- *„Sei froh, dass du dich in dieser Gurkenmannschaft nicht auch blamiert hast!"*
- *„Schade, Pech gehabt, doch beim nächsten Mal klappt es bestimmt!"*

4.7 Leistung und Zufriedenheit

Umfragen mit dem Tenor „*Was Arbeitnehmern wirklich wichtig ist*" stellen seit vielen Jahren immer wieder die Bedeutung der Zufriedenheit am Arbeitsplatz heraus. Lassen diese Untersuchungsergebnisse den Rückschluss zu, dass jemand, der zufrieden ist, auch hohe Leistungen erbringt? Und heißt das auch, dass Unzufriedenheit automatisch niedrige Leistung bedeutet? Oder führen hohe Leistungen und gute Ergebnisse erst zur Zufriedenheit? Die Frage, ob Zufriedenheit Leistung bewirkt oder Leistung Zufriedenheit, ist wie die Frage nach der Henne und dem Ei. Es gibt bis heute dazu keine einheitliche Auffassung. Lutz von Rosenstiel (von Rosenstiel 1994) konnte aber anschaulich darlegen, dass eine Wechselwirkung zwischen Leistung und Zufriedenheit besteht.

Zusammenhang zwischen Zufriedenheit am Arbeitsplatz und Leistungserbringung

In der Praxis ist es von erheblicher Bedeutung, die Komplexität dieser Zusammenhänge zu verstehen, denn sonst geht es Ihnen wie der geschäftsführenden Gesellschafterin eines gut laufenden, mittelständischen Pharmazieunternehmens: *„Wir haben alles für unsere Mitarbeiter getan: Sie haben helle Büros, moderne Computer, sitzen in einem Glaspalast mit Springbrunnen vor der Tür, wir haben sichere Arbeitsplätze, arbeiten mit Zielvereinbarungen und geben Entscheidungsfreiräume. Alle können sich bei uns wirklich wohl fühlen, doch alle stecken in einem Trott, keiner zeigt richtig Leistung.*" Alle Mitarbeiter sind oder könnten hoch zufrieden sein, dennoch erbringen sie nicht die Leistung, die die Unternehmerin erwartet: Trotz oder gerade wegen hoher Zufriedenheit besteht eine niedrige Leistung.

Natürlich gibt es auch viele andere Beispiele, die Sie im betrieblichen Alltag immer wieder erleben. Vier Extrem-Kombinationen sind möglich:

Vier extreme Wechselwirkungen zwischen Zufriedenheit und Leistung

- **Hohe Zufriedenheit und gleichmäßig hohe Leistung:** der Idealzustand, die Win-Win-Situation für Mitarbeiter und Unternehmen.
- **Hohe Zufriedenheit und niedrige Leistung:** für die Führungskraft zum Verzweifeln, denn den Mitarbeitern geht es zu gut, als dass sie die Notwendigkeit sehen, Leistung zu erbringen.
- **Niedrige Zufriedenheit und trotzdem hohe Leistung:** Die Mitarbeiter fügen sich, weil z.B. äußere Zwänge (Taktzahl einer Maschine, Druck, Angst) eine hohe Leistung einfordern. Sobald der Mitarbeiter die Chance sieht, dem zu entkommen wird er es tun; es besteht das Risiko hoher Fehlzeiten und hoher Fluktuation.
- **Niedrige Zufriedenheit gepaart mit niedriger Leistung:** Die „Verlierer"-Situation für Unternehmen und Mitarbeiter. Eine teurer Zustand, denn alle sind unzufrieden, meistens auch der Kunde!

Aber: Was ist Ursache? Was ist Wirkung? An dem Beispiel des Pharmazieunternehmens konnten Sie bereits erkennen, dass als Folge einer hohen Zufriedenheit nicht unbedingt Leistung entstehen muss. Doch auch das umgekehrte Wirkungsprinzip – eine hohe Leistung führt automatisch zu zufriedenen Mitarbeitern – kann sofort widerlegt werden:

Der Produktionsbetrieb in einem Werk eines Lebensmittelkonzerns arbeitet zur größten Zufriedenheit der Unternehmensleitung. Die Leistung stimmt und die Leitung entschließt sich, das Werk weiter auszubauen. Der Standort wird auf viele Jahre gesichert. Die Mitarbeiter sind jedoch überhaupt nicht zufrieden. Sie spüren einen massiv steigenden Leistungsdruck. Freiheiten in der Pausengestaltung, locker geregelte Zusammenarbeit und geregelte/starre Arbeitszeiten waren Vorteile, die zum Leidwesen der Mitarbeiter im Zuge der Leistungssteigerung nicht mehr aufrechterhalten werden konnten.

Dieses Beispiel zeigt auch, dass die Zufriedenheit des einen (der Unternehmensleitung) nicht automatisch zur Zufriedenheit der anderen (der Mitarbeiter) führt bzw. beiträgt.

Abbildung 4.4 verdeutlicht diese Zusammenhänge. Es besteht keine lineare Verbindung zwischen Leistung und Zufriedenheit, sondern das Verhältnis wird durch eine Linie geprägt, die einem Zwillingsberg oder Kamelrücken vergleichbar ist.

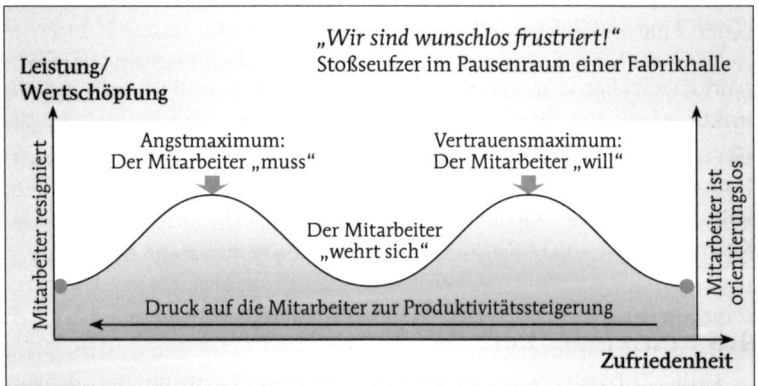

Abb. 4.4: *Der Kamelrücken von Zufriedenheit und Leistung"*
(nach von Rosenstiel 1994)

DIE HÖCHSTE LEISTUNG WIRD ERBRACHT, WENN ENTWEDER EIN ANGSTMAXIMUM ODER EIN VERTRAUENSMAXIMUM ERREICHT IST.

Das **Angstmaximum** entsteht in Phasen hohen Drucks auf die Mitarbeiter; gleichzeitig herrscht eine hohe Unzufriedenheit. Diese Phasen bestehen vorrangig, wenn eine Person, eine Gruppe oder auch ein ganzer Betrieb um sein wirtschaftliches Überleben kämpft. Diese Phase ist oftmals eine typische Auswirkung straffer Kostensenkungsmaßnahmen. Solange der Mitarbeiter keine Ausweichmöglichkeit z.B. durch Kündigung sieht, wird er dem Druck nachgeben und eine entsprechend hohe Leistung erbringen. Es erscheint jedoch plausibel, dass dieses durch Druck erzeugte Leistungshoch nicht von sehr langer Dauer sein kann. Neben der Flucht aus dem Betrieb durch Kündigung oder Krankheit sind drei weitere Verhaltensoptionen denkbar:

Im Angstmaximum erzielte hohe Leistungen sind nicht von Dauer

- Der Mitarbeiter ergibt sich kraftlos seinem Schicksal und resigniert.
- Er schottet sich ab und „überwintert".
- Er beginnt sich zu wehren, um wieder zu einer höheren Arbeitszufriedenheit zu kommen.

In allen Fällen wird jedoch zunächst einmal die Leistung absinken. Neue Leistungspotenziale können mittelfristig nur erschlossen werden mit Mitarbeitern, die aktiv sind und sich wehren, denn das bedeutet Engagement und Zielstrebigkeit.

Das **Vertrauensmaximum** symbolisiert höchste Leistung bei hoher Arbeitszufriedenheit. Diese Zufriedenheit ist nur möglich, weil der Mitarbeiter seine Leistung erbringen will. Er ist hoch motiviert, will sich einbringen, engagiert sich, er kennt die Ziele und will sie erreichen. An dieser Stelle ist es für die Praxis unwesentlich, ob die Leistung das Ergebnis von Zufriedenheit ist oder umgekehrt. Entscheidend ist, dass der Betrieb im Bereich des Vertrauensmaximums nur wenig Druck ausüben muss, damit die Leistung auf einem sehr hohen Niveau verbleibt; der Mitarbeiter wird aus eigenem, inneren Antrieb sein Bestes geben.

Das Vertrauensmaximum steht für höchste Leistung bei hoher Arbeitszufriedenheit

Steht jedoch am Ende der Kurve nur noch Zufriedenheit im Vordergrund, weil alles so gut geregelt, einfach erreichbar und ohne Risiko ist, sinkt die Leistung ebenfalls. Im Extrem ist es für einen Mitarbeiter egal, ob er viel oder wenig arbeitet, gut oder schlecht: Sein Arbeitsplatz ist sicher, die Kollegen sind nett, es interessiert sich sowieso kaum jemand für seine Arbeit. Außerdem stehen nun private Interessen im Vordergrund. Kurz: Eine freizeitorientierte Schonhaltung ist angesagt.

4.8 Zufriedenheit als Anspruchsniveau

Das Erreichen von Zufriedenheit als Ausdruck des persönlichen Anspruchsniveaus wurde bereits 1975 von Agnes Bruggemann untersucht. Sie kam dabei zu dem Ergebnis, dass es sechs Grundtypen gibt. Abbildung 4.5 verdeutlicht die Einteilung sehr anschaulich.

Sechs Grundtypen der Zufriedenheit

Mit folgenden Grundtypen müssen wir uns beruflich wie privat täglich auseinander setzen. Die Darstellung wird jeweils mit typischen Aussagen eingeleitet.:
- *„Das war erst der Anfang!"*
- *„Wir haben es geschafft! Doch die Konkurrenz schläft nicht; beim nächsten Mal müssen wir uns noch steigern!"*
- *„Nach diesem Erfolg können wir größere Projekte anpacken!"*

Progressive Arbeitszufriedenheit

Diese Aussagen drücken eine Arbeitszufriedenheit aus, die nicht auf ihrem Anspruchsniveau stehen bleibt, die sog. progressive Arbeitszufriedenheit. Personen dieses Grundtyps sind von der Motivation beflügelt, dass immer noch mehr geht. Sie sind treibende Kräfte im Unternehmen, denn das Erreichte stellt sie nur kurz zufrieden. Sie sind immer wieder auf der Suche nach neuen Zielen und Herausforderungen.

Es geht immer noch mehr

Stabile Arbeitszufriedenheit

- „Dass wir das schaffen, hätte ich nicht gedacht."
- „Wir haben unsere Leistungsgrenze erreicht."
- „Auf das Ergebnis bin ich stolz!"
- „Mehr geht nicht!"

Man ist mit dem Erreichten zufrieden

Diese Aussagen verdeutlichen eine stabile Arbeitszufriedenheit. Die Aufgabe, die Arbeit, das Projekt war anstrengend, doch nun ist man mit dem zufrieden, was erreicht wurde. Personen dieses Grundtyps möchten sich jetzt am liebsten eine kleine Pause gönnen; nach ihrer Grundeinstellung haben sie sich diese redlich verdient. Jedem, der jetzt weitermacht, rufen sie zu: „Sei zufrieden!"

Resignierte Arbeitszufriedenheit

- „Ob ich das mache oder in China fällt ein Sack Reis um, ist gleich!"
- „Da habe ich leider keinen Einfluss drauf."
- „Das gehört nicht zu meinen Kompetenzen!"

Senkung des Anspruchsniveaus nach negativen Erfahrungen

Diese Aussagen stammen von Mitarbeitern, die zumindest in Teilbereichen resigniert haben. Sie hatten eine höhere, eine positive Erwartung an ihre Arbeitssituation, müssen jetzt jedoch feststellen, dass sich diese Erwartungen nicht erfüllen. Ihr Verhalten ist nun von Resignation geprägt, da sie der Überzeugung sind (innere Einstellung), dass sie nicht die Kraft haben werden, an dieser Situation etwas zu ändern. Sie senken daher ihr Anspruchsniveau in der Hoffnung, dass ein niedrigerer Anspruch eher Zufriedenheit bringen wird.

Pseudo-Arbeitszufriedenheit

- „Mehr war nicht drin!"
- „Den Kunden haben wir verloren – der hat uns in der letzten Zeit eh nur Probleme bereitet."
- „Eigentlich bin ich ganz zufrieden; ich habe hier einen sicheren Arbeitsplatz und auch sonst nichts auszustehen."

Unzufriedenheit wird verdrängt

Mitarbeiter dieses Grundtyps reden sich Zufriedenheit ein. Sie sind mit ihrer Arbeitssituation nicht zufrieden, doch das wollen sie im Grunde nicht wahrhaben. Sie haben Angst, vor sich und vielleicht auch vor anderen als Verlierer dazustehen, weil sie ihrer eigenen Erwartungshaltung nicht gerecht werden. Um das zu vermeiden, suchen sie Ersatzargumente, die erklären, weshalb sie doch zufrieden sind.

Fixierte Arbeitszufriedenheit

- „Das müsste mal einer ändern!"
- „Wenn das der Chef mitkriegt!"
- „Wieso kümmert sich da niemand drum?"
- „Das sind doch unmögliche Zustände!"

Unzufriedenheit, aber kein Engagement zur Veränderung

Empörung und/oder der Wunsch nach Veränderung spricht aus jeder dieser Aussagen, doch Personen dieses Grundtyps werden kaum auf die Idee kommen, eine Verbesserung dieser Zustände in eigener Initiative anzustreben. Sie warten auf andere, die aktiv werden. Es gehört zu ihrer Persönlichkeit, den Finger auf (vermeintliche) Schwachpunkte zu legen und sich lauthals darüber auszulassen, doch selber und eigeninitiativ nichts zur Veränderung beizutragen. Wenn dann eine andere Person einen (vermeintlichen) Schwachpunkt bearbeitet, ist der stereotype Kommentar zum möglichen Ergebnis auch klar vorhersehbar: „Endlich, das

habe ich doch schon immer gesagt!" oder „Das war doch klar, dass das schief gehen musste. Ich habe immer gesagt, dass ..."
- „Mit dem Ergebnis bin ich nicht zufrieden – ich mache weiter!"
- „Das kann nicht die Lösung sein!"
- „Dann müssen wir eben die Rahmenbedingungen ändern!"

Konstruktive Arbeitszufriedenheit

Personen dieses Grundtyps sind mit ihrer Arbeitssituation eindeutig unzufrieden, doch sehen überhaupt nicht ein, warum das so bleiben soll. Sie haben ein Ziel und kämpfen dafür. Es sind die Typen, für die es nur zwei Möglichkeiten gibt: Sie ändern die Situation oder ihre Einstellung dazu. Entweder sie schaffen es, alle Widerstände und Probleme zu überwinden und ihr Ziel zu erreichen, oder sie verlassen ihren Arbeitsplatz und versuchen es in einer anderen Arbeitsumgebung. Durch ihr Energiepotenzial einerseits und die ständige Gefahr der Abwanderung andererseits darf kein Arbeitgeber Personen dieser Gruppe aus den Augen verlieren.

Wille zur Veränderung

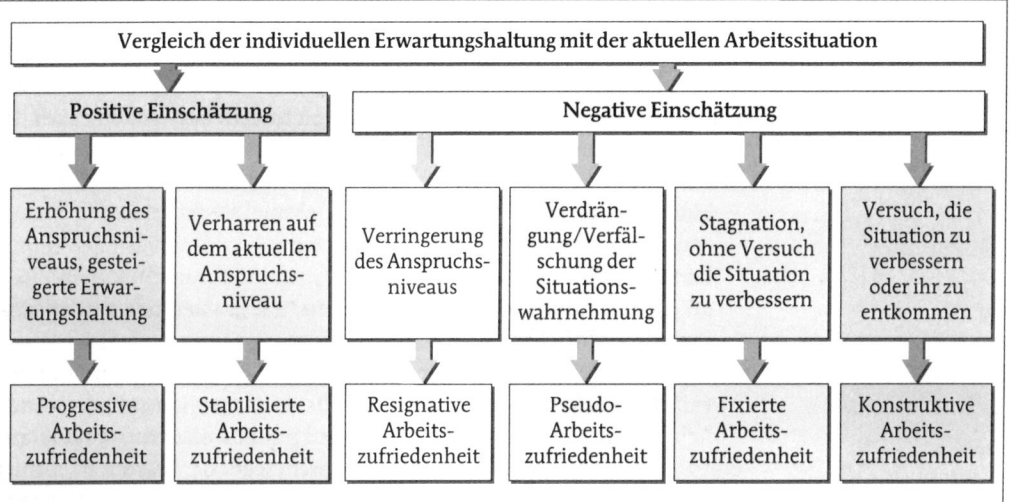

Abb. 4.5: *Zufriedenheit – eine Frage des Anspruchs*
(nach Agnes Bruggemann, Arbeitszufriedenheit, 1975)

5 Motivation durch die Führung

Im Vordergrund der Einflüsse auf die eigene Motivation steht sehr stark die direkte Führungskraft. Sie beeinflusst durch ihr Verhalten, durch ihren Führungsstil, mit dem was sie sagt und wie sie es sagt.

Starker Einfluss der direkten Führungskraft

„Führungsqualitäten bestehen zu 10 Prozent aus Anweisungen und zu 90 Prozent aus Vorbild" wird ein namentlich nicht bekannter britischer Feldwebel in einer Ansprache vor angehenden Offizieren zitiert.

5.1 Die Führungskraft als Vorbild

Bereits Albert Schweitzer sagte: *„Führung ist Vorbild geben."* Doch die Realität sieht manchmal anders aus:

Negative Führungsbeispiele

- Da kommt der Gesellschafter-Vorstand eines jungen IT-Unternehmens eines Morgens mit einem privat gekauften, neuen PKW der Luxusklasse ins Unternehmen, während gleichzeitig viele Mitarbeiter ihren Job verlieren, weil das Unternehmen in einer erheblichen finanziellen Schieflage steckt.
- Da kündigt der Vorstand einer Großbank seinen Mitarbeitern die betriebliche Altersversorgung, weil sie nicht mehr bezahlbar sei, lässt jedoch die eigene Altersversorgung unangetastet.
- Da brechen die Aktienkurse von Unternehmen ein, zur Kostensenkung werden Arbeitnehmern Nullrunden bei Lohn und Gehalt, Lohnverzicht oder der Verzicht auf Zusatzleistungen abverlangt, doch gleichzeitig steigen die Gehälter im Topmanagement um 5 bis 10 Prozent.

Positive Führungsbeispiele

Natürlich gibt es auch viele positive Beispiele. Beispiele, in denen Unternehmer und Führungskräfte nachhaltig unter Beweis stellen, dass sie sich den Grundsätzen der Führung durch Vorbild verpflichtet fühlen:

- Da ist der sechzigjährige Unternehmer, der eine erhebliche private Einlage in sein angeschlagenes Unternehmen steckt, in der Hoffnung, es damit vor der Insolvenz zu retten.
- Da sind die Führungskräfte, die nicht „nur" 50 Stunden, sondern jetzt 60 bis 70 Stunden die Woche arbeiten, um gravierende betriebliche Probleme schnellstmöglich zu lösen.
- Da ist der Personalleiter, der nach einem Gesellschafterwechsel die veränderte Personalpolitik nicht mehr mittragen kann und schließlich seinen Vertrag kündigt, ohne eine konkrete Alternative zu haben.

Hinter jedem dieser Beispiele stehen grundlegende Einstellungen der handelnden Personen. Die einen, denen das persönliche Wohlergehen näher steht als die Verantwortung, die sie eigentlich tragen. Die anderen, die persönliche Nachteile in Kauf nehmen, weil sie Verantwortung leben. Jedes dieser grundlegenden Verhaltensmuster hat Auswirkungen auf die Mitarbeiter.

5.2 Der Kreislauf von Führungs- und Mitarbeiterverhalten

Das Verhalten der Führungskräfte hat nachhaltigen Einfluss auf die Leistung der Mitarbeiter

Seit Ende der 90er-Jahre tritt die Bedeutung von Vorgesetztenverhalten immer stärker in den Vordergrund. Bis heute wächst das Bewusstsein, dass das tatsächliche Verhalten der Führungskräfte einen nachhaltigen Einfluss auf das Verhalten und die Leistung der Mitarbeiter hat. Wir bewegen uns in einem Kreislauf aus Erwartungen des Vorgesetzten, seinem

Verhalten und dem Mitarbeiterverhalten. Es wirkt wie ein Kreislauf der sich selbst erfüllenden Prophezeiung.

Die Mitarbeiter registrieren immer, wie sich ihre „Chefs" in den unterschiedlichsten Situationen verhalten. Sie haben eine recht genaue Vorstellung, welches Verhalten sie erwarten bzw. nicht erwarten. Jede Abweichung von diesen Erwartungen wird nicht nur registriert, sondern wie auf einem Konto mit Soll und Haben addiert. Der Mitarbeiter bilanziert laufend zwischen tatsächlichem und erwartetem Verhalten seines Vorgesetzten. So, wie sich dieses „Konto" entwickelt, verändert sich (zeitverzögert) auch das Mitarbeiterverhalten als Reaktion, wiederum mit entsprechender Folgewirkung auf das Verhalten der Führungskraft. So entsteht ein weiterer Kreislauf.

Der Mitarbeiter bilanziert laufend zwischen tatsächlichem und erwartetem Verhalten seines Vorgesetzten

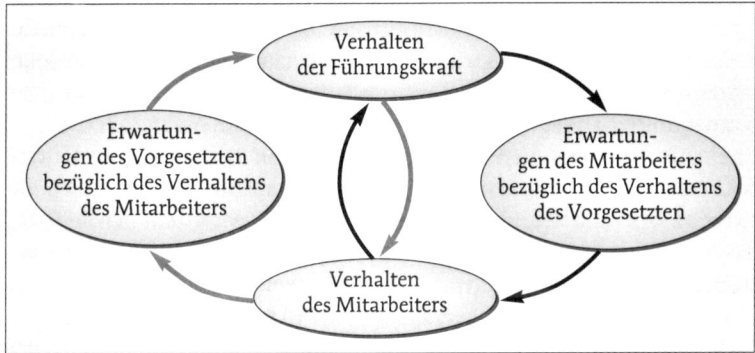

Abb. 5.1: *Die sich selbst erfüllende Prophezeiung zwischen Führungskraft und Mitarbeiter*

Es ist nicht entscheidend, an welcher Stelle der Kreislauf startet; einmal in Gang gesetzt, wird er eine Art Perpetuum mobile.

Ein Beispiel: *Ein inhabergeführtes Unternehmen kommt nach Jahren außerordentlichen Wachstums in eine finanziell sehr schwierige Situation. Obwohl bereits eine Unternehmensberatung ins Haus geholt wurde, um ein Sanierungskonzept zu erarbeiten, lässt man alle Mitarbeiter bis zur mittleren Führungsebene im Unklaren. Die Inhaber wollen keine Unruhe; offiziell wird von der Erarbeitung eines neuen Marketingkonzeptes gesprochen. Die bis dato hoch motivierten Mitarbeiter, zu 60 Prozent Ingenieure und Informatiker, fühlen sich nicht mehr ernst genommen; zunächst unmerklich, doch kontinuierlich sackt das Engagement ab. Die Inhaber fühlen sich bestätigt, dass es keinen Sinn macht, die Mitarbeiter über die wahre Unternehmenssituation aufzuklären, da dann ein weiteres Absinken der Motivation befürchtet wird. Die Mitarbeiter sehen sich bestätigt, dass sie nicht das Vertrauen der Unternehmensleitung besitzen und dass es nicht wichtig ist, sich zur Abwendung der vermuteten Krise besonders zu engagieren."*

Führungs- und Mitarbeiterverhalten bedingen sich gegenseitig

Die Erfahrung zeigt, dass diese Kreisläufe nur an einer einzigen Stelle aufgehalten und unterbrochen werden können: beim Verhalten der Un-

Allein Unternehmensleitung und Führungskräfte können den Teufelskreislauf stoppen

ternehmensleitung und ihrer Führungskräfte. Hier liegt der Schlüssel, um den Kreislauf von Misstrauen und Demotivation zu stoppen und umzulenken. Zu schaffen ist dies nur mit Vertrauen, durch einen Vertrauensvorschuss durch die Führung. Nur wenn Vertrauen besteht, Vertrauen in die Motivation der Mitarbeiter, Vertrauen in die Fähigkeiten und in die Loyalität der Mitarbeiter, werden diese das Engagement zeigen, das im genannten Beispiel notwendig gewesen wäre: Ärmel hochkrempeln, Veränderungen unterstützen, Kosten sparen.

5.3 Vertrauen

Was macht Vertrauen aus? Vertrauen entsteht im Privaten nur, wenn man jemanden mag. Sonst nicht. Im Berufsleben ist das nicht anders. Wenn zwei oder mehr Personen sich mögen, dann stimmt die Beziehung,

Die Chemie muss stimmen

man spricht von „gleicher Wellenlänge", „Die Chemie stimmt" oder „Die können miteinander". Dies ist die Grundlage für den Austausch von vertraulichen Informationen, für das Verzeihen von Fehlern, für das Helfen bei Problemen, für das gemeinsame Engagement zur Zielerreichung. Einer setzt sich für den anderen ein. Die Führungskraft macht den Anfang, denn sie hält den Schlüssel in der Hand, der bestimmt, mit welchem Vorzeichen der Kreislauf von Erwartung und Verhalten laufen soll.

Haben Sie schon einmal versucht, jemanden zu überzeugen, den Sie nicht mögen? Meistens klappt das nicht oder nicht gut, denn beide Personen bemühen sich krampfhaft um Sachlichkeit in der Argumentation. Einer traut dem anderen nicht, insbesondere der Mitarbeiter nicht dem Vorgesetzten. Weil „die Chemie" nicht stimmt, fällt die Möglichkeit weg, auf der Beziehungsebene vertrauensvoll miteinander zu reden. Spannung und Angespanntheit bestimmen den Gesprächsverlauf.

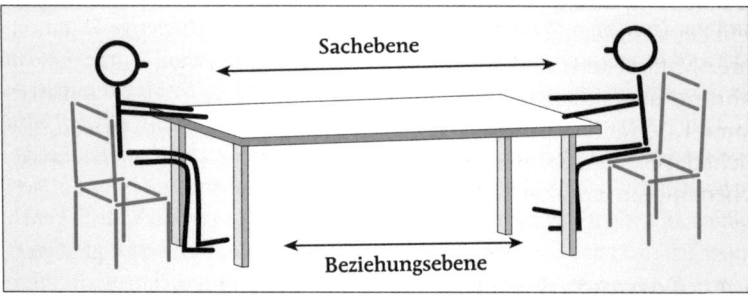

Abb. 5.2: Ebenen der Kommunikation

Kommunikation, auch nonverbale Kommunikation, findet immer auf zwei Ebenen statt: der Sachebene und der Beziehungsebene. Mit der Art und den Inhalten unserer Kommunikation machen wir unsere Gedanken, Einstellungen, Meinungen, Sorgen, Wünsche und Absichten deutlich. Wir kommunizieren ständig, auch wenn wir still sind. Paul Watzlawick stellte dazu fest: „Man kann nicht nicht kommunizieren."

Um das Empfinden von Gleichgültigkeit, vielleicht sogar Misstrauen und Antipathie gegenüber dem anderen, nicht zeigen zu müssen, wird auf der so genannten Sachebene miteinander geredet: Was spricht dafür, was spricht dagegen, warum ist das wichtig – ganz nüchtern und sachlich werden Argumente ausgetauscht und Entscheidungen getroffen.

Nachhaltig Erfolg haben nur die Führungskräfte, bei denen die Arbeit Spaß macht. Sie vermitteln Vertrauen, sodass die Mitarbeiter sagen können: „Ich mache da mit, weil nicht nur die Sachargumente dafür sprechen, sondern weil ich Ihnen und der Wahrheit Ihrer Argumente vertraue". Untersuchungen belegen das.

Nachhaltig Erfolg haben nur die Führungskräfte, bei denen die Arbeit Spaß macht

Als man den 175.000 Mitarbeitern von GENERAL MOTORS die Frage vorlegte: „Warum macht Ihnen Ihre Arbeit Freude?", war die weitaus häufigste Antwort: „Weil mir mein Boss gefällt."

Anzeichen für eine vertrauensvolle Beziehung sind:

- Selbstvertrauen
- Innere Zufriedenheit
- Verzicht auf Kontrollmechanismen
- Sympathie
- Wertschätzung

- Achtung
- Stärken und Schwächen respektieren
- Anteil nehmen an den Sorgen und Nöten des anderen
- Ehrlichkeit

Je mehr solcher Anzeichen in einer Beziehung zwischen zwei Personen vorhanden sind, desto stärker ist die Vertrauensbeziehung. Sie beginnt immer mit einem Vertrauensvorschuss durch eine Person. Eine Person, die für sich, meistens sehr spontan, entscheidet, dem anderen Vertrauen zu schenken, so lange, bis das Vertrauen missbraucht wird. Dieses Risiko geht der Vertrauende ein. Im Arbeitsleben macht die Führungskraft, die ihren Mitarbeitern Vertrauen schenkt, in den allermeisten Fällen die Erfahrung, dass sie genau so viel und oft noch mehr Vertrauen zurückbekommt. Voraussetzung ist, dass der Vertrauensvorschuss ehrlich und nicht das Ergebnis kühler Kalkulation ist. Das spüren die meisten Menschen und sie verhalten sich danach.

Ein ehrlich gemeinter Vertrauensvorschuss der Führungskraft motiviert die meisten Mitarbeiter

5.4 Kompetenzen der Führungskraft

Das Anforderungsprofil für eine Führungskraft lässt sich in vier wesentliche Kompetenzfelder gliedern:

Vier wesentliche Kompetenzfelder

- **Fachlich:** Fachwissen in Abhängigkeit zur jeweiligen Aufgabenstellung, Kenntnisse der Unternehmensführung, betriebswirtschaftliche Kennziffern interpretieren, Kenntnisse im Arbeits- und Sozialrecht etc.

- **Methodisch/strategisch:** Entscheidungen treffen und vertreten, Handlungsfolgen abschätzen und Handlungseffizienz bewerten, Veränderungen/Entwicklungen erkennen und einschätzen, Qualitätsmanagement betreiben, Polaritäten im Gleichgewicht halten, Wissen vermitteln, Mitarbeiter trainieren etc.
- **Sozial:** Mitarbeiter informieren, Visionen kommunizieren, Selbstorganisation fördern, Mitarbeiter motivieren, fördern und entwickeln, Kooperations- und Teamfähigkeit, Einfühlungsvermögen, zuhören können, ausgleichen, Geduld etc.
- **Persönlich:** Zielstrebigkeit, Lernbereitschaft, Leistungswille, Verantwortungs- und Einsatzbereitschaft, Kreativität, Gestaltungswille, Glaubwürdigkeit und Echtheit, Offenheit etc.

Die Ausprägung der vier Kompetenzfelder ist bei jeder Führungskraft unterschiedlich

Natürlich ist die Ausprägung dieser vier Kompetenzfelder bei jeder Führungskraft unterschiedlich. Das macht ihre Unverwechselbarkeit aus. Das Ergebnis dieser Ausprägung ist als Führungsverhalten und als Führungsqualität sichtbar. Doch es gibt keine Idealform der Ausprägung dieser vier Kompetenzfelder. Für die Unternehmensleitung ist es daher von großer Bedeutung, dass einzelfallbezogen die jeweils passenden Führungskräfte die Verantwortung übernehmen. So werden z.B. Kreativität, Teamfähigkeit, Einfühlungsvermögen, Geduld, Wissensvermittlung u.a. nicht zu den hervorragenden und notwendigen Eigenschaften eines Sanierers gehören, während die gleichen Eigenschaften für einen Trainer in der Erwachsenenbildung meistens von größter Wichtigkeit sind.

Das für eine Aufgabe ideale Kompetenzprofil gibt es nicht

Dieses Beispiel soll jedoch nicht den Eindruck erwecken, dass es für jede Aufgabe ein ideales Kompetenzprofil gibt und jetzt nur noch die richtige Person als Führungskraft gefunden werden muss. Es gilt zu berücksichtigen, dass die Umfeldbedingungen sich ändern und dass Führung immer im Wechselspiel mit den Mitarbeitern stattfindet.

5.5 Führungsstile

Grundmuster an Führungsverhalten

Jede Führungskraft zeigt ein Grundmuster an Führungsverhalten, allgemein Führungsstil genannt. Dieser Führungsstil spiegelt die Ausprägung der vier Kompetenzfelder wider. Durch viele wissenschaftliche Studien wurde nachgewiesen, dass es zwei Grundtypen im Führungsverhalten gibt: Mitarbeiterorientierung und Aufgabenorientierung. Beide Typen schließen sich nicht gegenseitig aus, sondern ergänzen sich, wie Abbildung 5.3 zeigt. Und keine der Ausprägungen in diesem Verhaltensgitter ist gut oder schlecht, richtig oder falsch. Es geht vielmehr um die Frage, als Führungskraft den eigenen Führungsstil zu kennen, zu wissen, wann er besonders gut und wann weniger gut einsetzbar ist und diese Erkenntnis auf die Erwartungen und den Führungsbedarf der Mitarbeiter zu übertragen.

Mitarbeiterorientierung und Aufgabenorientierung

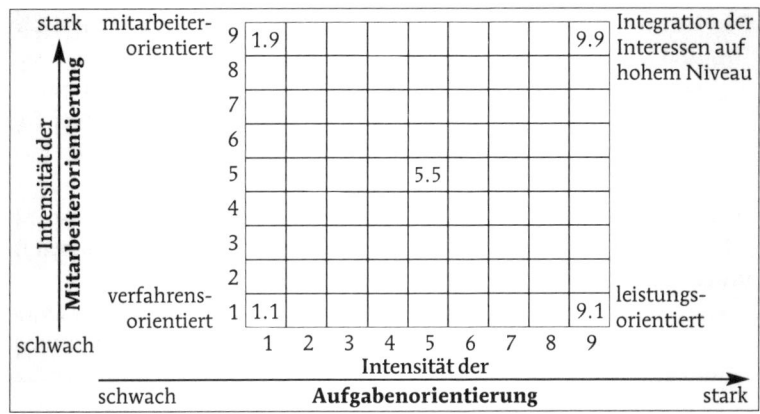

Abb. 5.3: *Verhaltensgitter nach Blake/Mouton (Robert Blake und Jane Mouton, Managerial Grid, 1968)*

Nach diesem Verhaltensgitter werden vier Extremausprägungen deutlich (die erste Ziffer bezieht sich immer auf die Aufgabenorientierung, die zweite Ziffer immer auf die Mitarbeiterorientierung):

Vier Extremausprägungen

1.1. geringe Aufgabenorientierung, geringe Mitarbeiterorientierung.
1.9. geringe Aufgabenorientierung, stark mitarbeiterorientiert.
9.1. stark aufgabenorientiert, geringe Mitarbeiterorientierung.
9.9. stark aufgabenorientiert, stark mitarbeiterorientiert.

Abhängig von der Führungssituation kann jede dieser Ausprägungen erfolgreich oder weniger Erfolg versprechend sein. Dies wurde 1970 von William Reddin entwickelt und soll beispielhaft erläutert werden:

1.1. **Verfahrensstil:** Die Führungskraft legt im Allgemeinen Wert auf Genauigkeit, Sorgfalt, Diskretion, Einhaltung von Vorschriften, Verfahren und Abläufe; sie ist eher still, geduldig, analytisch, vorsichtig, kümmert sich um Details. In ihren extremen Ausprägungen werden Führungskräfte dieses Typs zu Pedanten oder Technokraten.

Betonung formaler Regeln

1.9. **Beziehungsstil:** Die Führungskraft stellt ihre Mitarbeiter in das Zentrum ihrer Überlegungen. Sie ist kommunikativ, einfühlsam, wohlwollend, verständnisvoll, teamorientiert, sorgt für Vertrauen und gute Atmosphäre; sie ist davon überzeugt, dass Zufriedenheit die Basis für Leistung ist. In der extremen Ausprägung werden diese Führungskräfte zu Betreuern auf der einen oder Weichlingen auf der anderen Seite.

Mitarbeiter stehen im Zentrum

9.1. **Aufgabenstil:** Hinter diesem Typ verbergen sich ehrgeizige, geschäftstüchtige, antreibende Führungskräfte. Sie sehen die Aufgabe und deren Bewältigung als das allein Wichtige. Fachlich hoch kompetent setzen sie die Maßstäbe für andere. Auf dieser Basis wird gelobt und getadelt, wird Verantwortung delegiert oder Aufgaben werden einfach nur angewiesen. Im positiven Fall werden diese Personen zu Machern, im negativen Fall zu Diktatoren.

Fachkompetenz zählt

9.9. Integrationsstil: Steht für einen Ausgleich zwischen Mitarbeiter- und Unternehmensinteressen. Die Führungskraft arbeitet mit Zielvereinbarungen, vermittelt Visionen, moderiert, erwartet Mitsprache und Mitverantwortung durch die Mitarbeiter. Im positiven Fall werden diese Führungskräfte zum Moderator, in der negativen Ausprägung zum Zauderer.

Ausgleich zwischen Mitarbeiter- und Unternehmensinteressen

Diese plakativen Kurzbeschreibungen sollen Ihnen verdeutlichen, dass jeder Führungsstil unter bestimmten Situationen oder Rahmenbedingungen angemessen oder weniger angemessen sein kann:

Die Angemessenheit eines Führungsstils hängt von der jeweiligen Situation ab

- Ist der Führungsstil situationsgerecht, wird er vom Umfeld (Mitarbeiter, Kollegen, Unternehmensleitung) als effizient wahrgenommen und positiv bewertet (*„Der Meier hat das gut drauf, mit den Leuten klar zu kommen"*).
- Verhält sich die Führungskraft jedoch nicht situationsgerecht, wird sie vom Umfeld als Diktator, Pedant, Weichling oder Zauderer wahrgenommen (*„... Wenn der Kremer endlich mal entscheiden würde!"*)

Auch bezüglich der Entwicklung einer Person oder einer Gruppe ergeben sich wechselnde Anforderungen an den Führungsstil. Befindet sich eine Gruppe oder ein Projekt in der Startphase, so ist ein eher aufgabenorientierter Führungsstil notwendig, um der Gruppe Ziel und Struktur zu geben. Ist diese Phase abgeschlossen, kann ein eher mitarbeiterorientierter Führungsstil an Bedeutung gewinnen, um aufkommende Probleme in der Zusammenarbeit, fehlendes Durchhaltevermögen etc. besser aufzufangen. Ausgleich und Konfliktentschärfung sind oft gefragt, weil in dieser Phase die ersten Verschleißerscheinungen auftreten können.

Wechselnde Anforderungen an den Führungsstil

Diese Erkenntnisse basieren zum großen Teil auf Untersuchungen zum Führungsverhalten in informellen Gruppen. Informelle Gruppen entstehen immer dann, wenn sich mehrere Personen mit einem bestimmten Ziel zusammenfinden, ohne dass eine festgelegte Hierarchie oder ein offizieller Gruppenleiter bestimmt ist. Trotzdem wird auch in informellen Gruppen geführt, es entwickeln sich meist sogar zwei „Führungskräfte": der mitarbeiter- und der aufgabenorientierte Führer. Der Wechsel des Führungsstils geht dann einher mit einem Wechsel zwischen diesen informellen Gruppenführern.

Zunächst übernimmt ein Gruppenmitglied mehr und mehr Verantwortung für die Aufgabenorientierung der Gruppe und wird so zum aufgabenorientierten Gruppenführer. Im weiteren Verlauf der Gruppenarbeit gewinnt die mitarbeiterorientierte Führung eines anderen Gruppenmitgliedes immer mehr an Bedeutung. Gemeinsam können diese beiden Gruppenmitglieder den wechselnden Bedürfnissen einzelner Gruppenmitglieder nach z.B. Struktur und Zielorientierung oder Harmonie und Sicherheit optimal entsprechen und die Gruppe erfolgreich zum Ziel führen.

Aufgaben- und mitarbeiterorientierte Führung in informellen Gruppen

Es erscheint sinnvoll, diese Erkenntnisse z.B. bei der Zusammensetzung von Projekt- und Arbeitsgruppen zu berücksichtigen.

5.6 Situativer Führungsstil

Bei allen Überlegungen und Erkenntnissen über erfolgreiche Führung fehlt noch eine wesentliche Komponente, die darüber entscheidet, ob ein bestimmter Führungsstil angemessen ist oder nicht: Der Mitarbeiter. Denn ein Führungsstil wird nicht allein dadurch „richtig" oder „falsch", dass er zur jeweiligen Situation passt, sondern er muss auch zu den Mitarbeitern passen. Jeder Mensch hat ein anderes, hat sein persönliches Profil, mit Stärken und Schwächen. Dies ändert sich ständig durch Lernen, durch Lebenserfahrung, durch Berufserfahrung.

Der Führungsstil muss zu den Mitarbeitern passen

Ein Beispiel: Herr Krause, ein Mitarbeiter der Buchhaltung, verfügt in seinem Arbeitsgebiet über ein umfassendes Know-how. Vor wenigen Monaten hat er dies mit dem erfolgreichen Abschluss der Bilanzbuchhalterprüfung unter Beweis gestellt. Jetzt soll er Nachfolger des bisherigen Gruppenleiters der Buchhaltung werden, der altersbedingt ausscheidet. Auf diesem Gebiet ist er Anfänger, denn es ist seine erste Führungsposition. Was bedeutet das jetzt für den Führungsstil seines Vorgesetzten?

Auch als Gruppenleiter der Buchhaltung bleibt Herr Krause eine erfahrene Buchhaltungsfachkraft. Er gilt innerhalb des Teams als Experte und wird bei schwierigen Buchhaltungsproblemen von anderen hinzugezogen. Auf diesem Fachgebiet hat er eine hohe Reife entwickelt. Er ist daher bereit, in der Lage und willens, als Bilanzbuchhalter sehr eigenständig und eigenverantwortlich zu arbeiten. Man spricht davon, dass der Mitarbeiter auf diesem Teilgebiet über einen hohen Bereitschaftsgrad verfügt. Daher ist es völlig ausreichend, wenn er von seinem Vorgesetzten über Ziele und allgemeine Absprachen geführt wird. Jede Einmischung ins Detail wäre überflüssig, denn sie würde sein Expertenwissen und sein Selbstverständnis angreifen und damit demotivieren. Der Mitarbeiter ist bereit, an „der langen Leine" geführt zu werden.

Hoher Bereitschaftsgrad eines fachkompetenten Mitarbeiters

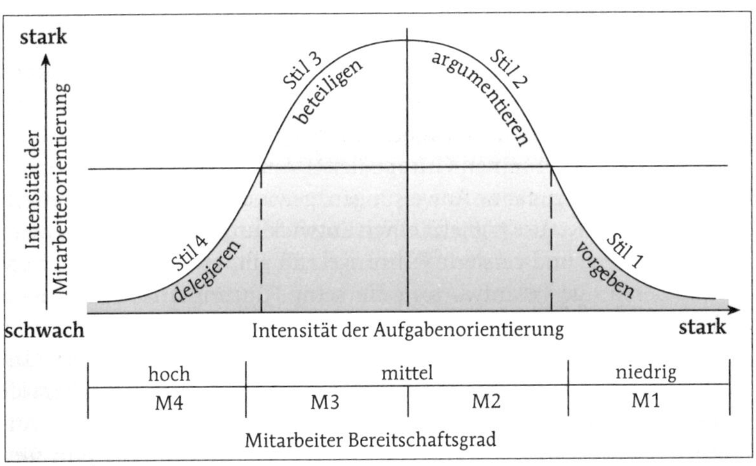

Abb. 5.4: Situativer Führungsstil nach Hersey/Blanchard

Für Herrn Krause als neue Führungskraft dagegen gilt:

Stationen der Führung einer neuen Führungskraft

- In dieser Aufgabe ist Herr Krause Anfänger, er steht am Beginn einer Entwicklung. Vielleicht hat er bereits theoretisches Wissen, sicher hat er jedoch Führung durch andere bereits erlebt. Auf der Grundlage seiner Persönlichkeit beginnt er mit diesem Know-how seinen Führungsstil zu entwickeln. Tag für Tag, Monat für Monat lernt er als Führungskraft dazu. Wenn Herr Krause in dieser Phase selber keine „enge" Führung durch seinen Vorgesetzten erfährt, wird dies eine Phase des „try and error", des Versuchs und Irrtums. Gerade jetzt braucht er eine straffe Führung in seiner Aufgabe als Führungskraft, er braucht Aufgabenklarheit, Zielvorgaben, Informationen, Schulung und fachliche Unterstützung, um nicht überfordert zu sein.

Straffe Führung

- Erst wenn erkennbar ist, dass der Mitarbeiter (Herr Krause) ein Grundwissen und Grundverständnis zur Führungsarbeit aufgebaut hat, wandelt sich der Führungsstil seines Vorgesetzten. Herr Krause entwickelt jetzt seinen eigenen Führungsstil. Um zu erkennen, ob er damit richtig liegt oder eher nicht, braucht er das regelmäßige, persönliche und schnelle Feedback seines Vorgesetzten, er braucht dessen Erklärungen und Argumente. Durch dieses Feedback, durch Diskussionen und Überzeugungsarbeit reift das Führungsverhalten von Herrn Krause weiter. Er arbeitet jetzt nicht mehr mit Versuch und Irrtum, sondern auf der Basis erster Erkenntnisse und Erfahrungen.

Diskussionen und Überzeugungsarbeit

- Jetzt ist die Zeit reif, dass der Vorgesetzte immer weniger aufgabenorientiert führt, denn sein neuer Gruppenleiter Krause ist zunehmend in der Lage und bereit, sein Führungsverhalten personen- und situationsbezogen richtig einzuschätzen. Der Vorgesetzte darf und muss Herrn Krause jetzt immer mehr Entscheidungsfreiräume in seiner Führungsarbeit lassen. Wichtige personelle oder organisatorische Entscheidungen werden von Herrn Krause vorbereitet und gemeinsam mit dem Vorgesetzten getroffen. Herr Krause wird auch an übergeordneten Entscheidungsprozessen aktiv und mitverantwortlich beteiligt.

Zunehmend mehr Entscheidungsfreiräume

- Die Rolle des Vorgesetzten wandelt sich immer mehr zum Coach, zum Sparringspartner bei der Diskussion schwieriger Führungsprobleme, die Herr Krause ansonsten alleine bewältigt und bewältigen kann. Der Vorgesetzte führt seinen Gruppenleiter nur noch über Zielvereinbarungen und allgemeine Anweisungen, gewissermaßen „an der langen Leine". Herr Krause hat jetzt einen Entwicklungsstand erreicht, wo er als erfahrene und versierte Führungskraft gilt. Er ist jetzt in der Lage und bereit, die Verantwortung für seine Führungsarbeit, für seinen Führungsstil, voll und ganz zu tragen.

Führung „an der langen Leine"

Jede Einmischung des Vorgesetzten würde jetzt nicht nur den Unmut, sondern evtl. auch den Widerstand des Gruppenleiters heraufbeschwören, denn es wäre ein Eingriff und ein Unterlaufen seiner Autorität als Führungskraft. Die Folge wäre, besonders wenn dies wiederholt passiert, eine deutliche Demotivierung des Gruppenleiters. Und diese Demotivation würde sich auf seine gesamte Arbeit auswirken, auch als Experte für Buchhaltungsprobleme. Herr Krause würde, rein menschlich, das kaum trennen können.

Der geschilderte Ablauf ist zugegeben idealtypisch und vereinfacht dargestellt. Er dauert bei einigen Nachwuchsführungskräften vielleicht nur einige Monate, bei vielen jedoch einige Jahre. Doch für die Praxis ist die systematische Einhaltung dieses Ablaufes die Grundlage für die Entwicklung einer guten Führungskraft, einer Führungskraft, die das Know-how und das Gespür dafür erhält, zu erkennen, was ihre Mitarbeiter brauchen und erwarten. So kann die Motivation von Mitarbeitern gefördert werden – indem Demotivation durch Überforderung, Versuch und Irrtum oder unnötige Einmischung so weit wie möglich vermieden wird.

Von einigen namhaften Wissenschaftlern und Autoren werden alle Führungsmodelle inzwischen als strittig und in ihrer Darstellung als viel zu einfach angesehen. Angesichts komplexer Realitäten wie Erfolgsdruck, widersprüchlicher Ziele, unklarer oder wechselnder Machtverhältnisse, individueller Interessen, Zeit- und Kostenknappheit, gesellschaftlicher Erwartungen und politischer Vorgaben sei kein Führungsstil wissenschaftlich erklärbar und haltbar. Die Erfahrung zeigt aber, dass gerade die Vereinfachungen helfen, den Führungskräften die Orientierung zu geben, die sie suchen und brauchen.

Kritik an Führungsmodellen

6 Motivation aus der Organisation

Der Begriff „Organisation" steht für die Gesamtheit dessen, was ein Unternehmen, eine (öffentliche) Verwaltung, einen Verband oder andere Betriebe und Einrichtungen ausmacht. Die Organisationsform gibt dem Ganzen ein Gesicht, denn mit ihr sind die formalen Abläufe festgelegt.

Festlegung der formalen Abläufe

Die Einführung von Team- oder Gruppenarbeit, die Arbeit in Projektstrukturen oder Netzwerkorganisationen hat sich für viele Organisationen betriebswirtschaftlich sehr positiv ausgewirkt. Weniger Hierarchie, kürzere Entscheidungswege, vielseitigere Arbeitsinhalte, mehr Verantwortung und umfassendere Einbindung führen zu höherer Produktivität und gleichzeitig zu einer höheren Motivation der Mitarbeiter.

Wie gut formale Organisationsstrukturen umgesetzt werden, zeigt sich vor allem im Betriebsklima und in der Kultur des Unternehmens.

6.1 Betriebsklima

Zwei unterschiedliche Standpunkte charakterisieren die Bedeutung eines guten Betriebsklimas:

- „Hier bringt es richtig Spaß zu arbeiten. Wir haben einen so tollen Zusammenhalt, da macht es auch nichts, wenn man abends länger arbeitet." Länger zu arbeiten wird als Nachteil in Kauf genommen, weil der Vorteil, der von der Zusammenarbeit mit den Kollegen ausgeht, überwiegt. Gute Zusammenarbeit als Grundlage für nachhaltige Leistungsmotivation ist sicher keine besonders neue Erkenntnis, doch sie wird in der betrieblichen Praxis immer wieder vernachlässigt.

- „Die Leute sollen sich nicht mögen – sie sollen arbeiten!" ist eine Formulierung, die vor allem von energischen, aufgabenorientierten Führungskräften und Managern gesagt und gelebt wird. Doch es arbeitet sich besser, wenn sich die Leute mögen. Sie stehen für einander ein, sie geben sich Hilfestellung und Tipps, sie verlängern eigenverantwortlich ihre Arbeitszeit, ohne Druck und ohne Bezahlung, sie haben kein Problem, auch außerhalb der Arbeitszeit betriebliche Fragen zu diskutieren – einfach, weil sie es gerne machen, weil es ihnen wichtig ist.

Ein gutes Betriebsklima beeinflusst die Leistung

Kennzeichen eines guten Betriebsklimas:

- Die Mitarbeiter (in einer Gruppe) mögen sich.
- Es besteht eine wohlwollende/positive Einstellung zum Arbeitgeber.
- Es wird gelacht.
- Die Mitarbeiter haben das Gefühl, gebraucht zu werden.
- Es wird nicht „auf die Uhr geguckt".
- Die Mitarbeiter (einer Gruppe) haben ein gleiches Verständnis von Werten und Normen.
- Man hilft sich gegenseitig.
- Man fühlt sich auch für die Kollegen verantwortlich.
- Fehler und Schwächen bei Kollegen werden respektiert und nicht ausgenutzt.

Diese (unvollständige) Liste von Beispielen zeigt deutlich, dass es immer um den Mitarbeiter geht: sein Verhältnis zu Kollegen und zum Arbeitgeber. Dieses Verhältnis ist jedoch stets informell, denn es entwickelt sich am Rande offizieller Regeln. Bewusst wurden „private Aktivitäten außerhalb der Arbeitszeit" nicht als Beispiel aufgeführt, denn es ist natürlich auch möglich, dass sich zwischen Einzelpersonen der Wunsch nach privaten Aktivitäten ergibt, obwohl oder gerade weil das Betriebsklima ansonsten als schlecht eingestuft wird.

Ergebnis informeller Prozesse

Ein gutes oder schlechtes Betriebsklima entsteht nicht durch einzelne Faktoren, sondern ist das Ergebnis aus dem Zusammenspiel vieler Faktoren. Durch die Kommunikation der Mitarbeiter untereinander erfolgt ein ständiger Abgleich dieser Faktoren. Je mehr Mitarbeiter dabei zu dem gleichen Ergebnis kommen, desto eindeutiger und nachhaltiger prägt sich das Bild vom Betriebsklima. Ein solches Betriebsklima ändert sich genauso langsam, wie es sich entwickelt hat. Denn wenn sich z.B. einmal die Einstellung durchgesetzt hat, dass sich Leistung nicht lohnt, bedarf es einer geduldigen und intensiven Arbeit durch das Management, um bei den Mitarbeitern wieder echte Leistungsmotivation zu erzeugen.

6.2 Unternehmenskultur

Veränderungsprozesse in Unternehmen und Organisationen haben immer auch einen Einfluss auf die Unternehmenskultur. Die Art der Leistungserbringung, die Organisationsstruktur, unternehmerische Visionen und Ziele, Leitbilder, offizielle und inoffizielle Regeln und Vorgaben sowie das Betriebsklima spiegeln sich in der Unternehmenskultur wider.

Unternehmenskultur und Betriebsklima stehen in einer engen Wechselbeziehung gegenseitiger Beeinflussung, denn die Unternehmenskultur prägt und beeinflusst das Betriebsklima.

Unternehmenskultur und Betriebsklima stehen in einer engen Wechselbeziehung

Ein Beispiel: Ein mittelständisches Unternehmen hat eine jährliche Fluktuationsquote von bis zu 20 Prozent beim Stammpersonal. Der Inhaber ist ein exzellenter und anerkannter Fachmann, menschlich jedoch nicht einfach: Fehler werden öffentlich und emotional geahndet, Mitarbeiter gelten als ersetzbar. Für ihn zählt nur das Produkt und der Kunde. Herr Klaasen, der neue Niederlassungsleiter, wird von einem Kollegen mit den Worten empfangen: „Ihren Namen merke ich mir erst, wenn Sie nach sechs Monaten immer noch da sind".

In diesem extremen Beispiel ist die Fluktuation Ausdruck des Betriebsklimas. Die eigentliche Ursache liegt jedoch in der vom Inhaber geprägten Unternehmenskultur. Sie wiederum wird mit geprägt durch die ständige Unruhe, die erhöhte Fehlerquote und die Belastungen, die sich aus der Fluktuation ergeben. Ein Teufelskreis ist entstanden.

Eine starke und positive Unternehmenskultur besteht, wenn die Mitarbeiter aus der Organisation Kraft und Rückhalt schöpfen können. Dann tragen die Mitarbeiter die Kultur und die Kultur trägt die Mitarbeiter.

Mitarbeiter sollten aus der Organisation Kraft und Rückhalt schöpfen können

6.3 Fehlerkultur

„Fehler sind Chancen zur Verbesserung. Den gleichen Fehler zwei- oder gar dreimal zu machen, ist jedoch ein grober Fehler und damit ein Problem." Diese Einstellung wird heute von vielen Führungskräften geteilt und gelebt, zumindest was die Fehlertoleranz betrifft. Die Schwierigkeit in der Praxis liegt meist woanders: im Umgang mit wiederholten Fehlern.

Ein Beispiel: In einem Unternehmen werden die Telefonlisten monatlich ausgewertet und vom Inhaber durchgesehen. Bei einer Mitarbeiterin, Frau König, fällt gelegentlich auf, dass der Umfang ihrer Privatgespräche einen kritischen Wert überspringt. Im Laufe der Jahre werden mit ihr darüber zwei Ge-

spräche geführt, in der Zwischenzeit wird ihr Verhalten geduldet bzw. nicht kritisiert und nicht angesprochen. Bei der Durchsicht der Dezember-Telefonliste „platzt dem Inhaber der Kragen"; er fühlt sich angesichts des Umfangs privater Gespräche von Frau König ausgenutzt und hintergangen. Die Situation eskaliert und es kommt zur sofortigen Kündigung ihres Arbeitsvertrages.

Sich wiederholende Fehler beharrlich und konsequent ansprechen

Unabhängig von der rechtlichen Bewertung soll verdeutlicht werden, dass beharrlich-konsequentes Führungsverhalten notwendig ist, soll die Wiederholung von Fehlern nicht in der Eskalation enden. Nur wenn Fehler auch bei ihrer Wiederholung konsequent benannt werden, kann der betreffende Mitarbeiter sie als Problem wahrnehmen und aus ihnen lernen. Dies muss das Ziel sein. Jeder Mensch hat ein Recht, aus Fehlern zu lernen – und jeder Mensch hat die Pflicht, dies auch zu tun. Doch es gibt auch Fehler, bei denen eine Eskalation schwer vermeidbar ist.

Doch auch überraschende oder heftige Reaktionen des Vorgesetzten auf Fehler und Fehlverhalten führen bei Mitarbeitern regelmäßig zu einem nicht gewünschten Verhalten. Derartige Reaktionen bewirken, dass Mitarbeiter aus Angst vor Fehlern keine Entscheidungen mehr treffen.

Angst vor Fehlern blockiert Motivation

Eine Kultur, die Fehler zulässt und alles dafür tut, dass sie sich möglichst nicht wiederholen, schafft das motivierende Klima, damit Entscheidungen angstfrei getroffen werden können. Die Erfahrung zeigt, dass in diesem Klima Entscheidungen gerade nicht leichtsinnig und unüberlegt getroffen werden, weil das den Mitarbeiter entgegengebrachte Vertrauen für sie auch eine Verpflichtung ist. Die meisten Mitarbeiter spüren diese Verpflichtung und nehmen sie an.

Jede Entscheidung bringt das Unternehmen und die Mitarbeiter voran, normalerweise näher an die Ziele, manchmal nur in der Erfahrung (bei falschen Entscheidungen). Mit dieser Erfahrung wird der Grundstock für zukünftig richtige Entscheidungen gelegt. Dies ist der entscheidende Unterschied zu Unternehmen, in denen durch inkonsequente Führung oder aus Angst vor Fehlentscheidungen Stillstand herrscht – mit Stillstand sind unternehmerische Ziele nicht zu erreichen.

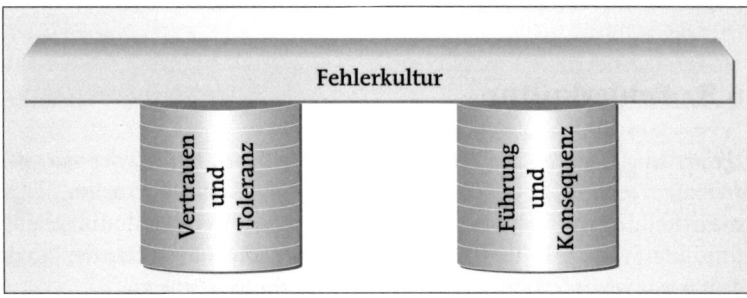

Abb. 6.1: Die zwei Säulen der Fehlerkultur

Sind beide Säulen nicht vergleichbar stark ausgeprägt, hat Ihre Fehlerkultur eine Schieflage.

7 Motivation durch Leistungsanreize

Der Fußballtrainer Otto Rehagel sagte einmal: *„Geld schießt keine Tore!"* Der Volksmund weiß: *„Geld regiert die Welt!"* Sind dies Widersprüche oder ist beides richtig? Das Wort „Geld" soll in diesem Zusammenhang zunächst als Äquivalent für Leistungsanreize allgemein angesehen werden. Auf die Wirkung von Vergütung im Besonderen wird gesondert eingegangen.

7.1 Was sind Leistungsanreize?

Zu unterscheiden ist in materielle und immaterielle Anreize.

Beispiele für materielle Anreize sind:	
• Arbeitgeberfinanzierte Direktversicherung	• Lohn und Gehalt
• Bahncard	• Prämien
• Exklusives Büro, exklusive Büroausstattung	• Sonderurlaub
• Firmenwagen	• Stock Options
• Gutscheine für Fitness-Center, Segelunterricht etc.	• Variable Vergütung
• Handy auf Firmenkosten	• Verbilligte oder kostenlose Getränke, Snacks, Mahlzeiten
• Incentives	• Weiterbildung unter bestimmten Umständen
• Kapitalbeteiligung am Unternehmen	• Zuschläge für bestimmte Arbeitszeiten

Beispiele für immaterielle Anreize sind:	
• Anerkennung, Lob	• Interessante Aufgabe
• Aufstieg, Karriere	• Kompetenzen, Verantwortung
• Eigenverantwortliche Arbeitsgestaltung	• Prestige, Einfluss
• Erfolgserlebnisse ermöglichen	• Soziale Anerkennung
• Förmliche Auszeichnung	• Statussymbole (persönlicher Parkplatz, besonderes Büro ...)
• Freie Arbeitszeitgestaltung	• Unterschriftsvollmachten
• Gutes Betriebsklima	• Zielvereinbarungen
• Individuelle Förderung der beruflichen Entwicklung	

Natürlich ist diese Aufzählung nicht vollständig. Besonders in der Boomzeit der New Enonomy wurden mit viel Kreativität immer neue, vor allem materielle Leistungsanreize geboren. Nicht immer wurde die Wirkungsweise von Leistungsanreizen ausreichend bedacht.

7.2 Motivatoren und Hygienefaktoren

Der Amerikaner Frederick Herzberg untersuchte die Wirkungsweise betrieblicher Leistungsanreize auf die Mitarbeiter mit der Fragestellung: *„Was motiviert Menschen bei der Arbeit?"*, bekannt als „Pittsburgh-Studie 1959". Er kam zu dem Ergebnis, dass alle Leistungsanreize in zwei Gruppen einteilbar sind: Motivatoren und Hygienefaktoren.
- **Motivatoren** tragen aktiv zur Zufriedenheit bei; sie motivieren zur Leistung und Leistungssteigerung.
- **Hygienefaktoren** beeinflussen nur den Grad der Unzufriedenheit; sie beeinflussen nur, wie viel Unzufriedenheit besteht, ob Leistung zurückbehalten wird oder ob „Normalleistung" erbracht wird.

Viele Leistungsanreize motivieren nicht, sondern beeinflussen nur den Grad der Unzufriedenheit

Die Ergebnisse seiner Arbeit haben auch heute noch eine große Praxisrelevanz. Sie verdeutlichen, dass viele betriebliche Leistungsanreize lediglich dazu beitragen, den Mitarbeitern wenig Grund zur Unzufriedenheit zu geben. Sie haben jedoch keinen Einfluss, ob besonders engagiert gearbeitet wird. Ein Beispiel soll dies verdeutlichen:

In einem neuen Verwaltungsgebäude wurden für die Mitarbeiter erstmalig auf jedem Flur stilvolle Pausenräume eingerichtet. Als besonderer Service wurden Automaten für Heißgetränke wie Kaffee, Tee, Espresso etc. zur kostenlosen Verfügung aufgestellt. Der Effekt dieser Maßnahme: Die Mitarbeiter begrüßten einhellig das kostenlose Getränkeangebot, die Pausenräume wurden intensiv genutzt, die Kommunikation zwischen den Mitarbeitern bekam einen neuen Impuls. Die vom Unternehmen erhoffte leistungsmotivierende Wirkung durch eine Verbesserung des Betriebsklimas blieb jedoch gänzlich aus.

Die folgende Tabelle veranschaulicht, welche Faktoren zu den Motivatoren und welche zu den Hygienefaktoren zu zählen sind:

Motivatoren fördern die Motivation zur Leistungserbringung über die Normalleistung hinaus:	Wenn die **Hygienefaktoren** nicht den Erwartungen entsprechen, sinkt die Leistungsbereitschaft wegen Unzufriedenheit unter das Normalniveau:
• Glücksgefühl eigener Leistung • Anerkennung • Interessante Aufgabe • Verantwortung • Persönliche und berufliche Entwicklung • Möglichkeiten zur Selbstverwirklichung	• Unternehmenspolitik, Verwaltungsrichtlinien • Kontrolle und Überwachung • Verhältnis zu Vorgesetzten, Kollegen und Mitarbeitern • Arbeitsbedingungen • Lohn und Gehalt • Status • Sicherheit

Abb. 7.1: Zweifaktorentheorie der Zufriedenheit nach F. Herzberg

Diese Darstellung verdeutlicht vor allem auch eines: Wenn Hygienefaktoren nicht den subjektiven Erwartungen der Mitarbeiter entsprechen, fördern sie aktiv deren Unzufriedenheit. Entsprechen sie den Erwartungen, dann besteht zwar kein Grund für Unzufriedenheit, doch sie tragen auf keinen Fall zu einer „Extraportion" Leistungsbereitschaft bei. Dies schaffen nur die Motivatoren. Werden allerdings Motivatoren von den Mitarbeitern vermisst, so sorgen sie wie die Hygienefaktoren für eine zunehmende Unzufriedenheit.

Leistungsfördernd wirken nur die Motivatoren

DIE ERWARTUNGSHALTUNG DER MITARBEITER IST DIE MESSLATTE FÜR ZUFRIEDENHEIT UND UNZUFRIEDENHEIT.

Bei jedem Menschen bestehen subjektiv andere Erwartungshaltungen. Dieses Anspruchsniveau der Mitarbeiter wird jedoch auch vom Unternehmen beeinflusst: Je mehr Sie anbieten, desto größer wird die Erwartungshaltung bei Ihren Mitarbeitern.

Im Klartext: Mitarbeiter, die in einer einfachen Arbeitsumgebung, ohne Statussymbole und mit verhältnismäßig niedrigem Entgelt arbeiten, können trotzdem engagiert dauerhaft gute Leistung erbringen, weil ihnen die Arbeit Spaß macht und sie sich fair behandelt fühlen. Warum? Jeder Mensch, jeder Mitarbeiter vergleicht seine Arbeitssituation ständig mit der von Kollegen, Nachbarn, Bekannten. Solange er bei diesem Vergleich zu dem Ergebnis kommt, dass er fair und gerecht behandelt und entlohnt wird, ist er zufrieden. Unzufriedenheit entsteht erst, wenn er die Verhältnisse als ungerecht zu seinem Nachteil wahrnimmt.

Unzufriedenheit entsteht, wenn die eigenen Verhältnisse im Vergleich mit anderen als nachteilig wahrgenommen werden

Ein Beispiel: Herr Hanke wird als neuer Abteilungsleiter der Logistik eingestellt. Durch den Wechsel des Arbeitgebers konnte er sein Gehalt deutlich verbessern und kann bei Erfolg mit einer zusätzlichen Prämie von 10 Prozent seines Jahresgehaltes rechnen. Herr Hanke ist außerordentlich zufrieden, die neue Arbeit bereitet ihm viel Freude. Er arbeitet sehr engagiert, erfüllt alle Erwartungen des Arbeitgebers und erhält am Ende des Jahres die vereinbarte Prämie in voller Höhe. Kurz darauf erfährt er zufällig, dass alle anderen Abteilungsleiter die doppelte Prämie erhalten haben. Obwohl ihr Fixgehalt vergleichbar ist, haben sie alle eine Vereinbarung über 20 Prozent. Nur durch die Kenntnis dieser Vergleichswerte fühlt sich Herr Hanke jetzt benachteiligt; die bis eben noch vorhandene außerordentliche Zufriedenheit wird durch die erste Enttäuschung belastet.

7.3 Motiviert Geld?

Nach F. Herzberg sind Lohn und Gehalt Hygienefaktoren und motivieren somit nicht zu besonderen Leistungen. Reinhard K. Sprenger plädiert für gute und faire Bezahlung (im Sinne eines fixen Entgelts) und lehnt variable Vergütung als kontraproduktiv ab. Allerdings ist bisher kein ge-

Nach F. Herzberg sind Lohn und Gehalt Hygienefaktoren

sicherter Nachweis bekannt, dass die Zahlung eines festen Entgelts auf überdurchschnittlichem Niveau zu einer höheren Motivation der Mitarbeiter und in der Folge zu einer höheren Leistung führt. Die Erfahrung vieler Betriebe belegt derzeit nur, dass überdurchschnittlich hohe Fix-Entgelte bei den Mitarbeitern zu entsprechend längerer Betriebszugehörigkeit führen. Verständlich, denn der Leidensdruck muss an anderer Stelle schon sehr hoch sein, um einen gut bezahlten Arbeitsplatz freiwillig aufzugeben.

Überdurchschnittlich hohe Fix-Entgelte führen bei den Mitarbeitern zu längerer Betriebszugehörigkeit

Die Entgeltpolitik im Unternehmen ist für jeden Mitarbeiter ein höchst wichtiges Thema mit großer betriebswirtschaftlicher Bedeutung. Losgelöst von den zum Teil widersprüchlichen Antworten und Empfehlungen aus Wissenschaft und Lehre erleben immer mehr Praktiker in kleinen und mittelständischen Unternehmen die besondere, motivierende Wirkung von variabler Vergütung.

Motivierende Wirkung von variabler Vergütung

GELD HAT EINE MOTIVIERENDE WIRKUNG, WENN DIE HÖHE DER ZAHLUNG VON DER LEISTUNG DES MITARBEITERS BEEINFLUSST WERDEN KANN.

Wir wachsen in einer (sozialen) Leistungsgesellschaft auf. Von der Kindheit an lernen wir, dass es sich lohnen soll, Leistung zu erbringen. Wir lernen z.B. auch, dass es für bestimmte Leistungen Geld gibt. Damit wird Geld bzw. Vergütung zu einem Anreiz, um Leistung zu erbringen. Das Motiv, Geld zu besitzen, ist nicht angeboren, sondern erlernt. Trotzdem ist es bei nahezu allen Menschen in unserer Gesellschaft recht ausgeprägt vorhanden. Im Arbeitsleben stehen sich Leistung und Vergütung als Tauschobjekte gegenüber. Der Wunsch, ausreichend Geld zu besitzen, motiviert uns, etwas zu leisten.

Seit der Kindheit lernen wir, dass es für besondere Leistungen eine Belohnung gibt

Darüber hinaus haben die meisten Menschen in Kindheit und Jugend bereits gelernt, dass es für besondere Leistungen eine Belohnung gibt. Dieses Verhalten zeigen bereits Kinder im Kindergarten, denn es wird von den meisten Eltern, Erziehern und Lehrern gefördert. Dieses Verhalten festigt sich bis ins Berufsleben hinein. Die Erfahrung, dass es für besondere Leistung eine besondere Anerkennung gibt, ist eine Grundlage für die Einführung variabler Vergütung. Dabei ist dem Einzelnen bewusst, dass Leistung auch immer das Risiko beinhaltet, dass das gewünschte Ergebnis nicht erreicht wird. Doch wir haben gelernt, dieses Risiko einzuschätzen und damit zu leben.

Auf der Basis dieser Lebenserfahrung sind viele Menschen bereit, in einem überschaubaren Rahmen Risiken einzugehen, um eine besondere Anerkennung zu erhalten. Anders ausgedrückt: Die meisten Mitarbeiter sind durch die Erziehung darauf vorbereitet und in der Lage, auf einen (kleinen) Teil von Sicherheit (Festgehalt) zu verzichten, wenn sie die reelle Chance erkennen, durch besondere Leistung eine besondere Anerkennung im Sinne variabler Vergütung zu erhalten. Werden die Risiken jedoch höher eingeschätzt als die Erfolgschance, muss mit Widerstand gerechnet werden.

Eine Sonderstellung bilden Personen mit sehr niedrigem Einkommen. Nicht immer sind die Arbeitsplätze in diesen Bereichen so gestaltet, dass die Mitarbeiter das Ergebnis ihrer Arbeit nachhaltig beeinflussen können. Ist ihre Leistung jedoch mess- oder bewertbar, weil sie z.B. nicht von einer Maschinenleistung abhängig ist, kann eine variable Vergütung nur als zusätzliches Entgeltangebot eingeführt werden. Jede Reduzierung des monatlichen Festentgeltes führt zu Demotivation und Widerstand, da existenzielle Sorgen entstehen.

Geld hat auf die meisten Menschen eine hohe Ausstrahlung. Richtig eingesetzt, kann es eine eindeutig motivierende Wirkung entfalten. Die stärkste motivierende Wirkung erzielt es, wenn es nicht als Anreizfaktor für größere Leistungen, sondern als Dank und Anerkennung für getane Arbeit verstanden wird. Die Erfahrung zeigt, dass der Dank von gestern elementar wichtig ist für die Leistung von morgen.

Geld als Dank und Anerkennung für getane Arbeit motiviert für die Leistung von morgen

7.4 Wirkungsdauer von Leistungsanreizen

Die Bedeutung äußerer Anreize unterscheidet sich auch nach ihrer Wirkungsdauer. In dieser Hinsicht lassen sie sich gut in kurz- und langfristig wirkende Anreize einteilen. Auffällig ist, dass die meisten materiellen Anreize eher kurzfristig wirken, während ein Großteil der immateriellen Anreize zu den langfristig wirkenden gezählt werden. Die nachfolgende Matrix verdeutlicht dies.

Materielle Anreize wirken eher kurzfristig

	Immaterielle Anreize	**Materielle Anreize**
Kurzfristig wirkend	• Status • Auszeichnung	• Gehaltserhöhung • Prämien, Incentives • Dienstwagen • Handy, Arbeitsplatz … • Sonderurlaub
Langfristig wirkend	• Führung • Zielvereinbarungen • Verantwortung • Karrierechancen • Teamarbeit	• Erfolgsorientierte Vergütung • Kapitalbeteiligung

Abb. 7.2: *Kurz- und langfristig wirkende Anreize*

Unternehmerische Ziele und die Wirkungsweise von Leistungsanreizen stehen in einem engen Zusammenhang. Sind kurzfristig Ziele zu erreichen, so kann dies nur mit kurzfristig wirkenden Maßnahmen gefördert werden; alle anderen Anreizformen wären viel zu spät wirksam. Andererseits darf keine Führungskraft auf langfristiges Engagement bei den Mitarbeitern hoffen, wenn sie lediglich mit kurzzeitig wirkenden Anreizen agiert. Der Gewöhnungseffekt z.B. an das höhere Gehalt, an den Dienstwagen oder das neue Statussymbol setzt meistens schnell ein. Werden diese betrieblichen Leistungen vom Mitarbeiter gar als „lange überfällig" angesehen, muss der motivierende Effekt solcher Anreize sogar in Frage gestellt werden. Kurzfristige Anreize werden bald zu einer Selbstverständlichkeit, auf deren Basis sich die nächsten Erwartungen bei den Mitarbeitern entwickeln. Mit anderen Worten, sie verschleißen sich. Sie fördern ein Klima, das da lautet: *„Wenn ich jenes bekomme, erbringe ich die gewünschte Leistung. Sonst nicht."*

Bei kurzfristigen Anreizen setzt meistens schnell ein Gewöhnungseffekt ein

Ganz anders die Situation bei den langfristig wirkenden Anreizen. Sie werden auch weniger als Anreize im Sinne des Wortes wahrgenommen. Diese Anreize geben dem Mitarbeiter das Gefühl, dass seine Leistung grundsätzlich geschätzt wird, dass er sich einbringen und verwirklichen kann, dass sein Beitrag zum Erfolg des Unternehmens honoriert wird. Solche Anreize sind für ihn die Anerkennung, dass sich Leistung lohnt, materiell genauso wie immateriell. Sie unterstützen ein Klima grundsätzlicher Leistungsbereitschaft und Leistungsfreude. Mit diesen Anreizen wird Motivation nicht erst geweckt, sondern bestätigt: *„Leistung lohnt sich."*

Langfristige Anreize unterstützen ein Klima grundsätzlicher Leistungsbereitschaft und Leistungsfreude

8 Zusammenfassung

20 Tipps zur Förderung der Motivation Ihrer Mitarbeiter

1. „Danke" ist die kostengünstigste Form der Anerkennung. Jeder Mensch freut sich über ein Danke, auch Sie. Werden Sie spendabel und sagen Sie gerade auch bei den sog. Selbstverständlichkeiten mal „Danke"!
2. Erfolgreich kann nur derjenige sein, der eine **individuelle Leistung** erbringen konnte. Geben Sie Ihren Mitarbeitern **Handlungsspielräume!**
3. Es gibt keinen immer richtigen und perfekten Führungsstil. Erfolgreiche Führungskräfte versuchen, **personen- und situationsbezogen angemessen** zu entscheiden und zu handeln.
4. Fähigkeiten und Fertigkeiten lassen sich aneignen, die **innere Einstellung** als Teil der Persönlichkeit ist kaum veränderbar. Bei der Bewerberauswahl ist deshalb die Entscheidung für die richtige Persönlichkeit wichtiger als die perfekte Qualifikation.
5. Fehler sind zwar ärgerlich, aber keine Schande, sondern eine **Chance.** Helfen Sie Ihren Mitarbeitern, aus Fehlern zu lernen.

6. Für den Fall, dass Eile geboten ist, dass schnell etwas wirksam werden soll: Schaffen Sie sich einen **Pool kurzfristiger Leistungsanreize!**
7. Für jeden Menschen ist das Einkommen eine der entscheidenden Größen, ob er im Vergleich zu anderen Personen zufrieden sein kann oder nicht. **Sorgen Sie für eine Entgeltstruktur, die Vergleichen standhält!**
8. Jeder Mitarbeiter kennt seinen eigenen Arbeitsplatz am besten. Nur er ist dort der Experte. **Nutzen Sie das Know-how Ihrer Mitarbeiter!**
9. Kein Mensch mag das Gefühl, unwichtig zu sein. Auch eine noch so einfache Arbeit hat ihren Sinn, denn sonst würde sie niemand einfordern. **Erklären Sie Ihren Mitarbeitern den Sinn ihrer Arbeit!**
10. Lernen und Lernbereitschaft gehören zu den wichtigsten Anforderungen an die Mitarbeiter. Sie prägen, was Ihre Mitarbeiter lernen sollen. Daher: **Seien Sie Ihren Mitarbeitern ein Vorbild!**
11. Neben Geld ist Zeit eines der wichtigsten materiellen Güter, das die Lebensqualität beeinflusst. Geben Sie Ihren Mitarbeitern möglichst **viel Zeitsouveränität!**
12. Nichts motiviert so sehr wie der Erfolg. **Ermöglichen Sie Ihren Mitarbeitern, erfolgreich zu sein!**
13. Nur wer das Lernen nicht verlernt hat, kann sich weiter entwickeln. Geben Sie Ihren Mitarbeitern die **Möglichkeit, sich immer wieder in neuen Situationen zu bewähren.**
14. Prämien und variable Vergütung sind die Mittel, die die Anerkennung von Leistung richtig „handfest" machen. Das gilt für den Unternehmer genauso wie für den Arbeiter. **Geben Sie Ihren Mitarbeitern die Möglichkeit, am Erfolg zu verdienen!**
15. Qualität hat ihren Preis, die Qualität Ihrer Mitarbeiter auch. **Bezahlen Sie Ihre Mitarbeiter fair und leistungsgerecht!**
16. Sie können nicht alles kontrollieren, doch Ihre Mitarbeiter können es durch Selbstkontrolle. **Schenken Sie Ihren Mitarbeitern Vertrauen!**
17. Sie wollen erfolgreich sein? Dann geben Sie Ihren Mitarbeitern die **Mittel für eine erfolgreiche Arbeit,** denn deren Erfolge sind auch Ihre Erfolge!
18. Verantwortung ist eine Frage der inneren Überzeugung und von Ehrlichkeit Ihnen gegenüber. **Respektieren Sie, wenn Ihre Mitarbeiter auch mal „Nein" sagen!**
19. Verantwortung motiviert und privat haben die meisten Menschen gelernt, Verantwortung zu übernehmen. **Geben Sie auch Ihren Mitarbeitern Eigenverantwortung!**
20. Was aus Ihrer Sicht eine Kleinigkeit sein mag, kann für den Mitarbeiter eine riesige Kraftanstrengung oder ein enormer Lernfortschritt gewesen sein. **Lernen Sie, Leistung aus Sicht der Mitarbeiter wahrzunehmen!**

Teil B

Bausteine zur Motivationsförderung

Motivation aus der Arbeit

Motivation durch Umfeldfaktoren

Motivation durch Mitarbeiterauswahl und -förderung

Motivation durch materielle Rahmenbedingungen

Es gibt immer mehrere Wege, die zum Ziel führen.
Nicht jeder Weg ist sinnvoll.
Doch was sinnvoll sein könnte, wissen Sie erst, wenn Sie Alternativen kennen.

Motivation aus der Arbeit

9 Arbeitsinhalte

Es macht keinen Sinn, sich um die Motivation der Mitarbeiter zu kümmern, wenn diese durch ihre Arbeit über- oder unterfordert sind. Jeder Versuch der Motivierung geht dann ins Leere. Mitarbeiter mit starker Motivation können Leistungen erbringen, die vorher nicht für möglich gehalten wurden, wenn der Schwierigkeitsgrad ihren Fähigkeiten und Fertigkeiten in etwa entspricht. Doch wenn Mitarbeiter über- oder auch unterfordert sind, führt dies zu einem Absenken ihrer Leistung. Für Über- oder Unterforderung gibt es eine Reihe gewichtiger Gründe:

- wirtschaftliche Zwänge des Bewerbers/Mitarbeiters
- Führungsmängel
- Organisationsverschulden
- Ehrgeiz

Über- oder unterforderte Mitarbeiter sind nicht zu motivieren

Die Arbeitsinhalte gehören nach Frederick Herzberg zu den wichtigen Motivationsfaktoren. Sie sind es, die wesentlich zur Zufriedenheit und Motivation eines Mitarbeiters beitragen oder den Arbeitsplatz für einen Bewerber attraktiv erscheinen lassen. Was können Sie tun, damit die Arbeitsinhalte keine Über- oder Unterforderung auslösen?

Die Arbeitsinhalte gehören zu den wichtigen Motivationsfaktoren

9.1 Passen Arbeitsplatz- und Mitarbeiterprofil zusammen?

Je größer ein Betrieb oder eine Organisation wird, desto ausgeprägter wird der Grad der Spezialisierung auf den einzelnen Arbeitsplätzen. Dazu gibt es Untersuchungen, die belegen, dass bis zu einem bestimmten Grad an Spezialisierung die Leistung steigt, ohne dass das Interesse an der Tätigkeit sinkt. Es scheint so zu sein, dass die Mitarbeiter eine Spezialisierung als Steigerung ihres Wertes für den Betrieb empfinden. Sie fühlen sich nicht einfach austauschbar, sondern erleben, wie sie mit ihrem besonderen Know-how tagtäglich gebraucht werden. Das steigert das Selbstwertgefühl, die Verantwortung und Loyalität und damit die Bereitschaft, sich voll einzusetzen – denn sonst kann es ja kein anderer.

Mit zunehmender Spezialisierung der Tätigkeit steigt auch das Selbstwertgefühl der Mitarbeiter

Als Spezialisierung gilt sowohl die Konzentration auf einen bestimmten Fachbereich als auch die Konzentration auf eine Managementaufgabe. Von einem Mitarbeiter beides zu erwarten, scheitert in aller Regel.

Ein Beispiel: *Herr Lange, Inhaber eines mittelständischen Betriebes, beschäftigt in der Softwareentwicklung 8 Spezialisten. Einer von ihnen, Herr Krabusch, ein junger Mann und erst seit zwei Jahren im Unternehmen, ist* *gleichzeitig Gruppenleiter, wobei die Leitungsfunktion knapp die Hälfte seiner Arbeitszeit beansprucht. Aufgrund von Problemen in einem Entwicklungsprojekt vereinbaren Herr Lange und Herr Krabusch, dass Herr Krabusch für einige Monate die Führungsarbeit völlig hinten anstellt und sich auf die Entwicklungsarbeit konzentriert. Sechs Monate später ist das Projekt erfolgreich zu Ende geführt, doch Herr Krabusch muss jetzt feststellen, dass er die Akzeptanz als Führungskraft in seinem Team verloren hat. Auch in der Wahrnehmung von Herrn Lange hat sich bestätigt, dass Herr Krabusch als Spezialist zwar gut ist, doch als Führungskraft nicht überzeugend. Die nachfolgenden Gespräche führen nach einigen Monaten zu einer einvernehmlichen Trennung.*

Dieses Beispiel verdeutlicht mehrere Erkenntnisse:

- Eine Führungskraft (befristet) von ihrer Führungsaufgabe zu entbinden, ist ein sehr starkes Signal an das Umfeld. Dieser Schritt muss gut überlegt sein, denn oft gibt es im selben Betrieb kein Zurück.
- In der beruflichen Entwicklung gibt es einen wichtigen Entscheidungsknoten: „*Bleibe bzw. werde ich Spezialist oder werde ich Führungskraft?*" Beides zugleich scheitert meistens.
- Eine Lösungsmöglichkeit für diese Dilemmata wäre der (befristete) Einsatz als Projektleiter. Als Projektleiter kann ein Mitarbeiter seine Führungsqualitäten ausprobieren und schulen. Dabei ist es in der Regel für alle kein Problem, wenn dieser Mitarbeiter zwischendurch auch einfaches Projektmitglied ist, weil die Projektplanung gerade keine andere Möglichkeit zulässt.

Spezialisierte Fachfunktionen und Führungsaufgaben sind in der Regel nicht miteinander vereinbar

Abgleich zwischen Anforderungen und Qualifikationen

Die Unternehmensleitung sollte sich daher im Vorfeld überlegen, welches die Anforderungen sind, die der Mitarbeiter oder Bewerber für die anstehenden Aufgaben zu bewältigen hat. Der Abgleich zwischen Anforderungen und Qualifikationen erfolgt auf vier Ebenen:

- **Welche Qualifikationen sind nötig?** Hier geht es um Ausbildung, Studium, Zusatzqualifikationen, Weiterbildung, Sprachkenntnisse, technisches und/oder kaufmännnisches Verständnis, PC-Erfahrung etc.
- **Welche Umfeldfaktoren bestimmen die Arbeit?** Vielseitigkeit, Monotonie, Stress, Chaos, Beschwerden, Reklamationen, Konflikte, Dienstreisen, körperliche Belastung, Lärm, Kälte, Hitze etc.
- **Welche Persönlichkeit wird für die Aufgabe benötigt?** Zu klären sind Teamverhalten, Führungskompetenz, Durchsetzungskraft, Kreativität, Flexibilität, Sicherheitsbedürfnis, Zuverlässigkeit, Rhetorik, Überzeugungskraft, Beharrlichkeit, Belastbarkeit, Freundlichkeit etc.
- **Passen die Erwartungshaltungen zusammen?** Jeder Mitarbeiter verbindet eine Aufgabe mit Erwartungen wie Selbstständigkeit, Freiräumen, wenig oder viel Verantwortung, Routinearbeit, Karrierebausteinen, (kaum) Kundenkontakt, sicherem Arbeitsplatz etc. Die Erwartungshaltungen des Unternehmens sind ähnlich vielschichtig, konzentrieren sich jedoch meistens auf die aktuelle Aufgabenstellung.

Genauso wichtig ist jedoch, die Erwartungshaltungen vorausschauend zu vergleichen für den Fall, wenn sich die Aufgabe im Rahmen der Entwicklung des Unternehmens verändert. Denn das eigentliche Problem von Über- oder Unterforderung entsteht erst durch Veränderungen am Arbeitsplatz und/oder durch Weiterentwicklung des Mitarbeiters.

9.2 Ausgewählte Einzelprobleme

9.2.1 Verantwortung

Viele Untersuchungen belegen, dass die meisten Mitarbeiter mehr Verantwortung übernehmen wollen, dass Verantwortung motivierend wirkt. Für viele Mitarbeiter mag dies stimmen, aber eben nicht für alle. Dies hat nichts mit Intelligenz oder Qualifikationsniveau zu tun, sondern vielmehr mit der inneren Einstellung der Personen.

Verantwortung kann, muss aber nicht notwendig motivierend wirken

Zwei Beispiele sollen dies verdeutlichen:

Herr Grube, ein älterer Mitarbeiter ohne Ausbildung, arbeitet seit vielen Jahren als Teileeinleger in Wechselschicht an ein und derselben Tiefziehpresse, sehr zuverlässig, ohne jede Beanstandungen. Im Zuge der Modernisierung wird die Presse ersetzt, wobei sich der Arbeitsplatz grundlegend ändert. Das Einlegen der Teile und der Stanzvorgang erfolgen automatisch, die Arbeit konzentriert sich jetzt auf den Umbau und die Einrichtung der Maschine, auf den Materialfluss im Umfeld und die Überwachung der Presse. Obwohl Herr Grube intensiv eingearbeitet wurde, ist er mit dem abwechslungsreichen neuen Arbeitsplatz gar nicht zufrieden. Sein Argument: Früher konnte ich so schön abschalten und von meinem Urlaub träumen, heute muss ich ständig aufpassen und bekomme Ärger, wenn etwas nicht funktioniert.

Frau Dörgul arbeitet als angelernte Vorverpackerin in einer Backwarenfabrik. Die Einführung von Teamarbeit bietet ihr erstmalig die Chance, zunächst für einen begrenzten Zeitraum die Arbeitseinteilung und Organisation für das gesamte Team zu übernehmen. In dieser Aufgabe zeigt sie so viel Engagement, Kompetenz und Fingerspitzengefühl, dass von allen Mitarbeitern beschlossen wird, ihr diese Aufgabe dauerhaft zu übertragen, obwohl diese vorher auf Meisterebene angesiedelt war.

Ähnlich gelagerte Beispiele gibt es auch für Ingenieure, Kaufleute und andere Akademiker. Es lässt sich eben nicht pauschal sagen, dass mehr Verantwortung am Arbeitsplatz auch motivierend wirkt. Beachten Sie daher:
- Will der Mitarbeiter (mehr) Verantwortung übernehmen? Kennen Sie seine Erwartungen?
- Ist der Mitarbeiter aufgrund seiner Qualifikation und seiner Erfahrung in der Lage, die Verantwortung zu tragen?
- Sind die Rahmenbedingungen fair und geeignet, um die Verantwortung auf den Mitarbeiter übertragen zu können?

Fragen hinsichtlich der Delegation von Verantwortung

9.2.2 Selbstständigkeit

Die Frage der Selbstständigkeit am Arbeitsplatz beinhaltet die Bereiche
- Arbeitseinteilung
- Zeiteinteilung und
- Problemlösung.

Wie bei der Verantwortung wird von jedem Menschen ein anderer Grad von Selbstständigkeit angestrebt. Leistungserwartung des Betriebes und Zufriedenheitsgrad des Mitarbeiters können dabei im Widerspruch stehen. Wiederkehrende, schematische Arbeiten erlauben eine starke Arbeitsteilung mit entsprechenden Vorgaben in Zeit und Ablauf, wie sie seit der Industrialisierung durch Henry Ford praktiziert wurden und werden. Ausgeprägte Arbeitsteilung führt dagegen zu Monotonie und Entzug von Selbstständigkeit.

Ausgeprägte Arbeitsteilung führt zum Entzug von Selbstständigkeit

Kleinere Unternehmen in der Wachstumsphase erleben die Veränderung durch Arbeitsteilung oft sehr deutlich. So haben viele IT-Start-Ups in der New-Economy-Phase festgestellt, dass es eine kritische Organisationsgröße gibt, ab der Arbeitsteilung deutlich verstärkt werden sollte. Diese kritische Organisationsgröße ist dann erreicht, wenn die Gründer und Inhaber nicht mehr jeden Arbeitsplatz im Detail kennen und die geleistete Arbeit beurteilen können. Das genau ist der Moment, in dem Regeln und Standards eingeführt werden, indem über Zeit- und Zielvorgaben gesprochen wird und über Kontrollmechanismen. Formalismen dieser Art sind zur Sicherstellung von Abläufen und Qualität vielfach notwendig und Teil eines Managementsystems.

Doch jeder Führungskraft muss bewusst sein, dass diese Formalismen in die mit einem Arbeitsplatz verbundene Selbstständigkeit der Mitarbeiter eingreifen. Generell gilt:

Ausgewogenheit von Standardisierung und Selbstständigkeit sichern

- Setzen Sie Standards, die Ihre Erwartung in Qualität, Zeit und Menge verdeutlichen, am besten durch Vereinbarung.
- Stellen Sie sicher, dass die Mitarbeiter genügend Handlungsspielräume haben, um individuell arbeiten zu können.
- Entwickeln Sie Kontrollmechanismen, die eine Einhaltung dieser Standards transparent machen, ideal im Wege der Selbstkontrolle.
- Überlassen Sie es Ihren Mitarbeitern, wie sie ihre Arbeit einteilen, solange sie die Standards einhalten.

9.2.3 Arbeitsplätze anreichern

In diesem Zusammenhang tauchen immer wieder zwei Begriffe auf:

Mehr desselben

- **Job Enlargement** bedeutet schlicht, dass ein Mitarbeiter nicht nur eine Maschine überwacht, sondern jetzt zwei, nicht nur die Lieferscheine aus Niedersachsen prüft, sondern jetzt mit einer Kollegin auch die aus Hessen. Das ist nur mehr desselben, die Spezialisierung bleibt.

Neue und andersartige Aufgaben

- **Job Enrichment** steht für Anreicherung der Arbeit durch neue und andersartige Aufgaben. Hier geht es um De-Spezialisierung, meistens umgesetzt durch zusätzliche Aufgaben in der Prozesskette. Der Mitarbeiter betreut jetzt nicht nur die Maschine, sondern steuert auch den Materialfluss und führt die Qualitätskontrolle seiner Teile durch. Der Mitarbeiter prüft jetzt nicht nur die Lieferscheine, sondern bucht die Lieferungen auch im Warenwirtschaftssystem, überwacht den Lagerbestand und löst Bestellanforderungen aus.

Diese Anreicherung der Arbeit führt für den Mitarbeiter, sofern er sie will und dafür die Eignung mitbringt, zu einer Verbesserung seiner Arbeitsqualität. Er spürt, dass er für seinen Betrieb wertvoller geworden ist und dass man ihm etwas zutraut.

9.2.4 Abwechslung am Arbeitsplatz

Arbeitsplätze, die vielseitig sind, aber auch Routineaufgaben „zum Abschalten" enthalten, gelten für viele Mitarbeiter als attraktiv. Verschiedene Untersuchungen wie die Erfahrung aus der Praxis bestätigen einhellig, dass ein Mix aus kreativer und routinemäßiger Arbeit die Leistungsbereitschaft der Mitarbeiter fördert.

Eine Mischung aus kreativer und routinemäßiger Arbeit fördert die Leistungsbereitschaft

Dabei scheint es nicht so wichtig zu sein, ob die Routinearbeiten den kleineren oder größeren Anteil ausmachen, solange keine Extremwerte erreicht werden. Entscheidend ist der zur jeweiligen Person passende Mix. Unter Berücksichtigung des Qualifikationsniveaus und des Anspruchs an die eigene Arbeit lassen sich daraus zwei Erkenntnisse gewinnen:

- Mitarbeiter, die überwiegend für Routinetätigkeiten eingesetzt werden, suchen die Abwechslung. Wenn sie die am Arbeitsplatz nicht finden, verlagern sie ihr Kreativpotenzial mit ihrem gesamten Engagement in private oder ehrenamtliche Aktivitäten. Schleift sich diese Einteilung über viele Jahre ein, wird es sehr schwer, das Kreativpotenzial dieser Mitarbeiter wieder für den Betrieb zurückzugewinnen.
- Mitarbeiter, die auf höchstem Niveau arbeiten, schätzen die Abwechslung durch Routineaufgaben. Eingeschobene Routine ist ideal, um Abstand zu gewinnen und/oder sich auf eine neue Herausforderung gedanklich einzustellen.

9.2.5 Jobrotation

Jobrotation wird das gezielte Kennenlernen verschiedener Arbeitsplätze in einem Betrieb genannt. Typischerweise erfolgt dies im Rahmen eines Personalentwicklungsprogramms für ausgewählte Personen, die besonders gefördert werden sollen. Die Tätigkeit an einem Arbeitsplatz dauert je nach Konzept und Ziel des Programms zwischen 3 und 24 Monaten.

Gezieltes Kennenlernen verschiedener Arbeitsplätze in einem Betrieb

Jobrotation wird in Großunternehmen und Behörden umfassend praktiziert, ist jedoch für mittelständische und kleinere Betriebe durch den hohen Einarbeitungsaufwand und die mit den Wechseln verbundene Unruhe wenig attraktiv. Die stärkste Verbreitung findet Jobrotation in Traineeprogrammen für Absolventen der Hoch- und Fachhochschulen. Ebenso ist es in vielen Konzernen Teil eines Personalentwicklungsprogramms für Führungskräfte.

9.2.6 Projekte

Projekte gehören zu den interessantesten und effektivsten Instrumenten, um einen Arbeitsplatz vielseitiger und attraktiver zu machen. Das Ziel ist, dass mehrere Mitarbeiter ihre Kompetenz und Erfahrung einbringen, um ein betriebliches Problem im Konsens zu lösen.

Die Vorteile von Projektarbeit:

- In den Projekten arbeiten die Mitarbeiter mit, die auch mit dem zu lösenden Problem zu tun haben. Jeder weiß, worüber er redet und jeder hat einen Vorteil, wenn das Problem gelöst ist. Damit ist Projektarbeit qualifikations- und hierarchieunabhängig.
- Je attraktiver und einmaliger die Projektaufgabe ist, umso mehr besteht die Chance, dass die Berufung in ein Projektteam vom Mitarbeiter als besondere Wertschätzung aufgefasst wird.
- Projektteams sind soziale Gebilde, die Identifikation und Zusammengehörigkeit fördern. Das gemeinsame Arbeiten, das Ziel und die (Teil-)Erfolge schweißen zusammen und machen stark und selbstbewusst.
- Sie erleben Ihre Mitarbeiter in einer Projektgruppe neu. Die üblichen Rituale sind aufgehoben, das Arbeitsklima ist anders, die Aufgabe neu und vielleicht auch ungewohnt: Projektarbeit bietet die Chance, neue und/oder andere Potenziale zu erkennen als im betrieblichen Alltag.
- Projektgruppen sind Lerngruppen. Das Lernen vollzieht sich dabei auf fachlicher, methodischer und sozialer Ebene, ohne teure Seminare.
- Projektarbeit beinhaltet die Chance, einen externen Experten oder einen externen Moderator zu engagieren. Sie erreichen dadurch einen Know-how-Transfer vom Externen zu Ihren Mitarbeitern, intensiver und umfassender als in jedem Seminar. Gleichzeitig lösen Sie ein betriebliches Problem.

Die Nachteile von Projektarbeit:

- Die Lösungsfindung dauert meistens länger, als wenn Sie diese alleine oder in einer Mini-Gruppe von oben vorgeben. Allerdings: In vielen Fällen fressen die Umsetzungs- und Akzeptanzprobleme diesen Zeitgewinn sehr schnell wieder auf.
- Mitarbeiter, die in Projektgruppen erkennen und erfahren, dass sie mehr können, als bisher von ihnen gefordert wurde, werden selbstbewusster und stellen Ansprüche.
- Projektgruppen kommen manchmal zu Ergebnissen, die Sie nicht erwartet haben oder die Ihnen nicht gefallen. Diese Ergebnisse „vom Tisch zu wischen" hat nachhaltige Auswirkungen auf die Leistungsbereitschaft der Beteiligten und wird auch von anderen Mitarbeitern registriert. Sie werden daher nicht umhin kommen, sich intensiv und argumentativ mit diesen Ergebnissen offen auseinander zu setzen.
- Projekte sind meistens eine Zusatzaufgabe und damit für einige auch eine Zusatzbelastung.

9.2.7 Verbesserungsvorschläge

Wie viele Verbesserungsvorschläge werden jährlich von jedem Ihrer Mitarbeiter eingereicht? Wie viele werden davon umgesetzt? Wie lange dauert es bis zur Umsetzung? Welchen Vorteil bringen diese Vorschläge aus betriebswirtschaftlicher Sicht? Was haben die Mitarbeiter davon?

Verbesserungsvorschläge sind die einfachste, schnellste und effektivste Möglichkeit, das Know-how Ihrer Mitarbeiter umfassender zu nutzen und das Mitdenken am Arbeitsplatz zu fördern. Leider sieht es in dieser Beziehung in vielen Betrieben nicht gut aus. Dabei ist längst erwiesen, dass Mitarbeiter, die über Verbesserungen in ihrem Arbeitsumfeld nachdenken,

Einfachste, schnellste und effektivste Möglichkeit, das Know-how der Mitarbeiter umfassender zu nutzen

- engagierter sind,
- mehr auf Qualität und/oder Output achten,
- weniger Fehler machen,
- sich stärker mit ihrer Arbeit identifizieren.

Doch die Zahl und Qualität der Verbesserungsvorschläge wird nur steigen, wenn
- Vorschläge, Ideen und Veränderungen Bestandteil Ihrer Unternehmenskultur und somit erwünscht sind,
- Vorschläge nicht durch die Eitelkeit einzelner Vorgesetzter abgewürgt werden, nach dem Motto: „Eine Idee, die nicht von mir kommt, ist keine gute Idee."
- Vorschläge nicht als Kritik an Vorgesetzten und Fachleuten begriffen werden, nach dem Motto: „Wieso sind die nicht darauf gekommen?"
- die Bereitschaft, Vorschläge einzureichen, nicht unter den Hürden der Bürokratie erstickt,
- ein Vorschlag schnell bearbeitet wird, gerechnet in Tagen, nicht in Wochen oder gar Monaten,
- jeder Vorschlag anerkannt wird, auch zunächst unsinnig erscheinende Vorschläge.

9.2.8 Qualitätszirkel, KVP

Qualitätszirkel oder in der modernen Form KVP-Gruppen (KVP = Kontinuierlicher Verbesserungsprozess) beinhalten den kompletten Prozess von der Problemstellung bis zur Lösungsfindung, manchmal auch die Umsetzung selbst. Anders als beim klassischen Vorschlagswesen kommen hier gezielt mehrere Personen zusammen, um zu einem bestehenden Problem gemeinsam eine Lösung zu suchen. Zu ihrer Aufgabe gehört es auch, die Umsetzbarkeit der Lösung zu klären und zumindest die Umsetzung zu initiieren.

Gezielter Problemlösungsprozess

Natürlich sind solche Arbeitsgruppen zunächst einmal aufwändiger hinsichtlich Organisation und Zeitbedarf, weil meistens 5 und mehr Personen während der Arbeitszeit in einer oder mehreren Sitzungen nach Problemlösungen suchen. Doch die Vorteile überwiegen:
- Es erfolgt eine gezielte Problemlösung, denn es werden die Themen bearbeitet, die aktuell von Bedeutung sind.
- Die Lösungsvorschläge sind nicht nur Ideen, sondern sie werden gleich auf ihre Umsetzbarkeit geprüft.
- Mehrere Personen entwickeln eine höhere Kreativität in der Lösungsfindung als eine Einzelne.

- Es bearbeiten und bewerten die Personen den Lösungsvorschlag, die im Betriebsalltag auch von dem Problem direkt betroffen sind.
- Gute Arbeitsgruppen sind eine Bereicherung zur Tagesroutine.
- Arbeitsgruppen fördern den Know-how-Transfer zwischen den Mitarbeitern, fördern Lernbereitschaft, Problembewusstsein und Lösungsorientierung.
- In der Gruppenarbeit entwickeln sich soziale Bindungen, die das Betriebsklima und die Zusammenarbeit verbessern.
- Bürokratie in der Abwicklung ist auf ein Minimum reduziert.

In Arbeitsgruppen geleistete Arbeit muss anerkannt werden

Die Mitarbeit in Arbeitsgruppen wird jedoch nur dann dauerhaft erfolgreich und für die Mitarbeiter motivierend sein, wenn Sie die dort geleistete Arbeit auch als Arbeit respektieren und anerkennen. Bemerkungen wie „*Schon wieder so eine Besprechung, die nichts bringt*" oder „*Wann arbeiten Sie mal wieder?*" untergraben zielsicher jedes Engagement für Verbesserungen und Veränderungen.

9.2.9 Besprechungen

In manchen mittelständischen Betrieben herrscht eine Abneigung gegenüber Besprechungen, da sie als unproduktive Zeit gelten. Doch Besprechungen sind keine unproduktive Zeit, sie werden aber oft unprofessionell geleitet. Dadurch erst werden sie unproduktiv, langweilig, demotivierend und abgelehnt. Sind Besprechungen kein Forum für Vielredner und werden sie bedarfsgerecht durchgeführt, dienen sie nicht nur der Lösungsfindung, sondern verbessern auch das Betriebsklima.

9.2.10 Einarbeitung

„*Der soll erst mal zeigen, was er kann ...*" beschreibt die Erwartungshaltung, die der Inhaber einer mittelständischen Bäckerei nach zwei Tagen an den neuen Backstubenleiter hatte. Mit diesen Worten war die Einarbeitung so gut wie abgeschlossen. Nach vier Monaten war auch der Arbeitsvertrag beendet, „*weil der Neue es nicht gebracht hat*".

Kriterien einer erfolgreichen Einarbeitung

Folgende Punkte sind für eine erfolgreiche Einarbeitung wichtig:
- Klären und benennen Sie Ihre Erwartungshaltung an den neuen Mitarbeiter. Seien Sie konkret, nennen Sie klare Ziele und benutzen Sie keine Phrasen.
- Erstellen Sie eine Checkliste zur organisatorischen Vorbereitung des ersten Arbeitstages. Je professioneller Sie sich als neuer Arbeitgeber präsentieren, umso mehr bestätigen Sie dem neuen Mitarbeiter, dass auch seine Entscheidung richtig war. Mit dieser Grundstimmung fallen kleine Missgeschicke nicht mehr so ins Gewicht.
- Planen Sie den ersten Arbeitstag, die erste Arbeitswoche und grob auch den ersten Arbeitsmonat für Ihren Mitarbeiter. Auch wenn Ihr neuer Mitarbeiter eine sehr erfahrene Kraft ist: In Ihrem Betrieb ist er jetzt ein Anfänger und braucht zunächst Information, Vorgaben, Unterstützung und Beratung.

- Konzentrieren Sie auf keinen Fall die Informationsflut auf den ersten oder die ersten beiden Tage. Jeder Mensch braucht Zeit, um Informationen zu verarbeiten.
- Behalten Sie in den ersten Wochen und Monaten eine enge Tuchfühlung zu Ihrem neuen Mitarbeiter, auch wenn Sie eigentlich keine Zeit haben. Sie müssen jederzeit wissen, wie die Einarbeitung vorangeht und spüren, ob Sie irgendwo eingreifen müssen. Schließlich steht auch bald die Probezeitbeurteilung an.
- Ein chinesisches Sprichwort lautet sinngemäß: *„Wenn Du jemanden einstellst, vertraue ihm. Wenn Du ihm nicht vertraust, stelle ihn gar nicht erst ein."* Fachliche Qualifikation kann diesen Punkt nicht aufwiegen.

Vertrauen ist wichtiger als fachliche Qualifikation

9.2.11 Wirtschaftliche Zwänge des Bewerbers/Mitarbeiters

Einen Arbeitsplatz des Geldes wegen anzunehmen, ist in Zeiten hoher Arbeitslosigkeit für viele Menschen unvermeidbar. Diese Motivlage ist sicher nicht die ideale Voraussetzung, um betriebliche Höchstleistungen zu erreichen. Doch es darf einfach nicht übersehen werden, dass vielfach private wirtschaftliche Zwänge die Ursache sind, irgend eine Arbeit aufzunehmen. Da inzwischen auch viele hoch qualifizierte Menschen, vom Facharbeiter bis zum Topmanager, dem Arbeitsmarkt zur Verfügung stehen, ist die Gefahr und die Notwendigkeit, dass eine unterfordernde Arbeit angenommen wird, in dieser Gruppe besonders groß.

Solange Sie in Ihrem Betrieb Perspektiven haben in Form von Aufgaben, Projekten, Problemen, Verantwortung, Veränderung etc., so lange können Sie diesen Mitarbeitern eine Entwicklung anbieten, die sie aus der Unterforderung befreit. Nutzen Sie das Potenzial, das in diesen Mitarbeitern steckt, denn

Potenzial der Mitarbeiter ausschöpfen

- sie wollen arbeiten und etwas leisten, aber nicht aufgeben,
- sie sind flexibel und anpassungsbereit,
- sie haben Leistungsreserven, die genutzt werden wollen.

9.3 Arbeitsorganisation

„Dieses Chaos muss ich mir nicht länger antun. Ich suche mir einen neuen Job!" Arbeitsabläufe zu organisieren ist eine der grundlegenden Aufgaben, damit ein Betrieb funktionieren kann. Folgende Aspekte stehen im Vordergrund und Sie selber bestimmen anhand Ihrer Antworten, ob Sie einen Veränderungsbedarf haben oder nicht:

- **Arbeitsablauf:** Wie transparent und einfach ist der Arbeitsprozess?
- **Hierarchie:** Lähmt oder fördert die Hierarchie Ihre Abläufe?
- **Schnittstellen:** Wer ist (interner) Kunde, wer ist (interner) Lieferant?
- **Stellenklarheit:** Kennt jeder Mitarbeiter seine Aufgaben?
- **Verantwortung:** Sind Durchführender und Verantwortlicher identisch?

Wie effektiv ist Ihre Organisation?

- **Störungen:** Wo greift Selbsthilfe, wie ist Fremdhilfe organisiert?
- **Vertretung:** Sind die Arbeitsabläufe im Vertretungsfall sicher?
- **Verwaltung:** Sie ist kein Selbstzweck – hat sie das richtige Maß?

Je kleiner der Betrieb, desto weniger ist es notwendig, diese Punkte ausführlich schriftlich zu regeln. Doch egal, wie klein oder groß der Betrieb ist, es ist lebensnotwendig, diese Punkte praxisnah zu regeln, wenn nicht immer wieder mit erheblichen Ablaufstörungen gekämpft werden soll. Wenn Mitarbeiter Fehler machen, heißt es oft und berechtigt: *„Zweimal der gleiche Fehler ist einer zu viel!"*

Unklare Organisation verursacht konstante Fehlerquellen und damit hohe Reibungsverluste

Doch Organisationen weisen durch unklare, fehlende oder falsch geregelte Abläufe eine wesentlich höhere Quote der Fehlerwiederholung auf, welche die Belastungsfähigkeit und das Improvisationsvermögen der Mitarbeiter völlig unnötig auf die Probe stellt. Die Folgen sind Aufregung, Ärger, Stress, Frustration, Resignation bis hin zu dauerhaften Verstimmungen und Spannungen zwischen Mitarbeitern und ganzen Abteilungen, von betriebswirtschaftlichen Auswirkungen ganz zu schweigen.

9.4 Die Bedeutung der Arbeitsinhalte

Kennen Sie die Arbeit Ihrer Mitarbeiter?

„Kennen Sie die Arbeit Ihrer Mitarbeiter?" Die Antwort in der Praxis lautet nicht immer „Ja". Doch es gibt mindestens drei Standardsituationen, bei denen Sie sich dieser Frage stellen müssen:
- Wenn Sie einen neuen Mitarbeiter einstellen.
- Wenn Sie die Leistung zum Ende der Probezeit beurteilen.
- Wenn Sie ein Arbeitszeugnis schreiben.

Wenn z.B. der Inhaber eines kleinen Betriebes die Meinung vertritt, dass es *„ihn nicht interessiere, wie seine Leute das machen, Hauptsache auf der Baustelle werde Geld verdient"*, zeigt er wenig Wertschätzung für die Arbeit seiner Mitarbeiter. Die Details der Arbeit scheinen unwichtig zu sein. Ein anderes Beispiel: Der einzige Drucker im Büro ist defekt und obwohl weder er noch seine Mitarbeiterin eine Alternative haben, um Bestellungen, Angebote, Lieferscheine und Rechnungen zu drucken, ist die einzige Reaktion des Chefs: *„Das interessiert mich jetzt nicht."* Der Stress für den Inhaber mag noch so groß sein, diese Antworten werden früher oder später von jedem Mitarbeiter registriert und sie stellen sich die Frage: *„Warum sollen für mich Details wichtig sein, wenn sie es für meinen Chef auch nicht sind?"* Die realen Auswirkungen in dem Betrieb sind nachweisbar schlechte Arbeit, Reklamationen, Trödelei und finanzielle Verluste.

Den Mitarbeitern das Gefühl vermitteln, dass ihre Arbeit wichtig ist

Wirklich gute Arbeitsergebnisse erhalten Sie nur, wenn die Mitarbeiter ihre Arbeit als wichtig ansehen. Sie können ihnen helfen, dieses Ziel zu erreichen:
- Vermitteln Sie Ihren Mitarbeitern jeden Tag aufs Neue das Gefühl, dass ihre Arbeit wichtig ist, dass es sehr darauf ankommt, was sie machen und wie sie es machen.

Die Bedeutung der Arbeitsinhalte 63

- Entwickeln Sie gemeinsam mit Ihren Mitarbeitern ein Bewusstsein, für wen und weshalb die Arbeit wichtig ist. Dies macht langweilige und eintönige Arbeit zwar nicht spannender, doch sinnvoller und damit erträglicher.
- Erklären Sie Ihren Mitarbeitern die Auswirkungen, wenn bestimmte Details der Arbeit vernachlässigt werden.
- Fragen Sie sich, welche Bedeutung die Arbeit für den Mitarbeiter selbst hat: Geld verdienen, soziale Kontakte, fachlicher Anspruch, Karrierebaustein, Status etc. Zutreffende Antworten werden Ihnen helfen, die Zuordnung von Aufgaben, Kompetenzen und Verantwortung individuell besser vorzunehmen.
- Geben Sie Ihren Mitarbeitern immer wieder Informationen über den Erfolg ihrer Arbeit, was aus dem Ergebnis geworden ist bzw. wie es von Ihnen oder vom Kunden bewertet wurde.

ZEIGEN SIE, DASS SIE SICH FÜR DIE ARBEIT IHRER MITARBEITER INTERESSIEREN.

10 Verantwortung

Die Übertragung bzw. die Übernahme von Verantwortung gehört zu den bedeutenden Motivationsfaktoren (siehe auch Abb. 7.1). Wieviel Verantwortung jemand wirklich trägt oder zu tragen bereit ist, zeigt sich in den schwierigen Situationen und Zeiten, dann, wenn mit Verantwortung auch Konsequenzen und Folgen verbunden sind. Dies gilt für Führungskräfte in der Unternehmensleitung genauso wie für alle anderen Mitarbeiter. Doch wie wird die Motivation von Mitarbeitern durch die Übernahme von Verantwortung beeinflusst?

Verantwortungsbereitschaft zeigt sich in schwierigen Zeiten

10.1 Ihre Verantwortung als Führungskraft

Als Führungskraft, besonders wenn Sie in der Unternehmensleitung tätig sind, tragen Sie umfassende Verantwortung. Einer der wichtigsten Verantwortungsbereiche ist die Wahrnehmung der sog. Fürsorgepflicht gegenüber Ihren Mitarbeitern, verankert insbesondere in den §§ 611 ff. BGB. Einige Beispiele hierfür sind:

Fürsorgepflicht gegenüber Mitarbeitern

- Schutz der Persönlichkeitsrechte, vor sexueller Belästigung, Mobbing.
- Gesundheitsschutz: Umgang mit gesundheitsgefährdenden Stoffen, gefährliche Tätigkeiten, Schutz vor (Passiv-)Rauchen, Alkoholkonsum.
- Schutz persönlicher Daten und eingebrachter Sachen der Mitarbeiter.

Eine Verletzung der Fürsorgepflicht kann seitens des Arbeitnehmers gegenüber dem Arbeitgeber zu Schadenersatzansprüchen, Schmerzensgeldforderungen oder Rückbehaltung der Arbeitsleistung unter Beibehaltung der Verpflichtung zur Entgeltzahlung führen. Die Fürsorgepflicht leitet sich generell aus dem Arbeitsvertrag ab und kann nicht ausgeschlossen werden. Jeder Arbeitgeber und stellvertretend jede Führungskraft muss daher immer zwischen Unternehmens- und Mitarbeiterinteressen abwägen.

Wichtiger noch als die rechtliche Betrachtung erscheinen die Auswirkungen auf die Zusammenarbeit und die Motivation der Mitarbeiter. Ihre Mitarbeiter und das gesamte Umfeld nehmen sehr genau wahr, ob Sie nur das rechtlich Notwendige für Ihre Mitarbeiter tun oder ob Sie auch aus einer moralischen Verantwortung heraus handeln. Nur, wenn Sie ohne rechtlichen Zwang Verantwortung wahrnehmen, werden Ihre Mitarbeiter bereit sein, mehr zu leisten, als sie arbeitsvertraglich gezwungen sind.

Nur im Rahmen eines Prinzips von Geben und Nehmen gedeiht Motivation

Es gilt ein Prinzip von Geben und Nehmen, von Freiwilligkeit, Loyalität und beidseitiger Verantwortung zum Vorteil aller. Wie können Sie das erreichen? Hier einige Anregungen:

- Prüfen Sie freiwillig, regelmäßig und ohne Aufforderung durch externe Stellen, ob Gesundheitsschutz und Arbeitssicherheit an den Arbeitsplätzen verbessert werden kann. Krankheitsbedingte Fehlzeiten, hohe Fluktuation, Arbeitsunfälle, Beinahe-Unfälle oder Beschwerden der Mitarbeiter sind Hinweise auf dringenden Handlungsbedarf.
- Verschaffen Sie sich immer wieder einen persönlichen Eindruck, wie die Zusammenarbeit zwischen den Mitarbeitern funktioniert. Dies erreichen Sie z.B. durch Zuhören, durch Nachfragen, durch viele kurze Gespräche im Vorbeigehen, in der Kaffeeküche, im Büro, in der Werkstatt, im Lager, mit Kunden oder lassen Sie eine Mitarbeiterbefragung durchführen (dafür unbedingt externen Rat oder externe Hilfe einholen).
- Packen Sie Probleme an, schauen Sie nicht weg, auch wenn Sie manchmal nicht wissen, wie Sie vorgehen sollen. Alleine die Tatsache, dass Sie aktiv werden, ist ein Teil der Problemlösung.
- Zeigen Sie Ihren Mitarbeitern, dass Sie ihnen vertrauen und dass Sie zu ihnen stehen, auch wenn Probleme auftauchen. Gerade dann, wenn es schwierig wird, weil ein Mitarbeiter vielleicht einen Fehler gemacht hat, braucht er Ihren Rückhalt und Ihre Unterstützung. Genau jetzt zeigt sich für den Mitarbeiter, ob er sich auf Sie verlassen kann und Ihnen vertrauen darf.

10.2 Delegation von Verantwortung

Verantwortung für sein Handeln zu tragen ist etwas, das die meisten Menschen bereits vom Kindesalter an lernen. Doch die Art und Weise, das Umfeld und die Kultur prägen diesen Lernprozess erheblich und sorgen für deutliche Unterschiede im Berufsleben. Einige Beispiele:

Das Gefühl für Verantwortung ist sozialisationsabhängig

- Die älteste Tochter einer allein erziehenden Mutter hat sehr frühzeitig Aufgaben und Verantwortung in der Familie übernommen. Diese Fähigkeit und ihr Pflichtbewusstsein prägen auch ihre berufliche Arbeit.
- Ein Straßenbauarbeiter vertritt die Einstellung: *„Ich bin nur einfacher Arbeiter und muss tun, was die anderen sagen."* Seine Kinder werden zwangsläufig auch von dieser Einstellung geprägt und werden später neu lernen müssen, nicht nur auf Anweisungen zu warten.
- In einigen Ländern herrscht auch heute noch eine starke Kultur von *„Befehl und Gehorsam"*. Viele Menschen, die in solch einer Kultur groß geworden sind, haben nie richtig gelernt, Entscheidungen zu treffen und für sich und andere Verantwortung zu übernehmen. Sie erwarten von ihren Vorgesetzten die notwendigen Vorgaben im Sinne von Anweisungen, Regeln, Ordnung oder Entscheidungen, um sich daran orientieren zu können. Fehlende Vorgaben oder die demokratische Beteiligung an Entscheidungen und Zielfestlegungen lösen Irritation aus und werden möglicherweise als Führungsschwäche angesehen.

Doch für die meisten Mitarbeiter ist Verantwortung wie das Salz in der Suppe: Fehlt es, schmeckt die Suppe fade und langweilig, ist zu viel Salz darin, ist sie nicht mehr genießbar und wird stehen gelassen. Es kommt also darauf an, das richtige Gleichgewicht zu finden.

Das richtige Maß an Verantwortung ist gegeben, wenn es mit der übertragenen Aufgabe und den damit verbundenen Kompetenzen im Einklang steht. Aufgaben, Kompetenzen und Verantwortung stehen wie drei Säulen nebeneinander. Nur wenn alle drei Säulen gleich hoch sind, ist das Verhältnis ausgewogen und die damit verbundene Zielerreichung möglich, ansonsten besteht eine Schieflage. Mögliche Fehlkonstellationen sind:

Die Übereinstimmung von Aufgaben, Kompetenzen und Verantwortung ist wichtig

- Vertretungsbedingt übernimmt ein Mitarbeiter erstmalig und kurzfristig eine neue Aufgabe, die zu einem festgelegten Termin erledigt sein muss. Ihrem Mitarbeiter in dieser Situation auch die Verantwortung für die erfolgreiche Erledigung zu übertragen, wäre problematisch, denn Ihrem Mitarbeiter fehlen Einweisung, Einarbeitung und Erfahrung.

Mögliche Fehlkonstellationen

- Von Ihren Verkäufern erwarten Sie eine Umsatzsteigerung von 10 Prozent, wobei Sie sich bezüglich der Preisgestaltung die Entscheidungskompetenz vorbehalten. Bereits damit nehmen Sie den Verkäufern die Verantwortung für die geplante Umsatzsteigerung ab.
- Die Gesellen Ihres Handwerksbetriebes sind im Stundenlohn tätig, Ihre Aufträge werden jedoch zum Festpreis abgerechnet. In der Nachkalkulation stellen Sie vermehrt fest, dass der erwartete Gewinn nicht erzielt wurde, weil Ihre Mitarbeiter zu viele Stunden auf der Baustelle waren. Allerdings haben Sie bisher Ihren Mitarbeitern auch nicht ge-

sagt, wie viel Zeit je Auftrag kalkuliert ist und welche Leistung Sie erwarten. Sofern es sich jetzt nicht um offensichtliche Trödelei handelt, tragen Sie die Verantwortung für die nicht erzielten Gewinne.

VERANTWORTUNG FÖRDERT UND SCHAFFT IDENTIFIKATION, WENN SIE MIT DER AUFGABE UND DEN DAFÜR NOTWENDIGEN KOMPETENZEN DELEGIERT WIRD.

Die Organisationsverantwortung bleibt beim Vorgesetzten

Bitte beachten Sie jedoch, dass die Verantwortung, ob und was Sie delegieren, immer bei Ihnen bleibt. Sie tragen die Verantwortung dafür, dass der oder die Mitarbeiter, denen Sie eine Aufgabe übertragen, auch wirklich in der Lage sind, diese Aufgabe sachgerecht zu erledigen. Dieses Prinzip nennt man **Organisationsverantwortung**. Beispiele:
- Die Verantwortung für die Herausgabe von Medikamenten in der Apotheke trägt immer der Apotheker, egal, wer bedient.
- Arbeiten an elektrischen Leitungen dürfen nur ausgebildete Elektriker durchführen, auch wenn Ihr Innenausbauer sehr talentiert ist. Weichen Sie davon ab, tragen Sie die Verantwortung.
- Die angelernte Bürokraft kann nicht die Verantwortung für die ordnungsgemäße Buchhaltung übernehmen.
- Die Beauftragten für Arbeitssicherheit zeigen Sicherheitsmängel auf, die Verantwortung zum Abstellen tragen Sie oder die zuständige Führungskraft.

10.3 Tipps zum Umgang mit Verantwortung

So fördert Verantwortung Motivation:

- Verantwortung abzugeben und Verantwortung zu übernehmen ist für Sie und Ihre Mitarbeiter ein **gemeinsamer und anspruchsvoller Lernprozess**. Nehmen Sie sich dafür bitte viel Zeit (es dauert viele Monate, oft sogar Jahre) und bleiben Sie auch bei Rückschlägen geduldig.
- Beginnen Sie in **kleinen Schritten**, Aufgaben, Kompetenzen und Verantwortung zu übertragen. Je mehr Erfahrung Ihr Mitarbeiter hat, desto größer können diese Schritte sein.
- Wenn Ihr Mitarbeiter es noch nicht gewohnt ist, Verantwortung zu tragen, beginnen Sie mit **klaren und gut erreichbaren Vorgaben,** an denen sich Ihr Mitarbeiter zu orientieren hat. Steigern Sie den Schwierigkeitsgrad der Aufgaben und der Vorgaben entsprechend dem Lernprozess und der wachsenden Selbstständigkeit Ihres Mitarbeiters.
- Wenn Sie eine Aufgabe an einen Mitarbeiter delegieren, prüfen Sie, welche **Informationen, Materialien und Kompetenzen** er braucht, um die Verantwortung für die zeit- und sachgerechte Erfüllung übernehmen zu können. Geben Sie ihm das Fehlende.
- Mitarbeiter, die es gewohnt und die willens sind, selbstständig und verantwortungsbewusst zu arbeiten, erwarten keine Vorgaben, sondern **Vereinbarungen**. Diese Mitarbeiter werden sich nur dann voll engagieren, wenn die Aufgabe, die Ziele, die

notwendigen Mittel zur Zielerreichung und die Kompetenzen mit ihnen abgestimmt sind.
- Geben Sie Ihren Mitarbeitern die **Möglichkeit der Selbstkontrolle.** Dies ist zwingende Voraussetzung für sie, um jederzeit und rechtzeitig erkennen zu können, ob sie im, über oder unter Plan liegen.
- Verantwortung abzugeben heißt Vertrauen zu zeigen. Doch zum Vertrauen gehört **Kontrolle,** denn es bleibt Ihre Verantwortung zu überprüfen, ob die Delegation von Aufgabe, Kompetenz und Verantwortung gerechtfertigt und vertretbar war. Das können Sie nicht delegieren!

- **Bleiben Sie konsequent.** Halten Sie sich bitte auch selbst an Ihre Vorgaben und Vereinbarungen, so lange die Zielerreichung nicht gefährdet ist, auch wenn Ihr Mitarbeiter anders vorgeht als Sie es tun würden.
- **Bei Problemen:** Jedes Problem und jeder Fehler Ihrer Mitarbeiter ist eine Lernchance, jedoch nur dann, wenn er bewusst erkannt und abgestellt wird. Sind die Fehlerhäufigkeit und -schwere aber nicht mehr zu vertreten, müssen Sie handeln und in letzter Konsequenz den Mitarbeiter von dieser Aufgabe entbinden, sonst geben Sie allen Mitarbeitern das klare Signal: Eure Leistung und Euer Verhalten sind mir gleichgültig!

Der Lohn für diesen Veränderungsprozess sind selbstständige, engagierte und verantwortungsbewusste Mitarbeiter, die ihre Leistung auch dann erbringen, wenn Sie abwesend sind.

11 Kritik und Anerkennung

„*Auch keine Antwort ist eine Antwort*" oder „*Schweigen ist Zustimmung*" sind allgemein bekannte Redensarten. Bei der Äußerung von Kritik oder Anerkennung geht es jedoch um die bewusste Rückmeldung, wie die Leistung und/oder das Verhalten eines Mitarbeiters wahrgenommen und bewertet werden. Jeder Mitarbeiter hat ein Recht, diese Rückmeldungen (Feedback) zu erhalten und jede Führungskraft hat die Pflicht, dieses Feedback zu geben. Rückmeldungen sind ein elementarer Bestandteil konstruktiver Zusammenarbeit.

Bewusste Rückmeldung über die Leistung und/oder das Verhalten eines Mitarbeiters

11.1 Wichtige Grundregeln

„*Wenn die Menschen schweigen, reden die Gedanken*" – doch niemand kann die Gedanken des anderen lesen. Anerkennung, die nie geäußert wird, kann beim Mitarbeiter bald zu Irritation, Unzufriedenheit oder Gleichgültigkeit führen. Mitarbeiter, die noch nicht abgestumpft sind und jetzt nicht resignieren, suchen sich langfristig einen neuen Arbeitsplatz und sind nur noch mit halbem Herzen bei ihrer Arbeit.

Nicht ausgesprochene Kritik kann in die Eskalation führen

Nicht rechtzeitig ausgesprochene, kritische Gedanken stauen sich auf und entladen sich meistens bei einer unpassenden Gelegenheit in einem Stadium erhöhter Eskalation. Bei einer solchen Generalabrechnung hat der Mitarbeiter keine anderen Möglichkeiten als sich massiv zu wehren oder die Vorwürfe resignierend zu schlucken. Die Motivation ist jedenfalls dahin, der Grund dafür liegt bei der Führungskraft.

Grundregeln zum Feedback

Um all das zu vermeiden, beachten Sie bitte folgende Grundregeln:
- Sprechen Sie mit Ihren Mitarbeitern immer wieder und auch zwischendurch über deren Leistung und Verhalten.
- Äußern Sie Ihren Eindruck möglichst zeitnah und direkt, sodass der Mitarbeiter den Zusammenhang zu seiner Leistung bzw. seinem Verhalten sofort herstellen kann. Eine Woche Abstand ist schon zu viel.
- Nicht große Worte sind entscheidend, sondern ehrliche Aussagen.
- Hören Sie zu, was Ihr Mitarbeiter zu sagen hat, denn es könnte für Ihre Meinungsbildung wichtig sein.
- Beziehen Sie sich bitte immer auf konkrete Situationen; dann können Sie auch Situationen ansprechen, bei denen Sie nicht persönlich anwesend waren.
- Vermeiden Sie unbedingt allgemeine Bewertungen oder gar Urteile zur Person, besonders wenn sie kritisch sind.
- Nennen Sie Positives wie Negatives beim Namen, reden Sie nicht drum herum, doch bleiben Sie angemessen in der Wahl Ihrer Worte.
- Bevor Sie Kritik aussprechen, prüfen Sie bitte immer, ob der Anlass wichtig genug, der Zeitpunkt angemessen und der Mitarbeiter überhaupt der richtige Adressat ist.
- Wiederholte und massive Kritik kann bei Mitarbeitern zerstörend wirken. Beenden Sie Ihr Gespräch möglichst immer mit einem Ausweg oder einem Gedanken, der positiv in die Zukunft gerichtet ist.

11.2 Anerkennung

Anerkennung fördert aktiv die Motivation der Mitarbeiter

Mit Anerkennung fördern Sie aktiv die Motivation Ihrer Mitarbeiter. Anerkennung zu erhalten ist bei allen Menschen ein großes Bedürfnis. Bei kleinen Kindern ist jeder Erwachsene und sind besonders die Eltern gerne bereit, diese spontan und ausgiebig zu äußern. Doch im Berufsleben wird Anerkennung oft vernachlässigt; manch ein Vorgesetzter praktiziert das Prinzip der schweigenden Anerkennung nach dem Motto „Wäre ich unzufrieden, hätte ich was gesagt". Doch das reicht bei weitem nicht, wie viele Untersuchungen und die Praxis immer wieder eindrucksvoll bestätigen.

RICHTIG PRAKTIZIERTE ANERKENNUNG KANN ZU GROSSEN LEISTUNGSSCHÜBEN FÜHREN.

11.2.1 Gründe, Anerkennung zu üben

- Leistungen, die für den Betrieb ungewöhnlich oder bedeutsam sind.
- Leistungen, die für den Mitarbeiter ungewöhnlich oder bedeutsam sind, auch wenn sie das betriebliche Geschehen kaum beeinflussen.
- Leistungen oder Verhaltensweisen, mit denen der Mitarbeiter deutlich macht, dass er vorher geübte Kritik ernst nimmt und abstellen will.
- Wenn jemand zu seiner Verantwortung steht, auch wenn es ernst wird.
- Wenn jemand Verbesserungsvorschläge macht.
- Wenn jemand konstruktive Kritik übt.
- Wenn jemand an der Verbesserung seiner Qualifikation und Leistungsfähigkeit arbeitet.
- Wenn jemand neue oder zusätzliche Aufgaben oder Verantwortung übernimmt.
- Wenn jemand Mut und Courage gezeigt hat.
- Wenn ein Mitarbeiter deutlich macht, dass er Anerkennung braucht und erwartet. Ihm hilft es vielleicht – und Sie vergeben sich nichts.
- Besonders wichtig: Wenn ein Mitarbeiter einfach nur Tag für Tag seine Arbeit zuverlässig und gut erledigt.

11.2.2 Wege der Anerkennung

11.2.2.1 Das Anerkennungsgespräch

Für diese schnellste, einfachste und günstigste Form der Anerkennung sollten Sie folgende Grundregeln beachten:

Grundregeln für das Aussprechen von Anerkennung

- Der unmittelbare Vorgesetzte sollte das Gespräch kurzfristig führen.
- Die Anerkennung sollte sich auf konkrete Leistung bzw. Verhalten beziehen.
- Drücken Sie Ihre Zufriedenheit klar, deutlich und angemessen aus.
- Abhängig von der Bedeutung der Leistung/des Verhaltens sollten Sie sich für das Gespräch etwas Zeit nehmen und für eine angenehme und störungsfreie Atmosphäre sorgen.
- Führen Sie das Gespräch möglichst unter vier Augen, jedoch nicht im Beisein von Kollegen oder Mitarbeitern des Betreffenden. Gilt Ihre Anerkennung einer Gruppe, sollten alle Gruppenmitglieder dabei sein.
- Als Anerkennung wirkt auch ein spontanes *„Danke"*, *„Gut gemacht"*, *„Prima"* ohne viele Worte; es muss nicht immer das geplante und vertrauliche Gespräch sein.

11.2.2.2 Prämie, variable Vergütung

Die Zahlung einer Prämie ist Ausdruck Ihrer Zufriedenheit über den Mitarbeiter. Sie kann und sollte nie die mündlich ausgesprochene Anerkennung ersetzen. Mit einer Prämie verstärken Sie jedoch die motivierende Wirkung der Anerkennung, denn Sie machen deutlich, dass Ihnen das Ganze auch finanziell etwas wert ist. Allerdings: Das Gewähren von

Prämien sollten nie die mündlich ausgesprochene Anerkennung ersetzen

Prämien kann auch eine Erwartungshaltung für die Zukunft wecken. Insofern sollten Sie mit diesem Instrument zurückhaltend umgehen.

Variable Vergütung (siehe auch Kap. 19) wirkt neben dem Anerkennungsgespräch als eigenständiges Motivationsinstrument, wenn sie richtig eingesetzt wird. Die meisten Mitarbeiter spüren eine deutliche Zufriedenheit, wenn sie aufgrund ihrer Leistung eine zusätzliche Vergütung erhalten. Der Unterschied zur Prämie liegt in der Systematik, die vom Wohlwollen des Vorgesetzten unabhängig ist. Doch auch Systeme variabler Vergütung können die persönliche Anerkennung durch den Vorgesetzten nicht ersetzen. Sie verdeutlichen aber, dass die Leistung der Mitarbeiter für den Betrieb generell von großem Wert ist.

11.2.2.3 Öffentliche Anerkennung

Der „Mitarbeiter des Monats", das Lob vor anderen Mitarbeitern und andere Formen der öffentlichen Anerkennung sind nur im Zusammenhang mit der individuellen Unternehmenskultur zu bewerten. Die meisten Betriebe verzichten auf diese Formen, da sie von den Beteiligten zum Teil als unangenehm empfunden werden und die Sorge besteht, dass Neid, Missgunst oder Gelächter ausgelöst werden.

11.2.3 Wie geht es danach weiter?

„Nichts ist so alt wie die Anerkennung von gestern", besonders, wenn es später einmal Anlass zu Kritik gibt. Bitte dokumentieren Sie sofort zumindest in Ihren Unterlagen oder für die Personalakte, dass und wofür Sie einem Mitarbeiter eine bewusste Anerkennung ausgesprochen haben; in einigen Tagen haben Sie es sonst vergessen.

Anerkennungen dokumentieren und mit einem persönlichen Brief bestätigen

Die Bedeutung der Anerkennung unterstreichen Sie, wenn Sie Ihrem Mitarbeiter diese mit einem persönlichen Brief bestätigen. Der Mitarbeiter freut sich beim Lesen des Briefes ein zweites Mal.

Wiederholte Anerkennungen wecken fast immer Erwartungen bei dem Mitarbeiter. Bitte bedenken Sie, dass den Worten auch einmal Taten folgen sollten, wenn Sie sich bisher auf lobende Worte beschränkt haben. Dies kann eine Prämie sein, eine Entgeltverbesserung, eine anspruchsvollere Aufgabe, mehr Kompetenzen, eine Beförderung, die Erfüllung eines persönlichen Wunsches, freiere Arbeitszeiteinteilung oder anderes. Es muss wirklich nicht immer Geld sein, doch egal, was Sie machen: Überlegen Sie, ob es die Zufriedenheit und die Motivation des Mitarbeiters fördern könnte und dokumentieren Sie Ihre Handlung.

11.3 Kritik

Kritik richtig zu üben scheint noch schwieriger zu sein als Anerkennung angemessen auszudrücken. Im betrieblichen Alltag wie privat sind verletzende Worte schnell ausgesprochen, die man Sekunden später gerne rückgängig machen würde. Falsch ausgesprochene Kritik aber hinterlässt immer kleine Narben bei der kritisierten Person, auch wenn Sie sich gleich entschuldigen. Je öfter das passiert, desto nachhaltiger zerstören Sie die Basis für eine weitere vertrauensvolle Zusammenarbeit. Ihr Ziel, Leistung und Motivation zu fördern, werden Sie damit nicht erreichen, auch wenn die Kritik sachlich berechtigt gewesen sein mag.

Falsch ausgesprochene Kritik zerstört die Basis für eine weitere vertrauensvolle Zusammenarbeit

Kritik muss geäußert werden. Die Meinung „*Der muss doch merken, dass ich mit ihm unzufrieden bin ...*" ist ein absoluter Irrglaube. Bestenfalls kann Ihr Mitarbeiter ahnen, dass Sie mit seiner Leistung oder seinem Verhalten unzufrieden sind. Doch zunächst einmal geht jeder Mensch davon aus, dass seine Leistung und sein Verhalten völlig in Ordnung waren, solange er nichts Gegenteiliges hört. Damit sind Sie gefordert.

11.3.1 Gründe, Kritik zu üben

Bevor Sie Kritik üben, sollten Sie sich immer drei Fragen beantworten:
- Hätte der Mitarbeiter aufgrund seiner Einarbeitung und seiner fachlichen Kenntnisse eine bessere Leistung erbringen können/müssen?
- Hätte der Mitarbeiter mit dem volkstümlich „gesunden Menschenverstand" erkennen müssen, dass seine Leistung/sein Verhalten nicht den Erwartungen entsprechen kann?
- Hätte die Situation eine andere Leistung/ein anderes Verhalten zugelassen oder hätten andere Mitarbeiter in der Situation evtl. ähnlich gehandelt?

Beantworten Sie drei Fragen, bevor Sie Kritik aussprechen

Wenn Sie nach der Selbstbeantwortung dieser Fragen immer noch der Meinung sind, dass Kritik berechtigt und notwendig ist, sollten Sie sie üben. Wenn Sie jedoch Zweifel haben, sollten Sie keine Kritik üben, sondern ehrliche Fragen stellen, um herauszufinden, wie Fehler oder Fehlverhalten zukünftig vermieden werden können. Unter diesen Voraussetzungen sind Anlässe zur Kritik beispielsweise:

Im Zweifelsfalle keine Kritik

- Schlechte Arbeitsqualität
- Hohe Fehlerquote
- Den gleichen Fehler mehrfach zu machen
- Unehrlichkeit
- Unfreundlichkeit
- Unzuverlässigkeit
- Verschwendung
- Nichtbeachtung von Sicherheits- oder anderen Vorschriften
- Eigenmächtiges Handeln
- Verletzen von Vereinbarungen oder „Spielregeln" etc.

11.3.2 Wege der Kritik

11.3.2.1 Das Kritikgespräch

Das Kritikgespräch ist der direkteste und fairste Weg, eine andere Person auf ihr Fehlverhalten aufmerksam zu machen.

> **Grundregeln des Kritikgesprächs**
>
> - Der unmittelbare Vorgesetzte sollte das Gespräch **kurzfristig** führen.
> - Nehmen Sie sich für das Gespräch **genügend Zeit,** sorgen Sie für eine störungsfreie Atmosphäre.
> - Führen Sie das Gespräch **unter vier Augen.** Gilt Ihre Kritik einer Gruppe, führen Sie das Gespräch in der Gruppe.
> - Die Kritik muss sich auf **konkrete Leistung bzw. Verhalten** beziehen.
> - Wenn Sie nur Gerüchte kennen oder Vermutungen hegen, sollten Sie zur Klärung sehr **vorsichtig Fragen stellen,** aber auf gar keinen Fall Kritik oder Vorwürfe äußern!
> - Bitte **vermeiden Sie spontane, kritische Äußerungen** „im Vorbeigehen". Die Gefahr verletzender, unbedachter Worte oder eskalierender Wortwechsel ist einfach zu groß.
> - Formulieren Sie Ihre Kritik **klar und verständlich,** aber immer sachlich, angemessen und möglichst rücksichtsvoll.
> - Auch wenn Ihr Ärger groß ist: Berücksichtigen Sie Sensibilität und Selbstbewusstsein der zu kritisierenden Person. Manche Menschen brauchen sehr deutliche Worte, bis sie verstehen, worum es geht, bei anderen genügt ein vorsichtiger Hinweis.
> - Beenden Sie das Gespräch möglichst immer mit einem **positiven Blick in die Zukunft,** mit einem Ausweg aus der Situation. Geben Sie Ihrem Mitarbeiter eine faire Chance und **vereinbaren Sie konkrete Maßnahmen,** wie sich Ihr Mitarbeiter verbessern kann.
> - Vereinbaren Sie ein **zweites Gespräch einige Wochen später.** Abhängig von der Leistung und dem Verhalten müssen Sie dann erneut Kritik üben oder Anerkennung aussprechen.

Abschließender Tipp: Führen Sie Ihre Gespräche so, wie Sie selbst erwarten würden, dass man im ähnlichen Fall mit Ihnen spricht. Oder mögen Sie es, „einen Kopf kürzer gemacht zu werden"?

11.3.2.2 Versteckte Kritik

Kritik immer offen aussprechen

Es ist wirklich leicht, Kritik zu üben, wenn der Betreffende nicht anwesend ist. Doch damit zeigt der Vorgesetzte nur seine Führungsschwäche. Dazu macht er allen Beteiligten deutlich, dass auch sie wahrscheinlich bei Abwesenheit kritisiert werden. Das hat noch nie motivierend gewirkt.

Eine andere und leider häufige Form der versteckten Kritik ist, diese gewissermaßen durch „Liebesentzug" auszudrücken: Gespräche werden vermieden, Informationen werden nicht mehr so freigiebig weitergereicht, das Lächeln und die frühere Herzlichkeit im Umgang werden eingefroren. „*Der soll merken, dass ich sauer bin!*" ist der Leitgedanke der so handelnden Führungskraft. Was folgt ist eine Phase der inneren Anspannung, psychischen Belastung und verminderter Produktivität. Nicht selten entwickelt sich daraus eine Eigendynamik, die mit dem Grund zur Kritik bald nichts mehr zu tun hat. Es ist offensichtlich, dass auch diese Form der Kritik nicht geeignet ist, zu einem motivierenden Arbeitsklima beizutragen.

11.3.2.3 Öffentliche Kritik

Wenn es irgendwie möglich ist, üben Sie Kritik bitte unter vier Augen. Weitere Zuhörer bedeuten:

Kritik nach Möglichkeit unter vier Augen üben

- Öffentliche Kritik ist meist mit Gesichtsverlust verbunden; es gibt fast immer einen Verlierer.
- Sie haben Zeugen, dass Sie Kritik geäußert haben (evtl. positiv).
- Sie haben die Vertrauensbeziehung zu Ihrem Mitarbeiter geschädigt.
- Sie fördern Tratsch und Klatsch in Ihrem Betrieb, denn es wird darüber geredet werden.
- Wenn Sie immer wieder im Beisein anderer Kritik äußern, entwickelt sich in Ihrem Betrieb eine Mentalität wie *„Vorsichtig sein, keine Risiken eingehen, immer absichern, sonst bist du beim nächsten Mal selbst dran"*.
- Ob sich beim öffentlich Kritisierten die Leistung verbessern wird, ist sehr fraglich, wie die nachstehende Abbildung verdeutlicht. Mit hoher Wahrscheinlich wird sich die Leistung jedoch verschlechtern, wenn Sie „im Eifer des Gefechts" den falschen Ton treffen.

Leistungsveränderung	Form der Kritik		
	Ruhig und sachlich, unter vier Augen	Ruhig und sachlich, öffentlich	Emotional, öffentlich
Leistung wird besser	sehr wahrscheinlich	möglich	wenig wahrscheinlich
Leistung verschlechtert sich	wenig wahrscheinlich	möglich	sehr wahrscheinlich

Abb. 11.1: *„Wie man in den Wald hineinruft ... ": Form und Wirkung von Kritik*

11.3.2.4 Die Abmahnung

Wenn die bisher gesprächsweise geäußerte Kritik keinerlei Wirkung zeigt oder wenn das Fehlverhalten Ihres Mitarbeiters einfach zu gravierend war, steht Ihnen als besonderes Mittel der Kritik die Abmahnung zur Verfügung. Die besondere Schärfe der Abmahnung liegt in ihrer arbeitsrechtlichen Bedeutung, weshalb auch einige rechtliche Anforderungen zu beachten sind.

Die besondere Schärfe der Abmahnung liegt in ihrer arbeitsrechtlichen Bedeutung

Auch eine Abmahnung soll dem betroffenen Mitarbeiter die Möglichkeit zur Verbesserung geben. Mit einer Abmahnung verdeutlichen Sie, dass Ihre Kritik sehr ernst gemeint ist. Beispiele aus der Praxis belegen immer wieder, dass erst eine gezielte Abmahnung die erwartete Verhaltensänderung ausgelöst oder die Klärung einer unbefriedigenden Situation herbeigeführt hat. Es wäre daher ein falsches Verständnis von Führung und Motivation der Mitarbeiter, aus allgemeiner Rücksichtnahme auf diese Form der Kritik zu verzichten.

Hohe Chance der Verhaltensänderung

Wenn Sie eine Abmahnung aussprechen wollen, gelten die gleichen Regeln und Anforderungen wie beim Kritikgespräch.

Bei Abmahnungen zu beachten

Zusätzlich sind von Bedeutung:
- Bitte seien Sie sich bewusst, dass das Aussprechen einer Abmahnung eine scharfe Form und Eskalation der Kritik ist. Sie sollten damit möglichst zurückhaltend umgehen.
- Führen Sie bitte vor einer Abmahnung immer das Gespräch mit dem Betroffenen, um den kritischen Sachverhalt ordentlich zu klären.
- Zeigen Sie auch gerade nach einer Abmahnung Ihrem Mitarbeiter, dass Sie ihm weiterhin vertrauen. Dieses Vertrauen ist elementare Voraussetzung für die von Ihnen erwartete Leistungssteigerung bzw. Verhaltensänderung.

11.3.3 Dokumentation

Kritik nochmals in einem persönlichen Brief an den Betroffenen zusammenfassen

Was für die Anerkennung gilt, gilt auch bei Kritik: Dokumentation. Viele Führungskräfte haben z.b. außerordentlich gute Erfahrungen damit gemacht, den Inhalt und die Vereinbarungen aus einem Kritikgespräch in einem persönlichen Brief an den Betroffenen nochmals zusammenzufassen. Solch ein Brief gibt dem Vorgesetzten und dem Mitarbeiter die Gelegenheit, über die gesamte Situation nochmals in Ruhe nachzudenken. Nicht selten erscheinen Ereignisse in einem anderen Licht, wenn sie schriftlich formuliert werden. Nutzen Sie diese Chance.

11.3.4 Wie geht es danach weiter?

KRITIK IST KEINE ABSCHLIESSENDE BEWERTUNG EINER UNZUREICHENDEN LEISTUNG ODER EINES FEHLVERHALTENS, SONDERN DER STARTPUNKT FÜR EINE LANGFRISTIGE VERBESSERUNG.

Zeigen Sie Ihrem Mitarbeiter, dass er gerade jetzt die Chance für eine positive Entwicklung hat und dass Sie ihm dabei helfen und ihn begleiten wollen:
- Bitte tragen Sie keine Fehler nach, der Blick in die Zukunft ist wichtig.
- Kritisieren Sie jetzt nicht jeden kleinen Fehler, denn das zermürbt Ihren Mitarbeiter. Übertriebene Nachsicht wäre allerdings auch falsch.
- Schenken Sie Ihrem Mitarbeiter früher als sonst anerkennende Worte, wenn Sie eine positive Entwicklung wahrnehmen. Sie helfen, evtl. bestehende Unsicherheiten schnellstmöglich abzubauen.

Motivation durch Umfeldfaktoren

12 Arbeitsbedingungen

12.1 Bedeutung für die Motivation

Die klassische Motivationslehre nach Frederick Herzberg zählt die Arbeitsbedingungen zu den so genannten Hygienefaktoren (siehe Kap. 7.2). Dies sind Faktoren, deren Vorhandensein keine zusätzliche Leistungsmotivation auslösen. Fehlen sie allerdings, entsteht Unzufriedenheit, die die vorhandene Leistungsbereitschaft reduziert.

Arbeitsbedingungen gehören zu den so genannten Hygienefaktoren

Diese eher theoretisch anmutende Differenzierung hat jedoch für die Praxis eine große Bedeutung. Viele Arbeitgeber sind stolz auf die guten Arbeitsbedingungen, die sie ihren Mitarbeitern bieten und preisen dies z.B. in Stellenanzeigen auch an. Doch was sind gute Arbeitsbedingungen und welchen Effekt haben sie?

12.1.1 Was sind gute Arbeitsbedingungen?

Diese Frage ist nur situations- bzw. umfeldbezogen zu beantworten. Für einen Menschen, der bisher im Schichtdienst bei Wind und Wetter draußen gearbeitet hat, wird die Abschaffung des Schichtdienstes ebenso eine deutliche Verbesserung der Arbeitsbedingungen darstellen wie die Verlagerung der Arbeit in die kalte, jedoch schützende Halle. Jemand, der dagegen bisher in einer kleinen Werkstatt gearbeitet hat, wird die Verlagerung seiner Tätigkeit in die gleiche Halle wahrscheinlich als eine Verschlechterung seiner Arbeitsbedingungen empfinden.

Die Bewertung der Arbeitsbedingungen hängt von der jeweils individuellen Erwartungshaltung ab

Diese Gegenüberstellung soll deutlich machen, dass es nicht auf die Sicht und Einschätzung der Führungskraft ankommt, was gut und was nicht so gut ist. Es kommt auf die Sichtweise der Zielgruppe an, also die Einschätzung der Personen, die dort arbeiten. Sie vergleichen die jetzigen Arbeitsbedingungen in erster Linie mit denen von früher, gelegentlich aber auch mit denen von anderen Personen mit gleichartiger Tätigkeit.

12.1.2 Welchen Effekt haben gute Arbeitsbedingungen?

Der Geschäftsführer eines größeren Unternehmens prägte in Verbindung mit den Arbeitsbedingungen einmal den Satz *„Gibst du was, kriegst du Ärger!"* Er hatte für sich den Eindruck gewonnen, dass die Verbesserung der Arbeitsbedingungen nur zu neuen und höheren Ansprüchen führt, nicht aber zu einer Zufriedenheit bei den Mitarbeitern. Vor allen Dingen sah dieser Geschäftsführer keinen Effekt in einer Steigerung der Motivation, die sich positiv auf die Produktivität ausgewirkt hätte. Mit dieser Einstellung lag der Geschäftsführer genauso richtig wie falsch:

Gute Arbeitsbedingungen haben keinen unmittelbaren Motivationseffekt

Gute Arbeitsbedingungen ...

... verhindern Unzufriedenheit

... ermöglichen eine reibungslose Leistungserbringung

- Richtig deshalb, weil einerseits auch hervorragende Arbeitsbedingungen nicht zu einem Motivationsschub führen, sondern nur Unzufriedenheit verhindern. Auch Dankbarkeit oder Anerkennung sind, wenn überhaupt, nur kurzfristig zu spüren. Eher wird ein Meinungsbild vorherrschen wie: *„Endlich müssen wir nicht mehr ...".*
- Falsch deshalb, weil gute Arbeitsbedingungen andererseits dazu führen, dass jetzt ohne hemmende Einflüsse eine normale Leistung erbracht werden kann. Schlechte Arbeitsbedingungen dagegen behindern und hemmen die Arbeitsbereitschaft, weil sich die Mitarbeiter ärgern, weil sie diskutieren und miteinander streiten, weil sie schneller schlecht gelaunt oder gestresst sind, weil sie nicht so arbeiten können, wie sie es von woanders her kennen.
- Richtig deshalb, weil einerseits verbesserte Arbeitsbedingungen oftmals den Wunsch nach mehr und noch besseren Verhältnissen wecken, denn es gibt immer noch eine Möglichkeit der Verbesserung.
- Falsch deshalb, weil andererseits in der Regel keine übertriebenen Erwartungshaltungen entstehen, da die Mitarbeiter wissen, dass eine Vielzahl kleiner Schritte notwendig ist, um einen wirklich guten Standard zu erreichen.
- Richtig deshalb, weil bessere Arbeitsbedingungen schnell als Selbstverständlichkeiten angesehen werden, die überfällig waren.
- Falsch deshalb, weil Arbeitsbedingungen kein Mittel sind, um zusätzliche Leistungspotenziale zu heben. Sie dienen einzig und allein zum Abbau von Unzufriedenheit. Doch auch dieser Effekt kann schon zu einer spürbaren Leistungssteigerung führen, wenn die Unzufriedenheit bei den Mitarbeitern bisher einen nennenswerten Teil ihrer Energie aufgezehrt hat.

Letztlich ist zu bedenken, dass auch schlechte Arbeitsbedingungen nicht „verhindern" können, dass Mitarbeiter mit Freude und Engagement eine gute Arbeit leisten, einfach weil sie sie gerne machen.

12.2 Arbeitsmittel

Arbeitsmittel sind die Ressourcen, die dem Mitarbeiter zur Verfügung stehen, um eine Aufgabe zu erledigen. Dass diese Ressourcen einen wichtigen Einfluss auf das Arbeitsergebnis, aber nicht unbedingt auf die Motivation des Mitarbeiters haben, karikiert folgende kleine Geschichte:

Ein Spaziergänger trifft einen Waldarbeiter bei der Arbeit. Er sieht ihm eine Weile zu, wie er sich müht, mit seiner Säge einen Baum zu fällen. Als der Arbeiter eine Verschnaufpause einlegt, bemerkt der Spaziergänger: „Mir scheint, dass Ihre Säge stumpf ist. Mit einer scharfen Säge würde Ihnen die Arbeit bestimmt leichter und schneller von der Hand gehen." Der Waldarbeiter nickt zustimmend: „Ja, da haben Sie bestimmt recht. Doch ich habe keine Zeit, die Säge zu schärfen, denn ich habe noch viele Bäume zu fällen" und sägt weiter.

Was dem Waldarbeiter die Säge, ist in einem Büro z.B. der Papierschredder, der nur 1 bis 2 Blätter auf einmal zerkleinert. Deswegen benötigt die Sekretärin jede Woche mindestens 1 Stunde, um vertrauliche Dokumente zu vernichten. Betriebswirtschaftlich wäre ein leistungsfähiger Schredder nach ca. 8 Wochen amortisiert und die Sekretärin wäre froh, nur noch die halbe Zeit am Schredder stehen zu müssen.

Doch es geht nicht nur um schlechte, stumpfe, veraltete oder defekte Arbeitsmittel, die die Leistungsfähigkeit der Mitarbeiter beeinträchtigen, sondern es geht auch um fehlende Werkzeuge. Der Volksmund sagt: *„Wenn man nur einen Hammer hat, wird jedes Problem zum Nagel."* Dass sich daraus keine optimale Problemlösung ergibt, ist die eine Sache. Dass dies für die Mitarbeiter oftmals Quälerei, Ärger, Frustration und Lustlosigkeit bedeutet, ist die andere Sache. Beide Aspekte haben eine große betriebswirtschaftliche Bedeutung. Jeder Missstand alleine sollte Grund genug sein, fehlende, schlechte, defekte oder falsche Arbeitsmittel zu verbannen.

Gute Arbeitsmittel fördern zwar nicht unmittelbar die Motivation, schlechte aber führen zu Frustration

Zu den Arbeitsmitteln in diesem Sinne zählen auch Arbeitshilfen, Software, Formulare und wesentlich auch die ergonomische Gestaltung des Arbeitsplatzes.

12.3 Arbeitsumfeld

„Das Sein bestimmt das Bewusstsein." Dieser weit bekannte Ausspruch erhält in Bezug auf das Arbeitsumfeld eine ganz besondere Bedeutung. Egal, wo Sie sich gerade bewegen und wo Sie unterwegs sind, immer nehmen Sie Ihre Umwelt unter einem bestimmten Eindruck war: Das ist gepflegt, das ist hübsch, das ist ärmlich, das ist luxuriös etc. Ihr Eindruck wird durch Äußerlichkeiten geprägt, selbst im Vorbeifahren, manchmal bewusst, oft ganz unbewusst.

Ihre Mitarbeiter haben diesen Eindruck täglich, wenn sie auf ihr Betriebsgelände kommen und zu ihrem Arbeitsplatz gehen. Allerdings nehmen sie die Details des betrieblichen Umfeldes nicht mehr bewusst war, denn sie haben sich an den Anblick gewöhnt und finden ihn selbstverständlich. Für die Mitarbeiter ist es Standard und damit normal geworden, dass

Unbewusst vermittelte Eindrücke

- die Grünanlagen gepflegt sind oder auch nicht,
- sie neue oder veraltete Büromöbel haben,
- die Beleuchtung gut oder schlecht ist,
- die Halle sauber und aufgeräumt ist oder nicht etc.

Ihre Mitarbeiter haben sich mit diesem Umfeld arrangiert, sonst wären sie nicht mehr da.

Genau hier liegt der wesentliche Punkt: Es geht um die Anpassung Ihrer Mitarbeiter an das betriebliche Umfeld. Wenn die Führung z.B. keinen Wert darauf legt, dass die Werkstatt sauber und aufgeräumt ist, wa-

Mitarbeiter neigen dazu sich ihrem Umfeld anzupassen

rum sollten es dann die Mitarbeiter tun? Ja, es ist ihr Arbeitsplatz, doch es ist nicht ihr Eigentum. Bewusst oder unbewusst orientieren sich Ihre Mitarbeiter an dem, worauf Sie als Führungskraft Wert legen. Und wenn Ordnung und Sauberkeit z.b. nicht dazu gehören, werden sie auch nicht praktiziert. Für die Mitarbeiter wird das betriebliche Umfeld zum normalen Standard. Sie haben sich angepasst und werden jetzt ihrerseits auf dem Niveau dieser Standards arbeiten: aufgeräumt und sauber oder unordentlich und Dreck hinterlassend.

„*Das ist bei uns normal*", heißt es dann, vielleicht sogar: „*Wo gehobelt wird, fallen Späne*". Diese Standards prägen Verhalten, sie prägen das Arbeitsniveau und die Qualität der Arbeit:

- Wo Unsauberkeit herrscht, sind auch die Produkte nicht sauber.
- Wo das direkte Arbeitsumfeld ungepflegt aussieht, sind oft auch die Abläufe unstrukturiert.
- Wo nur das Alte gepflegt wird, haben neue Ideen selten eine Chance.
- Wo Sozialräume und Arbeitsplätze dunkel und lieblos erscheinen, werden die Mitarbeiter kaum mit Freude und Leidenschaft arbeiten.

BETRIEBSBLINDHEIT VERHINDERT, DASS STÄRKEN UND SCHWÄCHEN IM ARBEITSUMFELD BEWUSST WAHRGENOMMEN WERDEN.

Kriterien, um das Arbeitsumfeld der Mitarbeiter bewusster wahrzunehmen und zu bewerten

Die folgenden Hinweise und Beispiele sollen Ihnen helfen, das Arbeitsumfeld Ihrer Mitarbeiter bewusster wahrzunehmen und zu bewerten.
- Der **Außenbereich** eines Betriebes ist für Ihre Mitarbeiter der erste und der letzte Eindruck, jeden Tag. Ob sauber oder ungepflegt, ob neu oder vernachlässigt, ob billig aussehend oder ansprechend – Ihre Mitarbeiter nehmen diesen Eindruck täglich wahr, verinnerlichen ihn und machen ihn mehr oder weniger zum Maßstab ihres eigenen Handels.
- Es geht nicht um den „Glaspalast mit Springbrunnen im Lichthof"; Garagen- oder Hinterhofbetriebe können genauso beeindrucken und auf Mitarbeiter und Besucher eine große Ausstrahlung entwickeln. Der Grund dafür liegt im Geist, mit dem diese Betriebe geführt werden und mit dem sie sich präsentieren.

Die Gestaltung des Arbeitsplatzes prägt die Leistungsorientierung und Einstellung der Mitarbeiter

- Der **Arbeitsplatz:** Die meisten Mitarbeiter halten sich ca. 8 Stunden und mehr dort auf. Die Gestaltung und Einrichtung dieses Arbeitsplatzes im Büro, in der Werkstatt, im Lager oder in der Produktion prägt besonders die Leistungsorientierung und Einstellung der Mitarbeiter. Gleichgültig, ob Maschinen und Mobiliar neu oder schon älter sind, geht es um folgende Punkte:
  - Erfüllt die Einrichtung ihre technischen Funktionen voll und ganz oder nur mit Abstrichen? Mängel fördern Unzufriedenheit und beeinträchtigen schnelle und reibungslose Abläufe.
  - Unergonomische Tische und Stühle können nicht nur zu Rückenschmerzen führen – es macht den Mitarbeitern einfach weniger Spaß, an ihrem Arbeitsplatz zu arbeiten; sie nutzen jede Möglich-

keit, um im Betrieb unterwegs zu sein. Ebenso zeigen sie früher als andere Ermüdungserscheinungen und Konzentrationsverlust.
- Entspricht die Einrichtung am Arbeitsplatz den wirklichen Abläufen oder ist sie historisch gewachsen?
- Ist der Arbeitsplatz hell und gut beleuchtet? Dunkle Räume schlagen aufs Gemüt, schlechtes Licht am Arbeitsplatz führt zu vorzeitiger Ermüdung der Augen und erhöht nachweisbar die Fehlerquote, was wiederum die Motivation beeinträchtigt.
- Sind die klimatischen Verhältnisse des Arbeitsplatzes zu verbessern? Klagen die Mitarbeiter über Kälte, Zugluft, Nässe, Qualm ...? Nicht immer sind die technisch-objektiven Werte entscheidend, denn oft geht es um die gefühlte Temperatur oder das Empfinden von Durchzug. Schaffen Sie unbedingt Abhilfe, um dauerhafte Unzufriedenheit und stille Leistungsverweigerung zu vermeiden.
- Lärm beeinträchtigt die Gesundheit und ist ab einer bestimmten Grenze gesundheitsschädlich, visuelle und auch akustische Störungen lenken ab oder führen bei Reizüberflutung zu einer Minderleistung durch Konzentrationsverlust. Die Mitarbeiter werden aus reinem Selbstschutz immer versuchen, diese Einflüsse auch zulasten der eigenen Arbeitsleistung zu verringern oder ihnen zu entgehen. Haben Sie alle sinnvollen Möglichkeiten der Lärmminderung genutzt?
- Welche Maßnahmen zur Verbesserung der Arbeitssicherheit praktizieren Sie z.B. beim Umgang mit gefährlichen Stoffen oder erhöhtem Unfallrisiko? Schutzvorrichtungen, ausreichende Schutzkleidung, Alarmgeber, Hinweisschilder, Aufklärung und Weiterbildung, professionelle Erste-Hilfe-Versorgung etc. sind Anregungen.

Wer aufgrund unzulänglicher Arbeitsplatzbedingungen immer wieder Fehler produziert, langsamer arbeiten muss oder Ausfallerscheinungen zeigt, kann keine Zufriedenheit entwickeln und erfolgreich werden.

Sozialleistungen in diesem Sinne sind mehr als die Einhaltung von Mindeststandards gemäß der Unfallverhütungsvorschriften (UVV). Die Mitarbeiter müssen spüren, dass Ihnen die Erhaltung von Gesundheit und Leistungsfähigkeit Ihrer Mitarbeiter wichtig ist. Dies wird Ihnen nur gelingen, wenn es für Sie ein aktives Anliegen und keine lästige Pflichterfüllung ist.

Sozialleistungen sind mehr als die Einhaltung von Mindeststandards

- **Sozialräume:** Die Gestaltung, Einrichtung und Sauberkeit der Umkleiden, Toiletten und Pausenräume verraten meistens sehr genau den Stellenwert der Mitarbeiter im Unternehmen. Sauberkeit sollte selbstverständlich sein, eine freundliche, helle und funktionierende Einrichtung sind ein absolutes Muss, um ein positives und niveauvolles Klima für Ihre Mitarbeiter zu ermöglichen. Denn Sie werden von Ihren Mitarbeitern nur das bekommen, was Sie ihnen geben:
  - Verantwortung und Loyalität gegen Vertrauen

Der Zustand der Sozialräume verrät den Stellenwert der Mitarbeiter im Unternehmen

- Qualität gegen Wertschätzung
- Engagement gegen soziale Verantwortung
- Kundenorientierung gegen Mitarbeiterorientierung

Ein Negativbeispiel

Die Sozialräume verraten, was Sie zu geben bereit sind. Ein Extrembeispiel soll diesen Abschnitt abrunden und deutlich machen, wie es nicht sein sollte: *In einer mittelgroßen Filialbäckerei stehen den ca. 25 Mitarbeitern aus der Backstube und des Versands im Keller neben dem Materiallager zwei relativ kleine Räume zur Umkleide zur Verfügung, nach Geschlechtern getrennt. Diese Räume dienen auch gleichzeitig als Pausenräume. Die Räume werden durch zwei kleine Kellerfenster mit wenig Tageslicht versorgt, die Wände sind grau, das Mobiliar einfach, die Blechspinde verbeult und in Einzelfällen beschädigt. Die Backstube selber fällt auf durch große Enge, einfache Einrichtung, Schäden an den Öfen und den Gäreinrichtungen, überall herumstehende Materialien, Behältnisse und Waren, kaum Transporthilfen, fehlende Sauberkeit. Vorschläge der Mitarbeiter werden nicht berücksichtigt, Hygiene- und Sicherheitsregeln und -hinweise fehlen oder werden ignoriert, Schulungen wurden schon lange nicht mehr durchgeführt, neue Mitarbeiter werden im Schnelldurchgang eingewiesen und müssen sich dann bewähren. Der Inhaber klagt über zu hohe Personalkosten, schlechte Abläufe, Qualitätsmängel und Reklamationen.*

Die Probleme dieser Bäckerei haben sicher nicht ihre Ursache in den Sozialbereichen. Doch eine freundlichere Gestaltung z.B. durch einen Anstrich der Wände sowie einige Reparaturen in den Sozialräumen wären ein einfacher und gleichwohl kostengünstiger Weg, um den Mitarbeitern zu verdeutlichen, dass sie für diesen Betrieb wichtig sind. Dies wird nicht zu einer Leistungsexplosion führen, aber es wird helfen, um Unzufriedenheit, Lustlosigkeit und Gleichgültigkeit abzubauen. Doch ohne oder gar gegen die Mitarbeiter sind die Probleme eines Betriebes nicht zu beheben.

Pausen dienen der Kommunikation und der Erholung

- **Pausengestaltung:** Pausen sind bezüglich ihrer Lage und ihrem Umfang gesetzlich geregelt. Richtig eingesetzt dienen sie der Kommunikation und der Erholung. Eine wichtige Voraussetzung ist dafür, dass Pausen nicht am Arbeitsplatz stattfinden. Bei den Rauchern ist es selbstverständlich und üblich, sich in Raucherecken oder Raucherräumen zu treffen, um kurz abzuschalten oder die neuesten Informationen auszutauschen. Nichtraucher haben da evtl. Nachholbedarf. Ein Angebot von Kaffee, Tee, Kaltgetränken, Obst, Naschzeug oder auch die Möglichkeit der Mittagsverpflegung zum Selbstkostenpreis oder günstiger stärkt diese Pausenkultur.

  Tipp: Fördern Sie bei allen Mitarbeitern die Möglichkeit, kurze Pausen zu machen, vielleicht auch eine warme Mittagsverpflegung einzunehmen. Sie verbessern die Kommunikation im Betrieb, fördern den Zusammenhalt und das Verständnis untereinander, bauen Störpotenziale ab, erhalten die Konzentrationsfähigkeit Ihrer Mitarbeiter und erhöhen – ganz nebenbei – die Leistungsfähigkeit Ihres Betriebes.

13 Informationen

Wer den Informationsfluss steuert, hat den Schlüssel zur Macht. Wo die Informationen sind, ist auch die Macht. Diese Erkenntnisse betreffen nicht nur die Politik, sondern alle Unternehmen und Organisationen und eben auch mittelständische Betriebe. Im Klartext heißt das: Als Geschäftsführer oder Führungskraft eines mittelständischen Betriebes kommen Sie nicht umhin, sich intensiv mit Informationspolitik und den Informationsabläufen in Ihrem Betrieb zu befassen. Wenn Sie es nicht tun, tun es andere und werden dadurch zur informellen Führungskraft.

Wer den Informationsfluss steuert, hat den Schlüssel zur Macht

Was hat Informationspolitik mit der Motivation der Mitarbeiter zu tun?
1. Die Mitarbeiter erwarten klare, zuverlässige und zeitgerechte Informationen von ihrer Führung.
2. Wo dies fehlt, entsteht ein Vakuum durch Orientierungslosigkeit bei den Mitarbeitern. Um keine Fehler zu machen, werden weniger Entscheidungen getroffen, es wird sich zunehmend abgesichert, der Bedarf an Vorschriften und Regularien steigt – kein gutes Klima für Eigeninitiative und Engagement.
3. Fehlende, falsche, widersprüchliche oder zu späte Informationen können auch den engagiertesten Mitarbeiter zur Verzweiflung bringen.
4. Eine gute Informationspolitik ist ein Zeichen von Wertschätzung gegenüber den Mitarbeitern.

Zusammenhang zwischen Information und Motivation

Als Grundsatz gilt: Organisationen, Betriebe, Abteilungen, Teams, Einzelpersonen – sie alle sind nur auf der Basis guter und zeitgerechter Informationen dauerhaft erfolgreich. Wie ist das zu erreichen?
- **Informieren Sie ehrlich.** Ehrlichkeit ist ein Eckpfeiler für Vertrauen, Unehrlichkeit die Grundlage für Manipulation.
- **Informieren Sie freiwillig.** Jede Diskussion über Holschuld und Bringschuld von Informationen ist vergeudete Zeit. Die freiwillige Information hat oberste Priorität. Nur wenn Sie freiwillig informieren, werden auch Sie freiwillig Informationen erhalten!
- **Akzeptieren Sie auch negative Informationen.** Meist ist der Bote einer schlechten Information nicht der Verursacher, er kann nichts für den unbequemen Inhalt. Daher sollten Sie ihn nie dafür verurteilen! Doch selbst wenn er der Verursacher der negativen Information ist: Seien Sie froh darüber, dass Ihr Mitarbeiter diese Informationen nicht vertuscht oder lange verleugnet, sondern frühzeitig und offen zu seiner Verantwortung steht. Sie haben jetzt die Chance, gemeinsam und rechtzeitig die richtigen Korrekturen zu beschließen und dem Mitarbeiter einen wichtigen Lernprozess zu ermöglichen. Das mag für Sie nicht immer einfach sein, doch es stärkt das Vertrauen und die Loyalität Ihres Mitarbeiters zu Ihnen enorm und nachhaltig und hilft, Wiederholungen des gleichen Fehlers zu vermeiden.

Kriterien motivierender Informationspolitik

Helfen Sie Mitarbeitern negative Informationen nicht zu vertuschen

- **Informieren Sie frühzeitig.** Viele Fehler, viel Ärger entstehen nur deshalb, weil Informationen nicht rechtzeitig bei denjenigen Mitarbeitern ankamen, die sie dringend benötigt hätten. Prüfen Sie immer wieder stichprobenartig, ob Ihre Informationen auch tatsächlich schnell und korrekt an der Basis ankommen.

Engagierte Mitarbeiter wollen umfassend informiert werden

- **Informieren Sie vollständig.** Die meisten Mitarbeiter wollen über den Tellerrand hinaus blicken und entsprechend umsichtig handeln, und das erwarten Sie auch von ihnen. Doch wie sollen sie dies leisten, wenn Sie den Informationsumfang auf das Nötigste beschränken? Der Gefahr, Mitarbeiter mit Informationen zu überschütten und so Irritation und Desorientierung auszulösen, können Sie begegnen, indem Sie sich kontinuierlich über ihre Belange und Bedürfnisse informieren.
- **Informieren Sie eindeutig.** Widersprüche in den Informationen fördern Irritationen und Spekulationen. Bevor Sie informieren: Verschaffen Sie sich selbst Klarheit, was Sie vermitteln wollen. Trennen Sie dabei zwischen Fakten und Vermutungen.

Seien Sie für jeden Mitarbeiter jederzeit ansprechbar

- **Führen Sie das Prinzip der offenen Tür ein.** Das heißt: Sie sind für jeden Mitarbeiter jederzeit ansprechbar, außer Ihre Bürotür ist wirklich verschlossen. Für viele Führungskräfte ist dieses Prinzip erfolgreich gelebte Praxis.
- **Informieren Sie gleichmäßig.** Informationen sind keine Puzzleteile, die von den Mitarbeitern in mühsamer und zeitraubender Kleinarbeit erst zu einem Gesamtbild zusammengefügt werden müssen, weil jeder etwas andere Informationen bekommen hat. Informationspuzzle sind leider recht verbreitet; sie führen bei den Mitarbeitern regelmäßig zu Geheimniskrämerei, Gerüchten, Verärgerung, Neid, Missgunst, Intrigen und Gewinner-Verlierer-Gefühlen. E-Mail-Verteiler, Aushänge, Besprechungen oder Mitarbeiterversammlungen sind z.B. geeignete Mittel, um für eine gleichmäßige Information zu sorgen.

Regelmäßige Mitarbeiterversammlungen

Die Durchführung von regelmäßigen Mitarbeiterversammlungen, wie sie z.B. auch § 43 des Betriebsverfassungsgesetzes vorsieht, ist sicherlich ein aufwändiger und teurer Weg der Informationsweitergabe. Er ist jedoch der einzige Weg der direkten Kommunikation mit allen Mitarbeitern mit der Möglichkeit zur sofortigen Klärung von Rückfragen. E-Mails können das nie ersetzen.

Besonders in Unternehmen mit vernetzten Strukturen, flacher Hierarchie und Entscheidungsverantwortung an der Basis sind regelmäßige und aktuelle Informationen über Entwicklungen im Betrieb für die Mitarbeiter unerlässlich. Sie können nur dann unternehmerisch denkende und handelnde Mitarbeiter entwickeln, wenn diese auch die entsprechenden unternehmerischen Informationen erhalten und verarbeiten können.

Informationsregeln für die Praxis

Folgende einfache Regeln haben sich in der Praxis bewährt:
- Informieren Sie Ihre Mitarbeiter aktuell über wichtige unternehmerische Entwicklungen und Veränderungen: Gewinn oder Verlust eines

großen Kunden oder Auftrages, Produktneuentwicklungen, Verkaufszahlen, Entwicklung im Vergleich zum Wettbewerb, Entwicklung des Absatzmarktes, Umstrukturierungen, Qualitätsprobleme, Einführung oder Erreichen neuer Standards etc.
- Geben Sie auch schlechte Nachrichten weiter, denn auch die gehören zum betrieblichen Alltag.
- Wenn Sie schlechte Nachrichten mitteilen, müssen Sie immer auch Chancen und Erwartungen nennen. Zeigen Sie unbedingt Lösungswege auf. Zeigen Sie Ihren Mitarbeitern, dass es trotz ernsthafter Probleme keinen Grund gibt, die Köpfe hängen zu lassen. Nur solange Sie Chancen sehen und Lösungswege aufzeigen, können das auch Ihre Mitarbeiter. Sprechen Sie jedoch nur von Problemen, nehmen Sie Ihren Mitarbeitern Hoffnung, Energie und Motivation.
- Informieren Sie, bevor es am nächsten Morgen in der Presse zu lesen ist. Der Hinweis an die Mitarbeiter, dass demnächst eine Pressemitteilung, ein Interview oder eine Änderung im Handelsregister veröffentlicht wird, nimmt diesen Veröffentlichungen ihren internen Überraschungs- und Frustrationseffekt. Damit es eben nicht mehr heißt: *„Wir erfahren es sowieso als Letzte!"*

Bei schlechten Nachrichten immer auch Chancen aufzeigen

14 Sicherheit des Arbeitsplatzes

„ ... und wir bieten Ihnen einen sicheren Arbeitsplatz." Mit diesem Angebot sollen Arbeitsuchende zum Abschicken ihrer Bewerbung motiviert werden. Doch ist ein sicherer Arbeitsplatz wirklich motivationsfördernd?

Sicherheit ist die Grundlage, um Risiken einzugehen. Dies gilt beruflich wie privat. Sicherheit ist notwendig, um Entscheidungen treffen zu können, auch wenn der Entscheider unsicher ist, ob er richtig entscheidet oder nicht. Hat er diese Sicherheit nicht, wird er alles tun, um Entscheidungen zu umgehen, da er ansonsten seine Existenz riskieren könnte. Damit ist die Sicherheit des Arbeitsplatzes ein wichtiges Motiv im Berufsleben. Zu dieser Erkenntnis gibt es lediglich zwei Ausnahmen:
- Wer nichts zu verlieren hat, kann jede Entscheidung treffen.
- Wer extrem karriere- oder machtorientiert ist, geht auch große Risiken ein – Risiken, die betrieblich nicht immer vertretbar sind.

Sicherheit ist die Grundlage, um Risiken einzugehen und Entscheidungen zu treffen

14.1 Vier wichtige Kategorien

Die allermeisten Menschen in unserer westlichen Gesellschaft streben nach Sicherheit. Übertragen auf die Mitarbeiter eines Betriebes zeigt sich Sicherheit vorrangig in vier Kategorien:

Dimensionen von Sicherheit im Betrieb

- **Formale Sicherheit** gründet sich auf gesetzlich, tariflich oder vertraglich geregelten Kündigungsschutz.
- **Materielle Sicherheit** basiert vor allem auf der Länge der Kündigungsfristen und evtl. vereinbarter Abfindungszahlungen, auf Versicherungsschutz, auf Altersversorgung etc.
- **Inhaltliche Sicherheit** entsteht aus der Bedeutung der Aufgabenstellung, ihrer Unverzichtbarkeit für das Unternehmen sowie der Qualifikation und Leistung des Mitarbeiters.
- **Sicherheit durch Vertrauen** bedarf einer festen und verlässlichen Beziehung. Mitarbeiter, die sich auf ihre Vorgesetzten verlassen können, haben diese Beziehung.

Formale als auch materielle Sicherheit sind nicht unmittelbar motivationsfördernd

Formale als auch materielle Sicherheit haben eine reine Schutzfunktion für den Mitarbeiter. Ist dieser Schutz erreicht bzw. vorhanden, so werden durch ihn keinerlei Leistungs- oder Motivationsschübe ausgelöst. Im gleichen Moment, in dem dieser Schutz erreicht wird, gilt er als selbstverständlich. Schlimmer noch, wenn der Betrieb keine inhaltliche oder vertrauensbasierte Sicherheit bietet, zeigt sich bei einigen Mitarbeitern ein Verhalten wie *„Jetzt kann ich es auch mal wieder etwas ruhiger angehen lassen…"*. Die weitaus meisten Mitarbeiter werden jedoch mit unveränderter Motivation weiterarbeiten, gleich auf welchem Niveau.

Die inhaltliche Sicherheit steht mit dem Ehrgeiz des Einzelnen im Zusammenhang. Menschen, die persönliche Ziele haben, weil sie Karriere machen wollen, weil sie eine bestimmte Qualifikation erreichen wollen, weil sie ihre persönlichen Grenzen erleben wollen oder weil z.B. permanentes Lernen ihrer inneren Einstellung entspricht, sind auf diesem Wege motivierbar. Genauer gesagt, die Motivation zur Leistung tragen sie bereits in sich, doch sie kann durch interessante Aufgaben und Qualifizierungsangebote verstärkt werden. Jeder Mitarbeiter weiß: Solange er eine für den Betrieb wichtige Aufgabe wahrnimmt und solange in sein Know-how investiert wird, muss er sich um seinen Arbeitsplatz im Unternehmen keine ernsthaften Sorgen machen. Diese Mitarbeiter werden auch in Krisensituationen motiviert arbeiten, solange sie wissen, dass sie durch den Inhalt ihrer Tätigkeit eine persönliche Entwicklung erfahren.

Vorhandene Leistungsmotivation kann durch interessante Aufgaben verstärkt werden

Führungskräfte, die das Vertrauen ihrer Mitarbeiter gewinnen, stärken damit auch deren Motivation

Die zweifellos bedeutendste Form von Sicherheit basiert auf Vertrauen. Führungskräfte, die es schaffen, das Vertrauen ihrer Mitarbeiter zu gewinnen, erreichen und stärken damit auch deren Motivation nach dem Motto *„Vertrauen kann Berge versetzen"*. Dort wo Vertrauen herrscht, sind ungeahnte Leistungen möglich. Dort wo Vertrauen herrscht, verlieren formale und materielle Sicherheiten an Bedeutung. Vertrauen ist wie eine Versicherung auf Gegenseitigkeit:

- Die Führungskraft vertraut z.B. der Qualifikation, der Leistungskraft, der Zuverlässigkeit und dem Engagement des Mitarbeiters.
- Der Mitarbeiter vertraut z.B. der Verlässlichkeit, der Ehrlichkeit, der Führungskompetenz und dem Überblick des Vorgesetzten.

Der Vorgesetzte steht in diesem Zusammenhang stellvertretend für die gesamte Unternehmensleitung, denn jeder Mitarbeiter weiß, dass ein einzelner Vorgesetzter nur begrenzt Sicherheit bieten kann. Doch Vertrauen gründet sich immer auf einzelne Personen, ist damit höchst subjektiv und höchst verletzlich. Bitte beachten Sie daher bei Personalwechseln auf der Führungsebene, dass den direkt betroffenen Mitarbeitern jetzt die Orientierung fehlt, die ihnen vorher Sicherheit gegeben hat. Eine andere Führungskraft oder die Unternehmensleitung muss nun einspringen und verloren gegangenes Vertrauen schnellstmöglich wieder aufbauen, ansonsten droht längerfristige Verunsicherung.

Der Vorgesetzte als Stellvertreter der Unternehmensleitung

14.2 Was bewirkt ein sicherer Arbeitsplatz?

Das Gefühl einen sicheren Arbeitsplatz zu haben hat folgende Auswirkungen auf Ihre Mitarbeiter:
- Konzentration auf die Arbeit, da sich der Mitarbeiter keine Sorgen über seine Zukunft machen muss.
- Ruhe, Gelassenheit und Souveränität, um auch schwierige Entscheidungen sachgerecht treffen zu können.
- Betriebstreue.
- Keine Unzufriedenheit durch drohenden Verlust des Arbeitsplatzes.
- Keine Produktivitätsverluste durch Gerüchte und Flurgespräche.

Konzentration auf die Arbeit, keine Produktivitätsverluste

Ist die Sicherheit des Arbeitsplatzes in einem hohen Maße nur formal gegeben, können auch folgende Konsequenzen beobachtet werden:
- Sinken des Leistungsbewusstseins, weil Leistung unter formalen Gesichtspunkten nicht bedeutsam ist.
- Resignation oder erhöhte Fluktuation von Leistungsträgern, da formale Gesichtspunkte ihre Handlungsspielräume einengen.
- Trägheit und Nachlässigkeit, da formal ja nichts passieren kann.

Hohe formale Sicherheit kann auf Dauer demotivierend wirken

14.3 Was fördert Arbeitsplatzsicherheit?

Das Gefühl der Arbeitsplatzsicherheit muss kontinuierlich aufgebaut und immer wieder bestätigt werden.
- **Schenken Sie Ihren Mitarbeitern Vertrauen, damit auch Sie von Ihren Mitarbeitern Vertrauen erhalten.** Dieses Vertrauen ist eine wesentliche Grundlage, damit Fehler nicht vertuscht, Schwächen nicht verheimlicht und Probleme nicht verleugnet werden.
- **Versprechen Sie nur Dinge, die Sie auch einhalten können.** Auch hier muss sich jeder Mitarbeiter auf Sie verlassen können, Ihnen vertrauen dürfen. Jeder kennt das Sprichwort „Wer einmal lügt, dem glaubt man nicht und wenn er auch die Wahrheit spricht". Nicht eingehaltene Versprechen stürzen Ihre Mitarbeiter in Zweifel, ob Sie be-

Vertrauen fördert Vertrauen

Nur einlösbare Versprechen geben

wusst gelogen haben, ob Sie unzuverlässig sind oder nicht kompetent genug, um ein Versprechen auch umsetzen zu können. Keine dieser Alternativen ist gut für Ihr Image und jede dieser Alternativen raubt Ihren Mitarbeitern die Sicherheit, sich zukünftig auf Sie verlassen zu können.

- **Informieren Sie Ihre Mitarbeiter offen und freiwillig.** Das ist nicht immer einfach, wenn es unangenehme Informationen und Wahrheiten sind, doch Sie geben Ihren Mitarbeitern die Sicherheit, bestmöglich und frühestmöglich informiert zu sein.

Aufgaben mit Perspektive verleihen Sicherheit

- **Geben Sie Ihren Mitarbeitern Aufgaben, die mit einer Perspektive verbunden sind.** Dies ist besonders dann wichtig, wenn Sie Arbeitsplätze haben, auf denen das Beherrschen einer veralteten Technologie notwendig ist. Mitarbeiter, die bereit sind, sich dafür zu engagieren, wissen, dass eines Tages ihr Arbeitsplatz entfallen wird. Mindern Sie dieses akute Arbeitsplatzrisiko durch eine transparente Personalplanung, begleitende Weiterbildung und die rechtzeitige Einarbeitung auf zukunftsorientierten Arbeitsplätzen.

Weiterbildungsaktivitäten sind ein Zeichen für Zukunftsorientierung

- **Investieren Sie in das Know-how Ihrer Mitarbeiter.** Weiterbildungsaktivitäten sind Investitionen, Investitionen sind ein Zeichen für Zukunftsorientierung. Solange Ihre Mitarbeiter das Gefühl haben, dass ihr Know-how wichtig ist, weil es gefördert wird, werden sie sich weniger Sorgen machen als andere, bei denen das Know-how veraltet. Aktuelles und gefragtes Know-how zu haben bedeutet Sicherheit, besonders im Krisenfall. Mit dieser Sicherheit im Rücken kann sich der Mitarbeiter auf seine Arbeit konzentrieren.

Zielvereinbarungen vermitteln das Gefühl umfassend eingebunden zu sein

- **Nutzen Sie das Instrument der Zielvereinbarung.** Mit Zielvereinbarungen (siehe auch Kap. 16) geben Sie Ihren Mitarbeitern die Sicherheit, an der Planung des Unternehmens beteiligt zu werden und an den richtigen Zielen zu arbeiten. Sehr wichtig dabei ist, die Zielerreichung in regelmäßigen Abständen zu prüfen bzw. dies durch Selbstkontrolle zu ermöglichen.

- **Vermeiden Sie befristete Arbeitsverträge, wenn es betriebswirtschaftlich vertretbar ist.** Natürlich schaffen befristete Verträge für das Unternehmen eine gewisse Planungssicherheit in der Personalsteuerung. Diese Planungssicherheit bedeutet für alle Mitarbeiter mit unbefristeten Verträgen ein Mehr an Arbeitsplatzsicherheit, denn im Krisenfall wird die Beendigung befristeter Arbeitsverträge immer zuerst eingeplant. Doch bei den befristeten Mitarbeitern führt dies zu einer entsprechenden Planungsunsicherheit. Je näher das Befristungsdatum liegt, desto mehr müssen sie Teile ihrer Energie darauf verwenden, sich über ihre eigene Zukunft Gedanken zu machen und sich einen neuen Arbeitsplatz zu suchen.

Befristete Arbeitsverträge fördern Unsicherheit

Auch wenn es rechtlich inzwischen einfach ist und von vielen Seiten als opportun angesehen wird, Verträge zunächst zu befristen, so ist das Signal an den Betreffenden doch eindeutig „Wir sind uns unsi-

cher!" Unsicherheit aktiviert bei dem Mitarbeiter die Notwendigkeit der Vorsorge in Form der Suche nach einem unbefristeten Arbeitsplatz, bindet damit wichtige Leistungsressourcen und degradiert das befristete Arbeitsverhältnis zu einem temporären Job.
- **Flexibilisieren Sie die Arbeitszeit Ihrer Mitarbeiter** (siehe auch Kap. 20). Die Möglichkeit, durch Langzeitkonten größere Salden mit Plus- und Minusstunden zu steuern, ist eine anerkannte Form des Kapazitätsausgleichs. Beschäftigungsstarke und beschäftigungsschwache Zeiten werden gegeneinander ausgeglichen. Dies ist für Unternehmen und Mitarbeiter gleichermaßen attraktiv und sinnvoll, denn es führt zu einer verlängerten Planungssicherheit. *(Flexible Arbeitszeiten erhöhen die Planungssicherheit)*
- **Flexibilisieren Sie einen Teil der Entgeltzahlungen, führen Sie variable Vergütung ein** (siehe auch Kap. 18 und 19). Die Möglichkeit, aufgrund eigener Leistung mehr Geld verdienen zu können, ist ein motivierender Anreiz. Dem steht gegenüber, dass in ungünstigen Situationen auch weniger verdient werden kann. Diese für die Mitarbeiter auf den ersten Blick demotivierende Erkenntnis verliert jedoch an Bedeutung, wenn man bedenkt, dass die Bandbreite von Mehr- und Minderverdienst regulär eingeplant ist. Gerade die Bandbreite bei Minderverdienst soll sicherstellen, dass arbeitsplatzgefährdende Maßnahmen möglichst lange vermieden werden können. Unter Beachtung angemessener Mindestentgelte gilt: Je größer die Kostenflexibilität für den Betrieb ist, desto höher ist die Arbeitsplatzsicherheit für die Arbeitnehmer. *(Auf Grund eigener Leistung mehr Geld verdienen zu können, ist ein motivierender Anreiz)*

Motivation durch Mitarbeiterauswahl und -förderung

15 Personalentwicklung

15.1 Notwendigkeit von Personalentwicklung

Cirka 1,5 Millionen Arbeitsplätze können wegen fehlender Qualifikation nicht besetzt werden. Im Jahr 2010 werden ca. 1/4 aller Arbeitnehmer älter als 50 Jahre sein. Was tun Sie, damit Ihre Mitarbeiter geistig jung, flexibel und qualifiziert bleiben?

Die Halbwertszeit des Wissens verringert sich zunehmend

Die Halbwertszeit des Wissens beträgt in vielen Bereichen nur noch zwei bis drei Jahre, in Forschung und Entwicklung oder im IT-Sektor teilweise nur 6 bis 12 Monate. Steigende Anforderungen durch Spezialisierung des Unternehmens, Internationalisierung, Service, Qualität, Flexibilität und Kostendruck beeinflussen jeden einzelnen Arbeitsplatz. Mit dem Wissen, den Abläufen und Rezepten von gestern kann kein Unternehmen diesen Anforderungen mehr standhalten.

Auch wenn in wirtschaftlich schwierigen Zeiten eines Betriebes die Investitionen in die Weiterbildung von Mitarbeitern als erstes dem Rotstift zum Opfer fallen:

DIE QUALITÄT MENSCHLICHER ARBEIT IST UND BLEIBT DER EIGENTLICHE WETTBEWERBSVORTEIL.

Der Inhaber eines IT-Unternehmens brachte es einmal auf die kurze Formel: *„Wenn abends bei mir im Betrieb die Lichter ausgehen und die Mitarbeiter zu Hause sind, hat auch das Kapital mein Unternehmen verlassen. Mein Unternehmen ist bis zum nächsten Morgen wertlos."* Diese Aussage trifft wohl auf jedes Unternehmen und jede Organisation zu.

Die Qualität menschlicher Arbeit zu erhalten und zu verbessern ist eine permanente Aufgabe

Die Qualität menschlicher Arbeit zu erhalten und zu verbessern ist eine permanente Aufgabe. Unumstritten ist, dass jeder Mitarbeiter zunächst selbst und ganz persönlich für seine Weiterentwicklung und Qualifizierung verantwortlich ist. Die Aufgabe und Verantwortung der Arbeitgeber liegt in der Unterstützung und in der Schaffung geeigneter Rahmenbedingungen, um Lernen und Weiterentwicklung zu ermöglichen. Genau hier haben oder hatten Ihre Mitarbeiter Bedarf und Erwartungen. Alle Mitarbeiter, die in ihren Erwartungen und Bedürfnissen enttäuscht werden oder wurden, ziehen sich entweder resigniert zurück, machen leidenschaftslos ihre Arbeit und verlieren immer mehr ihre Lernfähigkeit und Flexibilität. Oder sie verlassen das Unternehmen.

Sicher wäre es praxisfern, jedem Mitarbeiter pauschal ein Interesse an Weiterentwicklung und Weiterbildung zu unterstellen. Jede Führungskraft kennt genügend Mitarbeiter, die zunächst kein Interesse an Weiterbildung zeigen, weil sie Angst vor Veränderung haben und weil Weiterbildung manchmal unbequem ist. Doch damit ist bereits der erste Ansatz für dringend notwendige Personalentwicklung gegeben, denn ohne die Fähigkeit zur Veränderung haben weder Unternehmen noch deren Mitarbeiter einen langfristigen Bestand.

Natürlich bleibt immer ein Risiko, dass auf Ihre Kosten qualifizierte Mitarbeiter Ihr Unternehmen verlassen, weil sie von einem anderen Arbeitgeber eine attraktivere Position angeboten bekommen, die Sie nicht anbieten können oder wollen. Doch Sie müssen sich entscheiden:

Risiko der Abwanderung qualifizierter Mitarbeiter

- Entweder beschäftigen Sie Mitarbeiter, die sich mit Ihrer Unterstützung ständig weiter qualifizieren und entwickeln, die sich engagieren und Veränderungsbereitschaft zeigen. Im Einzelfall werden solche Leistungsträger auch einmal zu einem anderen Arbeitgeber wechseln.
- Oder Sie beschäftigen Mitarbeiter, die auf ihrem Niveau verharren, Veränderungen ablehnen und langfristig im Betrieb bleiben.

15.2 Instrumente der Personalentwicklung

Personalentwicklung ist die Förderung und Weiterbildung einzelner Personen in fachlicher, methodischer, persönlicher und sozialer Kompetenz mit dem Ziel eines Nutzens für den Arbeitgeber. Die nachfolgend aufgeführten Instrumente geben eine Übersicht über die wichtigsten in der Praxis angewandten Instrumente. Ihr Einsatz und der Erfolg hängen ab von den Rahmenbedingungen des Betriebes, den zu erreichenden Zielen und den Lerngewohnheiten der betreffenden Mitarbeiter.

Die wichtigsten in der Praxis angewandten Instrumente der Personalentwicklung

- **Ausbildung:** Durch Ihr Engagement in der Berufsausbildung oder in der Umschulung geben Sie (jungen) Menschen eine echte berufliche Perspektive mit qualifiziertem Abschluss. Viele Betriebe setzen auf die Qualität der eigenen Ausbildung und gewinnen entsprechend engagierte und loyale Mitarbeiter.

Die eigene Ausbildung sichert qualifizierte Mitarbeiter

- **Coaching:** Dies ist ein Instrument zur Förderung der persönlichen Entwicklung und zur Lösung nicht fachlicher Fragen. Gerade Führungs- und Führungsnachwuchskräfte stehen immer wieder vor Situationen und Problemen, bei denen sie sich unsicher fühlen und Zweifel haben. Ein kompetenter Coach, meistens eine externe Persönlichkeit, hilft durch Gespräche dem gecoachten Mitarbeiter, zu einer angemessenen Entscheidung zu kommen. Durch „Hilfe zur Selbsthilfe" wird der Mitarbeiter in seiner Persönlichkeit gestärkt und weiterentwickelt.

Hilfe zur Selbsthilfe

- **CBT (Computer Based Training):** Dieses noch recht neue Schulungskonzept ist im Wesentlichen ein Selbstlernprogramm am PC. Die Schulungsinhalte werden entweder über das Internet oder eine CD vermittelt. Geeignet ist diese Form der Weiterbildung für Personen, die sich vorzugsweise ihr Wissen autodidaktisch und allein aneignen.

Selbstlernprogramm am PC

- **Externe Schulungen und Seminare:** In so genannten „offenen Seminaren" kommen Vertreter aus unterschiedlichen Unternehmen zusammen, um von einem externen Referenten zu einem bestimmten Thema geschult zu werden. Der Erfolg externer Seminare hängt ab von der Kompetenz des Referenten, vom Engagement der Teilnehmer und besonders von der Übereinstimmung von Seminarinhalt und Erwartung der Teilnehmer. Die Seminarbeschreibung sollte vor der Anmeldung daher sehr genau gelesen und evtl. beim Anbieter hinterfragt werden.

  Schulung außerhalb des Unternehmens durch einen externen Referenten

- **Fachliteratur:** Das Lesen einschlägiger Literatur oder von Fachbüchern ist eine der günstigsten Möglichkeiten zur Weiterbildung, und doch wird ihr in den Betrieben eher wenig Bedeutung beigemessen. Machen Sie entsprechende Bücher und Zeitschriften den Mitarbeitern frei zugänglich und überlegen Sie sich, wie Sie den Nutzungsgrad erhöhen können.

  Eine der günstigsten Möglichkeiten zur Weiterbildung

- **Interne Schulungen und Workshops:** Immer, wenn drei und mehr Personen Ihres Unternehmens einer Schulung im gleichen Themengebiet bedürfen, kann eine interne Qualifizierung kostengünstiger und vor allem zielgerichteter sein als das Besuchen externer Seminare. Der wichtigste Vorteil: Sie stimmen die Schulung speziell auf die Bedürfnisse Ihres Unternehmens ab, der Referent kann sich auf die Erwartung der Teilnehmer wesentlich besser einstellen. Haben Sie in Ihrem Betrieb fachlich und didaktisch qualifizierte Mitarbeiter, sollten diese als Referenten oder Workshopleiter in Betracht gezogen werden.

  Exakt auf den Weiterbildungsbedarf abgestimmte Schulung innerhalb des Unternehmens

- **KVP (kontinuierlicher Verbesserungsprozess), Qualitätszirkel:** Im Vordergrund dieser Konzepte stehen in aller Regel die Verbesserung der Produktivität, Optimierung von Abläufen, Kostensenkung und Qualitätssteigerung. Ganz nebenbei schulen Sie Ihre Mitarbeiter. Mehr noch, Sie zeigen deutlich, dass Sie auf das Know-how und das Verantwortungsgefühl Ihrer Mitarbeiter vertrauen und Teamarbeit fördern wollen. Damit senden Sie starke Signale, die Einfluss haben auf die Motivation der Mitarbeiter und deren Identifikation zum Betrieb.

  Eine kontinuierliche Verbesserung der Qualität verbessert auch Kenntnise und Fähigkeiten der Mitarbeiter

- **Personalentwicklungs- und Fördergespräche (PE-Gespräche):** Diese Gespräche sind ein Instrument, um möglichen Entwicklungsbedarf herauszufinden und entsprechende Aktivitäten zu vereinbaren. Die Tatsache jedoch, dass PE-Gespräche geführt werden, ist bereits ein extrem wichtiger Baustein der Personalentwicklung. In diesen Gesprächen ist kein Platz für fachliche Fragen oder Probleme des Tagesgeschäftes. Es geht allein über die Entwicklung des beteiligten Mitarbeiters, seine Potenziale, seine Ziele, seine Perspektiven im Unternehmen und um Maßnahmen, diese zu erreichen. Regelmäßige Leistungsbeurteilungen wären eine gute Grundlage für PE-Gespräche.

  Instrument, um möglichen Entwicklungsbedarf herauszufinden und entsprechende Aktivitäten zu vereinbaren

- **Projektmanagement:** Die Übernahme von Projektverantwortung ist eine vielfach und erfolgreich praktizierte Alternative der beruflichen Weiterentwicklung. In Projekten können Mitarbeiter für eine bestimmte Zeit Ihre Fähigkeiten trainieren und unter Beweis stellen. Sind sie dabei erfolgreich, empfehlen sie sich damit als Projektleiter bzw. für die dauerhafte Übernahme größerer Verantwortung.

Projekte sind ein Umfeld, um bestimmte Fähigkeiten zu trainieren und unter Beweis zu stellen

- **Trainee-Programme:** Einarbeitungsprogramme, die vorwiegend in Großunternehmen für Absolventen von Hochschulen Anwendung finden.
- **Training on the job:** Lernen am Arbeitsplatz ist die Alternative in vielen Betrieben als Antwort auf gestrichene Weiterbildungsbudgets. Ob einzeln für sich oder durch kollegiale Unterstützung – die Mitarbeiter lernen im Arbeitsprozess durch neue Aufgaben und Anforderungen. Erfolgreich und effektiv ist dieses Vorgehen bei Autodidakten, die sowieso selbstständig und motiviert ihre Aufgaben anpacken. Für alle anderen Mitarbeiter ist dies eine langwierige Form der Personalentwicklung, die dadurch teuer und mit vielen Frustrationserlebnissen verbunden ist.

Lernen am Arbeitsplatz ist nur für selbstständige und motivierte Mitarbeiter effektiv

- **Train the Trainer:** Die Ausbildung interner Trainer und Referenten ist ein doppelt wirksames Konzept zur Personalentwicklung. Zum einen entwickeln Sie einen internen Mitarbeiter zum Trainer und sorgen so für eine Kompetenzverdichtung im Unternehmen. Für Mitarbeiter, die an einer Referententätigkeit Freude haben, ist dies eine großartige Möglichkeit der beruflichen Weiterentwicklung. Zum anderen stehen Ihre internen Trainer in nahezu unbegrenzter Form allen Mitarbeitern bei Fragen und Problemen zur Verfügung. Sie kennen die Kultur des Betriebes, die fachlichen Besonderheiten und wissen genau, worüber sie sprechen und wie sie die Teilnehmer ansprechen müssen. Motivierte und kompetente Trainer sind wichtige Multiplikatoren im Betrieb.

Die Ausbildung interner Trainer sorgt für eine Kompetenzverdichtung im Unternehmen

- **Übertragen von Zusatz- oder Sonderaufgaben:** Reißen Sie Ihre Mitarbeiter aus dem einschläfernden Alltagstrott! Mit besonderen Aufgaben unterbrechen Sie die Routine und Eintönigkeit vieler Arbeitsplätze und machen die Arbeit wieder spannender und fordernder. Bitte beachten Sie, dass Schwierigkeitsgrad und Umfang der Aufgabe den Möglichkeiten des Mitarbeiters entsprechen müssen.

Besondere Aufgaben fördern die Motivation

15.3 Schwerpunkte der Personalentwicklung

Unabhängig davon, welche Instrumente der Personalentwicklung vorrangig zum Einsatz kommen, sollen die persönlichen, sozialen, methodischen und/oder fachlichen Kompetenzen der Mitarbeiter gezielt gefördert werden. Natürlich trägt jeder Mitarbeiter andere Potenziale in sich und hat sein eigenes Stärken-Schwächen-Profil. Personalentwicklung sollte diese Unterschiede immer berücksichtigen und Alternativen anbieten. Personalentwicklung und Weiterbildung nach dem Gießkannenprinzip ist sinnlos, gezielte Personalentwicklung ist wertvoll für das Unternehmen. In der Praxis haben sich drei Schwerpunkte durchgesetzt:

Mitarbeiter gezielt fördern

15.3.1 Anpassungsfortbildung

Weiterbildung sichert den Anschluss an aktuelle Entwicklungen

Hier geht es im Wesentlichen um reine Weiterbildung. Der Schulungsbedarf entsteht durch neue Techniken, neue Maschinen, neue Software, neue Gesetze, neue Verfahren, neue Produkte oder andere Veränderungen, die Einfluss haben auf die tägliche Arbeit. Die Mitarbeiter sollen durch Anpassungsfortbildung in die Lage versetzt werden, den Anschluss an aktuelle Entwicklungen zu halten, um auch zukünftig in ihrem Arbeitsbereich erfolgreich tätig zu sein. Dies gilt auch bei einer grundlegenden Änderung der Anforderungen und Arbeitsinhalte. Anpassungsfortbildung ist die Grundlage und elementarer Schwerpunkt umfassender Personalentwicklung.

15.3.2 Führungskräfteentwicklung

Führungskräfte sind wichtige Multiplikatoren im Betrieb. Sie beeinflussen maßgeblich den Erfolg der Mitarbeiter in ihrem gesamten Verantwortungsbereich. Auch in kleineren Unternehmen, wo es sich oft um mitarbeitende Führungskräfte handelt, also einer Mischung aus Fach- und Führungskraft, werden diese Mitarbeiter besonders in ihrer methodischen und sozialen Kompetenz gefordert. Die Kompetenz als Experte eines Fachgebietes rückt in den Hintergrund, organisatorische und Führungsfähigkeiten werden die erfolgskritischen Faktoren.

Nicht die beste Fachkraft ist automatisch auch die beste Führungskraft

Es ist daher nur folgerichtig, dass bei der Besetzung einer Führungsposition nicht die beste Fachkraft, sondern die geeignete Persönlichkeit gesucht wird. Dies gilt gerade auch bei einer internen Beförderung. Die früher verbreitete Vorgehensweise *„Die beste Fachkraft wird Gruppenleiter"* war grundlegend falsch. Zum Leidwesen aller, auch der unterstellten Mitarbeiter, hatte so mancher Betrieb damit nicht nur einen ausgewiesenen Spezialisten verloren, sondern auch eine lediglich schwache Führungskraft gewonnen. Nicht jeder Spezialist ist für Führungsaufgaben geeignet – heute eine Binsenweisheit.

Das Potenzial der Fachleute frühzeitig beobachten und testen

Testen und beobachten Sie das Potenzial Ihrer Fachleute zur Führungskraft daher frühzeitig. Die verschiedenen Instrumente der Personalentwicklung stehen Ihnen zur Verfügung, insbesondere die Möglichkeiten der Zusatz- und Sonderaufgaben wie z.B. Urlaubs- oder Vertretungsplanung, Organisation und Neugestaltung von Abläufen, die Leitung interner Workshops und Trainings oder die Projektleitung. Beginnen Sie nicht erst mit der Entwicklung Ihres Führungsnachwuchses, wenn eine Position aktuell zu besetzen ist. Dann ist es zu spät, denn Sie werden wieder eine externe Führungskraft einstellen und alle internen Nachwuchskräfte „vor den Kopf stoßen".

15.3.3 Fachlaufbahn

Nach Wellen von Lean Organisation und Reengineering in den 90er-Jahren haben viele größere Betriebe die Führungsstruktur deutlich verschlankt. Kleinere Unternehmen neigten seit jeher dazu, bei der Anzahl der Führungskräfte und Hierarchieebenen sehr zurückhaltend und sensibel zu sein. Der Nachteil ist aber, dass engagierten Mitarbeitern mit Entwicklungspotenzial die Aufstiegsmöglichkeiten verbaut sind, weil es diese einfach nicht (mehr) gibt. Die Alternative aus diesem Dilemma ist die Entwicklung von Fachlaufbahnen.

Engagierten Mitarbeitern mit Entwicklungspotenzial in Fachlaufbahnen Aufstiegsmöglichkeiten bieten

Noch wird Karriere in vielen Fällen mit der Anzahl der unterstellten Mitarbeiter und der entsprechenden Hierarchieebene verbunden. Doch es macht sich zunehmend auch ein anderes Denken breit. Nach diesem neuen Denken wird Karriere mit Verantwortung im umfassenden Sinne gekoppelt:
- Verantwortung für ein Projekt
- Verantwortung für ein Budget
- Verantwortung für Schlüsselkunden
- Verantwortung für ein Produkt
- Verantwortung für die Organisation oder einen Prozess

sind einige Beispiele, die sich gerade auch in mittelständischen Betrieben realisieren lassen. Sie verdeutlichen, dass es außerhalb von Hierarchien in jedem Unternehmen attraktive Schlüsselpositionen gibt. Was spricht dagegen, dass Mitarbeiter, die solche Schlüsselpositionen einnehmen, sowohl finanziell als auch organisatorisch behandelt werden wie eine Führungskraft?

Verantwortung in Schlüsselpositionen auch außerhalb der Hierarchie

Ein weiterer Aspekt spricht deutlich für die Einführung von Fachlaufbahnen. Nicht jede gute Fachkraft ist für eine Führungsaufgabe geeignet. Manch ein Mitarbeiter ist auch gar nicht an Führungsverantwortung interessiert, sondern will sich als Experte weiterentwickeln. Bieten Sie diesen Personen eine Entwicklungsperspektive zum Spezialisten, internen Consultant, Fachbereichsleiter, Senior-Einkäufer/-Verkäufer oder Ähnlichem. Bezahlen Sie Ihre Top-Experten wie eine Führungskraft oder besser; ein Verlust durch Fluktuation wäre deutlich teurer. Behandeln und fördern Sie ihre Fachkräfte und Top-Experten als Schlüsselpersonen – so, wie es ihrer strategischen Bedeutung für Ihr Unternehmen entspricht.

Karriere in diesem Sinne heißt, wertvoller zu werden, nicht Aufstieg. Jürgen Fuchs hat diese Entwicklung einmal auf den Punkt gebracht: „Bei uns haben Sie Karriere gemacht, wenn man Sie fragt, wenn man Ihren Rat holt, wenn man Ihnen Informationen gibt, wenn man Ihnen traut und viel zutraut!" (Jürgen Fuchs: „Karriere ohne Hierarchie"; Personal 12/1998)

Experten werden wertvoll für das Unternehmen, auch ohne in Führungspositionen aufzusteigen

15.4 Personalentwicklung nach Maß

Ob bewusst oder unbewusst, in jedem Betrieb findet Personalentwicklung statt. Jede Versetzung, Organisationsveränderung, Schulung, Beförderung oder Abmahnung hat Einfluss auf die weitere Entwicklung der betroffenen Mitarbeiter. Dieser Einfluss ist nicht immer positiv, oftmals ist er zufällig und unsystematisch. Die nachfolgend aufgezeigten Vorgehensweisen geben einen Praxisüberblick:

15.4.1 Qualifizierte Personalplanung

Detaillierte Darstellung der einzelnen Aufgaben im Betrieb

Hier geht es um eine Darstellung der einzelnen Aufgaben im Betrieb (z.B. Lohn- und Gehaltsabrechnung, Buchhaltung, Sekretariat, telefonische Kundenakquise, Kundenbesuche etc.). Eine solche Darstellung ist viel detaillierter als die bloße Aufzählung der vorhandenen Arbeitsplätze, denn diese setzen sich vielfach aus mehreren Aufgaben zusammen. Bitte führen Sie unbedingt auch die Aufgaben auf, von denen Sie glauben, dass sie demnächst zu bewältigen sind und markieren Sie solche Aufgaben, die bald an Bedeutung verlieren oder wegfallen. Zu jeder Aufgabe tragen Sie ein, welcher Ihrer Mitarbeiter diese voll und ganz ausfüllt oder ausfüllen könnte. Bereits mit dieser einfachen Liste erhalten Sie einen sehr guten Überblick, welche Aufgaben ausreichend, über- oder zu schwach besetzt sind.

Überblick, welche Aufgaben ausreichend, über- oder zu schwach besetzt sind

Dieses Planungsinstrument beinhaltet vier gewichtige Vorteile:
- Sie erhalten einen präzisen Überblick über die Aufgabenstruktur und -verteilung in Ihrem Betrieb. Dies ist besonders wichtig, wenn Arbeitsplätze aus unterschiedlichen Aufgaben zusammengesetzt sind.
- Sie erhalten ein klares Profil, welche Mitarbeiter eine unverzichtbare Schlüsselposition einnehmen. Gibt es eine Vertretungsregelung oder einen qualifizierten Nachrücker, wenn Ihre Schlüsselperson ausfällt?

Qualifikationsbedarf wird frühzeitig erkannt

- Sie erkennen den wirklichen Qualifikationsbedarf in Ihrem Betrieb. Sie können jetzt gezielt unter Berücksichtigung Ihrer Unternehmensziele entscheiden, in welchen Bereichen und bei welchen Personen eine kurz-, mittel- oder langfristige Qualifizierung notwendig ist oder wo sie völlig vernachlässigt werden kann.

Fundierte Grundlage für Mitarbeitergespräche

- Sie haben eine außerordentliche Ausgangsbasis für die Führung zukunftsorientierter Mitarbeitergespräche.

Diesen Vorteilen steht ein Nachteil gegenüber: Der Aufwand. Wie jede andere Planung, z.B. zur Steuerung der Produktion, des Marketing oder der Liquidität kostet die Entwicklung dieses Steuerungsinstrumentes Zeit. Ebenso ist ein Zeitaufwand für die jährliche Aktualisierung einzuplanen. In der vorstehenden einfachen Form ist dieser Zeitaufwand jedoch als überschaubar einzustufen. Trotz der Einfachheit bietet diese Form eine gute Basis für viele Entscheidungen, so z.B. in der Kapazitätssteuerung, Personalbedarfs- oder Arbeitszeitplanung.

15.4.2 Mitarbeitergespräche

Jede Maßnahme zur Personalentwicklung bedarf eines vorhergehenden Gespräches mit dem Mitarbeiter. Gegen diesen Grundsatz wird leider immer wieder verstoßen. Ein solches Personalentwicklungs- und Fördergespräch sollte aus vier Phasen bestehen:

- **Klärung der Ist-Situation:** Hier geht es um die Analyse der Arbeitssituation und die Bewertung der erbrachten Leistung und des Verhaltens. Idealerweise wird diese Phase durch die Nutzung eines Beurteilungsbogens unterstützt, doch es geht auch sehr formlos. Wichtig ist, dass der Mitarbeiter die Kriterien und Maßstäbe der Beurteilung vorab kennt und sich angemessen vorbereiten konnte.
- **Klären von Erwartungen und Vereinbaren von Zielen:** In dieser Phase zeigt sich, inwieweit die Interessenlagen von Mitarbeiter und Vorgesetztem übereinstimmen.
- **Vereinbaren von Maßnahmen zur Zielerreichung:** Diese Maßnahmen sollen dem Mitarbeiter helfen, die vereinbarten Ziele zu erreichen und sich weiterzuentwickeln.
- **Evaluation:** Mit einem Zeitabstand von einigen Monaten und mehr zum bisherigen Gesprächsverlauf ist wie bei jeder anderen Investition zu prüfen, ob die Maßnahmen zur Personalentwicklung den gewünschten Erfolg gebracht haben. Oftmals ist diese Phase auch der Einstieg in ein neues Personalentwicklungsgespräch.

4 Phasen des Personalentwicklungs- und Fördergesprächs

15.4.3 Mitarbeiterbefragung

Hierbei geht es um die strukturierte Bedarfsabfrage nach Weiterbildungsbedarf. Ziele, Erwartungen und Potenziale im Sinne einer umfassenden Personalentwicklung können damit auf keinen Fall erfasst werden. Die Bedarfsabfrage wird gezielt an die Mitarbeiter gerichtet und von ihnen beantwortet. Ein solches Vorgehen ist nur mit deutlichen Einschränkungen zu empfehlen, da ansonsten Erwartungshaltungen und Wünsche geweckt werden können, die vom Arbeitgeber nicht erfüllbar und auch nicht auf die Ziele des Unternehmens abgestimmt sind. Ebenso ist die Auswertung einer Abfrage recht arbeitsintensiv.

Sinnvoll erscheint die Bedarfsabfrage nur bei einem sehr gezielten Vorgehen, z.B. bei der Frage nach einer bestimmten EDV-Schulung oder bei dem Angebot von fremdsprachlichem Unterricht. Bei diesem Vorgehen wird das Angebot vorab festgelegt, denn es hat aus unternehmerischer Sicht eine strategische Bedeutung. Ebenso wird festgelegt bzw. mit dem Betriebsrat vereinbart, welchen Mitarbeitern die Schulung angeboten wird. Die Mitarbeiter äußern sich dann, ob bzw. an welchen Schulungen sie teilnehmen wollen.

Nur bei einem sehr gezielten Vorgehen sinnvoll

15.4.4 Entscheidung durch die Führungskräfte

In vielen mittelständischen Betrieben wird das Angebot von Weiterbildung direkt vom Vorgesetzten gesteuert. Er entscheidet nach bestem Wissen, manchmal auch nach Gutdünken, ob und wann ein Mitarbeiter zu einer betrieblich bezahlten Weiterbildung angemeldet wird. Die Qualität dieser Vorgehensweise hängt in höchstem Maße von der Führungskompetenz des Vorgesetzten und seinem Verhältnis zu den einzelnen Mitarbeitern ab.

Bestreben von Vorgesetzten, gute Mitarbeiter möglichst lange zu behalten

Leider ist gelegentlich zu beobachten, dass gerade gute Mitarbeiter mit Potenzial keine Chance zur Weiterbildung und Weiterentwicklung bekommen, damit sie möglichst lange auf ihrem jetzigen Arbeitsplatz verharren. Für den Vorgesetzten ist dies bequem, für den Mitarbeiter ist dies jedoch schädlich, weil er irgendwann die Fähigkeit und Bereitschaft zur Weiterentwicklung abbaut. Das schadet dem Unternehmen, verursacht durch den Egoismus der eigenen Führung, denn damit wird Personalentwicklung verhindert.

15.4.5 Bedarfsmeldung durch die Mitarbeiter

Auch diese Form wird praktiziert, besonders, wenn sich der Betrieb ansonsten nicht um die Weiterbildung seiner Mitarbeiter kümmert. Jeder, der laut genug ruft oder fordert, bekommt seine Weiterbildung, die anderen gehen meist leer aus. Ein natürlicher Ausleseprozess, der die dominanten Mitarbeiter fördert, jedoch die Potenziale stillerer Mitarbeiter völlig vernachlässigt. Darüber hinaus fehlt bei diesem Vorgehen jegliche Abstimmung mit der Erreichung der Unternehmensziele.

15.5 Lernkultur gestalten

15.5.1 Hindernisse einer Lernkultur

Weiterbildung sollte ernst genommen und nicht als verzichtbarer individueller Luxus bewertet werden

„Na, wie war Ihr Urlaub?" waren die ersten Worte des Vorgesetzten, nachdem der Mitarbeiter von einer zweitägigen Schulung zurückkam. Wer so empfangen wird, spürt sofort: Weiterbildung wird nicht ernst genommen oder ist gar unerwünscht. Als Führungskraft signalisieren Sie Ihrem Mitarbeiter damit klar und deutlich, dass

- die Schulung lediglich zur Erholung genutzt wurde und entsprechend als Sonderurlaub angesehen wird,
- den Inhalten der Schulung kein Wert beigemessen wird,
- Weiterbildungbedarf als ein Zeichen von Schwäche gilt,
- nur die Mitarbeiter den Betrieb voranbringen, die tagtäglich ihre Arbeit verrichten,
- die gefehlten Tage jetzt wieder einzuarbeiten sind.

In einem solchen Klima wächst keine Lernkultur, die Bereitschaft zur Veränderung oder Übernahme von Verantwortung findet schnell ihre Grenzen. Die meisten Ihrer Mitarbeiter werden sich dieser Einstellung beugen, nur selten Schulungsbedarf aufzeigen und ansonsten ihre Arbeit wie immer erledigen. Doch nicht nur die Mitarbeiter, der gesamte Betrieb stagniert in seiner Qualifikation und verliert seine Fähigkeit, sich zu verändern und auf neue Anforderungen flexibel und schnell zu reagieren.

15.5.2 Voraussetzungen für Lernkultur

Schulung und Weiterbildung sind ein wesentlicher Bestandteil der Lernkultur, doch nicht der einzige. Zur Lernkultur gehören auch die Bereit schaft und Fähigkeit zur Veränderung am Arbeitsplatz und im Unternehmen sowie der Umgang mit Fehlern.

Bereitschaft und Fähigkeit zur Veränderung am Arbeitsplatz und im Unternehmen

- **Die wichtigste Voraussetzung ist die Führungskraft.** Mit ihrem Verhalten und ihrer Einstellung legt sie die Richtung und Ausprägung einer Lernkultur fest. Führungskräfte, die deutlich machen, dass sie von Weiterbildung wenig oder nichts halten, werden auch bei ihren Mitarbeitern kein nennenswertes Interesse an Weiterbildung erleben.
- **Nutzen Sie als Führungskraft Ihre Vorbildfunktion!** Zeigen Sie, dass auch Sie sich laufend weiterbilden, z.B. durch Seminare, Workshops, Vorträge, Bücher, Fachzeitschriften. Zeigen Sie Ihren Mitarbeitern, dass auch Sie sich immer wieder neuen Anforderungen stellen müssen, die zu Veränderungen in Ihrem Arbeitsbereich führen.

Zeigen Sie, dass auch Sie sich laufend weiterbilden

- **Fördern Sie gezielt die Weiterbildung Ihrer Mitarbeiter.** Das Erkennen des Weiterbildungsbedarfes ist eine grundlegende Voraussetzung. Die Tatsache, dass der Schulungsbedarf ermittelt wird, hat eine Signalwirkung und löst eine Erwartungshaltung aus.

Weiterbildungsbedarf rechtzeitig erkennen

- Mit der Art der Umsetzung von Weiterbildungsbedarf **verdeutlichen Sie nachhaltig den Stellenwert von beruflicher Weiterbildung in Ihrem Betrieb:**

Verdeutlichen Sie den Stellenwert von beruflicher Weiterbildung

   – Unabhängig von arbeitsrechtlichen Erwägungen werden Schulungen, die ausschließlich in der Freizeit der Mitarbeiter und ohne Zeitausgleich angesetzt werden, das Interesse an Weiterbildung reduzieren. Die Gestaltung der Arbeitsabläufe z.B. durch Schichtdienst und auch die betriebliche Situation werden sich in jedem Betrieb anders auf die zeitliche Festlegung von Schulungen auswirken. Dabei ist von einer Führungskraft die Bereitschaft zur Weiterbildung in der Freizeit deutlich eher zu erwarten als von einer angelernten Produktionshelferin.

   – Weiterbildung wird nicht nur durch Schulungen erreicht. Eine erneute oder vertiefende Einweisung am Arbeitsplatz, die Einarbeitung in andere Aufgaben, die Berufung in Workshops oder Arbeitsgruppen zur Lösung bestimmter Fragestellungen sind einige Beispiele, im Arbeitsprozess und am Arbeitsplatz dazuzulernen. Achten Sie bitte darauf, dass bei allen Lernprozessen „on the job" ein Lernzuwachs auch tatsächlich erreicht wird. Manches Knowhow lässt sich auf diesem Wege eben nicht gut vermitteln.

- **Fordern Sie Ihre Mitarbeiter auf, Verbesserungsvorschläge einzubringen sowie Schwächen und Fehlerquellen aufzuzeigen.** Solange Mitarbeiter in diesem Sinne aktiv sind, wollen sie für ihren Arbeitgeber etwas Positives bewirken. Sie sind sichtbar engagiert. Unterstützen und fördern Sie Ihre Mitarbeiter bei diesem Engagement. Das mag für Sie manchmal unbequem und zeitaufwändig sein, doch alle Mitarbeiter im Umfeld werden registrieren, wie Sie mit diesen Hinweisen und Vorschlägen umgehen. Deshalb gilt: Verurteilen Sie nie den Überbringer einer Nachricht, nur weil Ihnen die Nachricht nicht gefällt.

Mitarbeiterengagement zeigt sich in Verbesserungsvorschlägen

- **Fehler sind eine Chance zur Verbesserung.** Natürlich sind Fehler ärgerlich und manchmal auch sehr teuer. Der Volksmund sagt „*Fehler sind menschlich - und wo gearbeitet wird, passieren Fehler*". Erst die (mehrfache) Wiederholung eines Fehlers oder die fehlende Bereitschaft, aus einem Fehler zu lernen, macht die Sache problematisch.

  Fehler zeigen immer Schwächen auf, oftmals Schwächen in der Organisation, im Konzept, im technischen System oder in einer vorangegangenen Entscheidung, manchmal auch Schwächen im Knowhow oder im Verhalten der Mitarbeiter. Trotz oder gerade wegen des damit verbundenen Ärgers und Aufwands in der Fehlerbehebung stellen Fehler ein enormes Lernpotenzial dar, um zukünftig besser zu werden. Der akute Handlungsdruck nach Erkennen eines Fehlers bietet die Chance, der Ursache nachzugehen und sie unmittelbar zu beheben. Fehler sind eine Herausforderung, das eigentlich Teure an Fehlern ist ihre Wiederholung.

Offen behandelte Fehler stellen ein enormes Lernpotenzial dar

15.6 Know-how-Transfer

Immer, wenn Sie das Gießkannenprinzip vermeiden, können nur ausgewählte Personen von den Maßnahmen zur Personalentwicklung profitieren. Trotzdem kann dieses Know-how oder Teile davon auch für einige andere Mitarbeiter bedeutsam sein. Es erscheint daher zwingend und vorteilhaft für den Betrieb, die Grundlagen für einen Know-how-Transfer auf andere Mitarbeiter zu schaffen. Dass damit keinerlei Nachteile verbunden sind, zeigt die Aussage einer erfolgreichen Kommunikationstrainerin: „*Wissen ist etwas, was ich ständig und ohne jede Begrenzung weitergeben kann, ohne anschließend davon weniger zu haben.*" Immer, wenn dies nicht passiert, steht Egoismus dagegen.

Grundlagen für einen Know-how-Transfer auf andere Mitarbeiter schaffen

Vorteile von Know-how-Transfer

Die Vorteile von Know-how-Transfer sind vor allem:
- Auch andere Mitarbeiter profitieren von dem Know-how-Zuwachs Einzelner und können sich damit weiterentwickeln.
- Sie reduzieren Ihre Kosten für externe Weiterbildung.
- Derjenige, der sein Wissen weitergibt, vertieft und festigt es nochmals. Jeder, der in der Lage ist, anderen etwas verständlich zu erklären, verfügt über ein wirklich gefestigtes Know-how.
- Die Weitergabe von Know-how an Kollegen und Mitarbeiter ist selbst eine Maßnahme der Personalentwicklung und kann bis zum Train-the-Trainer-Prinzip ausgebaut werden. Die so geschulten internen Trainer (oder Key-User) können sich profilieren und mehr zeigen als das Wissen, um das es eigentlich geht.

Umsetzungsmöglichkeiten

Für die Umsetzung von Know-how-Transfer stehen Ihnen mehrere Möglichkeiten zur Verfügung, z.B.:

- **Vortrag oder Informationsveranstaltung** durch den intensiver geförderten Mitarbeiter. Dieser Weg ist jedoch nur praktikabel, wenn Ihre Unternehmenskultur dies trägt und der Vortragende dahintersteht.
- Sie bauen eine **Wissensdatenbank** auf. Besonders gut machbar ist dies im Support zur standardisierten Beantwortung von Kundenfragen, in der Forschung und Entwicklung sowie für den IT-Bereich. Entscheidend ist, damit anzufangen und für eine laufende Aktualisierung zu sorgen. Jeder Mitarbeiter kann von diesem Know-how profitieren und Sie behalten dieses Know-how im Haus, auch wenn Ihre am besten geschulten Mitarbeiter das Unternehmen verlassen.

  Von einer Wissensdatenbank profitieren alle Mitarbeiter

- Besonders qualifizierte Mitarbeiter erhalten den **Status eines Power- oder Key-User, internen Consultants, Trainers** oder Ähnliches. Alle anderen Mitarbeiter werden darüber informiert, dass diese Personen bei entsprechenden Fragen zur Verfügung stehen. Beachten Sie, den ausgewählten Personen zeitliche Freiräume für diese Zusatzaufgabe zu geben, sonst wird die Bereitschaft sehr schnell auf Null sinken.

16 Ziele und Zielvereinbarungen

16.1 Ohne Ziele geht es nicht

„Wer kein Ziel hat, kommt nie an" weiß bereits der Volksmund. Die meisten Menschen in unserem Kulturkreis haben verschiedenste Ziele, die sie zu erreichen suchen. Ohne dass es dem Einzelnen bewusst ist, hat er gleichzeitig kurz-, mittel- und langfristige Ziele, anspruchsvolle und weniger anspruchsvolle wie z.B.

Jeder hat – vielfach auch unbewusst – die verschiedensten Ziele

- mit Freunden einen schönen Abend zu verbringen,
- 5 Kilometer in x Minuten zu joggen,
- Obst und Gemüse aus dem eigenen Garten zu ernten,
- in einem eigenen Haus zu wohnen,
- die eigenen Kinder bestmöglich auf das Leben vorzubereiten.

Nicht jedes Ziel ist objektiv und präzise definiert, wie das letzte der vorstehenden Beispiele zeigt, und doch haben die Beteiligten eine Vorstellung davon, wie es sein müsste, wenn dieses Ziel erreicht ist. Gleichzeitig demonstriert gerade das letztgenannte Zielbeispiel, dass es oft sehr schwer ist, ein Ziel zu erreichen:

Nicht jedes Ziel ist objektiv und präzise definiert

- Es ist unscharf formuliert, denn jeder wird etwas anderes darunter verstehen,
- es ist ein sehr langfristiges Ziel, denn die Realisierung dauert cirka zwei Jahrzehnte und
- die Realisierung ist dabei vielen Fremdeinflüssen ausgesetzt.

Unterteilung langfristiger Ziele in besser erreichbare Teilziele

Wer mag da behaupten, immer und zu jeder Zeit stets das große Ziel vor Augen (gehabt) zu haben, ohne sich gelegentlich in Detailproblemen zu verlieren? Um daher die Chance der Zielerreichung zu erhöhen, haben die meisten Eltern, völlig unbewusst, das große Ziel in viele kleine Ziele unterteilt: Laufen lernen, sprechen lernen, sich alleine anziehen können, in der Schule gute Noten erzielen, die Anmeldung an einer weiterführenden Schule, der gute Schulabschluss, eine qualifizierte Ausbildung. Dies sind nur einige Bespiele von Teilzielen, die sich beliebig erweitern oder unterteilen lassen.

ZERLEGEN SIE LANGWIERIGE PROZESSE UND KOMPLEXE AUFGABEN IN KLEINE EINHEITEN, DAMIT FRÜHER ERFOLGE SICHTBAR WERDEN. AUCH DER ENGAGIERTESTE MITARBEITER ERMÜDET MIT DER ZEIT, WENN ER KEINEN FORTSCHRITT ERKENNT.

Arbeit ist oft rein aufgabenorientiert organisiert, ohne dass dahinterstehende Ziele sichtbar werden

Beim Blick ins Berufsleben ist oft festzustellen, dass die Arbeit vorrangig aufgabenbezogen ist, ohne dass für die Mitabeiter die dahinterstehenden Ziele klar sind. *„Bitte erledigen Sie dies, bitte erledigen Sie das. Das ist Ihre Aufgabe. Hierfür sind Sie zuständig"* sind typische Beispiele für Aufgabenorientierung. Nicht selten setzen Führungskräfte und Unternehmensleitung stillschweigend voraus, dass die zugrunde liegende Zielsetzung für alle klar ist und von den Mitarbeitern mit vollem Herzen getragen wird. Wer dies glaubt, unterliegt zwei gefährlichen Irrtümern:

Zwei unabdingbare Aspekte im Umgang mit Zielen

Zielklarheit: Die Gewinnmaximierung ist ein denkbares Unternehmensziel, Umsatzmaximierung, Expansion, Marktführerschaft, Technologieführerschaft, Bekanntheitsgrad, Sanierung etc. sind Beispiele für weitere Unternehmensziele. Ziele gelten meistens für eine bestimmte Zeit, dann ändern sie sich wieder. Dies müssen Ihre Mitarbeiter wissen. Und sie müssen auch eine Vorstellung davon haben, welchen Bezug ihre Arbeit zum Unternehmensziel hat; Mitarbeiter brauchen erreichbare Teilziele.	**Zielidentifikation:** Zielklarheit alleine reicht nicht, die Mitarbeiter müssen die Zielerreichung auch als für sich bedeutsam empfinden. Wenn die Mitarbeiter die realistische Chance erkennen, mit der Zielerreichung einen Vorteil zu gewinnen, weil sie damit ein eigenes Bedürfnis oder Motiv befriedigen, dann werden sie sich auch nachhaltig für die Zielerreichung einsetzen.

Führen mit Zielvereinbarungen: Brücke zwischen unternehmerischen Zielen und den Motiven der Mitarbeiter

Aus diesen Gesichtspunkten heraus hat sich in der Praxis das Führen mit Zielvereinbarungen (MbO, Management by Objectives) etabliert. Dieser Führungsstil wird seit vielen Jahren als der erfolgreichste und motivierendste Weg der Mitarbeiterführung angesehen, denn er schlägt die Brücke zwischen unternehmerischen Zielen und den Motiven der Mitarbeiter.

16.2 Wann sind Ziele motivierend?

Kurz gesagt: Die Zielerreichung muss eine Emotion auslösen. Ob diese Emotion für den Außenstehenden bzw. für die Führungskraft sichtbar ist oder nicht, spielt keine Rolle. Für den Mitarbeiter ist es jedoch wichtig, dass er mit Erreichung des Ziels ein Gefühl von Zufriedenheit, Dankbarkeit, Bestätigung, Stolz, Genugtuung, Erfolg, Macht, Reichtum, Genuss etc. verbindet. Dieses Gefühl ist sein wichtigster Gradmesser, dass das Ziel erreicht ist. Die Stärke dieses Gefühls steuert und nährt die innere Motivation – für weitere Aufgaben und Ziele.

Die Zielerreichung muss eine Emotion auslösen

Leider wird nicht jedes Ziel so eindeutig erreicht, nicht jede Zielerreichung wird der Mitarbeiter unmittelbar erkennen. Damit der Mitarbeiter trotzdem weiß, ob und wie gut er die gesteckten Ziele erreicht hat, benötigt er Feedback. Regelmäßiges Feedback auf dem Weg zur Zielerreichung und abschließendes Feedback am Ende des Weges ist ein unverzichtbares Element zur Aufrechterhaltung der Motivation des Mitarbeiters. Dieses Feedback wirkt wie eine Standortbestimmung:

- Je klarer sich dieses Feedback mit der Selbsteinschätzung des Mitarbeiters deckt, desto stärker sind die ausgelösten Gefühle, sowohl in positiver als auch in negativer Hinsicht.
- Je größer die Abweichung zwischen Feedback und Selbsteinschätzung, desto größer ist die Irritation seitens des Mitarbeiters. Doch aus dieser Irritation kann ein Mitarbeiter Kraft und Motivation für seine Arbeit schöpfen, wenn ihn Art und Inhalt des Feedbacks überzeugt haben.

Feedback über den Stand der Zielerreichung wirkt wie eine Standortbestimmung

Der Art des Feedbacks und der Begleitung bei der Zielerreichung kommt somit eine zentrale Bedeutung zu.

DAS FEEDBACK DURCH DIE FÜHRUNGSKRAFT IST EINE UNERLÄSSLICHE ERGÄNZUNG ZUR SELBSTEINSCHÄTZUNG UND SELBSTKONTROLLE DES MITARBEITERS.

Damit Ziele von Beginn an eine motivierende Wirkung entfalten können, müssen sie fünf Anforderungen erfüllen, die sich anhand von Fragen am besten darstellen lassen:

Fünf Anforderungen an Ziele

1. Ist das Ziel auch für meine Mitarbeiter klar und eindeutig?
2. Ist das Ziel positiv formuliert?
3. Ist das Ziel realistisch erreichbar?
4. Ist das Ziel von meinem oder meinen Mitarbeitern alleine und ohne Fremdeinwirkung erreichbar?
5. Ist der Zustand, der nach der Zielerreichung eintreten soll, vorstellbar und nachvollziehbar?

Im Rahmen dieser fünf Anforderungen wird das Ziel zunächst auf rein sachlicher Ebene besprochen und vereinbart. Es ist nicht notwendig, dass es von Beginn an eine Emotion auslöst. Aber das Ziel muss vorstellbar sein. Wie sagt der Volksmund so schön: *„Der Appetit kommt beim Essen."* Die Praxis kann viele Beispiele vorweisen, bei denen am Anfang ein sachlich vorstellbares Ziel stand, dass im Laufe der Zeit den Ehrgeiz der Mitarbeiter und die Lust an der Zielerreichung mobilisierte. Vorteilhaft ist, wenn den Mitarbeitern die Möglichkeit der Selbstkontrolle zur Verfügung steht, denn dies stärkt ihr Verantwortungsgefühl.

Auf dem Weg zur Zielerreichung beim Mitarbeiter Begeisterung und Umsetzungswillen mobilisieren

Bei Beachtung der fünf vorstehenden Anforderungen ist es auch möglich, mit einseitigen Zielvorgaben zu arbeiten. Das ist manchmal auch unvermeidlich. Nachhaltigen Erfolg werden Sie aber nur erreichen, wenn Sie auf dem Weg zur Zielerreichung durch Unterstützung und Feedback bei Ihren Mitarbeitern Begeisterung und Umsetzungswillen mobilisieren können. Diese Motivation, diesen Ehrgeiz zu wecken, ist eine sehr anspruchsvolle Führungsaufgabe.

Antoine de Saint-Exupéry hat diese Herausforderung in einem berühmt gewordenen Satz zusammengefasst: *„Wenn Du ein Schiff bauen willst, so trommle nicht Männer zusammen, um Holz zu beschaffen, Werkzeuge vorzubereiten, Aufgaben zu vergeben und die Arbeit einzuteilen, sondern lehre die Männer die Sehnsucht nach dem weiten endlosen Meer."*

Wenn Sie es nicht schaffen, diese Motivation auszulösen, müssen Sie zur Erreichung der Zielvorgaben Druck ausüben, Anweisungen erteilen und laufend Kontrollen durchführen. Deutlich einfacher, Erfolg versprechender und motivierender ist das *Vereinbaren* von Zielen mit den Mitarbeitern.

16.3 Voraussetzungen für Zielvereinbarungen

Grundlagen des Management by Objektives

Das Führen mit Zielvereinbarung (Management by Objectives, MbO) basiert auf der theoretischen Grundlage der von Edwin Locke entwickelten Goal Setting Theory (Locke, E. und Latham, G., 1990). Die Hauptaussagen sind:

- Es gibt einen linearen Zusammenhang zwischen Leistung und Schwierigkeitsgrad eines Zieles.
- Eindeutig operationalisierte Ziele führen zu höherer Leistung als vage umschriebene, schwer messbare Ziele.
- Ziele sind dann am effektivsten, wenn der Zielpartner Feedback über seinen Zielfortschritt erhält und ein hohes Commitment (Selbstverpflichtung) erreicht wird. Eine Person erreicht dies, wenn sie Ziele für sich persönlich als bedeutsam interpretiert.

Kernaufgabe der Unternehmensleitung, Unternehmensziele zu definieren

Es ist **die** Kernaufgabe der Unternehmensleitung, Unternehmensziele zu definieren und für ihre Erreichung zu sorgen. Ohne Unternehmensziele kein MbO! Weitere Voraussetzungen für MbO sind:

- **Die Unternehmensziele sind allen Beteiligten bekannt.** Dies beinhaltet, dass auch die Unternehmensleitung und die Führungskräfte eine Selbstverpflichtung eingehen. Sie stehen bei MbO genauso wie die Mitarbeiter in der Verantwortung, die vereinbarten Ziele zu erreichen. Gelingt die Zielerreichung nicht, ist nicht nur der Mitarbeiter, sondern immer auch die Führungskraft gescheitert. Aus dieser gemeinsam bestehenden Verantwortung wächst die motivierende Kraft der Zielvereinbarung.

Führungskraft und Mitarbeiter stehen beide in der Verantwortung der Zielerreichung

- **Aufgaben, Kompetenzen und Verantwortung aller Beteiligten sind geklärt.** Es gibt nur wenige Dinge, die stärker demotivieren als ein Ungleichgewicht zwischen Aufgaben, Kompetenzen und Verantwortung. Führungskräfte, die sich vorbehalten, kurzfristig die Aufgabenzuordnung oder -priorität beim Mitarbeiter zu verändern, die Entscheidungen von Mitarbeitern nicht akzeptieren oder lediglich die Verantwortung bei erfolgreicher Arbeit der Mitarbeiter übernehmen, wollen de facto keine Zielvereinbarung.

Ungleichgewicht zwischen Aufgaben, Kompetenzen und Verantwortung vermeiden

- **Es besteht eine partnerschaftliche, offene Unternehmenskultur.** Führung wie Mitarbeiter sind gleichermaßen gefordert, zu dieser Kultur beizutragen, denn Vertrauen wird zur allgemeinen Geschäftsgrundlage:

Gegenseitiges Vertrauen wird zur allgemeinen Geschäftsgrundlage

  - **Die Führung setzt Vertrauen in ihre Mitarbeiter,** denn diese sind die Experten am Arbeitsplatz. Sie kennen die ungenutzten Potenziale ebenso wie die Hemmnisse am besten.
  - **Die Mitarbeiter setzen Vertrauen in ihre Führung,** denn sie hat den größeren Überblick und kann entsprechende Verknüpfungen und Strategien entwickeln.
  - **Die Mitarbeiter setzen Vertrauen in sich selbst.** Nur wenn die Mitarbeiter sich etwas zutrauen, wenn sie willens und fähig sind, Entscheidungen zu treffen und Verantwortung zu übernehmen, werden sie selbstständig arbeiten. Ohne Selbstständigkeit keine Zielvereinbarung. Mitarbeiter, die es gewohnt sind, nach Anweisung und Vorgaben zu arbeiten, brauchen Zeit und Hilfe, um in vielen kleinen Schritten ihre Selbstständigkeit entwickeln zu können.

- **Es besteht gerade bei der Führung die Bereitschaft zur Veränderung.** Eine Vereinbarung kommt dann zustande, wenn zwei Partner einverstanden sind. Selbstständige Mitarbeiter entwickeln regelmäßig auch eigene Vorstellungen über erreichbare Ziele. Und sie wählen Wege zur Zielerreichung, die bei der Führungskraft Skepsis oder Irritation auslösen. Es muss jedoch ein Konsens bestehen, dass Gewohntes und Gewohnheiten infrage gestellt werden und dass die Mitarbeiter ihre eigenen Wege zur Zielerreichung wählen dürfen, solange keine offensichtlich schwer wiegenden Fehler verursacht werden.

Konsens: Gewohntes und Gewohnheiten infrage stellen zu können

- **Ideal sind Erfahrungen aus der Leistungsbeurteilung.** Das Zielvereinbarungsgespräch beinhaltet Elemente der Leistungsbeurteilung. Es ist dadurch für alle Beteiligten etwas einfacher, auf der Basis der Erfahrung mit Leistungsbeurteilungen die Zielvereinbarung einzuführen; zwingend notwendig ist diese Erfahrung jedoch nicht.

Nur schriftlich fixierte und messbare Ziele sind auch verbindlich

- Ziele werden schriftlich vereinbart und müssen messbar sein, damit sie nachvollziehbar sind. Sie gelten für die Unternehmensleitung genauso wie für den jeweiligen Mitarbeiter.

16.4 Die Einführung von Zielvereinbarungen

Einführung im Rahmen eines Projektes

Der Prozess zur Einführung von Zielvereinbarungen sollte wie ein Projekt behandelt werden. Dies beinhaltet acht Teilaufgaben:

16.4.1 Entscheidung der Unternehmensleitung

Bewusste Entscheidung für eine neue Qualität in der Führungskultur

Die Einführung von Zielvereinbarungen bedeutet eine neue Qualität in Ihrer Führungskultur. Die Entscheidung sollte daher unter Berücksichtigung der eingangs genannten Voraussetzungen sehr bewusst getroffen werden. Zielvereinbarungen sind ein Führungsinstrument, um
- selbstständig arbeitenden Mitarbeitern Freiräume zu geben,
- Mitarbeiter aktiv in die Erreichung von Unternehmenszielen oder Teilen davon einzubinden,
- Vorgesetzte von Teilverantwortungen zu entlasten,
- eine Grundlage für die Berechnung variabler Vergütung zu schaffen.

Besonders geeignet für Einzelpersonen

Das Vereinbaren von Zielen ist besonders geeignet für Einzelpersonen, für Führungskräfte genauso wie für Fachleute. Auf die Ebene der Sachbearbeiter und der gewerblichen Arbeitskräfte, dort also, wo die Masse der Mitarbeiter beschäftigt ist, hat die Zielvereinbarung bisher keinen Einzug gehalten. Der damit verbundene Arbeitsaufwand pro Person wird als zu hoch eingeschätzt, denn mit jedem einzelnen Mitarbeiter sind Ziele individuell zu vereinbaren. Zwischen Tür und Angel wird ein solches Gespräch auf gar keinen Fall zu führen sein. Allein die rückblickende Bewertung der Leistung und der Zielerreichung für das vergangene Jahr wird in vielen Fällen mehr als 30 Minuten in Anspruch nehmen. Dazu kommt die Vereinbarung von Zielen für die Zukunft.

16.4.2 Klären der Unternehmensziele

Dokumentieren Sie Ihre Ziele

Was sind Ihre unternehmerischen Ziele? Auf diese Frage kann es höchstens zwei bis drei Antworten geben, oft nur eine. So banal und selbstverständlich der Hinweis auch klingt: Dokumentieren Sie Ihre Ziele.

Prüfen Sie, ob diese Ziele konkret sind. Dazu müssen Sie sich vorstellen können, wie das ist, wenn diese Ziele erreicht sind. Was ist für jedes dieser Ziele der Maßstab, damit Sie wissen: Jetzt habe ich das Ziel erreicht.

Merkmale motivierender Ziele

Damit Ihre Ziele wirklich klar sind, müssen sie verschiedene Merkmale erfüllen:
- **Bezeichnung:** Benennen Sie das Ziel!
- **Qualität:** Geben Sie dem Ziel einen Wert!
- **Aufwand:** Wie hoch ist der maximale Preis, den Sie für die Zielerreichung zahlen wollen?

- **Zeit:** Bis wann wollen Sie das Ziel erreichen?
- **Verantwortung:** Wer ist für die Zielerreichung im Führungsteam verantwortlich?

Ein Beispiel: Umsatzsteigerung der Produktgruppe A von 10 Prozent bei einer Steigerung der Vertriebskosten um maximal 3 Prozent bis zum Ende des Geschäftsjahres. Verantwortlich ist der Vertriebsleiter.

16.4.3 Planung des Einführungsprozesses

Zielvereinbarungen einzuführen ist ein Projekt, das von der Unternehmensleitung getragen und gesteuert werden soll. Zu beachten sind:
- Was soll konkret erreicht werden? Was soll besser werden und wieso geht das nicht ohne Zielvereinbarungen?
- Für welchen Personenkreis sollen Zielvereinbarungen eingeführt werden? Wer kann zur Zielerreichung betragen?
- In welchen Schritten (Meilensteine) und bis wann soll das Konzept stehen, wann soll es umgesetzt werden?
- Welche Widerstände sind zu erwarten, wie kann diesen begegnet werden?
- Welches Budget steht zur Verfügung?
- Wie wird der Betriebsrat in dieses Projekt eingebunden? Besteht kein Betriebsrat: Wie werden die Mitarbeiter eingebunden?
- Wer ist Projektleiter, wer sind die Mitglieder im Projektteam? Wie erfolgt die Abstimmung zwischen Projektteam und Unternehmensleitung?
- Wann und wie werden die Mitarbeiter über den Start und Verlauf des Projektes informiert?
- In welcher Form soll der Verlauf und das Ergebnis des Projektes dokumentiert werden?

Die Beachtung dieser Schritte hilft Ihnen, bereits in der Planungsphase Fehler zu vermeiden.

Prozess, der von der Unternehmensleitung bewusst getragen und gesteuert wird

16.4.4 Einbindung des Betriebsrates und der Mitarbeiter

Zielvereinbarungen sollten Sie nie gegen den Willen des Betriebsrates einführen. Es erweist sich immer wieder als sinnvoll, dass der Betriebsrat vom ersten Schritt an über das geplante Konzept informiert wird und als Mitglied im Projektteam an der Gestaltung mitwirken kann. Besteht in Ihrem Unternehmen kein Betriebsrat oder fühlt er sich für den betroffenen Personenkreis nicht zuständig, sollten ausgewählte und anerkannte Mitarbeiter als Vertreter dieses Personenkreises zum Projektteam gehören.

Den Betriebsrat frühzeitig einbeziehen

Der Betriebsrat hat eine Multiplikatorwirkung im Betrieb. Die Tatsache, dass er nicht nur geduldet, sondern aktiv in die Entwicklung neuer Konzepte einbezogen wird, erreicht positive Signalwirkung auch bei der Einführung von Zielvereinbarungen.

Darüber hinaus müssen Sie Personen, die ein Konzept maßgeblich mit erarbeitet haben, anschließend nicht mehr von dessen Sinn und Qualität überzeugen; sie tragen es und setzen sich dafür ein. Das gilt nicht nur für den Betriebsrat. Insofern sollten Sie Führungskräfte und andere Personen, die auf Teile der Belegschaft einen Einfluss haben, frühzeitig einbeziehen, auch wenn sie als Bedenkenträger gelten.

16.4.5 Formulierung der Ziele für die Mitarbeiter

Die meisten Zielvereinbarungen beschränken sich nicht auf die Vereinbarung von Sachzielen, die komplementär zu den Unternehmenszielen stehen bzw. aus diesen abgeleitet sind (Teilziele). Es werden oft auch Ziele zur persönlichen Entwicklung und Teamziele vereinbart.

16.4.5.1 Von den Unternehmenszielen abgeleitete Sachziele

Unternehmensziele sind in einem Top-down-Prozess in möglichst konkrete Teilziele zu untergliedern

Die Unternehmensziele sind in einem Top-down-Prozess in Teilziele zu untergliedern. Je nach Art Ihrer Ziele und abhängig von der Unternehmensgröße sind evtl. auch die Teilziele nochmals in weitere Unterziele zu differenzieren. Entscheidend ist, dass Sie mit diesem Verfahren der Zieldefinition eine Arbeitsebene erreichen, die für Ihre Mitarbeiter eine konkrete Zielsetzung darstellen kann.

Ein Beispiel soll dies verdeutlichen: Sie sind Inhaber eines Stahlbaubetriebes mit 35 Mitarbeitern. Ihnen zur Seite steht ein Betriebsleiter, der Sie auch bei Abwesenheit vertritt. Im Büro beschäftigen Sie vier Personen für Angebotserstellung, Auftragsbearbeitung, Buchhaltung, Einkauf und Sekretariat. Alle diese Personen sind Ihnen direkt unterstellt.

Mit Ihrem Betriebsleiter werden Sie die Ziele auf der obersten Hierarchieebene intensiv besprechen und abstimmen, für die anderen Mitarbeiter sind Ziele der obersten Ebene meistens viel zu abstrakt. Ziele sind für die Mitarbeiter dann verstehbar und begreifbar, wenn sie einen Zusammenhang mit ihrer Aufgabe erkennen. Der Mitarbeiter, der sich z.B. um den Einkauf kümmert, braucht eine konkrete Zielorientierung bezüglich Lieferantenauswahl und Bestellwesen: Soll er möglichst günstig einkaufen, steht flexible Lieferfähigkeit in kleinen Mengen an erster Stelle, ist Qualität vorrangig wichtig, stehen Service, Beratung und Problemlösung im Vordergrund, erwarten Sie hohe Liefersicherheit und Termintreue oder ... ?

Es wird nicht möglich sein, alle diese denkbaren Ziele gleichberechtigt nebeneinander stehen zu lassen. Sie müssen sich entscheiden, um dem Einkäufer eine Orientierung zu geben. Tun Sie es nicht, verlagern Sie eine unternehmerische Aufgabe auf einen Sachbearbeiter und sorgen sogleich dafür, dass er täglich das Risiko trägt, eine falsche Entscheidung zu treffen, weil er Ihre Ziele nicht kennt. Die Konsequenzen sind ein verunsicherter Mitarbeiter und ein unnötig hohes Risiko kostenwirksamer Fehlentscheidungen.

16.4.5.2 Sachziele aus der Aufgabe

Nicht jedes Sachziel lässt sich aus den Unternehmenszielen ableiten

Nicht jedes Sachziel lässt sich aus den Unternehmenszielen ableiten. Vielfach sind aus dem Arbeitsplatz heraus Sachziele zu entwickeln. Die nachstehenden Fragen an den Mitarbeiter stellen eine Anregung dar:

- Was sind aus Ihrer Sicht die wichtigsten Ziele im nächsten Jahr?
- Welche Schwerpunkte würden Sie bei Ihren (Routine-) Aufgaben gerne setzen?
- Welche neuen Aufgaben möchten Sie bis wann übernehmen?

Gerade Routineaufgaben werden bei Zielvereinbarungen leider oft vernachlässigt. Geben Sie Ihren Mitarbeitern ein Signal, dass Sie deren Routinearbeiten wahrnehmen und dass deren Erledigung auf einem hohen Niveau für Sie wichtig ist.

Gerade Routineaufgaben werden bei Zielvereinbarungen oft vernachlässigt

16.4.5.3 Ziele zur persönlichen Entwicklung

Persönliche Entwicklungsziele zielen auf eine Verbesserung der Leistungsfähigkeit, der Leistungsbereitschaft und des Verhaltens der Einzelperson ab. Diese Ziele knüpfen oft an eine Leistungsbeurteilung an, unterliegen einer subjektiven Einschätzung und können nicht mit quantitativen Werten gekoppelt werden. Die Zielerreichung ist damit schwerer zu beurteilen.

Verbesserung der Leistungsfähigkeit, der Leistungsbereitschaft und des Verhaltens der Einzelperson

Steht im Betrieb kein System zur Leistungsbeurteilung zur Verfügung, ist die Führungskraft in der Vorbereitung individueller gefordert, Verbesserungsmöglichkeiten beim Mitarbeiter aufzuzeigen. Als Hilfestellung dienen die nachstehenden Fragen:
- Wie weit scheint der Mitarbeiter von seiner Leistungsgrenze entfernt?
- Inwieweit könnte der Mitarbeiter mit seiner Situation unzufrieden sein?
- Wo sind Potenziale, die ausgebaut werden könnten?
- Welche Ziele könnte der Mitarbeiter haben?
- Welchen Leistungsbeitrag könnte der Mitarbeiter individuell erbringen oder verbessern?

16.4.5.4 Teamziele

Kaum ein Mitarbeiter arbeitet alleine und unabhängig von anderen, immer gibt es Zusammenhänge und Abhängigkeiten. Es liegt nahe, Teamziele zu vereinbaren, denn für den Unternehmenserfolg ist die Teamleistung meist wesentlich bedeutsamer als die Einzelleistung.

Für den Unternehmenserfolg ist die Teamleistung meist wesentlich bedeutsamer als die Einzelleistung

Bei Teamzielen ist jedoch immer darauf zu achten, dass nur der Beitrag des Einzelnen zur Teamleistung vereinbart werden kann. Der einzelne Mitarbeiter hat keinen Einfluss auf die Leistung und das Verhalten aller anderen im Team und kann somit auch die Zielerreichung nicht sicherstellen. Diesen Einfluss hat nur der Teamleiter. Teamziele mit einzelnen Mitarbeitern zu vereinbaren erscheint unter diesem Blickwinkel nicht ratsam.

Sinnvoller in diesem Zusammenhang sind Ziele zur Verbesserung der Zusammenarbeit. Hier stehen Fragen der Information und Kommunikation, der gegenseitigen Unterstützung, der Weitergabe von Wissen oder des Beitrags zu einem geordneten Arbeitsablauf im Vordergrund. Wenn auf dieser Ebene Ziele identifiziert werden, die vom Mitarbeiter konkret beeinflussbar sind, können sie in eine Zielvereinbarung eingehen.

Ziele zur Verbesserung der Zusammenarbeit

16.4.6 Ablauf eines Zielvereinbarungsgespräches

Eine gute Vorbereitung ist der entscheidende Garant für ein erfolgreiches Gespräch

Der Kern der Zielvereinbarung ist das Gespräch darüber. Auf dieses Gespräch müssen sich Führungskraft und Mitarbeiter einige Tage vorab inhaltlich vorbereiten. Eine gute Vorbereitung ist der entscheidende Garant für ein erfolgreiches Gespräch.

Zur Vorbereitung der Führungskraft gehört

rückblickend
- Kenne ich das Aufgabenspektrum meines Mitarbeiters? Was funktioniert gut, wo gibt es Verbesserungsbedarf?
- In welchem Umfang hat mein Mitarbeiter die zuletzt vereinbarten Ziele erreicht? Was hat er zur Zielerreichung beigetragen? Wo waren Fremdeinflüsse maßgeblich?
- Welche der zuletzt vereinbarten Fördermaßnahmen waren erfolgreich, welche haben ihr Ziel verfehlt?
- Welche Zufriedenheit, welche Ziele und welche Erwartungen vermute ich bei meinem Mitarbeiter?

zukunftsorientiert
- Kenne ich die Unternehmensziele? Welchen Einfluss haben diese auf die Arbeit meines Mitarbeiters?
- Wie plane ich die Weiterentwicklung meines Verantwortungsbereiches? Welchen Einfluss hat das auf meinen Mitarbeiter?
- Wo sehe ich bei meinem Mitarbeiter persönliche Stärken und Schwächen? Wo vermute ich seine größten Potenziale?
- Wie kann mein Team effizienter werden? Was kann mein Mitarbeiter konkret dazu beitragen?

organisatorisch
- Ist der Gesprächstermin in einigen Tagen mit meinem Mitarbeiter vereinbart? Habe ich einen Raum und genügend Zeit reserviert?
- Kann sich mein Mitarbeiter angemessen vorbereiten? Hat er die notwendigen Information und das Zielvereinbarungsformular?

Vorbereitende Fragen für den Mitarbeiter sind

- Wie habe ich meine bisherigen Ziele erreicht? Was hat dazu beigetragen? Welche Auswirkung hat der Zielerreichungsgrad für die Zukunft?
- Kenne ich die Unternehmensziele? Was kann ich zu ihrer Erreichung beitragen?
- Wo sehe ich in meinem Arbeitsgebiet und in meinem Arbeitsumfeld Defizite und Potenziale und was kann ich zu einer positiven Entwicklung beitragen?
- Was will ich persönlich erreichen? Was bin ich bereit, dafür zu tun?
- Welche Ressourcen, welche Unterstützung benötige ich?

Für die Dauer des Gespräches sollten Sie im Minimum 30 bis 45 Minuten reservieren. Die Dauer richtet sich nach der Komplexität der Aufgaben Ihres Mitarbeiters, der Anzahl der Ziele, der Situation und Ihren Gesprächsgewohnheiten. Bitte berücksichtigen Sie, dass schwierige oder kritische Themen sowie die Persönlichkeit der Gesprächsteilnehmer zu einem weit höheren Zeitbedarf als 45 Minuten führen können.

Ausreichend Zeit für das Gespräch einplanen

Motivierend ist dieses Gespräch dann für den Mitarbeiter, wenn – trotz aller Rückschläge und Kritik – die Erfolge, Chancen und Potenziale im Vordergrund stehen. Fehlende Zielerreichung muss beim Namen genannt werden, doch der Mitarbeiter muss nach dem Gespräch auch wissen und darauf vertrauen dürfen, dass seine Arbeit wichtig ist und dass er im Unternehmen eine Zukunft hat.

Einen positiven Ausblick schaffen

Das Ergebnis Ihres Gespräches ist auf einem Zielvereinbarungsformular festzuhalten. Als Muster kann das Formular in Abbildung 16.1 dienen. Mit diesem Formular stellen Sie sicher, dass keine wichtigen Gesprächspunkte übersehen werden können. Zu diesen Punkten gehören:

Das Ergebnis des Gespräches auf einem Zielvereinbarungsformular festhalten

Rückblick: Wie wurden die bisher vereinbarten Ziele erreicht?
Förderung: Wie soll die Weiterentwicklung des Mitarbeiters gestärkt werden?
Planung: Welche neuen Ziele werden vereinbart?
Feedback: Wann, wie und in welchen Zwischenschritten erfolgt eine Rückmeldung zur Zielerreichung?

Zielvereinbarung für das Jahr 20 ...

zwischen .... (Name des Mitarbeiters)
und .... (Name der Führungskraft)
wurde am .... Folgendes besprochen:

1. Zielvereinbarung des letzten Jahres / der letzten Periode:

	wurde nicht erreicht	fast erreicht	erreicht	übererfüllt
Ziel 1/20 ...	❏	❏	❏	❏
Ziel 2/20 ...	❏	❏	❏	❏
Ziel 3/20 ...	❏	❏	❏	❏

2. Aufgrund der Zielerreichung werden folgende Fördermaßnahmen und Aktivitäten vereinbart:
2.1 fachlich: ....
2.2 methodisch: ....
2.3 persönlich: ....

3. Als neue Ziele werden vereinbart:	Wann und wie wird über Zwischenergebnisse gesprochen
3.1 Sachziele:	....
3.2 persönliche Ziele:	....
3.3 Zusammenarbeitsziele:	....

4. Sonstige Vereinbarungen: ....

Einverstanden: ....
                Datum / Unterschrift Führungskraft   Datum / Unterschrift Mitarbeiter

Abb. 16.1: Formular für ein Zielvereinbarungsgespräch

Zielvereinbarung als Vertrag zwischen Mitarbeiter und Führungskraft

Erst mit der Unterschrift beider Gesprächsteilnehmer wird die Vereinbarung geschlossen. Mit diesen Unterschriften kommt ein Vertrag zwischen zwei Personen zustande: Der Mitarbeiter verpflichtet sich, bestimmte Ziele erreichen zu wollen, die Führungskraft verpflichtet sich, alles zu tun, um die Zielerreichung zu ermöglichen.

16.4.7 Einführungsentscheidung und Information aller Mitarbeiter

Steht das Konzept, sind alle Details geklärt und ist die Entscheidung über die Einführung von Zielvereinbarungen endgültig getroffen, sind alle Führungskräfte und Mitarbeiter über das Konzept und seine Zielsetzung zu informieren. Die Mitarbeiter, mit denen zukünftig Ziele vereinbart werden sollen, sind detaillierter zu unterrichten, damit sie sich auf ihr Zielvereinbarungsgespräch angemessen vorbereiten können.

16.4.8 Schulung der Führungskräfte

Vor der erstmaligen Durchführung von Zielvereinbarungsgesprächen sollten alle Führungskräfte geschult werden. Die Qualität der Gesprächsführung beeinflusst wesentlich, ob das Gespräch für die Mitarbeiter motivierend oder demotivierend verläuft. Wichtige Inhalte dieser Schulung sind:

Wichtige Inhalte der Schulung

- Vorstellung der Details des Gesamtkonzeptes und seiner Zielsetzung
- Darstellung der Unternehmensziele
- Beispielhaftes Erarbeiten von konkreten und überprüfbaren Zielen
- Tipps zur richtigen Vorbereitung des Mitarbeitergespräches
- Hinweise zum Gesprächsverlauf
- Training verschiedener Gesprächssituationen
- Hinweise zum Zielvereinbarungsformular
- Feedback und Unterstützung für die Mitarbeiter in der Umsetzungsphase

17 Auswahl und Integration neuer Mitarbeiter

Was hat die Beschaffung neuer Mitarbeiter mit Motivation zu tun?

Was hat die Beschaffung neuer Mitarbeiter mit Motivation zu tun? Ganz einfach:

- Wenn Sie die falschen Bewerber auswählen, helfen Ihnen anschließend die besten Ansätze zur Motivierung und Leistungssteigerung nicht weiter.
- Irritationen und Zweifel wegen einer unprofessionellen Auswahl und Integration des neuen Mitarbeiters sind denkbar ungünstige Voraussetzungen für eine erfolgreiche und engagierte Zusammenarbeit.

Aus diesen beiden Ansätzen ergibt sich in vielen Unternehmen die Notwendigkeit, die Personalbeschaffung zu optimieren. Der gesamte Auswahl- und Einarbeitungsprozess lässt sich grundsätzlich in fünf Bestandteile untergliedern:
- Auswahlkriterien
- Auswahlverfahren
- Erscheinungsbild des Unternehmens
- Vertragsabschluss
- Einarbeitung

Fünf Bestandteile des Auswahl- und Einarbeitungsprozesses

17.1 Auswahlkriterien

Die **Auswahlentscheidung** ist ein Vergleich zwischen der zu besetzenden Tätigkeit und den Bewerbern. Dieser Vergleich sollte sich immer auf drei Ebenen abspielen:
- Anforderungen des Betriebes versus Fähigkeiten der Person
- Ziele des Betriebes versus Interessen und Bedürfnisse der Person
- Veränderungspotenzial der Stelle versus Entwicklungspotenzial der Person

Vergleich zwischen der zu besetzenden Tätigkeit und den Bewerbern

Die Anforderungen des Betriebes umfassen die
- fachlichen Anforderungen wie Ausbildung, Studium, Spezialkenntnisse, Berufserfahrung, Fremdsprachen, Anwenderkenntnisse in EDV etc.
- persönliche Anforderungen wie Offenheit, Glaubwürdigkeit, Kreativität, Einsatzbereitschaft, Selbstbewusstsein, Durchsetzungskraft etc.
- soziale Anforderungen wie Teamfähigkeit, Führungsstärke, Weitergabe von Informationen und Know-how, Kritikfähigkeit etc.
- methodische Anforderungen wie Selbstorganisation, Moderation, Präsentation, Konfliktmanagement, Entscheidungsstärke etc.

Anforderungen des Betriebes

Die **Anforderungen** sind ein Spiegelbild der Aufgaben des zu besetzenden Arbeitsplatzes. Ein klares Aufgabenprofil, unterteilt in Haupt- und Nebenaufgaben, verdeutlicht Ihnen, welche Anforderungen wirklich wichtig und welche lediglich „nice to have" sind.

Ein klares, schriftlich fixiertes Aufgabenprofil ist erforderlich

Diesen betrieblichen Anforderungen stehen die Fähigkeiten der einzelnen Bewerber gegenüber. Übereinstimmungen bzw. Unterschiede herauszufinden ist Aufgabe des Auswahlverfahrens. Ein Auswahlverfahren kann jedoch nur dann erfolgreich verlaufen, wenn die Anforderungen an den neuen Mitarbeiter präzise festgelegt sind. Ein schriftliches Anforderungsprofil ist eine entscheidende Grundlage für eine zuverlässige Auswahl. Erst durch die Mühe des Aufschreibens wird Ihnen deutlich, welche Anforderungen Ihnen wirklich wichtig sind oder wo sich Anforderungen widersprechen.

Jeder zu besetzende Arbeitsplatz ist mit Zielen verknüpft, die durch die Besetzung erfüllt werden sollen. Diese Ziele entsprechen den Bedürfnis-

Mit der Besetzung jedes einzelnen Arbeitsplatzes sind ganz konkrete Ziele verbunden

sen und Erwartungen der Führungskraft – sie sind die Motivation für das Besetzen des Arbeitsplatzes. Werden diese Ziele aus Sicht der Führungskraft vom neuen Mitarbeiter nicht erfüllt, ist der Bestand des Arbeitsverhältnisses gefährdet.

Mitarbeiterreaktionen auf Probleme bei der Zielerreichung

Nahezu alle Mitarbeiter reagieren bewusst oder unbewusst, meistens mit zwei sehr gegensätzlichen Verhaltensweisen, auf Probleme bei der Zielerreichung:

- **Einige Mitarbeiter werden versuchen, Klarheit zu erzielen.** Sie suchen das Gespräch mit ihrem Vorgesetzten. Diesen Mitarbeitern ist es wichtig, in einem intakten Umfeld mit offener und klarer Kommunikation zu arbeiten. Gelingt ihnen diese Klärung nicht, werden sie sich einen neuen Arbeitsplatz suchen oder mit der Zeit resignieren.
- **Andere Mitarbeiter werden einfach weiterarbeiten, ohne erkennbare Verhaltensänderungen.** Sie schimpfen und leiden leise für sich, eventuell auch lautstark im Kollegenkreis, doch aktiv werden sie keine Klärung anstreben. Allerdings werden sie kaum einen neuen Arbeitsplatz suchen, sondern eher mit Dienst nach Vorschrift die ihnen übertragenen Aufgaben erledigen und versuchen, sich nichts „zu Schulden kommen zu lassen".

Die Interessen und Bedürfnisse des Bewerbers möglichst frühzeitig klären

Die Gefahr, dass die mit der Einstellung verbundenen Ziele des Unternehmens nicht erfüllt werden, ist dann besonders groß, wenn die Interessen und Bedürfnisse des Bewerbers nicht frühzeitig geklärt und besprochen wurden. Jeder Bewerber verbindet mit seinem Eintritt in das neue Unternehmen eine bestimmte Erwartungshaltung. Sind seine Erwartungen mit denen des Unternehmens nicht in etwa deckungsgleich, kann es keine langfristig erfolgreiche Zusammenarbeit geben, auch wenn alle Anforderungskriterien mit den Fähigkeiten des neuen Mitarbeiters voll übereinstimmen.

Ein Beispiel: Herr Meier, neuer Leiter der Entgeltabrechnung, schafft es innerhalb von nur 9 Monaten, die Produktivität und Qualität der Abteilung erheblich zu verbessern. Er will sich für die Gesamtverantwortung als Personalleiter qualifizieren und Nachfolger des bald in Ruhestand gehenden Personalleiters werden und hochwertige Personalarbeit in der gesamten Breite leisten. Nachdem er sein Ziel tatsächlich erreichen konnte, muss er ein Jahr später feststellen, dass der neue Inhaber, der das Unternehmen vor drei Jahren übernommen hat, eine völlig andere Erwartung hat: Personalarbeit sei Sache der Führungskräfte, die Personalabteilung solle sich auf die Entgeltabrechnung und Personalverwaltung konzentrieren, alle anderen Funktionen sollen abgebaut werden. Diese späte Zielklärung führt zu einer völligen Demotivation des jungen Personalleiters, der ein Jahr später das Unternehmen verlässt.

Prognose, ob der Bewerber auch im Zuge möglicher Veränderungen der geeignete Mitarbeiter sein wird

Der dritte wichtige Punkt in der Auswahlentscheidung ist die **Klärung der Potenziale**. Es geht um die Prognose, ob der Bewerber auch nach einer Veränderung der Anforderungen an den Arbeitsplatz immer noch der richtige Kandidat sein wird.

Mögliche Veränderungen können sein:
- Technologische Umstellungen, Einführung von EDV
- Umstellung der Sachbearbeitung auf persönlichen Kundenkontakt
- Einsatz der Sachbearbeiter-Kundenberater im Callcenter
- Gänzlich neue Aufgabe nach organisatorischer Umstrukturierung
- Übernahme von Führungsverantwortung
- Verlagerung des Arbeitsplatzes an einen anderen Standort

Wenn Veränderungen kurz- bis mittelfristig denkbar erscheinen, sollten sie unbedingt das Entwicklungspotenzial und die Veränderungsbereitschaft neuer Mitarbeiter versuchen herauszufinden. Beobachten Sie die Reaktion des Bewerbers, wenn Sie verschiedene Veränderungsszenarien beschreiben. Fragen Sie ihn, wie er sich dann verhalten würde, was ihn an diesen Situationen reizen würde und wo die Grenzen seiner Veränderungsbereitschaft wären.

Kurz- bis mittelfristig mögliche Veränderungen sollten mit eingeplant werden

17.2 Auswahlverfahren

17.2.1 Auswahlsicherheit

Bäckermeister Ulrich hat den Termin mit dem Bewerber völlig vergessen. Gerade als er mit seinem Betriebsberater das Gebäude verlassen will, steht Herr Thiam in der Tür, um sich als Auslieferungsfahrer vorzustellen. Herrn Ulrich ist die Situation unangenehm, er führt ein kurzes Gespräch mit dem Bewerber und schickt ihn dann zum Disponenten mit den Worten: „Lassen sich alles erklären, was Sie zu tun haben, Sie können am nächsten Montag anfangen." Als Begründung für diese schnelle Einstellungszusage erfährt der Betriebsberater, das der letzte Fahrer ein Landsmann von Herrn Thiam war – und mit dem hatte Ulrich gute Erfahrungen gemacht.

Es steht außer Zweifel, dass in diesem Beispiel eine reine Bauchentscheidung getroffen wurde, ohne aufgabenbezogene Anforderungskriterien zu berücksichtigen. Selbstverständlich können auch auf diesem Wege erfolgreich neue Mitarbeiter ausgewählt werden, die Erfahrung bestätigt das immer wieder. Die Wahrscheinlichkeit, dass Sie mit einer reinen Bauchentscheidung erfolgreich sind, entspricht der Wahrscheinlichkeit, eine Sechs zu würfeln: zirka 16 Prozent. Dies hat man in wissenschaftlichen Untersuchungen nachgewiesen. Das Ziel einer professionellen Bewerberauswahl sollte jedoch sein, eine möglichst hohe Treffsicherheit zu erreichen. Dies erwarten auch Ihre Bewerber.

Nur eine professionelle Bewerberauswahl erreicht eine möglichst hohe Treffsicherheit

Professionalität in der Personalbeschaffung und -auswahl wird von den Bewerbern immer wieder mit der Professionalität des Unternehmens insgesamt gleichgesetzt. Mit anderen Worten: Nur wenn Sie vom ersten Kontakt an gute Arbeit leisten, können Sie Top-Bewerber davon überzeugen, dass sie in Ihrem Unternehmen richtig sind. Denn die meisten Top-Bewerber wissen, dass sie nur in entsprechenden Unternehmen ihr Potenzial voll zur Entfaltung bringen können. Dies gilt gerade auch in wirtschaftlich schwierigen Zeiten, denn kein Bewerber will unnötige Risiken eingehen.

Als Mindeststandard für eine Auswahlentscheidung gilt ein dreistufiges Verfahren wie z.B.:
- Sichtung der Bewerbungsunterlagen
- persönliches oder telefonisches Bewerberinterview
- persönliches Gespräch mit anschließender Entscheidung

Herausarbeiten der Persönlichkeit des Bewerbers durch eine gute Interviewtechnik

Wenn Sie jedoch wenig Erfahrung in der Auswahl neuer Mitarbeiter haben, werden Sie mit diesem Vorgehen Ihre Treffsicherheit nur unwesentlich verbessern, denn eine gute Interviewtechnik ist eine wichtige Voraussetzung für den Erfolg. Dabei geht es nicht um das stereotype Abarbeiten vorformulierter Fragen, sondern um das Herausarbeiten der Persönlichkeit des Bewerbers.

Fachkompetenz allein ist nicht ausschlaggebend

Die Fachkompetenz des Bewerbers ist lediglich die Basis, auf der Sie sich zum Gespräch treffen. Entscheidend für den Erfolg der späteren Zusammenarbeit ist jedoch immer, ob die Grundeinstellungen und Werte des Bewerbers zur Unternehmenskultur passen und ob die persönliche und soziale Kompetenz Ihren Vorstellungen entspricht und das Teamgefüge unterstützt. Nur wenn diese Voraussetzungen mit hoher Wahrscheinlichkeit gegeben sind, wird das fachliche Know-how zum maßgeblichen Entscheidungsfaktor. Dr. Rüdiger Hossiep von der Ruhr-Universität Bochum prägte den Satz: *„Man stellt Leute ein wegen ihrer fachlichen Kompetenz, aber man feuert sie wegen ihrer Persönlichkeit!"* Ein absolut vermeidbarer Fehler, der den Betrieben viel negative Unruhe, Demotivation, Produktivitätsverlust und hohe Kosten verursacht.

Je höher Ihre Anforderungen an die Persönlichkeit und die sozialen Kompetenzen des neuen Mitarbeiters sind, desto umfassender müssen Sie diese frühzeitig kennen lernen. Der Volkswagenkonzern hat bei der Auswahl der Mitarbeiter für die Auto 5000 GmbH bewusst den persönlichen und sozialen Kompetenzen den höchsten Stellenwert eingeräumt, um die besten Voraussetzungen für erfolgreiche Gruppenarbeit zu schaffen. Kenntnisse des Automobil- oder Maschinenbaus standen hintenan und wurden im Rahmen eines Einarbeitungsprogramms auch Maurern, Bäckern, Verkäufern oder ungelernten Kräften vermittelt.

Bei der Besetzung von Stellen mit Schlüsselfunktion ist die Persönlichkeit eines Bewerbers maßgebend

Bei der Besetzung von Stellen mit Schlüsselfunktion oder mit Führungsverantwortung wird die Persönlichkeit eines Bewerbers noch wichtiger. Eine professionelle Auswahl arbeitet dann meistens mit vier bis fünfstufigen Verfahren:
- Sichtung der Bewerbungsunterlagen
- Telefoninterview
- erstes Vorstellungsrunde mit 2 Interviewern
- Test, Assessment-Center oder Gespräch mit Kollegen oder Mitarbeitern
- zweite Vorstellungsrunde mit 2 bis 3 Interviewern, teilweise anderer Besetzung

17.2.2 Das Bewerberinterview

In nahezu allen Auswahlverfahren wird dem Interview eine zentrale Bedeutung beigemessen. Im Interview erleben und spüren Sie direkt und unmittelbar, wie Sie auf den Bewerber und der Bewerber auf Sie reagiert, denn Sie testen zum ersten Mal die Zusammenarbeit. Sinnvolle Rückschlüsse aus den Interviews können Sie jedoch nur dann ziehen, wenn Sie die Bewerber umfassend zum Erzählen bringen; Informationen geben Sie bitte erst am Ende des Interviews. Abbildung 17.1 zeigt den idealen Ablauf eines Bewerberinterviews.

Den Bewerber umfassend zum Reden bringen, um entsprechende Schlüsse ziehen zu können

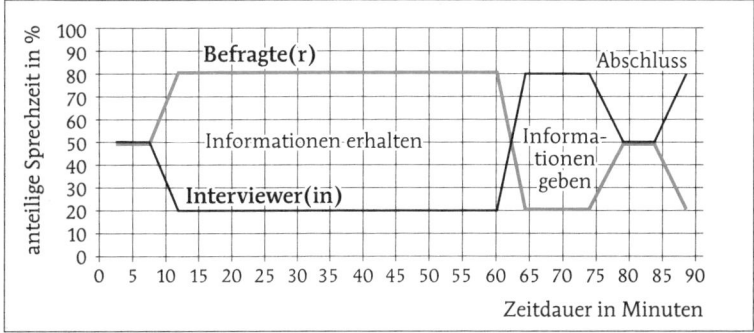

Abb. 17.1: *Verlauf und Gesprächsanteile in einem Bewerberinterview*

Die Einstellung eines neuen Mitarbeiters ist eine Investition auf viele Jahre und hat damit einen „Wert" von einigen Hunderttausend Euro und mehr (Anzahl der erwarteten Jahre Betriebszugehörigkeit x Jahresgehalt inklusive Nebenkosten). Eine solche Entscheidung sollten Sie genauso vorbereiten wie Investitionsentscheidungen in Maschinen und Anlagen. Die in der Verlaufsgrafik angegebene Dauer eines Bewerberinterviews von 1,5 Stunden ist daher eine dringende Empfehlung, die Sie nicht wesentlich unterschreiten sollten. Diese Zeit sollten Sie ungefähr je Gespräch investieren, wenn Sie nicht bereits nach 10 Minuten der Meinung sind, dass dieser Bewerber niemals Ihr Mitarbeiter werden wird. Sind Sie jedoch nach 10 Minuten der Ansicht, diese Person könnte durchaus für die offene Stelle geeignet sein, sollten Sie mit allen folgenden Fragen ernsthaft versuchen, diesen ersten Eindruck kritisch zu überprüfen.

Investition auf viele Jahre

Ein anderer wichtiger Aspekt ist die Ehrlichkeit und der Realitätsbezug im Gespräch. Immer wieder ist zu erleben, dass die Situation des Unternehmens in rosaroten Farben geschildert wird, dass nur die positiven Seiten des Arbeitsumfeldes beschrieben und leichtfertige Versprechungen gemacht werden. Die spätere Ernüchterung für den neuen Mitarbeiter, die daraus wachsende Frustration und das Gefühl, getäuscht worden zu sein, gehört mit Abstand zu den am häufigsten genannten Kündigungsgründen neuer Mitarbeiter. Enttäuschte, aber gute Mitarbeiter streben auch in wirtschaftlich schwierigen Zeiten immer den Wechsel an und werden nicht im Unternehmen bleiben.

Ehrlichkeit und Realitätsbezug im Gespräch: Keine falschen Hoffnungen wecken

Ehrlichkeit und Offenheit im Gespräch zahlen sich für das Unternehmen aus

Dagegen zahlen sich Ehrlichkeit und Offenheit im Gespräch für das Unternehmen aus. In einem umfangreichen Praxistest hat man beispielsweise einer Gruppe von Bewerbern die vor ihnen liegenden Probleme klipp und klar dargestellt, den anderen Bewerbern nicht. Das Ergebnis: die Fluktuation bei den informierten Bewerbern war deutlich niedriger als bei den nicht informierten Bewerbern. Darüber hinaus zeigten die informierten Bewerber eine höhere Motivation in der Bewältigung der anstehenden Aufgaben, da sie von Beginn an die richtige Einstellung mitbrachten und keine negative Überraschung erleben mussten.

Eine möglichst realistische Darstellung des Unternehmens, der Aufgabe und der Entwicklungsperspektiven bringt klare Vorteile:
- Sie senken die Fluktuation in den ersten 24 Monaten. Das spart viel Geld.
- Sie vermeiden Demotivation, Unruhe und Produktivitätsverluste durch enttäuschte Mitarbeiter.
- Sie fördern die Motivation, weil die geschilderten Probleme und Schwierigkeiten als Herausforderung angenommen werden, wenn der Bewerber desungeachtet den Arbeitsvertrag unterschreibt.
- Die Reaktion auf die Darstellung von Problemen und Schwierigkeiten ist ein wichtiges Auswahlkriterium. Bewerber, die jetzt zurückschrecken, werden auch im späteren Arbeitsalltag diesen Problemen wahrscheinlich nicht gewachsen sein.

17.2.3 Fragetechniken

Aus der Vielfalt unterschiedlichster Fragetechniken sind die nachfolgenden vier im Interview besonders gut einsetzbar:

Umfassende Erklärung motivieren

- Die **offene Frage** beginnt z.B. mit den Frageworten *weshalb, wieso, warum, wozu, welche* etc. Das Ziel dieser Fragen ist, den Bewerber zu einer Erklärung zu motivieren. Beim Einsatz offener Fragen werden Sie feststellen, dass Sie Antworten und Informationen erhalten, mit denen Sie vorher nicht gerechnet haben, die jedoch Ihre Entscheidung beeinflussen werden.

Kurze und präzise Antworten

- Die **geschlossene Frage** beginnt meistens mit den Worten: *Haben Sie, sind Sie, können Sie, wo, wer, wann, wie oft* etc. Das Ziel dieser Fragen ist, den Bewerber zu einer kurzen und präzisen Antwort zu veranlassen. Ob eine Frage wirklich offen oder geschlossen wirkt, hängt nicht nur vom Fragewort, sondern von der Gestaltung der gesamten Frage ab.

Geschlossene Frage	Offene Frage
Welches Fach haben Sie studiert?	*Wo liegen Ihre Interessensgebiete?*
Halten Sie sich für belastbar?	*Welches sind Ihre Stärken?*
Ist Ihnen Führungsverantwortung wichtig?	*Was erwarten Sie von Ihrer Tätigkeit?*
Würden Sie umziehen?	*Welche Kriterien sollte Ihr neuer Arbeitsplatz erfüllen?*
Treiben Sie Sport?	*Was machen Sie in Ihrer Freizeit?*

- **Nachfragen.** Geben Sie sich mit einer schnellen Antwort nicht zufrieden. Fragen Sie nach Details, finden Sie heraus, weshalb der Bewerber Ihnen diese Antwort und nicht eine andere gegeben hat. Mit einiger Übung erfahren Sie gerade mit dieser Fragetechnik viel über die Einstellungen und Beweggründe, also über die Motivation des Bewerbers.
- **Fragen Sie nach Beispielen.** Worte sind Schall und Rauch, doch anhand von Beispielen erkennen Sie meist recht schnell, wie fundiert die Aussagen des Bewerbers wirklich sind. Auf der Basis konkreter Beispiele haben Sie die Chance, im Gespräch die Theorie zu verlassen und der Praxis des Berufsalltages etwas näher zu kommen.

Haken Sie nach

Lassen Sie den Bewerber möglichst konkret werden

Bedenken Sie jedoch: Fragen sind immer auch Antworten! Je ausführlicher Ihre Frage ist, umso umfangreicher sind die Informationen, die Sie dem Bewerber gleich mitliefern. Clevere Bewerber werden diese Informationen sofort verarbeiten und ihre Antwort entsprechend gestalten. In Fachkreisen spricht man auch von „Antworten entsprechend der sozialen Erwünschtheit". Zwei Beispiele sollen das verdeutlichen:

Fragen sind immer auch Antworten

„Bisher haben wir uns auf den inländischen Markt konzentriert, wollen jetzt aber expandieren. Wie gut sind Ihre Sprachkenntnisse?" Durch diese Vorausinformation erkennt jeder Bewerber sofort, dass Sprachkenntnisse wichtig sind. Er wird jetzt alles tun, um seine Kenntnisse jetzt noch positiver darzustellen, als er es ursprünglich vorhatte. Dagegen hätten z. B. einige Fragen in der für Sie wichtigen Sprache unmittelbar klärende Wirkung.

„In einigen Bereichen haben wir Teamarbeit eingeführt. Welche Erfahrungen haben Sie mit Teamarbeit gemacht und was halten Sie davon?" Mit hoher Wahrscheinlichkeit wird der so befragte Bewerber Erfahrungen in der Teamarbeit vorweisen und die Vorteile für alle Beteiligten herausstellen.

Stellen Sie daher Ihre Fragen möglichst so, dass der Bewerber nicht erkennen kann, welche Meinung Sie zu diesem Thema haben oder welche Bedeutung das Thema in Ihrem Betrieb hat. Dafür reicht eine kurze Frage ohne nähere Erklärungen und Vorausinformationen.

Fragen möglichst neutral stellen

17.2.4 Interne Bewerber

Das Betriebsverfassungsgesetz schreibt in § 93 vor, dass in Betrieben mit Betriebsrat dieser eine interne Stellenausschreibung verlangen kann. Damit sollen bereits eingestellte Mitarbeiter die Möglichkeit bekommen, sich intern zu verändern und weiterzuentwickeln.

Viele Betriebe handeln nach dem Grundsatz „Intern vor extern" und bieten ihren eigenen Mitarbeitern damit Entwicklungsmöglichkeiten. Dieser Grundsatz ist ein kleiner, aber wichtiger Baustein zur Förderung der Motivation im Betrieb. Überall, wo dieser Grundsatz nicht gelebt wird, entwickelt sich bald eine Einstellung nach dem Motto: *„Das ist egal, wie sehr man sich hier engagiert. Man kommt hier doch nicht weiter!"* Versuchen Sie daher, interne Bewerbungen zu fördern und diese bei vergleichbarer Eignung den externen Bewerbern vorzuziehen. Ein wichtiger Vorteil: Ihren internen Bewerber kennen Sie, beim externen Bewerber

Interne Stellenausschreibungen fördern die Motivation

müssen Sie Einstellungen, Kompetenzen und Verhaltensweisen erst noch herausfinden.

17.3 Das Erscheinungsbild des Unternehmens

Eine Investitionsentscheidung über mehrere Hunderttausend Euro ist es wert, professionell vorbereitet zu werden. Dies gilt gleichermaßen für die Beschaffung von Maschinen, Anlagen und Personal. Während Maschinen und Anlagen jedoch kein Gedächtnis haben und für den Hersteller am Ende das Geschäft zählt, haben alle Bewerber ihren ersten Eindruck vom möglichen neuen Arbeitgeber gewonnen. Der bleibt im Gedächtnis auch bei der Person, die Sie letztlich einstellen.

Gute Bewerber werden auch in Zeiten hoher Arbeitslosigkeit durch ein unprofessionelles Erscheinungsbild erfolgreich abgeschreckt. Alle anderen Bewerber haben einen ersten Eindruck, wie es in Ihrem Betrieb zugehen könnte. Für den ersten Eindruck gibt es keine zweite Chance.

Der Ablauf des Auswahlprozesses ist Ihre Visitenkarte

Der Ablauf des Auswahlprozesses ist Ihre Visitenkarte. Die nachfolgenden Hinweise gelten vorrangig, wenn Sie eine offene Stelle ausgeschrieben haben:

Eingangsbestätigung

- Es ist immer noch üblich, auf eine zugesandte Bewerbung eine Eingangsbestätigung zu schicken. Zwei, drei nette Sätze wie: „*Vielen Dank für die Zusendung Ihrer qualifizierten Bewerbungsunterlagen und das in uns gesetzte Vertrauen. Gerne werden wir Sie bei der Auswahl zur Besetzung einer/der offenen Position berücksichtigen. Bitte geben Sie uns hierfür etwas Zeit. Wir werden uns schnellstmöglich/in x Wochen wieder mit Ihnen in Verbindung setzen. Mit freundlichen Grüßen.*" Wenn der Bewerber eine E-Mailadresse angegeben hat, können Sie diese Eingangsbestätigung auch online schicken.

Vorauswahl nach vier bis sechs Wochen abschließen

- Nach zirka vier bis sechs Wochen sollte jede Vorauswahl anhand der Bewerbungsunterlagen abgeschlossen sein. Jetzt verschicken Sie entweder Absagen oder Zwischenbescheide mit dem Hinweis, dass sich die Entscheidung wider Erwarten noch etwas/x Wochen verzögert oder Sie nehmen direkt Kontakt zum Bewerber auf, um einen Vorstellungstermin zu klären.

- Wenn Sie einen Gesprächstermin mit Bewerbern haben, sollten auch Sie pünktlich sein, den Termin inhaltlich und den Raum organisatorisch vorbereitet haben sowie über genügend störungsfreie Zeit verfügen können. Alles andere vermittelt nur den Eindruck von Chaos, Disziplinlosigkeit und Inkompetenz.

Entscheidung eindeutig und zügig treffen

- Treffen Sie Ihre Entscheidungen zügig und eindeutig. Vor allem: Entscheiden Sie! Das wiederholte Vertrösten mit irgendwelchen Begründungen oder das wochenlange Nicht-Melden beim Bewerber hinterlässt auch beim interessiertesten Kandidaten einen faden Beigeschmack. Das ist keine gute Voraussetzung für den engagierten

Start eines neuen Mitarbeiters. Was glauben Sie, was Bewerber über Ihre fehlende Entscheidungsfähigkeit denken?
- Auch wenn es geringfügig Geld kostet: Bewerbungsmappen gehören zurückgeschickt, wenn sie für die Besetzung der freien Stelle nicht mehr nötig sind. Das ist eine Frage des Stils und Ihrer Firmenkultur.

17.4 Vertragsabschluss

Der Vertragsabschluss ist eine Formalie, die die Beendigung des Auswahlverfahrens bedeutet und gleichzeitig den Start der Zusammenarbeit einläutet. Die Art und Weise, wie Sie diese Zusammenarbeit beginnen, verrät viel über Ihren Umgang mit Mitarbeitern:
- Vertragsverhandlungen sind ein Geben und Nehmen. Beide Vertragspartner sollen und müssen ein gutes Gefühl haben, wenn sie den Arbeitsvertrag unterschreiben. Auch wenn der Bewerber in einer Zwangssituation und dringend auf einen neuen Arbeitsplatz angewiesen ist, sollten Sie trotzdem einen fairen und ausgeglichenen Vertrag anbieten. Es macht keinen Sinn, wenn sich der Bewerber als Verlierer fühlt, weil Sie ihn im Entgelt bis zur Schmerzgrenze drücken konnten. Das Resultat wird nur sein, dass er zähneknirschend oder frustriert den Vertrag unterschreibt, anschließend seine Leistung den Vertragsbedingungen entsprechend reduzieren und weiterhin einen besser bezahlten Arbeitsplatz suchen wird.

Nur ein fairer Vertrag schafft gute Ausgangsbedingungen

- Schreiben Sie genau das in den Vertrag, was Sie vorher besprochen haben. Nachträgliche Versuche, auf diesem Weg das Verhandlungsergebnis zu Ihren Gunsten zu verändern, sind immer zum Scheitern verurteilt und schüren Misstrauen, selbst wenn Sie sich anschließend wieder einig werden.
- Der Vorteil von Standardverträgen ist unbestritten. Vermeiden Sie trotzdem, vorgedruckte Formulare zu verwenden, in denen lediglich Name, Adresse, Eintrittstermin, Tätigkeit und Entgelt in die entsprechenden Lücken einzutragen sind. Derlei Formularverträge sehen für den neuen Mitarbeiter nicht nur billig aus, sondern sie werden der Bedeutung eines neuen Arbeitsverhältnisses nicht im Ansatz gerecht. Seit der Einführung des PCs sind Lückentextformulare passé.

Vermeiden Sie vorgedruckte Formulare

- Bitte beachten Sie eine korrekte Rechtschreibung im Vertrag. Ansonsten machen Sie nur allzu deutlich, was Sie von Qualität halten.

17.5 Einarbeitung

Die Einarbeitung lässt sich in vier wichtige Phasen gliedern:
- Die Zeit bis zum ersten Arbeitstag
- Der erste Arbeitstag

Vier wichtige Phasen der Einarbeitung

- Die ersten Wochen
- Die Beendigung der Probezeit

Natürlich ist es vorrangige Aufgabe des neuen Mitarbeiters, sich engagiert und aktiv selbst einzuarbeiten. Doch es ist Ihre Aufgabe, ihm diese Einarbeitung zu ermöglichen und sie zu begleiten. Ein fataler Führungsfehler wäre es, nach wenigen Tagen von einer neuen Führungskraft zu fordern: „So, nun zeigen Sie mal, was Sie können!" Die Chance, das diese Einarbeitung scheitert, ist riesengroß.

17.5.1 Die Zeit bis zum ersten Arbeitstag

Den neuen Mitarbeiter vorab vorsichtig einstimmen

Oftmals vergehen viele Wochen, manchmal viele Monate vom Zeitpunkt des Vertragsabschlusses bis zum ersten Arbeitstag. Nutzen Sie diese Zeit, um Ihren neuen Mitarbeiter auf die neue Umgebung, die Unternehmenskultur und die neue Aufgabe einzustimmen? Folgende Möglichkeiten bieten sich an, wobei Sie jede der Alternativen mit Ihrem neuen Mitarbeiter vorher abstimmen sollten. Bitte beachten Sie auch, nur einzelne Vorschläge mit Fingerspitzengefühl umzusetzen und nicht alle Anregungen wie ein Feuerwerk zu zünden; das wäre zu viel des Guten.

Aktuelles Informationsmaterial

- Schicken Sie Ihrem neuen Mitarbeiter Informationsmaterial, damit er sich einlesen kann. Hierbei kann es sich um allgemeine Informationen zum Unternehmen handeln, Presseinformationen, Mitarbeiterzeitung, Produktvorstellungen oder z.B. besondere Erfolgsmeldungen (über besonders kritische Nachrichten sollten Sie Ihren zukünftigen Mitarbeiter persönlich informieren). Mindestens genauso wichtig und informativ sind eine Informationsmappe für neue Mitarbeiter, Auszüge oder Kopien wichtiger Betriebsvereinbarungen und sonstiger Regelungen oder wichtige Unterlagen zur Vorbereitung auf die neue Aufgabe.

Einladung zu betrieblichen Veranstaltungen

- Laden Sie Ihren neuen Mitarbeiter zu betrieblichen Veranstaltungen ein, erwarten Sie jedoch nicht, dass er auch kommt. Entscheidend ist die Geste und dass er die Chance hat, zu kommen, wenn es seine Zeit ermöglicht. Derartige Veranstaltungen können Betriebsversammlungen, Feiern, Tage der offenen Tür oder andere Aktionen sein.

Kennenlernmeeting mit den neuen Kollegen oder neuen Mitarbeitern

- Laden Sie Ihren Mitarbeiter zu einem Kennenlernmeeting mit seinen Kollegen oder evtl. auch seinen neuen Mitarbeitern ein. Gut vorbereitet und wenig formell in der Umsetzung ist dieser Ansatz vor allem für neue Führungskräfte interessant, wenn dieses Kennenlernen nicht schon im Auswahlverfahren stattgefunden hat. Das Ziel ist, dass der neue Mitarbeiter bereits am ersten Arbeitstag als bekanntes und erwartetes Gesicht begrüßt wird.

Vorbereitung auf den ersten Arbeitstag

Zur Vorbereitung auf den ersten Arbeitstag gehört auch:
- Information des neuen Mitarbeiters, wann genau er wo und von wem erwartet wird,
- Einrichten und Ausstatten des Arbeitsplatzes,

- Aktualisieren von Türschild, Telefonverzeichnis und Organigramm,
- Einrichten von EDV-Zugang mit User und Passwort,
- Vorbereiten der Visitenkarte, sofern erforderlich,
- Für gewerbliche Mitarbeiter: Vorbereiten von Spind, Arbeitskleidung und Werkzeug,
- Ankündigung des neuen Mitarbeiters im Kollegenkreis,
- Information des Pförtners oder Empfangs,
- Erstellen eines Einarbeitungsplanes,
- Reservieren Sie für sich und die anderen Beteiligten ausreichend Zeit zur Einführung des neuen Mitarbeiters.

17.5.2 Der erste Arbeitstag

Der erste Arbeitstag wird meist mit einer großen Erwartungshaltung oder Anspannung angetreten. Machen Sie es Ihrem neuen Mitarbeiter möglichst leicht, diese Spannung in Freude und Zufriedenheit umzuwandeln. Bereits am ersten Tag sollte er ein Gefühl von Bestätigung spüren, dass es richtig war, in Ihrem Unternehmen anzufangen. Die folgende Checkliste hilft Ihnen in der Gestaltung des ersten Arbeitstages:

Hohe Erwartungshaltung oder Anspannung

- Nehmen Sie sich Zeit für die persönliche Begrüßung des neuen Mitarbeiters und seine Vorstellung bei wichtigen Kollegen, Führungskräften, bei allen ihm unterstellten Mitarbeitern sowie beim Betriebsrat. Die persönliche Vorstellung ist nicht nur für den neuen Mitarbeiter, sondern für alle Beteiligten ein wichtiges Zeichen der Wertschätzung.

Nehmen Sie sich ausreichend Zeit

- Einige Unternehmen haben ein Patensystem eingeführt. Paten sind kompetente Mitarbeiter des Betriebes, die Freude daran haben, neuen Mitarbeitern bei der Integration und Einarbeitung zur Seite zu stehen. Gerade in den ersten Tagen und Wochen kann es für den Neuen sehr hilfreich sein, neben dem Vorgesetzten einen weiteren engagierten Ansprechpartner zu haben. Das schnelle Kennenlernen der Unternehmenskultur mit all ihren ungeschriebenen Gesetzen wird so entscheidend gefördert, ebenso die Orientierung im Betrieb und das Kennenlernen und Beachten wichtiger Personen.

Paten stehen neuen Mitarbeitern bei der Integration und Einarbeitung zur Seite

- Das Erläutern der betrieblichen Organisation anhand des Organigramms ist eine sehr wichtige Orientierungshilfe.

Erläutern der betrieblichen Organisation anhand des Organigramms

- Geben Sie Ihrem Mitarbeiter genügend Zeit, sich an seinem neuen Arbeitsplatz zu orientieren. Hierzu gehört vor allem, dass er von Ihnen oder einer beauftragten Person informiert wird, wo wichtige Unterlagen zu finden sind, mit denen er sich als erstes beschäftigen sollte.
- Bei Führungskräften: Geben Sie Ihrer neuen Führungskraft nicht nur am ersten Tag genügend Zeit, Gespräche mit ihren Mitarbeitern und Kollegen zu führen. Diese Gespräche gehören zu den wichtigsten Aufgaben der ersten Tage und Wochen.
- Bei Sachbearbeitern, technischen oder gewerblichen Mitarbeitern: Geben Sie Ihrem Mitarbeiter eine Aufgabe, die seinen Fähigkeiten entspricht und die ihn schnell produktiv werden lässt.

Stehen Sie später für erste Fragen zur Verfügung

- Auch wenn Ihr persönlicher Zeitplan eng ist, sollten Sie spätestens in der Mittagszeit mit Ihrem neuen Mitarbeiter wieder zusammentreffen, um für erste Fragen zur Verfügung zu stehen und weitere Informationen zu geben. Bei gewerblichen Mitarbeitern, gerade auf Baustellen, wird dies nicht immer möglich sein, doch ein Gespräch zum Feierabend lässt sich bestimmt einrichten.
- Stellen Sie sicher, dass Ihr neuer Mitarbeiter spätestens am Ende des Tages die notwendigen Schlüssel, seinen Mitarbeiterausweis, Zugangsberechtigungen u.a. erhalten hat. Ebenso sollte er die wichtigsten Spielregeln kennen: Beginn und Ende der Arbeitszeit, Erreichbarkeit im Betrieb, Rauchen, Pausen, Krankmeldung etc.

Die Einführungsinformationen auf mehrere Tage verteilen

- Sie sollten nicht alle Informationen am ersten Arbeitstag übermitteln, denn das würde den Mitarbeiter völlig überfordern. Besser ist es, die Einführung auf mehrere Tage zu verteilen. Besprechen Sie mit ihm, wie Sie sich die Einführung und Einarbeitung in den nächsten Tagen vorstellen und ab wann Sie erwarten, dass Ihr Mitarbeiter mehr und mehr eigenständig wird und selbst die Initiative ergreift.

17.5.3 Die ersten Wochen

In den ersten Wochen zeigt sich,
- ob Ihre Auswahlentscheidung bei der Einstellung sachlich richtig war,
- ob der Mitarbeiter Akzeptanz im Kollegenkreis findet und
- ob die Integration in die Unternehmenskultur gut vorankommt.

Auftauchende Fragen und Probleme möglichst sofort klären

Alle Fragen und Probleme, die jetzt auftauchen, müssen sofort geklärt werden. Diese ersten Wochen sind die Zeit, in denen sich Meinungen, Einstellungen, Gewohnheiten, Schlendrian und Vorurteile am stärksten festsetzen. Eine spätere Korrektur ist meist nicht mehr möglich und endet oft mit der Kündigung des Arbeitsverhältnisses.

Dies bedeutet, auch wenn Sie oder Ihr neuer Mitarbeiter viel unterwegs sind und Sie sich daher selten sehen:

SIE MÜSSEN ABSOLUT SICHERSTELLEN, DASS DIE EINARBEITUNG UND INTEGRATION IN IHREM SINNE VERLÄUFT UND DASS SIE JEDERZEIT ÜBER DIESEN VERLAUF GUT INFORMIERT SIND.

Bei Fehlentwicklungen frühzeitig steuernd eingreifen

Nur dann haben Sie die Chance, frühzeitig steuernd einzugreifen. Dies bedeutet auch, dass in den ersten Wochen und Monaten ein erhöhter Gesprächsbedarf besteht. Besonders neue Führungskräfte brauchen Feedback und Orientierung, denn sie tragen durch ihre exponierte Stellung eine große Verantwortung für die ihnen zugeordneten Mitarbeiter und damit für den ganzen Betrieb. Vermeiden Sie unnötige Experimente und nehmen Sie sich immer wieder Zeit für Gespräche!

Auch Ihr neuer Mitarbeiter erwartet diese kompetente Begleitung und Einarbeitungshilfe, denn er will nicht scheitern, sondern engagiert, erfolgreich und längere Zeit für Sie tätig sein.

17.5.4 Die Beendigung der Probezeit

In vielen Fällen wird eine Probezeit von sechs Monaten vereinbart. Damit geht sie einher mit dem Beginn des Kündigungsschutzes nach dem Kündigungsschutzgesetz, der ab dem siebten Monat der Beschäftigung einsetzt. Leider sind in einzelnen Betrieben in der letzten Woche vor Beendigung der Probezeit immer wieder hektische Diskussionen und Aktivitäten dahingehend zu beobachten, ob das Arbeitsverhältnis nun weitergeführt oder gekündigt werden soll. Diese Aktivitäten verdeutlichen in vielen Fällen nur, dass nicht nur der Mitarbeiter, sondern auch das Unternehmen bzw. der Vorgesetzte grobe Fehler gemacht hat, denn in der letzten Woche sollte die Bewertung der Probezeit abgeschlossen sein.

Zur Beendigung der Probezeit können Sie die nachfolgenden Alternativen in Erwägung ziehen:

Alternativen zur Beendigung der Probezeit

- Wenn Sie frühzeitig von der Auswahl und Einarbeitung des neuen Mitarbeiters überzeugt sind, wenn Sie sehr zufrieden sind, dann sollten Sie eine Verkürzung der Probezeit um mindestens 4 Wochen erwägen. Führen Sie mit Ihrem Mitarbeiter darüber ein Gespräch und bestätigen Sie diese Verkürzung schriftlich.
- Führen Sie immer eine Probezeitbeurteilung durch und sprechen Sie mit Ihrem Mitarbeiter darüber. Das kann alles sehr formlos und ohne jegliche Formulare erfolgen. Wichtig ist das Gespräch zirka 1 bis 3 Wochen vor Ende der Probezeit. Dieses Gespräch knüpft nahtlos an die bisher geführten Gespräche an und markiert das Ende der Probezeit.

Probezeitbeurteilung zirka 1 bis 3 Wochen vor Ende der Probezeit

- Wenn Sie mit dem Verlauf der Probezeit absolut nicht zufrieden sind, stehen Ihnen zwei Möglichkeiten offen:

Möglichkeiten bei nicht zufrieden stellendem Verlauf

  – Sie beenden das Arbeitsverhältnis. Aufgrund der mehrfach vorangegangenen Gespräche darf dieses Ende jedoch keine Überraschung für den Mitarbeiter darstellen und sollte nicht am letzten oder vorletzten Tag der Probezeit erfolgen. Das ist stillos.

Beendigung des Arbeitsverhältnisses

  – Wollen Sie Ihrem Mitarbeiter jedoch die Chance der Korrektur und Leistungssteigerung geben, dann können Sie mit einer Kündigung oder einer Aufhebungsvereinbarung, die erst einige Monate später wirksam wird, die vorläufige Weiterbeschäftigung ermöglichen. Sie verlängern damit die Probezeit und geben Ihrem Mitarbeiter das Signal, dass Sie ihn eigentlich gerne weiterbeschäftigen wollen. Dieser Weg wurde schon oft erfolgreich praktiziert. Zur rechtssicheren Gestaltung dieser zweiten Chance holen Sie sich bitte kompetenten Rat ein.

Verlängerung der Probezeit

Motivation durch materielle Rahmenbedingungen

18 Entgeltpolitik

Alle materiellen Leistungen, die der Arbeitgeber der Arbeitsleistung seiner Mitarbeiter gegenüberstellt

Die Entgeltpolitik als ein Baustein der Personalpolitik umfasst alle materiellen Leistungen, die der Arbeitgeber der Arbeitsleistung seiner Mitarbeiter gegenüberstellt.

18.1 Entgeltbestandteile

Die Entgeltpolitik berührt z.B. die nachfolgenden Bestandteile:

Lohn- und Gehaltszahlung	Versicherungsleistungen
• Gehalt, Monats- oder Stundenlohn • Höhe der monatlichen Zahlung im Wettbewerbsvergleich • Umfang der variablen Entgeltbestandteile • Zahlungen zu einem früheren Termin/Abschlagszahlungen • Zahlungen zum späteren Zeitpunkt/Einmalzahlungen	• Altersvorsorge durch Entgeltumwandlung • Betrieblich finanzierte Altersvorsorge • Betriebskrankenkasse • Unfallversicherung
Sachleistungen und Incentives	**Bankdienstleistungen**
• Deputat/Naturalien • Dienstwagen • Events • Fahrtkostenzuschuss • Kindergarten(zuschuss) • Reisen • Sport und Fitness • Weiterbildung • Werkswohnung • Werksbus	• Aktien • Darlehen • Gesellschaftsanteile • Optionen • Vermögenswirksame Leistungen
	Arbeitszeit
	• Altersteilzeit • Freie Arbeitszeitgestaltung • Gleittage • Höherer Jahresurlaub • Jahresarbeitszeit • Lebensarbeitszeit • Sabbatical • Sonderurlaub • Telearbeit

Entgeltbestandteile unterliegen in ihrer Attraktivität einem beständigen Wandel

Nahezu alle Entgeltbestandteile unterliegen in ihrer Attraktivität einem beständigen Wandel. War vor Jahrzehnten die Zahlung einer Kontoführungsgebühr als Entgeltzulage gang und gäbe, so gilt sie heute als überflüssiger und nutzloser Kostenblock. Galten Aktienoptionen in der Hochphase der New Economy als der Königsweg der Entgeltpolitik, so hat inzwischen eine große Ernüchterung stattgefunden. Der von vielen Mitarbeitern erhoffte Wohlstand auf der Basis immer weiter steigender Unternehmenswerte erwies sich als fataler Irrglaube. Demgegenüber hat der Gesetzgeber durch die Novellierung des Gesetzes zur betrieblichen Altersvorsorge (BetrAVG) Einfluss auf die betriebliche Entgeltpolitik genommen.

Die Beantwortung der vier folgenden Fragen verdeutlicht Ihnen, ob Ihre Entgeltpolitik zukunfts- oder vergangenheitsorientiert ist:

Fragen zur Entgeltpolitik	ja	nein
1 Unterstützt Ihre Entgeltpolitik unternehmerische Veränderungsprozesse und das Erreichen der Unternehmensziele?	❏	❏
2 Angenommen, Sie haben in den vergangenen Jahren Ihre Strategie und Ihre Strukturen geändert. Haben Sie auch Ihr Vergütungssystem angepasst?	❏	❏
3 Lohnt es sich bei Ihnen finanziell, sich überdurchschnittlich zu engagieren?	❏	❏
4 Vergüten Sie Ihre Mitarbeiter nach ihren Aufgaben, ihrer Verantwortung und ihren Beiträgen zum Betriebserfolg statt nach ihrem Status. (Qualifikation, Hierarchiestufe, Titel, Betriebzugehörigkeit, Alter)?	❏	❏

Abb. 18.1: Vier Fragen zur Zukunftsorientierung Ihrer Entgeltpolitik

Jedes „Nein" verdeutlicht, dass nicht aktuelle Leistung, sondern vergangenheitsbezogene Werte bestimmend sind. Jedes „Nein" bremst die Motivation von Mitarbeitern, sich überdurchschnittlich zu engagieren. Jedes „Nein" erschwert Ihre Anstrengungen als Führungskraft, die unternehmerischen Ziele zu erreichen. Mit jedem „Nein" wächst Ihr Handlungsbedarf.

Tipp: Stellen Sie eine alphabetische Liste aller materiellen Leistungen zusammen, die derzeit in Ihrem Unternehmen angeboten werden. Schätzen oder kalkulieren Sie für jeden Entgeltbestandteil die Kosten, die durch ihn jährlich tatsächlich entstehen. Jetzt bewerten Sie jede Komponente (ganz subjektiv) hinsichtlich der Wirkung auf die Motivation Ihrer Mitarbeiter. Das Ergebnis ist eine Grundlage für das Überdenken Ihrer Entgeltpolitik. Ob und wie einzelne Leistungen änderbar sind, bedarf evtl. der Beratung durch einen Experten.

Bewerten Sie Ihre materiellen Leistungen hinsichtlich der Wirkung auf die Motivation Ihrer Mitarbeiter

Art der materiellen Leistung	Kosten p.a.	Wichtiger Besitzstand für Mitarbeiter, schwer veränderbar? ja nein	Wirkung auf Mitarbeiter 1 = sehr motivierend 2 = motivierend 3 = nicht erkennbar
...	...	...	...

Abb. 18.2: Formblatt: Kosten und Attraktivität materieller Leistungen

18.2 Trends in der Entgeltpolitik

Forderung nach stärkerem Leistungsbezug von Entgelt

Seit Jahren fordern Arbeitgeber einen stärkeren Leistungsbezug von Entgelt. Dieser Leistungsbezug ist leider vielfach verloren gegangen. Die regelmäßig gezahlte Vergütung gilt bei einer Reihe von Mitarbeitern als leistungsunabhängiges Gegenstück für ihre Bereitschaft, einen Arbeitsplatz zu besetzen. Aus Sicht der Mitarbeiter besteht damit ein Tauschverhältnis von Zeit gegen Geld: *„Ich stehe jeden Tag 8 Stunden als Arbeitskraft zur Verfügung, dafür erwarte ich ein regelmäßiges Entgelt."*

Anwesenheit sollte kein Leistungswert sein

Diese Sicht wird kurioserweise von vielen Unternehmen, getragen von der Tarifpolitik, auch noch verstärkt: Es geht um arbeitszeitbezogene Abrechnung und Zuschläge. Ob bewusst oder unbewusst, jeder Arbeitgeber verdeutlicht dadurch, das Anwesenheit für ihn ein zentraler Leistungswert ist. Zwei Beispiele:
- **Stundenlohn:** Jede Stunde, die der Mitarbeiter am Arbeitsplatz verbracht hat, wird gezählt und abgerechnet. Doch es gibt nur eine Minderheit von Arbeitsplätzen, bei denen Anwesenheit mit Leistung gleichgesetzt werden kann.
- **Überstunden:** Für jede Stunde, die über die vertraglich geleistete Arbeitszeit hinaus gearbeitet wird, wird ein Zuschlag gewährt. Übersteigt die zusätzliche Anwesenheit einen bestimmten Zeitrahmen, erhöht sich der Zuschlag. Leistungsunabhängig, Anwesenheit zählt.

Leistung und Bezahlung besser in Zusammenhang bringen

Es gibt inzwischen auch andere Ansätze. Die Auto 5000 GmbH, ein Unternehmen der Volkswagen-Gruppe, zahlt ihren Mitarbeitern ein regelmäßiges Entgelt von zirka 2.300 Euro monatlich. Grundlage dieser Vergütung ist eine 35-Stundenwoche und ein Produktionsplan. Wird der Produktionsplan aus Gründen nicht erfüllt, die die Mitarbeiter zu vertreten haben, wird zuschlagsfrei mehr gearbeitet. Dieses hier stark vereinfacht dargestellte Konzept ist tariflich geregelt und stellt eines der Beispiele dar, wie Leistung und Bezahlung besser in Zusammenhang gebracht werden können.

Einführung variabler Vergütung und Erfolgsbeteiligung

Viele Unternehmen gehen einen anderen Weg, der sich oft noch auf die Führungsebene sowie Mitarbeiter in Marketing und Vertrieb beschränkt: Es geht um die Einführung variabler Vergütung und Erfolgsbeteiligung. In dem Umfang, wie diese Entgeltbestandteile eingeführt werden, können zeitbezogene Entgeltbestandteile reduziert werden. Die Vergütung von Leistung und Erfolg gehört zu den von Unternehmen anerkannten, starken Motivatoren.

Der leistungsunabhängige Anteil der Gesamtvergütung wird sinken

Die in Grafik 18.3 dargestellte Entwicklung macht eines deutlich: Die Aufwendungen für eine leistungsgerechte Vergütung werden bei entsprechender Leistung langfristig vermutlich steigen, nicht sinken. Sinken wird allerdings der leistungsunabhängige Anteil der Gesamtvergütung, die monatlich feststehende Überweisung von Lohn und Gehalt. Dieser Trend gewinnt einen zunehmenden Rückhalt in Wirtschaft, Politik und Gesellschaft. Das hat zwei Gründe:

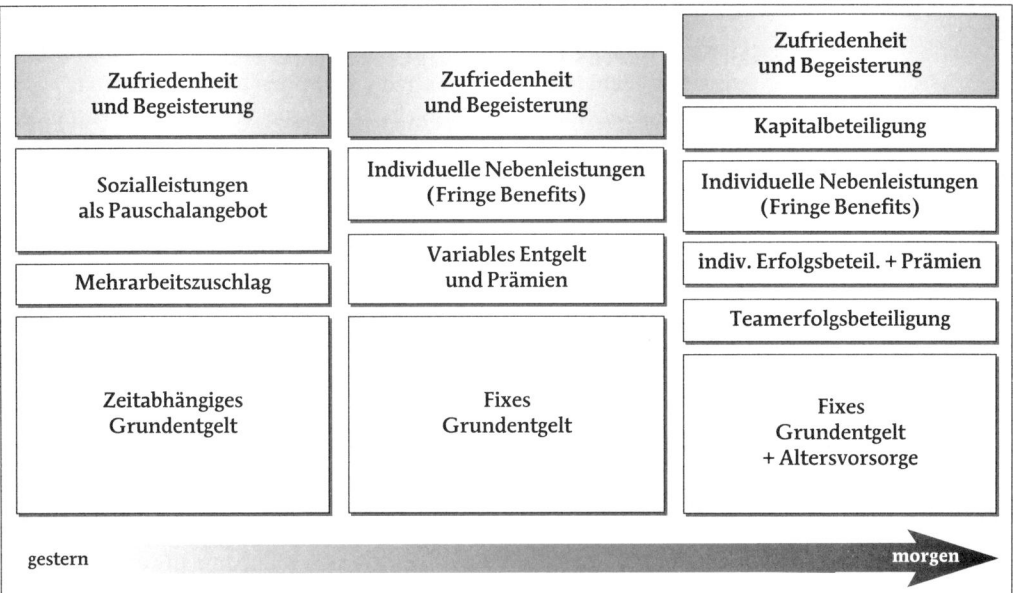

Abb. 18.3: Trends in der Entgeltpolitik

- **Leistung soll sich lohnen.** Für die meisten Arbeitnehmer ist es frustrierend zu erleben, dass Leistung nicht oder kaum anerkannt und honoriert wird. Aus ihrem subjektiven Empfinden heraus scheint es fast egal zu sein, ob sie sich besonders engagieren oder nicht. Dies gilt nicht nur im öffentlichen Dienst oder in Großunternehmen, wo der Einzelne vermeintlich glaubt, in der Masse nicht so aufzufallen. Dieses Phänomen ist auch in kleinen Betrieben und bei Handwerkern zu finden. Die überwiegende Zahl der Arbeitnehmer will sich engagieren und gute Arbeit leisten. Eine leistungsbezogene Entgeltdifferenzierung hilft, Engagement und gute Arbeit wieder attraktiver zu machen.

    Eine leistungsbezogene Entgeltdifferenzierung macht Engagement und gute Arbeit wieder attraktiver

- **Leistungsbezogene Entgeltdifferenzierung ist betriebswirtschaftlich interessant.** Ständige Veränderungen im Umfeld der Unternehmen fordern von diesen ein Höchstmaß an Flexibilität. Innovative Produkte und Dienstleistungen, neue Vertriebswege, optimierte Herstellprozesse, schlankere Organisationsstrukturen sind einige Beispiele, wie Wirtschafts- und Verwaltungsbetriebe auf diese Veränderungen reagieren. Bei den Personalkosten sind die Spielräume jedoch eng. Vielen steht nur Kurzarbeit oder Personalabbau zur Verfügung, manch einer erreicht noch einen (befristeten) Gehaltsverzicht bei seinen Mitarbeitern.

    Leistungsbezogene Entgeltdifferenzierung schafft betriebswirtschaftliche Spielräume

Die Einführung variabler Vergütung ist eine echte und faire Alternative. Diese Vergütungsform hilft, in schlechten Zeiten den Zwang zum Personalabbau zu reduzieren, denn die Schere zwischen Umsatz und Personalkosten öffnet sich deutlich schwächer. In wirtschaftlich guten Zeiten profitieren alle vom Erfolg, das Unternehmen und die Mitarbeiter. In diesen Phasen erhalten die Mitarbeiter dann ein höheres Einkommen, als sie mit dem früheren Festgehalt bekommen hätten.

Die Entwicklung in der Entgeltpolitik bedeutet langfristig einen radikalen Wertewandel: Weg von zeitabhängiger Vergütung und Sozialleistungen nach dem „Gießkannenprinzip" hin zu einer Individualisierung, Leistungs- und Erfolgsorientierung. Dieser Wandel ist eine dringend notwendige Konsequenz als Antwort auf veränderte Arbeitsbedingungen.

18.3 Kategorien von Vergütungskomponenten

Alle Vergütungskomponenten lassen sich in vier Kategorien einteilen:
- Feststehendes, regelmäßiges Grundentgelt
- Variable Vergütung
- Neben- oder Sozialleistungen
- Beteiligung am Kapital des Unternehmens

Die unterschiedlichen Vergütungskomponenten befriedigen unterschiedliche Mitarbeitererwartungen

Diese vier Kategorien unterscheiden sich nicht nur in ihren Inhalten, sondern vor allem auch in ihrer Wirksamkeit. Sie sprechen sehr unterschiedliche Erwartungen bei den einzelnen Mitarbeitern an:
- **Regelmäßiges Grundentgelt** befriedigt das Bedürfnis nach Existenzsicherung sowie das Bedürfnis nach Anerkennung des allgemeinen Arbeitsmarktwertes.
- **Variable Vergütung** befriedigt das Bedürfnis nach kurzfristiger materieller Anerkennung von Leistung und Erfolg.
- **Neben- und Sozialleistungen** befriedigen das Bedürfnis nach individuellem Komfort und Vorteilen.
- **Kapitalbeteiligung** befriedigt das Bedürfnis nach Werten und Besitz zur langfristigen Sicherung des Lebensstandards (im Alter).

18.3.1 Die Bedeutung der Vergütungskomponenten nach Mitarbeitertypen

Entgeltpolitik darf sich nicht nur nach den Bedürfnissen und Erwartungen der Führungskräfte und „High Potentials" richten, sondern muss auf alle Mitarbeiter eines Unternehmens zielen. Die Wirkung einzelner Vergütungskomponenten auf die Motivation der Mitarbeiter ist zum Teil jedoch extrem unterschiedlich. In Abbildung 18.4 sind alle Vergütungskomponenten in fünf Entgeltkategorien zusammengefasst und in ihrer Bedeutung für Mitarbeitertypen bewertet. Die fünfte Kategorie, Zufriedenheit und Begeisterung, ist ein immaterieller Wert. Es zeigt sich jedoch immer wieder, dass diese immaterielle Kategorie mit materiellen Werten gleichgesetzt bzw. verglichen wird.

Tipp: Finden Sie heraus, wieviel Prozent Ihrer Mitarbeiter zum jeweiligen Mitarbeitertypus gehören. Es kommt nicht auf genaue Werte an, sondern auf eine ungefähre Zuordnung. (Im Normalfall wird der

Art der Vergütung	Mitarbeiter-Typ			
	risikoscheu	Mit-Arbeiter	aufstiegs-orientiert	Unternehmer-mentalität
Grundgehalt	hoch	hoch	mittel	wenig
Erfolgs-beteiligung	keine	wenig	sehr hoch	hoch
Neben-leistungen	hoch	mittel	mittel	wenig
Kapital-beteiligung	keine	keine	mittel	sehr hoch
Zufriedenheit und Begeisterung	wenig	hoch	mittel	wenig

Abb. 18.4: *Bedeutung von Entgeltkategorien nach Mitarbeitertypen*

Schwerpunkt beim Mit-Arbeiter-Typus liegen.) Bitte prüfen Sie, ob Ihre betrieblichen Vergütungskomponenten dieser Zuordnung entsprechen. Sollte das Ergebnis dieser Verteilung nicht in etwa entsprechen, haben Sie einen Anpassungsbedarf. Andernfalls geben Sie Geld für materielle Leistungen aus, die für einen (großen?) Teil Ihrer Mitarbeiter von untergeordneter Bedeutung sind.

18.3.2 Bedeutung von Vergütungskomponenten nach Unternehmensphasen

Die Attraktivität von Vergütungskomponenten unterliegt einem zeitlichen Wandel. Dieser Wandel gilt insbesondere auch für die Phasen, die ein Unternehmen in seiner Entwicklung durchläuft. Angelehnt an den Produktlebenszyklus sollen hier plakativ vier solcher Entwicklungsphasen unterschieden werden:

Vier Entwicklungsphasen von Unternehmen mit unterschiedlicher Mitarbeitermotivation

- **Start-Up:** Das Unternehmen und seine Mitarbeiter leben von der Idee, etwas Neues und Großartiges zu schaffen. Eine Vision und die Begeisterung dafür stehen im Vordergrund.
- **Aufbau und Wachstum:** Die erste stürmische Phase ist durchgestanden. Aus Ideen und Visionen wurden Produkte oder Dienstleistungsangebote entwickelt, die sich nach ersten Erfolgen jetzt im Markt bewähren müssen.
- **Reife:** Das Unternehmen hat sich in seinem Markt etabliert und verdient Geld.
- **Sanierung, Marktaustritt:** Veraltete Strukturen, veraltete Technik, veraltete Produkte – es gibt viele Gründe, weshalb Unternehmen oder Unternehmensbereiche den Anschluss verlieren können. Ist eine Sanierung nicht möglich oder erfolgreich, bleibt oft nur die Schließung.

Jede Unternehmensphase wirkt sich nachhaltig auf die Motivation der Mitarbeiter aus

Jede dieser vier Phasen wirkt sich nachhaltig auf die Motivation der Mitarbeiter aus. Jede dieser Phasen steht für eine andere Zukunftsperspektive, die ein Mitarbeiter real erwarten kann. Entsprechend diesen Phasen werden von den Mitarbeitern (meist unbewusst) alle Vergütungskomponenten in ihrer Attraktivität bewertet. War beispielsweise die Start-Up-Phase geprägt vom Glauben an den Erfolg (in einigen Jahren), so sind Besitzstandswahrung und Sicherheit die bestimmenden Elemente am Ende eines Unternehmenszyklus.

Entgeltpolitik	Vergütungsinstrument	Unternehmensphase
Zufriedenheit und Begeisterung	Arbeitsumfeld, Arbeitsinhalte Wertschätzung, Perspektiven	Start-Up Aufbau und Wachstum
Grundgehalt	Stundenlohn, Monatsgehalt Gratifikation, Urlaubsgeld	Aufbau und Wachstum Marktaustritt, Sanierung
Nebenleistungen	Firmenwagen, betriebliche Altersversorgung betriebliche Altersversorgung, Kantine	Reife Marktaustritt, Sanierung
Erfolgsbeteiligung	variable Vergütung, Tantiemen Prämien, Provisionen	Aufbau und Wachstum Reife
Kapitalbeteiligung	Aktienoptionen, Eigenkapitalbeteiligung Fremdkapitalbeteiligung, Mischformen	Start-Up Aufbau und Wachstum

Abb. 18.5: Bedeutung von Vergütungskomponenten nach Unternehmensphasen

18.4 Entgeltgerechtigkeit

Objektive Entgeltgerechtigkeit ist eine Vision. Ob ein Entgelt „gerecht" ist oder nicht, wird meistens sehr subjektiv beurteilt. Ungerecht empfundene Bezahlung ist allerdings der ideale Nährboden für Demotivation. Eine faire und transparente Vergütungspolitik scheint die einzige Möglichkeit zu sein, sich diesem Thema erfolgreich anzunehmen.

Zwei Ebenen, auf denen Mitarbeiter Entgeltgerechtigkeit prüfen

Entgeltgerechtigkeit wird von Mitarbeitern ganz subjektiv auf zwei Ebenen geprüft:
- **Intern:** Was leisten und erhalten die Kollegen mit gleicher oder ähnlicher Aufgabe und Verantwortung?
- **Extern:** Was erhalten Freunde und Nachbarn mit gleicher oder ähnlicher Aufgabe und Verantwortung in anderen Unternehmen?

Der interne Maßstab muss stimmen

Vorrangig wichtig ist, dass der interne Vergleich für den Mitarbeiter befriedigend ausfällt. Intern vergleicht er nicht nur (vermutetes) Entgelt, sondern er nimmt auch die Leistung der Kollegen wahr und vergleicht ihren Einsatz mit seinem. Die Mitarbeiter entwickeln meist ein recht gutes Gespür dafür, ob das Verhältnis von Leistung zu Entgelt bei Kollegen im Vergleich zu ihnen passt oder nicht. Viele Unternehmer und Geschäftsführer kleiner und mittelständischer Unternehmen berichten von gewachsenen Entgeltstrukturen, die heute so nicht mehr erklärbar und haltbar sind.

Ein Beispiel: *Karl Brosius, 45 Jahre, ist seit beinahe 25 Jahren als Maurergeselle im gleichen Betrieb tätig. Unter dem Seniorchef leistete er gute Arbeit und war so etwas wie ein Vorarbeiter. In dieser Zeit wurde er bestbezahlter Mitarbeiter seiner Firma und, als besonderer Bonus, Angestellter. Inzwischen ist seine Leistung rapide gesunken, Kunden beklagen sich über die Qualität seiner Arbeit, Reklamationen und Nacharbeit häufen sich. Kurz: Er trägt überhaupt nicht mehr zum Erfolg des Unternehmens bei. Doch Herr Brosius ist immer noch Angestellter und deutlich teurer als jeder andere Altgeselle.*

18.5 Transparenz der Vergütungsstrukturen

18.5.1 Entgeltgruppen

Viele Entgelttarife basieren auf veralteten Berufsbildern, sofern sie nicht in den letzten 10 Jahren grundlegend angepasst wurden. Unternehmen, in denen ein Entgelttarif keine Anwendung findet, kommen um eine strukturierte Bewertung ihrer Arbeitsplätze nicht umhin. Für die Bewertung der Arbeitsplätze sind drei Grundsätze zu beachten:

Drei Grundsätze für eine strukturierte Bewertung der Arbeitsplätze

1. **Grundsatz:** Es werden nur die Aufgaben und Anforderungen an den Arbeitsplatz betrachtet und bewertet. Es wird auf gar keinen Fall die Leistung eines Mitarbeiters auf diesem Arbeitsplatz berücksichtigt.
2. **Grundsatz:** Die Aufgaben und Anforderungen des Arbeitsplatzes werden in Stichworten dokumentiert. Erst die schriftliche Dokumentation der aktuellen Situation schafft die Grundlage für nachvollziehbare Zuordnung und Transparenz.
3. **Grundsatz:** Die real gezahlten Entgelte auf den Arbeitsplätzen bleiben bis zuletzt ohne Einfluss auf die neue Zuordnung und Bewertung.

Erst wenn die Beschreibung der Arbeitsplätze und ihre Ordnung zueinander nach diesem Muster vollzogen ist, erfolgt die Bewertung mit Entgelten. Normalerweise reicht es aus, die Durchschnittsentgelte der jeweiligen Arbeitnehmer heranzuziehen. Die dabei entstehenden Zahlen werden deutlich machen, ob strukturelle Korrekturen im Konzept notwendig sind oder nicht. Auf jeden Fall werden die „Ausreißer" klar erkennbar. Jeder dieser Ausreißer, der jetzt nicht gerechtfertigt erscheint, bedeutet Handlungsbedarf. Möglicherweise haben Sie diesen Handlungsbedarf vorher auch schon gesehen oder vermutet, doch jetzt haben Sie eine transparente Systematik, die die Gefahr von Willkür und Unausgewogenheit reduziert.

18.5.2 Funktions-Entgelt-Raster

Mit einem Funktions-Entgelt-Raster oder auch Bandbreitenkonzept werden im Betrieb bestehende Arbeitsplätze mit Entgeltbändern versehen. Eventuell bestehende Tarifgruppen erhalten dann eine nachrangige Bedeutung. Dieses Verfahren basiert auf der Erkenntnis, dass das tatsächlich gezahlte Entgelt für viele Mitarbeiter wichtiger ist als die dahinter liegende Tarifgruppe.

Das Vorgehen soll am Beispiel eines tarifgebundenen Produktionsbetriebes erläutert werden. Das Funktions-Entgelt-Raster wurde in diesem Betrieb parallel zur Teamarbeit eingeführt.

Sechs verschiedene Gruppen von Arbeitsplätzen

Unterhalb des Bereichsleiters Produktion definierte man sechs verschiedene Gruppen von Arbeitsplätzen:

Gruppe 1: einfache Helfertätigkeiten: Linienhelfer, Vorverpacker
Gruppe 2: Servicehelfer und Springer für Arbeitsplätze der Gruppe 1
Gruppe 3: Anlagenhelfer (Bedienen und Überwachen kleiner Anlagen)
Gruppe 4: Facharbeiter, Sachbearbeiter
Gruppe 5: Linientechniker, Spezialtechniker
Gruppe 6: Teamsprecher, Spezialisten

Für jede Gruppe wurde eine Entgeltbandbreite festgelegt und veröffentlicht. Das heißt, jeder Mitarbeiter einer Gruppe wusste, dass sich sein Entgelt zwischen dem Betrag x und dem Betrag y bewegen wird. Will ein Mitarbeiter mehr verdienen als den Betrag y, muss er eine Tätigkeit in der nächst höheren Gruppe übernehmen. Einen anderen Weg gab es nicht.

Überschneidungen zwischen zwei angrenzenden Gruppen möglich

Das Besondere an diesem Konzept war, dass es zwischen den Entgelten von zwei angrenzenden Gruppen immer Überschneidungen gab. Es war dadurch z.B. möglich, dass einzelne Mitarbeiter der Gruppe 3 mehr verdienten als ein Mitarbeiter der Gruppe 4, wenn dieser z.B. in der Einarbeitung noch nicht besonders selbstständig arbeiten konnte. Die bestehenden Tarifgruppen des unverändert gültigen Tarifvertrages wurden in das Funktions-Entgelt-Raster integriert.

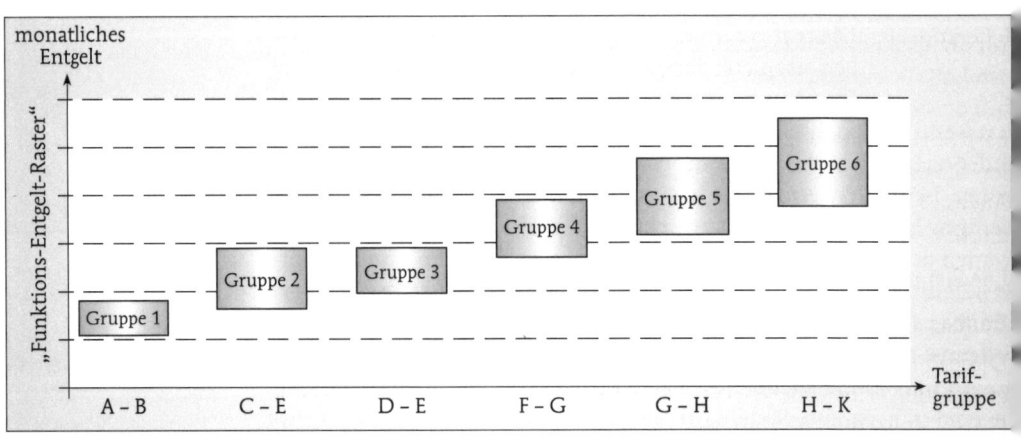

Abb. 18.6: Funktions-Entgelt-Raster

Das beschriebene Konzept führte in dem Unternehmen innerhalb weniger Wochen zu einer deutlichen Versachlichung der Entgeltdiskussion.

Versachlichung der Entgeltdiskussionen

18.5.3 Entgeltvergleiche

Externe Entgeltvergleiche helfen, das Niveau der gezahlten Löhne und Gehälter im Vergleich zu anderen Betrieben besser einzuschätzen. Diese Vergleiche lassen Rückschlüsse auf den Grad latenter Unzufriedenheit und auf Fluktuationsrisiken genauso zu wie auf evtl. Überbezahlung.

Vergleich der gezahlten Löhne und Gehälter mit anderen Betrieben

Entgeltvergleiche sind eine schwierige und sensible Thematik; nicht immer ist davon auszugehen, dass die gemachten Angaben präzise sind. Ein großes Problem stellt auch die Vergleichbarkeit dar. Zuverlässige Daten sind am ehesten zu erwarten, wenn die beteiligten Unternehmen ihre Anonymität wahren können. Die Vergleichbarkeit kann nur annähernd erreicht werden durch eine professionelle Vorgehensweise in der Datenerhebung und -auswertung. Drei Arten von Entgeltvergleichen sind sinnvoll:
- überregionale Vergleiche, branchenbezogen
- regionale Vergleiche, branchenunabhängig
- überregionale Vergleiche von Einzelpositionen (z.B. Personalleiter)

Drei Arten von Entgeltvergleichen

Alle Vergleiche werden üblicherweise von Institutionen oder Beratungsfirmen durchgeführt, um die Vertraulichkeit der Daten sicherzustellen. Besonders regionale Vergleiche beinhalten eine gewisse Brisanz, geben sie doch ein tarifunabhängiges Bild der Entgelte im regionalen Arbeitsmarkt. Je mehr Betriebe sich daran beteiligen, umso objektiver das Bild. Ein umfassender, überregionaler Entgeltvergleich wird regelmäßig z.B. von der DGFP (Deutsche Gesellschaft für Personalführung, Düsseldorf) in größeren mittelständischen und großen Unternehmen durchgeführt.

Umfassender, überregionaler Entgeltvergleich der Deutschen Gesellschaft für Personalführung (DGFP)

18.6 Entwurf eines modernen Vergütungskonzeptes

Moderne, zukunftsweisende Vergütungspolitik zeichnet sich durch Flexibilität, Transparenz, Klarheit und Vielfalt aus. Sie muss in der Lage sein, auf die unterschiedlichen Erwartungen der Mitarbeiter und von Bewerbern angemessen reagieren zu können. Nicht jeder Mitarbeiter soll an allen Möglichkeiten partizipieren, doch es steht für jeden Mitarbeiter eine Auswahl von Vergütungsmöglichkeiten zur Verfügung, aus der heraus das passende Paket geschnürt wird.

Die Elemente eines modernen Vergütungskonzeptes sind:

Elemente eines modernen Vergütungskonzeptes

Basisentgelt

Dieser Betrag entspricht der Eingruppierung in eine vertretbare Tarifgruppe bzw. dem Sockelbetrag eines Entgeltbandes. Dieser Betrag ist eine Grundvergütung, die dem Mitarbeiter Sicherheit bietet, auf die er sich langfristig verlassen kann.

Grundvergütung, die dem Mitarbeiter Sicherheit bietet

Individuelle Zulage

Drückt die Wertschätzung des Arbeitgebers aus

Diese Zulage ist freiwillig, anrechenbar, widerruflich und in ihrer Höhe individuell. Sie soll ganz subjektiv die Wertschätzung des Arbeitgebers gegenüber der Leistung, der Flexibilität, des Know-hows und des Potenzial eines Mitarbeiters ausdrücken und damit einen Ausgleich für seiner tatsächlichen Wert im Arbeitsmarkt schaffen. Diese Zulage bewegt sich innerhalb der finanziellen Möglichkeiten eines Entgeltbandes.

Verantwortungszulage

Wird aufgaben- oder zeitbezogen gewährt

Diese Zulage wird nicht dauerhaft, sondern aufgaben- oder zeitbezogen gewährt. Der Betrag kann sich in beide Richtungen ändern. Er ist Ausdruck für den (subjektiven) Wert einer Verantwortung, die dem Mitarbeiter für eine gewisse Zeit übertragen wird. Gleichzeitig werden damit die nicht immer klar erkenn- und messbaren Mehrbelastungen einer zusätzlichen Verantwortung anerkannt und honoriert. Verantwortungszulagen werden nicht individuell bestimmt, sondern sind standardisiert festgelegt.

Beispiel: Für die Dauer der Funktion als Sicherheitsbeauftragter, als Ersthelfer oder die krankheitsbedingte Vertretung des Gruppenleiters erhält ein Mitarbeiter eine monatliche Zulage von x Euro.

Arbeitszeit

Gestaltungsmöglichkeiten der Arbeitszeit

Die vereinbarte regelmäßige Arbeitszeit (Vollzeit, Teilzeit) ist die Ausgangsbasis für die Höhe des monatlichen Entgeltes. Zusätzlich gibt es einige interessante Gestaltungsmöglichkeiten:
- **Altersteilzeit:** Durch Aufstockungsleistungen, möglicherweise staatlich finanziert, wird die Halbierung des bisherigen Entgelts teilweise aufgefangen und damit für den Mitarbeiter attraktiv.
- **Jahresarbeitszeit:** Im Laufe eines Jahres weichen, im Interesse vor Mitarbeiter und Arbeitgeber, monatliche Arbeitszeit und Vergütung voneinander ab. Der Ausgleich erfolgt bis zum Jahresende.
- **Jahreskonto:** Zu Beginn jedes Kalenderjahres legen Mitarbeiter und Arbeitgeber gemeinsam fest, wie viel Zeit der Mitarbeiter dem Unternehmen zu Verfügung stellen will. Der Zeitumfang orientiert sich wesentlich an den Vorstellungen des Mitarbeiters. Festgelegt wird auch wie sich diese Arbeitszeit auf die einzelnen Monate verteilen wird. Die Vergütung richtet sich nach dem eingangs festgelegten Jahresvolumen, verteilt auf 12 Monate. Mit diesem Modell sind feinste Abstufungen Richtung Teilzeit oder Mehrarbeit möglich.

Altersversorgung

Auf der Grundlage des betrieblichen Altersversorgungsgesetzes kann eine Altersversorgung geleistet werden
- arbeitgeberfinanziert: freiwillig,
- durch Entgeltumwandlung: Rechtsanspruch der Mitarbeiter.

Nebenleistungen

Nebenleistungen sind einzelvertraglich meistens nicht fixiert. Es geht um Zusatzleistungen wie alle Sozialleistungen, Benefits, Prämien und sonstige Vorteile und materielle Leistungen, die Arbeitgeber Mitarbeitern aus einem Pool von Alternativen anbieten. Haben die Mitarbeiter jedoch Anspruch auf diese Leistungen, so führen sie durchweg nur zu einem Mitnahmeeffekt. Zufriedenheit und Motivation erreichen Sie nur, wenn
- der Mitarbeiter auswählen kann
- sie eine nachträgliche, nicht planbare Anerkennung darstellen.

Motivierend wirken Nebenleistungen nur, wenn sie nicht selbstverständlich sind

Variable Vergütung

Sie ist das Kernstück moderner Entgeltkonzepte. Neuere Modelle sind für jeden Mitarbeiter im Unternehmen geeignet, vom gewerblichen Mitarbeiter im Lager über Sachbearbeiter bis hin zu Führungskräften. Wichtigste Elemente variabler Vergütung sind die Messkriterien, nach denen das variable Entgelt berechnet wird. Es gibt drei verschiedene Grundkonzepte (siehe auch Kap. 19):
- leistungsbezogen
- erfolgsbezogen (Umsatz, Zeit, Kosten)
- ertragsbezogen

Die Betrachtung erfolgt für eine Einzelperson, für ein überschaubares Team oder für eine Unternehmenseinheit bzw. einen ganzen Betrieb.

Kernstück moderner Entgeltkonzepte

Kapitalbeteiligung

Die Kapitalbeteiligung umfasst alle Varianten der Beteiligung von Mitarbeitern an der Entwicklung des Unternehmenswertes. Durch die Beteiligung am Vermögen des Arbeitgebers wird der Mitarbeiter auch formell Mit-Unternehmer. Die Bandbreite reicht von Aktien-Optionen über stille Beteiligungen oder Darlehen bis hin zum GmbH-Anteil. Die Kapitalbeteiligung ist ein Instrument zur Erreichung strategischer Ziele mit langfristiger Wirkung, es fördert Motivation durch unternehmerische Beteiligung und Bindung.

Beteiligung von Mitarbeitern an der Entwicklung des Unternehmenswertes

Jede Veränderung in der Entgeltpolitik braucht Akzeptanz, wenn sie eine positive Auswirkung auf die Mitarbeiter haben soll:
- Die Mitarbeiter müssen für sich einen Vorteil erkennen.
- Der Vorteil muss für den einzelnen Mitarbeiter größer sein als ein etwa damit verbundenes Risiko oder ein anderer Nachteil (z.B. bei der Umwandlung von fixem in variables Entgelt).
- Der positive Effekt darf nicht unterhalb der Erwartungen des Mitarbeiters liegen.
- Der Mitarbeiter muss die Gründe und das Ziel für die Veränderung verstehen können.
- Der Mitarbeiter muss die Systematik des neuen Konzeptes begreifen können; es muss möglichst einfach und durchschaubar sein.

Mitarbeiter müssen Veränderungen in der Entgeltpolitik bewusst akzeptieren

18.7 Entgelte richtig erhöhen

Die Art und Weise, wie die Erhöhung bzw. Veränderung eines Entgeltes umgesetzt wird, hat eine ebenso starke Auswirkung auf die Motivation eines Mitarbeiters wie die Höhe des Betrages und die individuelle Entwicklung des Entgeltes selbst. Vier Beispiele:

- „Seit 7 Monaten warte ich auf die versprochene Entgelterhöhung. Zweimal habe ich schon nachgefragt und wurde vertröstet. Ich habe mich jetzt entschieden: Sobald der Arbeitsmarkt wieder besser wird, suche ich mir einen neuen Job. Solange bleibe ich noch – ich habe ja sonst nichts auszusetzen!"
- „Bei uns wird nur nach Tarif erhöht. Das hat doch nichts mit Leistung zu tun!"
- „Vor 3 Monaten habe ich die Leitung der Einkaufsabteilung übernommen. Ich weiß, dass der alte Abteilungsleiter zirka 2.000 € monatlich mehr verdient hat als wir Einkäufer. Mir wurde jetzt eine Erhöhung von 500 € angeboten. Ich bin enttäuscht, denn mit 600 bis 700 € hatte ich schon gerechnet."
- „Ich brauche um mein Gehalt nicht zu kämpfen. Seit einigen Jahren habe ich einen Vorgesetzten, der ohne Aufforderung auf mich zukommt, um mit mir das neue Entgelt zu besprechen. Ich vertraue ihm, dass er auch weiterhin mein Gehalt angemessen erhöht, obwohl auch schon eine Null-Runde dabei war."

Der absolute Betrag der Entgelterhöhung ist nicht allein maßgebend

Die Reihe von Beispielen ließe sich fortsetzen. Sie zeigen vor allem eines: Es kommt nicht auf den absoluten Betrag alleine an, sondern sehr stark auch darauf, wie der Mitarbeiter das „Drumherum" empfindet. Jede nicht erfüllte Erwartung, jedes nicht erfüllte Versprechen führt zu Unzufriedenheit. Umgekehrt: Muss sich der Mitarbeiter keine Sorgen machen, beim Entgelt benachteiligt zu werden, kann er sich voll auf seine Arbeit konzentrieren.

18.7.1 Der Entgeltbrief

Entgeltanpassungen positiv kommunizieren

Besonders in kleineren Unternehmen ist die Dokumentation und das Schreiben von Briefen oftmals nicht üblich bzw. wird auf ein Minimum begrenzt; sie gelten als unnötiger „Papierkram". Das hat zur Folge, dass Entgeltanpassungen meist nur (kurz) besprochen werden und dann zum Zeitpunkt x auf der Abrechnung erscheinen. Eine nachhaltige positive Wirkung geht davon nicht aus.

DOKUMENTIEREN SIE JEDE ENTGELTVERÄNDERUNG MIT EINEM BRIEF AN DEN MITARBEITER!

Der Mitarbeiter nimmt die Erhöhung dann nicht nur zweimal, sondern viermal wahr. Weshalb?
- Das 1. Mal: Wenn Sie mit ihm darüber sprechen.
- Das 2. Mal: Wenn Sie ihm den Brief persönlich überreichen.

- Das 3. Mal: Wenn er zu Hause den Brief zeigt und abheftet.
- Das 4. Mal: Wenn er die neue Abrechnung erhält.

Probieren Sie es aus! Formulieren Sie einen Brief, bei dem sich der Mitarbeiter nicht nur über die Entgelterhöhung, sondern auch über den Briefstil freuen kann, weil Sie z.B. auf den Grund der Erhöhung Bezug nehmen. Es geht nicht um perfekte Rhetorik, es geht um einige persönliche Sätze.

Dieses Vorgehen hat den wichtigen Nebeneffekt, dass eine Kopie des Briefes in die Personalakte kommt, sodass Sie die Entwicklung Ihrer Mitarbeiter später besser nachvollziehen können.

Ein Beispiel für einen Entgelterhöhungsbrief:

> *Sehr geehrte Frau Wulff,*
>
> *vor einigen Tagen, am 17.06., haben wir über Ihre Tätigkeit, Ihre Leistung und die Entwicklung Ihres Gehaltes gesprochen. Ich habe Ihnen bereits in diesem Gespräch gesagt, dass ich mit Ihrer Leistung sehr zufrieden bin und hoffe, dass Sie weiterhin auf diesem Niveau für uns arbeiten werden. Gerne bestätige ich hiermit auch, dass sich Ihr Gehalt ab dem 01.07.04 um 63,00 € erhöhen wird. Dies entspricht einer Erhöhung von 3,5 Prozent und liegt somit deutlich über der tariflichen Anpassung.*
>
> *Ihres neues Gehalt beträgt dann 1.863,00 € brutto.*
>
> *Hiermit möchte ich die Gelegenheit nutzen, Ihnen auch auf diesem Wege meinen Dank für die gute Arbeit auszusprechen.*
>
> *Ich freue mich auf eine weiterhin erfolgreiche Zusammenarbeit mit Ihnen.*
>
> *Mit freundlichen Grüßen*
>
> *Ihr Vorgesetzter*

Selbstverständlich gilt das Gesagte für alle Mitarbeiter, auch für die so genannten Gewerblichen!

18.7.2 Rechtliche Hinweise

Die Regelung und damit auch die Veränderung von Vergütung vollzieht sich immer auf bis zu drei Ebenen:

Die Veränderung von Vergütung vollzieht sich immer auf bis zu drei Ebenen

Arbeitsvertrag:

Der Arbeitsvertrag ist die detaillierteste Ebene der Regelung. Regelungen im Arbeitsvertrag gehen immer vor Tarif und Gesetz. Voraussetzung ist, dass diese Regelungen nicht gegen Tarif und/oder Gesetz verstoßen, d.h., den Mitarbeiter nicht schlechter stellen. Im Arbeitsvertrag ist auch festgelegt, wie die Vergütung und in welcher Höhe sie erfolgt.

Regelungen im Arbeitsvertrag gehen immer vor Tarif und Gesetz

Wollen Sie eine Detailregelung aus dem Arbeitsvertrag verändern (Umstellung von Stunden- auf Monatslohn, Einführung variabler Vergütung, Veränderungen beim Weihnachtsgeld etc.), geht dies nur auf einvernehmlicher Basis mit dem Arbeitnehmer oder durch eine Kündigung des Vertrages. An eine Kündigung sind allerdings hohe Anforderungen gestellt, eine reine Entgeltkündigung ist nicht möglich.

Arbeitsverträge mit zukunftsorientierten Öffnungsklauseln versehen

Es empfiehlt sich, Arbeitsverträge mit zukunftsorientierten Öffnungsklauseln zu versehen. Wenn Sie in einigen Jahren z.b. die Einführung variabler Vergütung planen, dann geben Sie neu eintretenden Mitarbeitern bereits heute einen Vertrag, der eine variable Komponente beinhaltet. Weisen Sie die Mitarbeiter darauf hin, dass die Zahlung von Variablen „freiwillig, nur bei entsprechender wirtschaftlicher Situation des Unternehmens und auch bei wiederholter Zahlung ohne Anerkennung einer Rechtspflicht" erfolgt.

Nur wenn der Mitarbeiter von vornherein weiß, zu welchen Bedingungen er im Unternehmen tätig ist, wird er später bereit sein, diese Bedingungen auch zu akzeptieren. Überraschende Veränderungen fördern dagegen Misstrauen. Sie werden immer zu Problemen in der Akzeptanz führen, weil von den Mitarbeitern zunächst die Nachteile und Krähenfüße gesucht oder gesehen werden, erst danach die Vorteile. Diese Unruhe sollten und können Sie vermeiden!

Tipp: Holen Sie sich vor der Veränderung von Verträgen immer den Rat von Experten des Arbeitsrechts. Aber: Erfolgreiche Veränderungen basieren zu mindestens 50 Prozent auf Psychologie und einem Vorgehen mit „gesundem Menschenverstand".

Tarifvertrag

Tarifliche Regelungen sind zwingend einzuhalten

Viele Unternehmen sind heutzutage tarifgebunden. Tarifliche Regelungen sind zwingend einzuhalten; eine Ausnahme ist evtl. möglich mit Zustimmung der Tarifvertragsparteien. Die Mitarbeiter dürfen natürlich immer besser gestellt werden als nach Tarif.

Mitbestimmung gemäß Betriebsverfassungsgesetz

Das Betriebsverfassungsgesetz gilt für alle Betriebe, in denen ein Betriebsrat besteht. Nahezu alle Veränderungen in der Entgeltsystematik und -politik unterliegen in diesen Betrieben der Mitbestimmung, sonst können sie unwirksam sein bzw. gerichtlich verhindert werden.

Vorteile der Mitbestimmung im Entgeltbereich

Die Mitbestimmung, die für viele Unternehmer, Geschäftsführer und Führungskräfte oft als Nachteil und Hemmschuh gesehen wird, hat gerade im Entgeltbereich jedoch auch drei Vorteile:
- Die Diskussion mit dem Betriebsrat und das Ringen um eine Vereinbarung schärft Ihre Argumentation und zeigt manchmal auch Schwachstellen, die vorher übersehen wurden.
- Vereinbarungen mit dem Betriebsrat fördern fast ausnahmslos die Akzeptanz bei den Mitarbeitern.
- Vereinbarungen mit dem Betriebsrat können oft so gestaltet werden, dass die Inhalte für alle Mitarbeiter gelten und einzelvertragliche Regelungen damit überflüssig sind.

19 Variable Vergütung

Studien besagen, dass bis zum Jahr 2010 in Lohn oder Gehalt fast aller tariflich angestellten Mitarbeiter ein variabler Anteil von bis zu 10 Prozent enthalten ist. Für viele nicht tarifliche Mitarbeiter ist variable Vergütung in Höhe von 10 bis 30 Prozent des Gesamtentgelts oft heute schon üblich.

Bis 2010 bis zu 10 Prozent variabler Anteil in Lohn oder Gehalt fast aller tariflich angestellten Mitarbeiter

Auch Kritiker von materiellen Leistungsanreizen erkennen an, dass variable Vergütung einen starken Effekt auf die Leistungsbereitschaft von Mitarbeitern ausübt. Wichtig sind drei Aspekte:
- Der Einführungsprozess
- Die Rahmenbedingungen
- Die Gestaltungselemente

19.1 Der Einführungsprozess

„Der Weg ist das Ziel" sagt ein chinesisches Sprichwort. Natürlich können Sie fertige Konzepte zur variablen Vergütung kaufen oder aus dem Internet „runterladen" und einführen. Das spart Zeit und kostet wenig Geld. Trotzdem scheitern die meisten dieser Konzepte, weil sie im Unternehmen von Führungskräften und Mitarbeitern nicht angenommen werden. Warum: Fertiglösungen werden wie ein Patentrezept als Allheilmittel eingeführt. Die erfolgsentscheidende Abstimmung mit der Unternehmenskultur wird vernachlässigt oder unterbleibt. Doch Modelle „von der Stange" können die Rahmenbedingungen und die Ziele des Unternehmens sowie die Erwartungen der Mitarbeiter kaum erfüllen. Kurz: Es fehlt die inhaltliche und mentale Auseinandersetzung.

Konzepte zur variablen Vergütung müssen von allen Beteiligten bewusst nachvollzogen werden

19.1.1 Gründe für die Einführung variabler Vergütung

Die Gründe für die Einführung variabler Vergütung stellen die erste Richtungsentscheidung dar: Sie legen die Hauptzielrichtung fest, was mit dem Konzept erreicht werden soll:

19.1.1.1 Verbesserung der Wettbewerbssituation

Eine zunehmende Zahl von Mitarbeitern erwartet inzwischen einen variablen Bestandteil in ihrem Entgelt. Dies gilt immer dann, wenn Mitarbeiter die Chance sehen, dass ihr persönlicher Leistungsbeitrag messbar ist und den Erfolg im Unternehmen beeinflusst. Diese Voraussetzungen sind vor allem bei Mitarbeitern im Vertrieb, Marketing, Produkt- und Projektmanagement gegeben, aber auch generell in vielen Führungspositionen des mitteren und oberen Managements.

Am Unternehmenserfolg messbarer persönlicher Leistungsbeitrag

Einen völlig anderen Aspekt unter dem Gesichtspunkt des Wettbewerbs stellen die Fragen von Kreditgebern im Rahmen eines Ratingprozesses dar. Das Ergebnis dieser Fragen ist die Einstufung der Bonität des Unternehmens. So gilt die Personalwirtschaft als Risikokategorie, wenn

Transparentere Entscheidungsgrundlage für Kreditgeber

die Struktur der Personalkosten als zu komplex oder starr eingestuft wird oder zu wenig leistungs- oder erfolgsabhängige Vergütungskomponenten beinhaltet.

19.1.1.2 Kostensenkung

Mitarbeiter an den Risiken ihrer Arbeit beteiligen

Unter dieser Überschrift soll variable Vergütung kostenneutral eingeführt werden. Meist wird fixes in variables Entgelt umgewandelt, sodass die Mitarbeiter an den Risiken ihrer Arbeit beteiligt werden. Der Einstieg erfolgt in der Regel über eine Teilumwandlung von Einmalzahlungen. Das Ziel der Kostensenkung stellt sehr hohe Ansprüche an den Einführungsprozess und das Konzept, um bei den Mitarbeitern Akzeptanz oder auch einen positiven/motivierenden Effekt erreichen zu können.

19.1.1.3 Motivation der Mitarbeiter durch Leistungsanreize

Leistung und Vergütung werden zu einem Tauschgeschäft

Die Unternehmensleitung geht davon aus, dass die Mitarbeiter nicht ihre volle Leistungsbereitschaft zeigen, dass sie einen Teil zurückhalten. Das Angebot variabler Zusatzvergütung soll einen Anreiz zu höherer Leistung darstellen. Leistung und Vergütung werden zu einem Tauschgeschäft. Dieses Tauschgeschäft funktioniert, so lange beide Seiten ausgeglichen sind, also:

- Mitarbeiter: *Wenn ich mehr leiste, bekomme ich mehr Geld.*
- Arbeitgeber: *Wenn ich mehr zahle, bekomme ich mehr Leistung.*

Die außerordentlich große Herausforderung ist, die Leistungsbereitschaft bei den Mitarbeitern auch dann zu erhalten, wenn der Arbeitgeber aufgrund wirtschaftlicher Schwierigkeiten wenig oder keine Leistungsanreize anbieten kann. Vergütungssysteme, die rein anreizbasiert sind, stoßen in wirtschaftlich schwierigen Zeit schnell an ihre Grenzen.

19.1.1.4 Beteiligung der Mitarbeiter am Erfolg

Materielle Form von Dank und Anerkennung für die erbrachte Leistung der Mitarbeiter

Partnerschaft ist das Schlüsselwort in der Beziehung zwischen Unternehmensleitung und Mitarbeiter. Die Mitarbeiter sollen am Unternehmenserfolg beteiligt werden, denn sie haben durch ihre Leistung den Grundstein dafür gelegt. Die variable Vergütung gilt als die „materielle Form von Dank und Anerkennung" für die Leistung der Mitarbeiter.

Die Mitarbeiter haben ihre Leistung erbracht, weil ihre Motivation unabhängig von der Vergütungschance hoch war. Die Auszahlung einer variablen Vergütung ist nicht Auslöser der Motivation, sondern das Ergebnis hoher Motivation. Der Anreiz liegt in der Aufgabe, in der Verantwortung und in der partnerschaftlichen Zusammenarbeit und nicht in der variablen Vergütung.

Die Bereitschaft des Unternehmens, abzugeben und die Mitarbeiter am Erfolg teilhaben zu lassen, verstärkt die Motivation und fördert Identifikation und Leistungsbereitschaft, auch wenn es mal „nicht so läuft". So wird die intrinsische Motivation gefördert, der innere Wille, gut zu sein und etwas zu schaffen, auch wenn der Mitarbeiter dafür nicht extra belohnt wird. Nur wenn es Ihnen gelingt, diese intrinsische Motivation durch Führungspolitik und Unternehmenskultur zu stabilisieren, sind Systeme variabler Vergütung auch dann erfolgreich und akzeptiert, wenn es nichts zu verteilen gibt.

19.1.2 Was bewirkt variable Vergütung?

Variable Vergütung ist ein Verstärker. Wie bei einer Musikanlage erzeugt der Verstärker keine Töne und er verändert sie auch nicht, sondern der Verstärker bringt sie nur deutlicher und kräftiger.

Übertragen auf das betriebliche Umfeld heißt dies: Mit der Einführung variabler Vergütung werden Sie die bestehende Unternehmenskultur, den Führungsstil, die Einstellung Ihrer Mitarbeiter, die Zusammenarbeit oder das Betriebsklima nicht ändern. Diese Impulse setzen Sie durch Ihre Arbeit als Führungskraft, z.B. durch

- das Setzen von Unternehmenszielen,
- Delegation von Aufgaben, Kompetenzen und Verantwortung,
- Ihre Vorbildfunktion als Führungskraft,
- Änderungen der Organisation und der Abläufe.

Damit diese Impulse schneller und kräftiger wirksam werden, müssen sie verstärkt und begleitet werden. Genau diese Verstärkungsfunktion erreichen Sie mit variabler Vergütung:

Variable Vergütung verstärkt vorhandene Führungs- und Motivationsimpulse

- Sie haben Ihren Betrieb auf Teamarbeit umgestellt. Variable Vergütung auf der Basis von Teamleistung wird die neue Organisationsform stärken.
- Seit Jahren verfolgen Sie eine Politik der Ziel- und Ergebnisorientierung. Doch erst die Einführung erfolgsorientierter Vergütung macht den Mitarbeitern deutlich, dass es nicht mehr auf die Anzahl der geleisteten Arbeitsstunden ankommt, sondern auf Qualität und Effizienz der Arbeit.
- Sie haben erfolgsorientierte Bezahlung eingeführt, doch einzelne Führungskräfte lassen ihren Mitarbeitern weiterhin keine Spielräume in der Gestaltung ihrer Arbeitsabläufe und keine Entscheidungskompetenz. Wenn sie bisher noch nicht deutlich war: Jetzt wird die Unzufriedenheit der betroffenen Mitarbeiter verstärkt zu Tage treten.

Diese Beispiele verdeutlichen, dass es um positive wie negative Verstärkung geht. Variable Vergütung ist dadurch mehr als eine Variante zur Bezahlung der Mitarbeiter – sie ist ein Instrument der Unternehmenspolitik mit Einfluss auf die Unternehmens- und Führungskultur.

Instrument der Unternehmenspolitik mit Einfluss auf die Unternehmens- und Führungskultur

19.1.3 Anforderungen an den erfolgreichen Einführungsprozess

Zu Beginn eines Projektes zur Einführung variabler Vergütung ist eine Reihe von Klärungen für das gesamte Verfahren elementar wichtig. Die Gründe für das Scheitern von Projekten liegen meistens in der fehlenden Beachtung folgender Klärungen:

- **Bisherige Lösungsansätze:** Weshalb führten die bisherigen Maßnahmen, Lösungen und Vorschläge nicht zum Erfolg? Wie groß ist die Erfolgsaussicht eines neuen „Anlaufes"?
- **Dokumentation:** Eine gute Dokumentation spart Zeit, Geld und Kraft. Dokumentieren Sie die Ausgangslage, Ziele, Entscheidungen, Hindernisse, Problemlösungen, Verantwortungen, Erfolge und Termine.
- **Information/Beteiligung der Mitarbeiter:** Beteiligen Sie Ihre Mitarbeiter bzw. den Betriebsrat von Beginn an. Die frühzeitige, offene und ehrliche Einbindung ist ein wesentlicher Garant für den späteren Erfolg! Vereinbaren Sie, ob die Mitglieder der Projektgruppe sofort oder erst ab einem bestimmten Zeitpunkt in der Belegschaft offen über den Projektverlauf und das Projektziel reden können.

    Von dem Moment an, an dem Sie eine interne Diskussion im Haus ermöglichen oder vielleicht sogar fördern und forcieren, erlebt das Projekt seine erste „Feuertaufe": Weit vor Projektschluss erhalten Sie ein Stimmungsbild Ihrer Mitarbeiter.
- **K.O.-Kriterien:** Klären und benennen Sie die Kriterien, die unwiderbringlich ein Scheitern des Projektes zur Folge haben werden.
- **Meilensteine:** Vereinbaren Sie einen Fahrplan zur Erreichung von Teilzielen. Teilerfolge sind wichtig für die Motivation der Beteiligten und ein Instrument für das Projektcontrolling.
- **Projektgruppe:** Besetzen Sie die Projektgruppe mit unterschiedlichsten Experten, maximal jedoch 7 Personen, sonst wird das eventuell ein Debattierclub. Als ideale Besetzung zeigt sich immer wieder:
    - 1 bis 2 fähige Vertreter des Betriebsrates bzw. der Belegschaft
    - 1 bis 2 Führungskräfte aus den betroffenen Fachbereichen
    - Personalleiter oder Vertreter der Geschäftsführung
    - Controller
    - neutraler und fachkundiger Projektleiter/Moderator (evtl. extern)
- **Projektziel:** Legen Sie schriftlich und eindeutig fest, welches Ziel oder welche Ziele mit dem Projekt erreicht werden sollen. Diese Ziele müssen von jedem Mitglied der Projektgruppe verstanden und getragen werden.
- **Sorgen/Ängste:** Fragen Sie innerhalb der Projektgruppe offen die Sorgen und Ängste der Teilnehmer ab und dokumentieren Sie diese. Dieses Vorgehen ermöglicht es Ihnen, für den Ablauf des gesamten Projektes früh zu erkennen, ob das Projekt kippen könnte.
- **Widerstände:** Sie haben alle Möglichkeiten, kritische Stimmen aufzugreifen und konstruktiv zu berücksichtigen. Nutzen Sie diese Chance! Binden Sie wichtige Kritiker und Bedenkenträger ein. Nehmen Sie diese Leute ernst, denn sie werden Ihnen helfen, Fehler und Schwachstellen im Konzept frühzeitig zu erkennen. Wenn Kritiker und Bedenkenträger zufrieden sind, dann ist es die Mehrheit der Belegschaft auch.

19.1.3 Anforderungen an das Vergütungssystem

Ausgehend von dem Projektziel ist genauer zu beschreiben, welchen Anforderungen das neue System der variablen Vergütung genügen soll. Die folgenden drei Punkte werden besonders oft genannt:

- **Für die Mitarbeiter motivierend:** Diese Anforderung wird fast immer genannt. Realisiert werden kann sie jedoch nur, wenn
  - die Ziele bekannt und akzeptiert sind, die von dem Vergütungssystem unterstützt und gefördert werden sollen,
  - für den/die Mitarbeiter ein Handlungs- und Entscheidungsspielraum besteht,
  - Aufgaben und Verantwortungen geklärt sind,
  - zwischen Leistung und Erfolg ein erkennbarer Zusammenhang besteht,
  - die Kriterien, mit denen Leistung bzw. Erfolg gemessen oder bewertet werden, zutreffend und akzeptiert sind,
  - das gesamte Konzept für die Mitarbeiter einfach und durchschaubar gestaltet ist.

Notwendige Ausgangsbedingungen, damit Vergütungssysteme motivierend wirken können

- **Einfach zu verwalten:** Viele gute Vergütungssysteme zeichnen sich durch eine einfache Struktur aus. Dies minimiert den Erklärungsaufwand an die Mitarbeiter und den Zeitaufwand in der Datenpflege und Systembetreuung. Automatische Datenverknüpfungen vermeiden zudem das Entstehen von Übertragungsfehlern.
- **Betriebswirtschaftlich erfolgreich:** Die Einführung variabler Vergütung hat meistens einen klaren, betriebswirtschaftlichen Hintergrund: Verbesserung des Ertrages, Kostensenkung oder Umsatzsteigerung. Legen Sie fest, welches wirtschaftliche Ziel Sie vornehmlich verfolgen.

19.2 Hard Facts: Die Rahmenbedingungen

„Alles ist möglich ..." ist Teil der Werbebotschaft einer bekannten Automarke. Grundsätzlich gilt dies auch bei der Einführung variabler Vergütung. Die im Betrieb vorhandene Unternehmenskultur setzt jedoch einige Grenzen. Diese Grenzen müssen beachtet und respektiert werden, soll das neue Vergütungssystem erfolgreich werden. Zu beachten sind:

Grenzen durch die im Betrieb vorhandene Unternehmenskultur

19.2.1 Beurteilungen

In jedem Betrieb und jeder Organisation wird unablässig die Leistung und das Verhalten von Menschen beurteilt. Spätestens beim Eintritt in die Schule im Alter von sechs Jahren lernt jedes Kind, dass Leistung und Verhalten regelmäßig beurteilt werden. Die weitaus meisten Menschen empfinden das als normal – und verhalten sich privat entsprechend: Tagtäglich beurteilt jeder Mensch privat das Verhalten oder die Leistung anderer Personen und „findet sie gut oder nicht gut".

Die strukturierte Leistungsbeurteilung hat sich bei kleinen Unternehmen nur teilweise durchgesetzt

Trotzdem hat sich die strukturierte, betriebliche Leistungsbeurteilung gerade bei kleinen und mittelständischen Unternehmen nur teilweise durchgesetzt. Als Gründe werden genannt:
- die Scheu vor den Mitarbeitergesprächen,
- die vermutete Zeitverschwendung,
- der vermeintliche Verwaltungsaufwand sowie
- die Unsicherheit, was solche Beurteilungen bringen sollen und wie man mit den Ergebnissen umgehen soll.

Auch wenn die strukturierte betriebliche Leistungsbeurteilung keine Voraussetzung ist, um später Zielvereinbarungen und/oder variable Vergütung einzuführen, so bietet sie Ihnen trotzdem die Möglichkeit, wichtige Erfahrungen vorab zu sammeln.

Einfache Mechanismen, die alle Beteiligten voranbringen

Es geht nicht um die manchmal wirklich komplizierten und zeitaufwändigen Beurteilungsverfahren einiger Konzernunternehmen, sondern um einfache Mechanismen, die alle Beteiligten voranbringen:
- Regelmäßiges Vorgesetzten-Mitarbeiter-Gespräch
- Der Mitarbeiter muss vorab wissen, was bezüglich Gesprächsthemen, Gesprächsziel und Gesprächsablauf auf ihn zukommt
- Meinungsaustausch über die Qualität der Zusammenarbeit, Leistung und Entwicklung des Mitarbeiters, nicht über fachliche Probleme
- Der Mitarbeiter erhält Informationen über Ziele und Erwartungen seines Vorgesetzten, die ihm Orientierung geben
- Der Vorgesetzte gibt Anregungen zur Verbesserung seines Mitarbeiters.

WENIGSTENS EINMAL IM JAHR SOLLTEN SICH VORGESETZTER UND MITARBEITER ABSEITS DER HEKTIK DES ARBEITSALLTAGS FÜR ZUMINDEST EINE STUNDE UNTERHALTEN.

Es geht nicht um neue Fehler oder Vorwürfe, die man als Vorgesetzter heimlich in seinem Büchlein notiert hat und jetzt dem Mitarbeiter erstmalig vorhält. Nein, es geht um einen Rückblick, wie sich Leistung, Verhalten und Zusammenarbeit entwickelt haben und es geht um einen Blick in die Zukunft, was in dieser Beziehung erwartet wird.

Jeder Mitarbeiter hat ein Recht auf Standortbestimmungen, um vor Überraschungen geschützt zu sein

Jeder Mitarbeiter hat ein Recht auf diese Standortbestimmungen, um vor Überraschungen geschützt zu sein. Verweigern Sie Ihrem Mitarbeiter dieses Recht, dann bringen Sie ihn in die „Lage eines Autofahrers mit einem Auto ohne Tacho, der plötzlich von der Polizei angehalten wird, weil er zu schnell oder zu langsam war und wegen Verkehrsgefährdung eine Ermahnung oder Strafe erhält".

Allerdings ist davon abzuraten, die Ergebnisse von Leistungsbeurteilungen in die Berechnung der variablen Vergütung einzubeziehen. Beurteilungsfehler, Subjektivität und ungenaue Beurteilungswerte schaffen ein unendliches Diskussions- und Konfliktpotenzial, wenn es um Geld geht. Die Leistungsbeurteilung ist ein Personalentwicklungsinstrument und kein Mittel der Entgeltberechnung.

19.2.2 Entscheidungen

Die Weisung: *„Jeder Vorgang geht über meinen Tisch, bevor er das Haus verlässt"*, ist ein Beispiel für wenig Entscheidungsspielraum auf den nachgelagerten Ebenen. Hier entscheidet der Chef. Was in vielen Fällen eine Stärke des Unternehmens ist, wird bei der Einführung variabler Vergütung zum Nachteil. Dieses Problem haben vor allem kleine und mittelständische Betriebe, weil es dort für den „Chef" tatsächlich möglich und oft auch notwendig ist, über alle Vorgänge im Haus informiert zu sein. Führt dies jedoch dazu, dass der Chef auch alle Entscheidungen an sich zieht, nimmt er seinen Mitarbeitern, auch seinen Führungskräften, die dringend notwendige Entscheidungsverantwortung.

Eine Unternehmenskultur, in der jeder auf die Entscheidungen des Chefs wartet, ist nicht fähig, die Potenziale variabler Vergütung auszunutzen. Variable Vergütungssysteme leben davon, dass Entscheidungen von denen getroffen werden, die Nutznießer variabler Vergütung sein sollen. Wird die Bereitschaft und Fähigkeit zur Entscheidung nicht gefördert, wird variable Vergütung keinen positiven Einfluss auf die Motivation der Mitarbeiter entwickeln, sondern eher kontraproduktiv sein.

Die Nutznießer variabler Vergütung müssen im Alltag die Entscheidungen treffen, nicht der Chef

19.2.3 Fehler

„Wo gehobelt wird, fallen Späne". „Wo Entscheidungen getroffen werden, passieren Fehler". Diese Binsenweisheiten kennt jeder. Doch wie sieht die Fehlerkultur in Ihrem Betrieb wirklich aus? Drei grundverschiedene Ausprägungen sind bekannt:
- Fehler werden toleriert und haben keine Konsequenzen
- Fehler sind ein Makel und werden sofort hart sanktioniert. Aus Angst vor Fehlern werden Entscheidungen vermieden oder nach oben delegiert.
- Fehler sind eine Chance zur Verbesserung, sie sind ein erstklassiger Lehrmeister. Nur wer sich lernresistent zeigt und den gleichen Fehler wiederholt macht, muss mit Konsequenzen rechnen.

Ein Beispiel: „Die Fehler von Herrn Busch, einem älteren Malergesellen und seit nahezu 20 Jahren im Unternehmen, wurden mit ihm nie ernsthaft besprochen. Jetzt, da der Betrieb in wirtschaftlichen Nöten steckt, kann der Meister fehlerhafte Arbeit nicht mehr tolerieren. Herr Busch erhält innerhalb weniger Monate gleich vier Abmahnungen wegen schlechter Arbeit. Beim Erhalt der letzten Abmahnung stöhnt er: Hört das denn überhaupt nicht mehr auf?"

Dieses Beispiel verdeutlicht: Ein Wechsel der Extreme überfordert die Mitarbeiter. Sie nehmen die Veränderung zur Kenntnis, doch sie können sich nicht so schnell darauf einstellen. Die Fehlerkultur entwickelt sich durch das Verhalten der Unternehmensleitung über viele Jahre und schleift sich ein. Der in dem Beispiel durch wirtschaftliche Zwänge ausgelöste abrupte Wechsel kann in dieser Form von den Mitarbeitern nicht nachvollzogen werden. Solche schlagartigen Wechsel der Kultur führen fast immer zur Eskalation, in diesem Fall: Arbeitsrechtliche Schritte. Zur

Die Fehlerkultur entwickelt sich durch das Verhalten der Unternehmensleitung über viele Jahre

Motivation trägt das nicht bei. Das müssen Sie in Kauf nehmen, wenn Sie so vorgehen.

Das Beispiel beinhaltet jedoch noch eine weitere Facette: Eine Reihe von Mitarbeitern gibt dem Meister zu verstehen „*Endlich passiert etwas! Wir waren schon völlig frustriert, dass es scheinbar gleichgültig war, ob wir gut oder schlecht arbeiten.*" Diese Mitarbeiter haben den Kulturwechsel als dringend notwendig und überfällig bewertet. Für sie ist es bereits motivierend, dass schlechte Qualität nicht länger akzeptiert wird.

Variable Vergütung setzt voraus, dass Fehler als Lernchance verstanden werden

Variable Vergütung kann nur dann Erfolg versprechend eingeführt werden, wenn Fehler als Lernchance verstanden werden. Nur in dieser kulturellen Umgebung werden sich die Mitarbeiter trauen, Entscheidungen zu treffen. Nur in dieser Kultur werden sie das Risiko von Fehlern eingehen, weil sie wissen, dass sie und der Betrieb daran wachsen werden.

> **Eine konstruktive Fehlerkultur ist Voraussetzung für die Einführung variabler Vergütung**
>
> - Wenn Fehler konsequenzenlos toleriert werden, ist variable Vergütung völlig wirkungslos und kann in Festgehalt umgewandelt werden.
> - Werden Fehler dagegen sofort und hart geahndet, wird variable Vergütung für die Mitarbeiter zu einem Risiko- und Stressfaktor.
> - Sind Fehler erlaubt, so fördern sie Entscheidungsbereitschaft und Experimentierfreude, die Grundlagen erfolgreicher Arbeit.

19.2.4 Führung

Sorge von Führungskräften, Einfluss auf Mitarbeiter zu verlieren

Manch eine Führungskraft sieht der Einführung variabler Vergütung mit Sorge entgegen. Diese Führungskraft hat möglicherweise Bedenken, Einfluss auf ihre Mitarbeiter zu verlieren. Diese Sorge begründet sich in den Kriterien, mit denen Leistung und Erfolg gemessen werden, denn sie objektivieren und versachlichen den Prozess der Leistungsbewertung. Mit einem Mal geht es nicht um das subjektive und persönliche Verhältnis zwischen Vorgesetzten und Mitarbeiter mit all seinen Vor- und Nachteilen. Es geht um Kriterien der Leistungsbewertung, die für viele Personen gleich sind und die die Leistung von Personen oder Personengruppen vergleichbar machen.

Erst wenn die Führungskräfte erkennen, dass variable Vergütung
- hilft, Motivation zu fördern oder zu stabilisieren,
- zum Erreichen der Bereichs- und Unternehmensziele beiträgt,
- eine Chance ist, eingefahrene Abläufe zu verändern,
- zu mehr Einkommen führen kann,

erst dann werden sie variable Vergütung nicht als Eingriff in ihre Führungsautorität ansehen, sondern als Bereicherung.

Variable Vergütung fordert und erfordert selbstbewusste Führungskräfte, die das Potenzial dieses Systems sehen. Sie ist in keiner Weise geeignet für schwache Führungskräfte, die meinen, Führung würde jetzt „automatisch" erledigt und sie könnten oder müssten sich aus dieser Verantwortung zurückziehen.

Variable Vergütung ist kein Ersatz für Führungsarbeit; sie erfordert vielmehr Führungsarbeit:
- im Erarbeiten und Vereinbaren von Zielen
- im Gespräch über leistungshemmende/demotivierende Faktoren
- in der Diskussion über den „richtigen Mitarbeiter am richtigen Platz"
- im Erkennen und Aufzeigen von Qualifizierungsbedarf

19.2.5 Kennzahlen

Wie messen Sie die Leistung Ihrer Organisation? Verfügen Sie über zuverlässige und aussagekräftige Kennzahlen, die sich nicht alleine auf den Finanzbereich konzentrieren? Mit der Beantwortung dieser Frage erkennen Sie auch den Aufwand, den Sie wahrscheinlich leisten müssen, um variable Vergütung einzuführen. Wenn Sie ein breit angelegtes und umfassendes Kennzahlensystem haben: Herzlichen Glückwunsch! Noch besser dran sind Sie, wenn mit diesen Kennzahlen offen gearbeitet wird und diese Zahlen nicht nur wenigen, ausgewählten Personen bekannt sind.

Wie messen Sie die Leistung Ihrer Organisation?

Mit der Balanced Scorecard wurde erstmalig von Robert S. Kaplan und David P. Norton ein umfassendes Kennzahlensystem dargestellt, welches mit der Unternehmensstrategie verknüpft ist.

Die Balanced Scorecard bietet ein umfassendes Kennzahlensystem

Doch es ist ausreichend, wenn Sie Ihren Betrieb mit einigen Kennzahlen aus den nachfolgenden Bereichen steuern, soweit sie für die Zukunft Ihres Unternehmens wichtig sind:
- Auftragspotenzial und Kundenzufriedenheit
- Mitarbeiterpotenziale, -zufriedenheit und -risiken
- Finanzielle Leistungsstärke
- Produktions- und Betriebsdaten
- Qualität
- Lieferantenstärken und -risiken
- Image: Verantwortung gegenüber Gesellschaft und Umwelt

Welche Kennzahlen für die Steuerung Ihres Betriebes entscheidend sind, können Sie u.a. auch den Fragen und Bewertungskriterien entnehmen, die von Kreditgebern im Rahmen des Ratings verwendet werden. Auch hier geht es schon lange nicht mehr nur um Finanzdaten.

Zuverlässige, im Unternehmen bekannte und akzeptierte Kennzahlen sind ein Herzstück variabler Vergütungssysteme, die losgelöst von streitbaren Beurteilungen bestehen.

19.2.6 Konflikte

Konflikte sind das „Salz in der Suppe", wenn sie fair und lösungsorientiert ausgetragen werden. Faire Konfliktlösung stärkt die Beteiligten und

Die Streitkultur beeinflusst den Stil des Umgangs miteinander und die Art der Entscheidungsfindung

bringt die Organisation weiter. Jeder Betrieb hat seine eigene Streitkultur. Diese spiegelt den Stil des Umgangs miteinander wider und hat Einfluss auf die Art der Entscheidungsfindung. Hier einige Beispiele:

- *„Oben sticht unten"* heißt, der Vorgesetzte hat immer Recht und die Mitarbeiter sollen tun, was der Vorgesetzte sagt. Maßstab für Konfliktlösungen und Entscheidungen sind nicht die persönliche oder fachliche Autorität, sondern die hierarchische Autorität.
- *„Aus Prinzip kann ich nicht zustimmen"* heißt, dass die Sachargumente zwar gesehen werden, man sie jedoch nicht wahrhaben will. Dort, wo die Prinzipien über den Argumenten stehen, geht es meist um politisches Kalkül oder einfach Sturheit.
- *„Ich will hier keinen Streit!"* heißt, dass Konflikte als etwas Negatives angesehen werden. Das mag in einigen Fällen auch so sein. Doch überall, wo Menschen zusammen kommen, entstehen Konflikte. Für einen Betrieb ist es überlebensnotwendig, dass Konflikte ausgetragen werden können. Konflikte, die im Untergrund schwelen, rauben die Energie, die für die Zielerreichung des Unternehmens dringend erforderlich ist: Sie blockieren Motivation.
- *„Everybody`s darling"* geht Konflikten aus dem Weg. Lieber nachgeben oder schnell einen Kompromiss vorschlagen, aber bloß nicht streiten. Doch *„es allen recht zu machen"* ist der Nährboden fauler Kompromisse.
- *„Das sollten wir ausdiskutieren"* fordert und fördert das offene Streiten. Zumindest einige Personen sind sich der Stärke ihrer Argumente bewusst und sicher, andere damit überzeugen zu können. Dieses Klima bietet die Chance klarer Verhältnisse und guter Lösungen.
- *„Das haben wir gemeinsam so beschlossen"* heißt, dass Konflikte auch einen Abschluss haben müssen. Jedes Paar, jede Gruppe, jede Organisation reibt sich durch „unendliche" Konflikte auf. Konflikte sind dazu da, dass sie gelöst werden: Durch eine Einigung, durch eine Trennung, durch eine Veränderung der Rahmenbedingungen oder durch das Akzeptieren nicht veränderbarer Verhältnisse. Diese Beendigung eines Konfliktes setzt wichtige Energie frei, um neue Aufgaben und Konflikte zu lösen.

19.2.7 Verantwortung

„Die Entscheidung trifft der Chef, die Verantwortung trägt der Mitarbeiter." Der Volksmund nennt dieses Prinzip kurz „Bauernopfer". Die Gründe für dieses Verhalten von Führungskräften können sein:

- Eitelkeit
- Statusdenken
- Dominanzstreben
- Führungsschwäche

So wie das Eingangszitat ein „schräges" Verhältnis dokumentiert, ist auch der umgekehrte Fall des Mitarbeiters zu beobachten, der zu seinem

Vorgesetzten sagt: „*Ich konnte doch nichts dafür. Sie haben gesagt, ich soll mich beeilen. Dabei ist dann der Fehler passiert.*"

Auch dieses Beispiel, in der Fachsprache „Rückdelegation von Verantwortung" oder „Verantwortung nach oben delegieren" genannt, ist in der Praxis häufig anzutreffen. Die Gründe nach oben zu delegieren können vielfältig sein:

- Angst vor Verantwortung
- fachliche Unkenntnis oder Unsicherheit
- Unfähigkeit, Entscheidungen zu treffen
- Bequemlichkeit
- politisches Kalkül und/oder Machtprobe
- Desinteresse an der Aufgabe
- Befürchtung, die falsche Entscheidung zu treffen

Aufgaben, Entscheidungen und Verantwortung müssen für jede Person in einem ausgewogenen Verhältnis zueinander stehen. Nur dann besteht ein funktionierendes Gleichgewicht. In diesem Gleichgewicht ist jeder bereit, Verantwortung für sein Handeln zu übernehmen und anderen die Verantwortung für ihr Handeln zu überlassen.

Wichtig: Übertragen Sie Ihren Mitarbeitern nicht nur Aufgaben. Übertragen Sie auch die Kompetenz, die notwendigen Entscheidungen zu treffen und übertragen Sie Ihren Mitarbeitern auch die Verantwortung für ihr Handeln und ihre Entscheidungen. Gönnen Sie Ihren Mitarbeitern den Erfolg, den sie sich selbst erarbeitet haben. Gönnen Sie Ihren Mitarbeitern aber auch die konstruktive Kritik bei Misserfolg, damit sie daraus lernen und daran wachsen können. Nur auf dieser Basis wird variable Vergütung eine Erfolgsbeteiligung.

Übertragen Sie zu Aufgaben auch Entscheidungskompetenzen und Verantwortlichkeiten

19.2.8 Vertrauen

Vertrauen ist die Grundlage erfolgreicher Zusammenarbeit. Eine Organisation ohne Vertrauen ist langfristig nicht überlebensfähig. Dort, wo Vertrauen besteht, lässt man „Fünfe auch gerade sein" und reduziert Bürokratie. Die Mitarbeiter trauen sich, noch nicht fertig gedachte Gedanken zu äußern, die dadurch aber Schnelligkeit und Kreativität auslösen. Sie vertrauen der Führung, weil sie sich bei Unzufriedenheit und Kritik auch trauen können, diese zu äußern. Vertrauen lebt von Selbstvertrauen.

Vertrauen ist die Grundlage erfolgreicher Zusammenarbeit

Vertrauen lebt von Selbstvertrauen

In einer Organisation, die auf dem Selbstvertrauen ihrer Mitglieder basiert, ist Misstrauen kaum anzutreffen. Es ist unwahrscheinlich, dass in einem solchen Betrieb

- über die Maßen kontrolliert wird,
- Missgunst, Neid und Intrigen herrschen oder geschürt werden,
- eine Zweiteilung in „Wir da unten, die da oben" besteht,
- die Führungskräfte ihre Mitarbeiter unter Druck setzen (müssen),
- Mitarbeiter etwas erstreiken (müssen).

Auch wenn für einige Leser die Darstellung einer Vertrauenskultur exotisch erscheinen mag, diese Vertrauenskulturen gibt es und sie sind

Vertrauenskulturen sind erfolgreich

wahrhaft erfolgreich. Sie fordern viel (Vertrauen) von den Führungskräften und den Mitarbeitern. Doch sie bieten ihren Mitarbeitern auch ein großes Maß an Vielfalt, Selbstbestimmung und Verantwortung. Vertrauen ist ein strategischer Erfolgsfaktor, der sich für das Unternehmen in barer Münze auszahlt und an die Mitarbeiter durch eine Erfolgsbeteiligung weiter gegeben wird.

In einer Vertrauenskultur werden Ziele und Messkriterien schneller und ehrlicher akzeptiert als in einer Misstrauenskultur. Es herrscht das Grundvertrauen, dass jeder sorgfältig arbeitet und das bestmögliche Ergebnis zu erzielen versucht. Es wird darauf vertraut, dass Ziele und Messkriterien fair und erreichbar sind, auch wenn sie manchmal im ersten Schritt nicht so erscheinen. Dieses Vertrauen ist ein sensibles Gut. Wird es einmal ausgenutzt, entstehen irreparable Schäden. Enttäuschtes Vertrauen ist der Beginn einer Misstrauenskultur. Misstrauenskulturen verwenden viel Zeit in Regeln, Anweisungen, Kontrollen, Machtkämpfe, Schuldzuweisungen, Besitzstandswahrungen etc. Sie werden starr.

Variable Vergütungen, gleich welcher Art, sind für Misstrauenskulturen kein geeignetes Instrument, denn sie provozieren nur weiteres Misstrauen und fördern die Kreativität aller Beteiligten, dieses Instrument zu ihren Gunsten auszunutzen. Ohne einen Grundstock an Vertrauen geht es nicht.

19.2.9 Ziele

„Was tragen Sie zum Unternehmenserfolg bei?" Als Führungskraft werden Sie diese Frage wahrscheinlich souverän beantworten, doch fragen Sie einmal Ihre Mitarbeiter im Lohn- und Gehaltsbüro, im Lager oder Ihre Sekretärin. Wahrscheinlich wird Ihnen jede der beispielhaft genannten Personen ihre Aufgabe erklären. Doch das ist etwas völlig anderes! Die Frage war nicht: *„Was ist Ihre Aufgabe?"*, sondern *„Wozu wird diese Aufgabe erledigt, was soll mit ihr erreicht werden?"*

Ziele machen transparent, in welchem Umfang ein Mitarbeiter zum Unternehmenserfolg beiträgt

Ziele geben einer Aufgabe ihren Sinn. An der Zielerreichung wird festgestellt, in welchem Umfang ein Mitarbeiter zum Unternehmenserfolg beigetragen hat. Wenn der Mitarbeiter seinen (möglichen) Beitrag zum Unternehmenserfolg nicht kennt, dann bleibt ihm auch völlig verborgen, wie er diesen Beitrag verbessern kann. Ohne Ziele und ohne eine regelmäßige Rückmeldung über die Zielerreichung fehlt einer Aufgabe der lebensnotwendige Sinn. Ohne Sinn keine Motivation.

Damit Ihre Mitarbeiter die Chance haben, ihren Beitrag zum Unternehmenserfolg erkennen zu können, müssen sie die Unternehmensziele kennen. Es reicht eben nicht, dass die oberste Leitung diese kennt. Jeder Mitarbeiter muss wissen, wo das Unternehmen hingesteuert werden soll. Ist das bekannt, sind abteilungs- und mitarbeiterbezogene Teilziele möglich. Sie geben den Aufgaben ihren Sinn. Dort, wo Ziele sinngebend bekannt sind, werden die Mitarbeiter in die Lage versetzt, zielorientiert zu handeln und dafür die Verantwortung zu übernehmen.

19.2.10 Zusammenarbeit

Der Mensch gilt einerseits als soziales Gemeinwesen, das Kontakt sucht und lebensnotwendig braucht. Andererseits wachsen die meisten Menschen in einem Umfeld auf, in welchem Einzelleistungen gefordert und gefördert werden. Schule und Ausbildungszeit sind hier prägend. Dieser Gegensatz ist in vielen Unternehmen zu spüren und wirkt sich auf die Unternehmenskultur aus.

„*Teamarbeit ist gefragt, Einzelkämpfer sind out!*" Wenn das auch für Ihren Betrieb gilt, heißt das im Klartext „Erst WIR, dann ICH."
- Unternehmenswohl geht vor Einzelwohl
- Unternehmenserfolg ist entscheidend, nicht Einzelleistung
- Teamziele gehen vor Einzelziele

„*Das ist Chefsache*" oder „*Der beste Verkäufer erhält eine Reise nach Barcelona*" sind Ausdruck von Einzelkämpfer-Mentalität. Es wird davon ausgegangen, dass die Topleistungen Einzelner entscheidend sind für den Erfolg des Unternehmens. Einzelleistungen werden gefördert, anerkannt und honoriert. Es ist nahe liegend, dass in dieser Umgebung eine „Ellbogen-Mentalität" entsteht, wo der Einzelne keine Rücksicht nehmen darf; nicht gegenüber anderen, nicht gegenüber dem Team und nicht gegenüber dem Unternehmen.

„*Die Unternehmenskultur folgt der unternehmerischen Strategie*" ist eine wichtige Erkenntnis aus Change-Management-Prozessen. Werden von der Unternehmensleitung Hierarchiebewusstsein, Abteilungs-Denken, Leistungsträger-hofieren und Schuldige-suchen vorgelebt, haben Teamziele keine Chance. Variable Vergütung als strategisches Konzept darf und wird sich nur an Einzelleistungen orientieren. Wird jedoch im Betrieb der Teamgedanke über alle Ebenen gelebt und vorgelebt, wäre die Ausrichtung variabler Vergütung an Einzelleistungen ein krasser Widerspruch.

Variable Vergütung als strategisches Konzept muss sich an der Unternehmenskultur orientieren

19.2.11 Zusammenfassung

Verdeutlichen Sie sich, welche Rahmenbedingungen und welche Unternehmenskultur bei Ihnen vorherrschen. Prüfen Sie, ob Ihre unternehmerische Strategie dazu passt oder ob Sie Änderungsbedarf sehen. Die Einführung variabler Vergütung sollte mit diesen Überlegungen und Umfeldbedingungen im Einklang stehen. Variable Vergütung ist ein außerordentlich interessantes Instrument, um strategische Veränderungen im Unternehmen zu begleiten und zu fördern. Alleine ist sie jedoch nicht das geeignete Mittel, um diese Veränderungen auszulösen.

19.3 Die Gestaltungselemente

Die Gestaltungselemente beschreiben die „technische" Seite eines Konzeptes für variable Vergütung. Die technischen Elemente können in höchst unterschiedlicher Art gestaltet werden; sie müssen jedoch immer

Technische Seite des Vergütungskonzeptes

in einem direkten Zusammenhang mit den Unternehmenszielen, den Rahmenbedingungen und hier insbesondere der Unternehmenskultur stehen. Ob diese Zusammenhänge beachtet wurden, werden Sie wahrscheinlich erst 1 oder 2 Jahre später präzise erkennen. Daher ist für die Planung und Einführung einer variablen Vergütung ein hohes Maß an fachlicher und methodischer Kompetenz notwendig. Folgende Kernelemente sind bei der Entwicklung variabler Vergütung zu beachten:

Kernelemente der Entwicklung variabler Vergütung

- Beteiligungsumfang
- Mittelverteilung
- Mittelverwendung
- Vertragsform

19.3.1 Beteiligungsumfang

19.3.1.1 Formen variabler Vergütungskonzepte

Nachfolgend werden Ihnen die drei wichtigsten Formen variabler Vergütung vorgestellt. Natürlich hat die Praxis inzwischen auch eine Vielzahl abweichender oder Misch-Varianten entwickelt.

Leistungsorientierte Vergütung

Die Leistung einzelner oder einer Gruppe von Mitarbeitern steht im Vordergrund

Die Leistung einzelner oder einer Gruppe von Mitarbeitern steht im Vordergrund, es kommt nicht auf den vom Betrieb realisierten Erfolg an. Die Leistung von Mitarbeitern ist als der Input zu sehen, den sie bringen. Nur dieser Input wird bewertet. Der Leistungsbezug ist immer dann sinnvoll, wenn die Honorierung von Mitarbeiterleistung das Kernziel des Vergütungskonzeptes sein soll.

Erfolgsorientierte Vergütung

Das Ergebnis von Leistung steht im Vordergrund

Bei diesem Konzept steht das Ergebnis von Leistung im Vordergrund; der Bewertungsmaßstab für die eingebrachte Leistung ist der daraus resultierende Erfolg bzw. Output. Nur wenn Erfolg bzw. Output messbar oder bewertbar sind, kommt es zu einer Honorierung von Leistung.

Ertragsorientierte Vergütung

Nur wenn das Unternehmen einen Ertrag erwirtschaftet hat, kommt es zu einem Vergütungsanspruch

Nur wenn das Unternehmen einen Ertrag (Gewinn) real erwirtschaftet hat, kommt es zu einem Vergütungsanspruch der Mitarbeiter. Definiert werden muss vorab, welcher Finanzwert als Ertrag gilt. Die meisten Unternehmer wählen hier den DB I und nicht Ertrag vor Steuern, da z.B. Abschreibungen das operative Geschäftsergebnis meistens schmälern, ohne dass die Mitarbeiter darauf einen Einfluss haben.

19.3.1.2 Messkriterien

Die richtige Auswahl der bestimmenden Messkriterien ist Dreh- und Angelpunkt eines funktionierenden Konzeptes. Mit diesen Kriterien legen Sie fest,

- welche unternehmerischen Ziele Sie in den Vordergrund stellen,
- wie Sie die Leistung oder Zielerreichung bewerten wollen,
- wer zum Kreis der beteiligten Mitarbeiter gehören soll.

Unternehmerische Ziele

Es ist Ihre Pflicht, eine Ihrer wichtigsten Aufgaben, Ihren Mitarbeitern zu sagen, was die Ziele sind, die Sie gemeinsam mit ihnen erreichen wollen. Die Ziele sind die „Leuchtfeuer", die Sie gemeinsam ansteuern.

Die Ziele sind die „Leuchtfeuer", die Sie gemeinsam mit Ihren Mitarbeitern ansteuern

Die Geschwindigkeit, mit der diese Ziele angesteuert werden, die Höhe der Ziele, der mögliche Aufwand, die notwendige Unterstützung, die Qualität der Zielerreichung – all das sind Werte, die Sie mit den jeweiligen Mitarbeitern diskutieren und abstimmen müssen. Denn nur wenn die Mitarbeiter und Sie davon überzeugt sind, dass die Ziele in der gewünschten Form sinnvoll und auch tatsächlich erreichbar sind, werden Ihre Mitarbeiter mit Interesse und Nachdruck an der Zielerreichung arbeiten.

Jedem Unternehmensziel wird zumindest ein Kriterium zugeordnet, mit dem erkennbar ist, ob das Ziel erreicht wurde oder nicht.

Auswahl aus im Betrieb verfügbaren Kriterien

Diese Vorgehensweise ist ein rein pragmatischer Ansatz, ideal für kleine und mittelständische Betriebe.

Nicht die Erarbeitung und Transparenz von Unternehmens- und Teilzielen steht im Vordergrund, sondern die Suche nach bereits vorhandenen Instrumenten und Kriterien, mit denen Leistung und Erfolg bewertet werden können. Anschließend wird geprüft, ob diese Kriterien und Instrumente zur Steuerung des Betriebes geeignet sind.

Suche nach bereits vorhandenen Instrumenten und Kriterien

Zielvereinbarungen

Eine Sonderform, oftmals eine Mischung aus dem vorab Dargestellten, stellt die Zielvereinbarung dar. Sie ist gleichzeitig Kernbestandteil eines populären Führungsstils, des Management by Objectives (siehe auch Kap. 16).

Die Besonderheit der Zielvereinbarung gegenüber den anderen vorgestellten Verfahren liegt einzig in der Individualität der Ziele bezogen auf eine einzelne Person. Das ist ihre Stärke, denn Individualität motiviert, doch das macht auch Arbeit.

Wichtig: Ziele werden vereinbart, nicht vorgegeben. Vorgegeben sind die Unternehmensziele; welchen Anteil der Mitarbeiter zu ihrer Erreichung beitragen will, wird mit ihm vereinbart. Nur die faire Vereinbarung, das „Commitment", kann sicherstellen, dass der Mitarbeiter die geplanten Ziele auch als seine Ziele anerkennt und sich für die Erreichung einsetzen wird. Sollten Sie als Unternehmer nach Abschluss aller Zielvereinbarungsgespräche zu dem Ergebnis kommen, dass Sie so Ihre Unternehmensziele nicht erreichen können, haben Sie vier Möglichkeiten:

Individuelle Ziele werden vereinbart, nicht vorgegeben

Vier Möglichkeiten, falls die getroffenen Zielvereinbarungen die Unternehmensziele verfehlen

- Sie stornieren alle Zielvereinbarungen und machen Ihren Mitarbeitern an den entscheidenden Punkten Zielvorgaben. Damit lösen Sie zielsicher eine nachhaltige Demotivation, mittelfristig wahrscheinlich sogar Fluktuation aus.
- Sie korrigieren Ihre Unternehmensziele, werden jedoch bei der nächsten Gelegenheit Ziele nicht mehr vereinbaren, sondern vorgeben. Damit dauert es nur etwas länger, bis Sie Demotivation und Fluktuation auslösen, denn Sie degradieren bisher eigenständig und verantwortlich handelnde Mitarbeiter zu Empfängern von Anweisungen.
- Sie überprüfen die Werte Ihrer Unternehmensziele. Sollte sich dabei herausstellen, dass Ihre Ziele unbedingt erreicht werden müssen, sollten Sie mit Ihrem Führungskreis das Problem offen diskutieren. Nur das gemeinsame Einverständnis aller Beteiligten kann zu einer Lösung führen.
- Sie korrigieren Ihre Unternehmensziele nach unten und passen sie den Werten der Zielvereinbarungen an. Dieser Weg ist keine Schande, sondern pragmatisch. Er bewahrt sie vor illusorischen Zielen, einer Überforderung Ihrer Mitarbeiter und demotivierenden Handlungen.

Kreis der beteiligten Mitarbeiter

„Ich will, dass die Mitarbeiter im Innendienst (oder eines anderen Bereiches) nach Leistung und Erfolg bezahlt werden." Dieser Wunsch, für einen bestimmten Personenkreis variable Vergütung einzuführen, steht in vielen Unternehmen an erster Stelle. Diese Vorgehensweise mag aus Unternehmersicht logisch und notwendig sein, führt jedoch methodisch oft in eine Sackgasse. Es entstehen zwei Problemfelder:

- Wenn überhaupt, nähern Sie sich den Unternehmenszielen über einen Umweg. Sie „zäumen das Pferd von hinten auf", wenn Sie sagen: *„Das sollen die beteiligten Mitarbeiter sein und jetzt müssen wir es bewerkstelligen, dass das, was wir bei ihnen messen und bewerten wollen, auch zu den Unternehmenszielen passt."* Meistens wird dieser Schritt vernachlässigt, weil Sie froh sind, überhaupt Messkriterien gefunden zu haben.
- Geeignete und zutreffende Messkriterien zu finden ist erschwert, weil Ihr Überlegungsprozess gewissermaßen nach dem Schema abläuft: *„Ich habe die Leute nun einmal da und jetzt überlege ich mir, was sie zum Unternehmenserfolg beitragen könnten und wie ich das messen kann."* Dieses Vorgehen kann in einer Sackgasse enden, weil Sie sich nicht am Ziel einer Stelle oder einer Abteilung, sondern an ihren Aufgaben orientieren. Aufgabenorientierung ist zwar nicht falsch, doch sie verengt Ihren Blickwinkel.

Messkriterien allein aus gegebenen betrieblichen Abläufen abzuleiten, kann den Blick auf die Ziele verstellen

Die bessere Vorgehensweise wäre somit:
- Gehen Sie zunächst einen Schritt zurück und verdeutlichen Sie ihre Unternehmensziele, Teilziele, Unterziele.

- Klären Sie die Kriterien, mit denen Sie das Erreichen Ihrer Ziele messen oder bewerten.
- Mit der Kenntnis der verfügbaren Messkriterien können Sie auch beurteilen, welche Mitarbeiter oder Mitarbeitergruppen diese Kriterien beeinflussen.

Sollte diese Vorgehensweise nicht zum gewünschten Ergebnis führen, kann das an verschiedenen Gründen liegen:
- Es fehlt an Zielklarheit und Zielorientierung im Unternehmen.
- Leistung/Erfolg werden bisher nicht gesteuert und gemessen.
- Ihre Ablaufstrukturen sind nicht transparent oder nicht geordnet.
- Aufgaben, Kompetenzen und Verantwortung sind ungleich verteilt.

Variable Vergütung sollten Sie nur einführen, wenn keiner der vorgenannten Negativ-Gründe in Ihrem Betrieb gegeben ist. Jeder dieser Gründe alleine reicht bereits aus, die Motivation Ihrer Mitarbeiter zu hemmen. Die Einführung variablen Entgelts würde diese Situation zu einem größeren Problem wachsen lassen.

19.3.2 Mittelverteilung

Erst nach der Festlegung von Messkriterien wird die Frage im Detail bearbeitet, die bei vielen Beteiligten allgemein im Vordergrund steht: „Wie werden die Prämien/Provisionen/Boni/Tantiemen berechnet?" Kurz: Es geht in diesem Abschnitt darum, nach welchen Kriterien die Mittel an die Mitarbeiter verteilt werden sollen.

Nach welchen Kriterien sollen die Mittel verteilt werden?

19.3.2.1 Bewertung der Zielerreichung

Vier wichtige Fragen stellen sich:
- Wann sind 100 Prozent des Zieles erreicht?
- Gibt es eine Zieluntergrenze und wo liegt sie?
- Gibt es eine Zielobergrenze und wo liegt sie?
- Erfolgt die Berechnung der Zielerreichung linear, degressiv, progressiv oder in einer Mischform?

Was sind 100 Prozent Zielerreichung?

Die Frage, wann ein Ziel zu 100 Prozent erreicht ist, ist nur scheinbar trivial.

Ein Beispiel: Als Hersteller hochwertig beschichteter Produkte muss es Ihr Ziel sein, dass jedes hergestellte Produkt auch ein verkaufsfähiges Produkt ist. Das wären 100 Prozent Zielerreichung. Doch Sie wissen aus Erfahrung, dass Ihre Produktion bereits gut gearbeitet hat, wenn 90 Prozent aller Produkte verkaufsfähig sind. Diese 90 Prozent sind real möglich und daher auch Grundlage Ihrer Kalkulation. Wenn das so ist, gilt eine Produktionsquote von 90 Prozent als hundertprozentige Zielerreichung.

Dieses Beispiel verdeutlicht, dass nicht theoretische Idealwerte der Maßstab sein sollten, sondern tatsächlich erreichbare Werte. Ansonsten wird es für Ihre Mitarbeiter nahezu unmöglich, eine hundertprozentige

Tatsächlich erreichbare Werte sollten den Maßstab geben

Zielerreichung zu erreichen. Unrealistische Ziele sind jedoch kein Leistungsanreiz, sondern demotivierend. Läuft es dagegen besser, als die Erfahrungswerte bisher ergaben, bedeutet dies einen ungeplanten Vorteil für Arbeitgeber und Mitarbeiter, denn beide Seiten profitieren davon. Eine klassische Win-Win-Situation.

Untergrenzen für Ziele

Schwellenwert, der zur Existenzsicherung des Betriebes mindestens erreicht werden muss

Die Festlegung, ob es für die Zielerreichung eine Untergrenze gibt, also einen Wert, der mindestens erreicht werden muss, hängt von Faktoren wie Produkt, Fixkosten bzw. Kostenstruktur, Kalkulation und Unternehmenskultur ab. Generell gilt: Wenn es einen Schwellenwert gibt, der zur Existenzsicherung des Betriebes mindestens erreicht werden muss, ist auch eine Untergrenze für die Zielerreichung sinnvoll.

Obergrenzen für Ziele

Eine hohe Übererfüllung kann zu Folgeproblemen führen

Die Festlegung von Zielobergrenzen wird meistens mit zwei Argumenten begründet:
- Argument 1: *„Ich will nicht, dass die Mitarbeiter mehr als z.B. 130 Prozent erreichen können, weil dies in Einzelfällen zu einer Verausgabung der Mitarbeiter führen kann. Wichtiger ist mir eine kontinuierliche Leistung auf hohem Niveau."*
- Argument 2: *„Der Flexibilitätsgrad und die Kapazitätsreserven meiner Organisation reichen für eine Zielerreichung von 130 Prozent. Alles, was kurzfristig darüber hinausgeht, führt zu Problemen mit Risiken in der Abwicklung, Qualität, Fehlerquote etc. und ist daher ohne entsprechende planerische Vorbereitung gar nicht erwünscht."*

Formel zur Berechnung der Zielerreichung

Einfache lineare Modelle sind am besten nachzuvollziehen

Um es vorwegzunehmen: Einfache Modelle sind oft die besten. Und einfach heißt in diesem Fall linear. Einfache Modelle sind vor allem auch für die Mitarbeiter gut nachvollziehbar. Keine komplizierten Formeln, sondern mit einem einfachen Dreisatz kommt jeder zum Ergebnis. Besonders, wenn Ihre Mitarbeiter es nicht gewohnt sind, in komplizierten Zusammenhängen zu denken und mit Zahlen umzugehen, sollten Sie sich viel Mühe machen, um das gesamte Berechnungsmodell so einfach wie möglich zu gestalten.

19.3.2.2 Verteilungsart

Bereits die Vereinbarung der Messkriterien in Verbindung mit der Klärung, wer zum Kreis der Beteiligten gehört, wird in den meisten Fällen festlegen, ob die variable Vergütung
- für eine Einzelperson,
- für eine Gruppe,
- für eine Schicht oder einen Bereich oder
- für den gesamten Betrieb

berechnet werden kann. Sobald es jedoch mehr als eine einzelne Person betrifft, stellt sich die Frage, wie die Verteilung auf die einzelnen Mitarbeiter erfolgen soll.

Auch hier sind mehrere Möglichkeiten denkbar, deren Vor- und Nachteile im Einzelfall zu prüfen sind, wie z.B.:
- linear nach „Kopfzahl" bzw. vertraglicher Arbeitszeit
- abhängig vom Brutto-Monatsentgelt
- abhängig von der Hierarchie-Ebene
- abhängig von der Zuordnung nach Funktionswert-Gruppen
- abhängig von einer individuellen Beurteilung/Zielvereinbarung.

Wie soll die Verteilung auf die einzelnen Mitarbeiter erfolgen?

Gerade dieser Punkt ist mit viel Sorgfalt und Sensibilität zu bearbeiten, da es um subjektiv bewertete Entgeltgerechtigkeit geht. Viele Mitarbeiter reagieren hier sehr empfindlich. Dies gilt auch für die meisten Führungskräfte, die sich von Konzepten der variablen Vergütung schnell distanzieren, wenn sie das Gefühl haben, dass sie gegenüber ihren Mitarbeitern in Erklärungsnotstand geraten könnten.

Es geht um subjektiv bewertete Entgeltgerechtigkeit

19.3.3 Mittelverwendung

Im Rahmen der Mittelverwendung geht es um die Frage der Auszahlung variabler Vergütungsansprüche an die Mitarbeiter. Ob Sie monatlich, quartalsweise, jährlich oder nach ganz anderen Gesichtspunkten auszahlen, ist sicherlich auch eine betriebswirtschaftliche Fragestellung. Doch spätestens dann, wenn durch eine monatlich geplante Auszahlung die Nettobeträge so klein werden, dass die Mitarbeiter sie nicht oder nur negativ wahrnehmen, erhält dieser Punkt eine konzeptionelle Dimension.

Bei der Festlegung der Auszahlungsmodalitäten ist Folgendes zu beachten:

Festlegung der Auszahlungsmodalitäten

- Der regelmäßige Auszahlungsbetrag darf nicht so klein sein, dass er nach Abzug von Steuer- und Sozialversicherungsbeiträgen als lächerlich empfunden wird. Jedes Vergütungssystem wird dann sofort in Frage gestellt mit den Worten: „*Das Geld hätten die sich sparen können!*"
- Leistung der Mitarbeiter und Auszahlungstermin müssen in einem nachvollziehbaren zeitlichen Zusammenhang stehen. Erfolgt die Auszahlung beispielsweise erst nach Erstellung des Jahresabschlusses, wissen die Mitarbeiter oft nicht mehr, warum es zu einer Zahlung kommt oder nicht. Leistungen, die viele Monate oder gar ein Jahr zurückliegen, sind einfach nicht mehr präsent. Wie sollen sie dann eine motivierende Wirkung entfalten?
- Schütten Sie zum Zahlungstermin alles an die Mitarbeiter aus oder behalten Sie einen Teil für „schlechtere Zeiten" als Rücklage ein? Die abschließende und vollständige Auszahlung der Variablen ohne Rücklage ist unter den Blickwinkeln der Betriebswirtschaft und der Motivation meistens nicht zu empfehlen.

19.3.4 Vertragsform

19.3.4.1 Unternehmen mit Betriebsrat

Betriebsvereinbarung, damit die variable Vergütung wirksam werden kann

Damit die variable Vergütung wirksam werden kann, benötigen Sie eine Betriebsvereinbarung. Das Betriebsverfassungsgesetz legt in § 87 fest, dass Fragen der Lohngestaltung mitbestimmungspflichtig sind. Alle in § 87 BetrVG beschriebenen Punkte unterliegen der erzwingbaren Mitbestimmung.

Ohne den Betriebsrat geht nichts!

Im Klartext: Ohne den Betriebsrat geht nichts! Alleine aus diesem Grund sollten Sie von Beginn an den Betriebsrat in Ihre Überlegungen und in die Entwicklung variabler Vergütung mit einbeziehen, offen und vollständig. Dann gibt es mit großer Sicherheit keine Überraschungen, wenn Sie Ihrem Betriebsrat den ersten Entwurf einer Betriebsvereinbarung vorlegen. Allerdings sollten Sie auf gar keinen Fall auf eine Betriebsvereinbarung verzichten, wenn die Verhandlungen schwieriger als erwartet werden. Eine Betriebsvereinbarung gibt beiden Seiten ein großes Stück Rechtssicherheit.

Beachten Sie jedoch immer, dass der Betriebsrat aus mehr als nur den wenigen ausgewählten Mitgliedern in Ihrer Projektgruppe besteht. Wenn das Vergütungssystem im gesamten Gremium behandelt wird, entsteht manchmal eine Eigendynamik, die nicht vorhersehbar ist.

19.3.4.2 Unternehmen ohne Betriebsrat

Rein einzelvertragliche Basis

Die Einführung variabler Vergütung erfolgt hier auf rein einzelvertraglicher Basis, denn Ihnen fehlt das Instrument der Betriebsvereinbarung, mit dem Sie zentral vieles regeln können. Dies hat zur Folge, dass Änderungen im Konzept, die eventuell einige Jahre später notwendig sind, nur dann von Ihnen „einfach so" umgesetzt werden können, wenn Sie diese Änderungsmöglichkeiten vorher auch rechtssicher vereinbart haben. Dies schaffen Sie nur, wenn im Arbeitsvertrag eines jeden Einzelnen die entsprechenden Regelungen klar verankert sind.

Auch wenn sich dies im ersten Moment problematisch und abschreckend anhören mag – wirklich problematisch ist, wenn Sie variable Vergütung einführen, ohne diesen Punkt beachtet zu haben.

19.3.5 Einführung des neuen Systems

Zunächst zeitlich befristet oder als Pilotprojekt nur für wenige Mitarbeiter

Der letzte Schritt liegt vor Ihnen, die Kür gewissermaßen. Und wieder haben Sie die Möglichkeit, zwischen mehreren Alternativen zu wählen, ganz so, wie es für Ihren Betrieb am sinnvollsten ist.

- Einführung des Konzeptes für den gesamten Betrieb mit einer Laufzeit von zwei oder mehr Jahren oder unbefristet.
- Einführung des Konzeptes zur Probe für z.B. 6 Monate oder ein Jahr, um Erfahrungen zu sammeln.
- Einführung des Konzeptes nur für einen Pilotbereich, um erst hier Erfahrungen zu sammeln, bevor alle Mitarbeiter betroffen sind.

Gleich, welchen Weg Sie wählen: Informieren Sie Ihre Mitarbeiter präzise und persönlich. Die Leute wollen von Ihnen hören, was Sie vorhaben. Zeigen Sie Ihre Verantwortung, zeigen Sie Nähe, zeigen Sie Ihr Interesse für Ihre Mitarbeiter, stellen Sie sich auch den kritischen Fragen. Das fördert Motivation; E-Mail und Papier sind dafür ungeeignet.

Informieren Sie Ihre Mitarbeiter präzise und persönlich

20 Arbeitszeit

„Arbeit lässt sich ohne Probleme so weit strecken, wie Zeit zur Verfügung steht, um sie durchzuführen", lautet frei übersetzt die Erkenntnis über die Arbeit in Verwaltungen, die nach dem britischen Historiker C. N. Parkinson als Parkinsons Gesetz bezeichnet wird.

Die richtige Gestaltung der Arbeitszeit gehört zu den erfolgskritischen Faktoren eines Unternehmens. Aus betriebswirtschaftlicher Sicht stehen zwei Aspekte im Vordergrund:
- die Kosten der geleisteten Arbeitszeit und
- die bedarfsgerechte Lage und Verteilung der Arbeitszeit.

Die richtige Gestaltung der Arbeitszeit gehört zu den erfolgskritischen Faktoren eines Unternehmens

Umfang, Lage und Verteilung der täglichen oder wöchentlichen Arbeitszeit führen regelmäßig bei vielen Mitarbeitern zu einem Interessenkonflikt zwischen
- privaten Belangen und Freizeitinteressen und
- den betrieblichen Notwendigkeiten und Anforderungen.

Die Gestaltung der betrieblichen Arbeitszeit wird von drei weiteren Aspekten beeinflusst:
- rechtliche Rahmenbedingungen,
- Biorhythmus und Ergonomie der Arbeitszeit,
- Einstellung von Führungskräften und Mitarbeitern gegenüber Veränderungen.

Nur die angemessene Berücksichtigung aller Einzelaspekte kann zu einer ausgewogenen Arbeitszeitregelung führen.

FLEXIBLE ARBEITSZEITREGELUNGEN SORGEN BESSER ALS STARRE ARBEITSZEITREGELUNGEN FÜR EINE AUSGEGLICHENE BALANCE DER INTERESSEN UND DAMIT FÜR EINE HÖHERE ZUFRIEDENHEIT ALLER BETEILIGTEN. SIE FÖRDERN DIE PRODUKTIVITÄT.

20.1 Wie fördert Arbeitszeit die Motivation?

Die Regeln zur Arbeitszeit sind jeden Tag aufs Neue für die Mitarbeiter spürbar und beeinflussen ihre Leistungsbereitschaft. Dabei ist zu beachten, dass eine für die Mitarbeiter günstige Regelung vor allem dazu führt,

Die Regelung der Arbeitszeit beeinflusst unmittelbar Motivation und Leistung

dass bestehende Unzufriedenheit über die Arbeitszeit abgebaut wird. Diese Unzufriedenheit zeigt sich z.B. in erhöhter Fluktuation, Fehlzeiten durch Kurzerkrankungen, fehlende Überstundenbereitschaft, Dienst nach Vorschrift bzw. emotionsloses Arbeiten oder einfach durch Verstimmungen und entsprechende Äußerungen der Mitarbeiter.

Bauen Sie diese Gründe für Unzufriedenheit ab, nehmen Sie Ihren Mitarbeitern die „Fesseln", in denen sie sich bisher gefangen gefühlt haben. Jetzt schaffen Sie die Grundlage, dass die Mitarbeiter ihre volle Leistungsfähigkeit einbringen können und dass einzelne Mitarbeiter Spitzenleistungen erbringen können.

Keine Patentrezepte Wie auch bei allen anderen Bausteinen zur Motivationsförderung gibt es auch hinsichtlich der Arbeitszeit keine Patentrezepte, die sich auf jeden Betrieb oder jede Organisation übertragen lassen. Verallgemeinert lassen sich jedoch folgende Aussagen treffen:

Motivationsfördernde Aspekte flexibler Arbeitszeitregelungen

- Die Möglichkeit, **in eigener Verantwortung über die Lage der eigenen Arbeitszeit mit entscheiden** zu können, bedeutet für viele Mitarbeiter ein zusätzliches Stück Lebensqualität. Nicht den Vorgesetzten fragen zu müssen, sondern eigenverantwortlich entscheiden zu dürfen, ist schlicht motivierend. Warum soll bei der Arbeitszeit versagen, was bei der täglichen Arbeit erwartet wird: Verantwortungsbewusstsein.

- **Zeitautonomie** in Bezug auf Beginn und Ende der täglichen Arbeitszeit baut Unzufriedenheit und Stressfaktoren ab. Es gibt bei jedem Menschen ab und an private Situationen, die es schwer machen, zu einer bestimmten Uhrzeit am Arbeitsplatz zu sein. Systeme, die eine Bandbreite des Kommens und Gehens ermöglichen, werden außerdem den unterschiedlichen Interessen vieler Mitarbeiter gerecht: Frühaufstehern genauso wie Spätstartern.

- **Arbeitszeitkonten** ermöglichen eine umfassende Abstimmung zwischen privaten und beruflichen Belangen. Es wird von vielen Mitarbeitern als angenehm empfunden, hier und da einen halben oder ganzen freien Tag nehmen zu können, ohne dabei auf das Urlaubstagekontingent zurückgreifen zu müssen.

- Das **Angebot von Teilzeit und Altersteilzeit** sichert Leistungsbereitschaft und Leistungsfähigkeit in Phasen, in denen Mitarbeiter nicht zeitintensiver leisten können oder wollen. Bieten Sie diese Alternativen nicht, führt dies entweder zu einem Knowhow-Verlust durch Fluktuation, z.B. wegen Kindererziehung, oder zu einer Leistungsreduzierung in der Vollzeit. Beides ist betriebswirtschaftlich unsinnig.

- Mit der **Schichtplangestaltung** beeinflussen Sie nachhaltig die Leistungsfähigkeit Ihrer Mitarbeiter. Die Praxis unzähliger Betriebe hat die Ergebnisse arbeitswissenschaftlicher Untersuchungen bestätigt, dass althergebrachte Schichtmodelle die Leistungskraft, die Unfallgefahren und die Motivation negativ beeinflussen.

20.2 Vor- und Nachteile starrer Arbeitszeit

Starre Arbeitszeitregelungen legen Beginn und Ende der täglichen und wöchentlichen Arbeitszeit fest, ohne dass Abweichungen vorgesehen sind. Sie sind betrieblich immer dann sinnvoll, wenn die Rahmenbedingungen einfach, die Auslastungsschwankungen niedrig und die Planungssicherheiten hoch und langfristig sind. Die Vorteile dieser Regelung sind:

Bei niedrigen Auslastungsschwankungen und hoher Planungssicherheit

- Verwaltungs- und abrechnungstechnisch einfach.
- Die Führungskräfte sind „Herr im Haus".
- Die Mitarbeiter können sich langfristig auf ihre Arbeitszeit einstellen.

Als Nachteile gelten z.B.:
- Kunden- und Marktorientierung werden vernachlässigt.
- Gewohnheit wird zur Einstellung *„Das haben wir schon immer so gemacht"*.
- Der Betrieb und die Mitarbeiter verlieren ihre Fähigkeit zur Flexibilität.
- Unzufriedenheit der Mitarbeiter bei abweichenden privaten Bedürfnissen.
- Arztbesuche gehen zulasten der Arbeitszeit.

Konsequent starre Arbeitszeitsysteme sind wegen ihrer Nachteile heute kaum noch vorzufinden. Nicht nur die Notwendigkeit betrieblicher Flexibilität, sondern auch die geänderten Erwartungen der Mitarbeiter haben in vielen Betrieben zu einer Öffnung der starren Arbeitszeit geführt.

20.3 Vor- und Nachteile von Überstunden/Mehrarbeit

Als am meisten verbreitete Form der Flexibilisierung starrer Arbeitszeiten gilt die Anordnung oder Vereinbarung von Überstunden. Die Vorteile sind:

Anordnung oder Vereinbarung von Überstunden

- Arbeitsspitzen lassen sich damit einwandfrei auffangen.
- Von den meisten Mitarbeitern werden Überstunden gerne geleistet, da sie durch die Zuschläge finanziell attraktiv sind.
- Überstunden sind meist kurzfristig und flexibel umsetzbar.
- Überstunden fördern die Zufriedenheit und Identifikation mit dem Unternehmen, denn Mitarbeiter mit vielen Überstunden werden von sich und anderen als wichtig und unersetzbar angesehen.

Doch die Nachteile überwiegen bei genauerem Hinsehen:
- Aufgrund der Zuschläge sind Überstunden für den Betrieb teuer.
- Das eigentlich Teure an den Überstunden ist die Zeit, in der die Arbeitszeit reduziert werden könnte, doch aufgrund der starren Arbeitszeitregelung der Betrieb kein Recht dazu hat. In diesen Phasen wird Arbeitszeit sinnlos abgesessen und verbraucht. Auch die Mitarbeiter empfinden solche Phasen meist als demotivierend.

- Regelmäßig geleistete und ausbezahlte Überstunden werden langfristig als Zusatzeinkommen fest eingeplant. Die Reduzierung von Überstunden führt regelmäßig zu Problemen.
- Überstunden bedürfen der vorherigen Zustimmung des Betriebsrates, ansonsten sind die Mitarbeiter zur Leistung von Überstunden grundsätzlich nicht verpflichtet. Hier entstehen immer wieder Konflikte, die sich nachteilig auf Stimmung und Zusammenarbeit auswirken.

20.4 Vor- und Nachteile flexibler Arbeitszeit

Gestaltung betrieblicher Anforderungen unter Berücksichtigung von Mitarbeiterinteressen

Gleitzeit, variable Schichtsysteme, Arbeitszeitkonten, Vertrauensarbeitszeit, aber auch die Möglichkeit von Teilzeit und Altersteilzeit gehören zu den Möglichkeiten der Flexibilisierung von Arbeitszeit. Diese Modelle stehen für Anpassung, Veränderung, Dynamik und Gestaltung betrieblicher Anforderungen unter Berücksichtigung von Mitarbeiterinteressen. Dabei wird sehr deutlich, dass die Beachtung von Mitarbeiterbedürfnissen ein betrieblich wichtiger Aspekt ist.

Vorteile flexibler Arbeitszeiten

Die Vorteile sind auch gleichzeitig die Ziele flexibler Arbeitszeit:

- **Kapazitätssteuerung:** Schwankungen in der Auslastung können bis zu einem gewissen Umfang durch Auf- oder Abbau von Arbeitszeitkonten ausgeglichen werden. Eine weitere Möglichkeit besteht in der ungleichen Verteilung der Arbeitszeit über einen längeren Zeitraum, z.B. auf ein Jahr. Erst wenn diese Schwankungsreserven nicht ausreichen, muss über die Notwendigkeit von Überstunden/Mehrarbeit, Einstellungen, Auslagerungen, Kurzarbeit oder Kündigungen nachgedacht werden.

Ausgleich von Auslastungsschwankungen

- **Kostensenkung:** Jede andere Form der Kapazitätsanpassung führt zu höheren Kosten als die flexible Arbeitszeit.

Senkung von im Rahmen von Kapazitätsanpassungen entstehenden Kosten

  - Über- und Mehrarbeitsstunden sind mit einem entsprechenden Zuschlag auszuzahlen. Werden sie jedoch auf Zeitkonten gesammelt, um später abgebaut zu werden, sind oft keine Zuschläge nötig.
  - Mitarbeiter sind dann anwesend, wenn sie gebraucht werden. Der schleichende Verbrauch von Arbeitszeit in auslastungsschwachen Zeiten wird durch gezielte Arbeitszeitreduzierung vermieden, die träge machende und demotivierende Wirkung von fehlender Arbeit auch.
  - Die befristete Einstellung von Mitarbeitern ist heute umfassend möglich. Es darf nicht übersehen werden, dass auch eine befristete Einstellung erhebliche Kosten verursacht, zu Aufwand in der Einarbeitung führt und dass der befristete Mitarbeiter nie mit vollem Herzen dabei ist; er sucht parallel weiter nach einer unbefristeten Aufgabe oder nach einer weiteren Beschäftigung nach der Befristung. Mit flexibler Arbeitszeit haben Sie diese Nachteile nicht.
  - Kündigungen sind teurer als jede Form der Flexibilisierung.

- **Motivation und Zufriedenheit der Mitarbeiter:** Die Mitarbeiter brauchen Freiraum, um ihrer Lebensplanung und ihren Möglichkeiten gerecht werden zu können. Die Größe dieses Freiraums hängt u.a. von der Gesundheit und von den Lebensphasen ab, in denen sich die Mitarbeiter wie Führungskräfte bewegen:
  - Junge Menschen ohne Familie, denen ein berufliches Fortkommen sehr wichtig ist, können nahezu unbegrenzte Energie und Zeit für ihren Beruf aufbringen. Nach 7 bis 8 Stunden sind diese Mitarbeiter oft nicht ausgelastet.
  - Junge Menschen mit Familie haben sich für die Erziehung eigener Kinder als eine zentrale Lebensaufgabe entschieden. Fehlende Flexibilität seitens der Arbeitgeber in dieser Lebensphase stürzt diese Mitarbeiter in einen tief greifenden Interessenkonflikt, der auch bei engagierten und exzellenten Mitarbeitern nicht selten zu einem schleichenden Loyalitätsverlust oder zur Kündigung führt. Flexi- und Teilzeitmodelle sorgen für Interessenausgleich, Know-how-Sicherung, hohes Engagement und langfristige Zusammenarbeit.
  - Ältere Mitarbeiter mögen vielleicht nicht mehr die Energiereserven der Jüngeren haben, doch ihre Erfahrung ist wertvoll für den Erfolg der Jüngeren. Ältere Mitarbeiter, deren Know-how gefragt ist und die gleichzeitig ihre Arbeitszeit entsprechend ihrer Leistungsfähigkeit gestalten können, werden bis zum letzten Arbeitstag mit hoher Motivation für Sie tätig sein. Adenauer wurde auch erst mit 73 Jahren Bundeskanzler. Fünfzigjährige sind noch lange keine Rentner.

Freiraum in der Lebensplanung in unterschiedlichen Lebensphasen

- **Stärkere Kundenorientierung:** Dem privaten als auch dem Geschäftskunden sind Ihre betrieblichen Arbeitszeitregelungen ziemlich gleichgültig. Internationale Kundenbeziehungen verschärfen diesen Blickwinkel. Erfolgreicher sind die Unternehmen, die es schaffen, durch flexible Arbeitszeit den täglich, wöchentlich und monatlich unterschiedlichen Kundeninteressen gerecht zu werden. Ein paar wenige Spielregeln zur Sicherstellung der Funktionsfähigkeit von Abteilungen oder Betrieben innerhalb definierter Zeiten stellen die notwendige Verfügbarkeit von Know-how und Kapazitäten auch zu unattraktiven Zeiten sicher.

Flexible Arbeitszeiten können unterschiedlichen Kundeninteressen Rechnung tragen

- **Image am Arbeitsmarkt:** Der unternehmerisch denkende und handelnde Mitarbeiter wird zunehmend gefordert. Immer mehr Menschen erkennen die Notwendigkeit, sich entsprechend zu entwickeln. Sie erwarten nunmehr auch Handlungs- und Entscheidungsspielräume von ihren Arbeitgebern. Zeitsouveränität ist ein Zeichen für unternehmerische Verantwortung am Arbeitsplatz und fördert Ihr Image als moderner und attraktiver Arbeitgeber.

Zeitsouveränität am Arbeitsplatz macht Unternehmen für Mitarbeiter attraktiv

Auch wenn das Gewicht der Vorteile eindeutig überwiegt, dürfen mögliche Nachteile nicht verschwiegen werden.

Nachteile flexibler Arbeitszeiten

Projekt, das umfassend vorbereitet sein muss
- Die Einführung von flexibler Arbeitszeit ist ein Projekt, das gut vorbereitet sein muss. Gerade, wenn Ihre Mitarbeiter bisher nur eine eher starre Arbeitszeit gewohnt sind, werden sie unsicher und misstrauisch sein. Informieren Sie frühzeitig und umfassend, stellen Sie sich den Fragen und beteiligen Sie von Anfang an Ihre Mitarbeiter bzw. den Betriebsrat an der Gestaltung der neuen Arbeitszeit! Der Aufwand lohnt sich.

Führungskräfte müssen sich an die Zeitautonomie ihrer Mitarbeiter erst gewöhnen
- Wenn Sie Zeitautonomie gewähren, werden Ihre Mitarbeiter diese auch wahrnehmen. Was wie eine Selbstverständlichkeit klingt, führt in der Praxis immer wieder zu Problemen, weil einige Führungskräfte sich nicht daran gewöhnen können, dass Mitarbeiter über Beginn und Ende ihrer Arbeitszeit selbst entscheiden.

Höherer Verwaltungsaufwand
- Der Aufwand für die Verwaltung, Organisation und Abrechnung flexibler Arbeitszeiten ist etwas höher als bei starren Arbeitszeiten.

Immer wieder geäußert wird die Befürchtung des Missbrauchs flexibler Arbeitszeit, insbesondere bei Vertrauensarbeitszeit (ohne Zeiterfassung). In der Praxis sind Missbrauchsfälle selten zu beobachten, deutlich seltener als die Tatsache, dass Mitarbeiter mehr leisten als vertraglich vereinbart wurde. Es wäre sehr bedauerlich, wenn wenige negative Einzelfälle dazu führen würden, der breiten Mehrheit der Mitarbeiter eine motivierende Arbeitszeitgestaltung vorzuenthalten.

20.5 Vorbereitung und Rahmenbedingungen

20.5.1 Das richtige Arbeitszeitsystem

Fertige Arbeitszeitmodelle nicht unreflektiert auf das eigene Unternehmen übertragen

In kleinen wie großen Unternehmen bestehen unzählige Arbeitszeitmodelle, sodass die Versuchung nahe liegt, eines dieser Modelle zu kopieren und auf den eigenen Betrieb zu übertragen. Führungskräfte und Personalleiter, die diesen Weg aus Gründen der Kosten- und Zeitersparnis gegangen sind, mussten mehrheitlich jedoch feststellen, dass die neue Regelung nicht akzeptiert und den betrieblichen Interessen nicht gerecht wurde.

Die Vielzahl unterschiedlicher Arbeitszeitmodelle hat ihren Grund: Sie entsprechen den jeweiligen Bedürfnissen des Betriebes. Klären Sie frühzeitig, welche Ziele Sie mit einer flexibleren Arbeitszeit verfolgen und wo die Interessen der Mitarbeiter liegen. Die Kenntnis vieler Modelle wird Ihnen helfen, bei der Einführung den richtigen Weg zu gehen und zügig voranzukommen.

20.5.2 Einbindung der Mitarbeiter

Die frühzeitige Einbindung Ihrer Mitarbeiter bzw. des Betriebsrates vereinfacht das Erarbeiten einer neuen Arbeitszeitregelung. Diese Einbindung mag im ersten Moment kontraproduktiv erscheinen, weil eventuell den betrieblichen Belangen widersprechende Interessen auf die Tagesordnung kommen. Doch es gilt: Je früher, desto besser. Späte Korrekturen sind viel schwieriger und provozieren Ärger und fehlende Akzeptanz. Arbeiten Betriebsrat und Mitarbeiter dagegen an der Gestaltung der neuen Arbeitszeit von Beginn an mit, brauchen Sie sie später nicht mehr zu überzeugen. Diese frühzeitige Einbindung alleine fördert allgemein die Motivation, Zufriedenheit und Identifikation.

Späte Korrekturen sind schwierig und provozieren Ärger und fehlende Akzeptanz

20.5.3 Hürden bei einer Arbeitszeitveränderung

Die Einführung flexibler Arbeitszeiten fordert von allen Beteiligten eine grundlegende Verhaltensänderung. Daher ist mit folgenden Schwierigkeiten zu rechnen:

- **Gewohnheit:** Starre oder einfache Arbeitszeitregelungen gehen oft einher mit seit Jahren oder Jahrzehnten feststehenden Abläufen. Die „Das-machen-wir-schon-immer-so"-Einstellung gilt es zu überwinden, bei Mitarbeitern und Führungskräften. Dies schaffen Sie nur mit Gewalt oder in kleinen Schritten. Nicht die perfekte Lösung ist entscheidend, sondern die von allen Seiten getragene Änderung der Arbeitszeitregelung: „*Lieber heute eine kleine Änderung als morgen immer noch diskutieren*". Ist der Einstieg erst einmal geschafft, können alle Beteiligten ihre Erfahrungen sammeln. Weitere Änderungswünsche erfolgen dann auf der Basis von Praxiserfahrungen in Ihrem Betrieb.

Lang eingefahrene Gewohnheiten lassen sich nur in kleinen Schritten verändern – oder mit Gewalt

- **Finanzielle Nachteile für die Mitarbeiter:** Die Reduzierung zuschlagspflichtiger Überstunden ist der einzige Fall, wo Mitarbeiter mit finanziellen Nachteilen angesichts flexibler Arbeitszeit rechnen müssen. Demgegenüber stehen eine erhöhte Sicherheit der Arbeitsplätze in auslastungsschwachen Phasen und der Zugewinn an Lebensqualität durch eine bessere Abstimmung mit privaten Belangen.

Reduzierung zuschlagspflichtiger Überstunden

- **Die Einstellung Ihrer Führungskräfte:** Solange Anwesenheitszeit mit Leistung verwechselt wird, stößt flexible Arbeitszeit schnell an ihre Grenzen. Eine Zeitkultur, die lange Arbeitszeiten als Zeichen von Engagement und Loyalität herausstellt, widerspricht dem Flexibilitätsgedanken. Hier bedarf es als Erstes einer Änderung in der Einstellung Ihrer Führungskräfte, bevor Sie Zeitflexibilität Ihrer Mitarbeiter fordern. Wichtig ist das Ergebnis, nicht die Anwesenheit. Führungskräfte müssen es nicht nur aushalten, sondern auch gutheißen können, wenn Mitarbeiter in eigener Verantwortung z.B. früher Feierabend machen.

Solange Anwesenheitszeit mit Leistung verwechselt wird, stößt flexible Arbeitszeit schnell an ihre Grenzen

- **Gerüchteküche:** Änderungen der Arbeitszeit interessieren jeden Mitarbeiter – und sie betreffen jeden. Geheimniskrämerei oder unklare Informationen sorgen frühzeitig für Gerüchte bis hin zu Misstrauen. Diese Verunsicherung durch klare Informationspolitik zu vermeiden ist der erste Schritt zur erfolgreichen Einführung einer neuen Arbeitszeit.

20.5.4 Zeiterfassung – ja oder nein

Die Abschaffung der Zeiterfassung und damit die Einführung von Vertrauensarbeitszeit ist eine Frage der Unternehmenskultur. Wenn Vertrauen die stabile Geschäftsgrundlage für die Zusammenarbeit aller Be-

Vertrauensarbeitszeit ist eine Frage der Unternehmenskultur

Alle Arbeitszeiten, die täglich acht Stunden überschreiten, müssen dokumentiert werden

teiligten im Betrieb ist, kann auf die Erfassung der täglichen Arbeitszeit verzichtet werden. Es ist jedoch sicherzustellen, dass gemäß § 16, Abs. 2 Arbeitszeitgesetz alle Arbeitszeiten dokumentiert werden, die täglich acht Stunden überschreiten. Eine Selbstaufschreibung durch die Mitarbeiter ist zulässig.

Bei der Vertrauensarbeitszeit verzichten die Führungskräfte auf die Kontrolle von Beginn und Ende der täglichen Arbeitszeit. Auch die Mitarbeiter verzichten auf die genaue Erfassung der Anwesenheits- und Arbeitszeit. Solange Führungskräfte misstrauisch sind, dass Mitarbeiter dieses Vertrauen zu ihren Gunsten ausnutzen und weniger arbeiten und solange Mitarbeiter akribisch darauf achten, dass jede Minute Anwesenheit erfasst und als Arbeitszeit gutgeschrieben wird, solange ist Zeiterfassung unverzichtbar. Diese Form von Zusammenarbeit und Unternehmenskultur muss erst überwunden sein, dann erreichen Sie
- noch mehr unternehmerische Eigenverantwortung bei den Mitarbeitern,
- einen Anreiz bei den Mitarbeitern, ihre Arbeitszeit bedarfsgerecht, optimal und effizient einzusetzen,
- eine Stärkung der Zufriedenheit und Motivation Ihrer Mitarbeiter,
- die einfachste und kostengünstigste Form der Zeiterfassung.

Elektronische Zeiterfassung

Für eine elektronische Zeiterfassung sprechen:
- Arbeitszeit = Anwesenheitszeit (in vielen Schichtmodellen gegeben),
- Arbeitszeit wird objektiv gemessen,
- die Nachweispflicht gem. Arbeitszeitgesetz wird problemlos erfüllt,
- Zuschläge werden automatisch und sicher abgerechnet,
- komplexe Regelungen können elektronisch verwaltet werden,
- Führungskräfte und/oder Mitarbeiter legen Wert auf Zeitkontrolle.

Selbsterfassung durch die Mitarbeiter

Als Alternative zur elektronischen Zeiterfassung gilt die Selbsterfassung durch die Mitarbeiter:
- Sie ist das einzige genaue Erfassungsverfahren, da die Mitarbeiter zwischen Anwesenheit und Arbeitszeit differenzieren können. Voraussetzung: Sie machen es auch.
- Sie bedarf keinerlei Technik und System.
- Sie ist ortsungebunden.
- Sie erfüllt die Nachweispflicht gemäß Arbeitszeitgesetz.
- Sie ermöglicht Arbeitszeitflexibilisierung ohne Technik.
- Sie symbolisiert die Vertrauensbeziehung zwischen Mitarbeitern und Führungskräften.

20.6 Arbeitszeitregelungen in der Praxis

20.6.1 Gleitzeit

Gleitzeit ist das in Verwaltungsbereichen am meisten verbreitete Zeitmodell. Die wichtigsten Elemente von Gleitzeit sind

- die **Kernzeit,** in der alle Mitarbeiter anwesend sein müssen,
- **Gleitphasen zu Beginn und Ende der Arbeitszeit,** in denen die Mitarbeiter eigenverantwortlich das Kommen und Gehen bestimmen,
- ein **Gleitzeitkonto,** auf dem Zeitguthaben oder -manko festgehalten werden, meist ohne Zuschläge,
- ein **Ausgleichszeitraum,** innerhalb dessen das Gleitzeitkonto definierte Grenzwerte an Guthaben oder Minusstunden nicht überschreiten darf,
- die Möglichkeit von **halben oder ganzen Gleittagen.**

Die wichtigsten Elemente von Gleitzeit

Gleitzeit ist ein guter Einstieg in die Flexibilisierung von Arbeitszeit. Durch die Eigenverantwortung bezüglich Beginn und Ende der täglichen Arbeitszeit und die Möglichkeit freier Tage durch Gleitzeitguthaben wird für viele Mitarbeiter bereits ein Gestaltungsspielraum erreicht, der sich positiv auf die Zufriedenheit auswirkt. Nachteilig sind die manchmal engen Grenzen von Gleitphasen und Gleitzeitkonten, die bald Anlass zu Kritik seitens der Mitarbeiter geben können. Zu enge Grenzen entsprechen gelegentlich auch nicht den betrieblichen Notwendigkeiten.

Guter Einstieg in die Flexibilisierung von Arbeitszeit

20.6.2 Offene Arbeitszeit

Dieses vorrangig bei Führungskräften verbreitete Modell verzichtet auf jegliche Arbeitszeitregelung, oftmals konsequenterweise auch auf die Zeiterfassung. Im Vordergrund stehen eine Aufgabe und die zu erreichenden Ziele. Die Mitarbeiter werden ihrer Leistung und Verantwortung entsprechend vergütet, nicht nach ihrer Arbeits- oder Anwesenheitszeit.

Verzicht auf jegliche Arbeitszeitregelung, oftmals konsequenterweise auch auf die Zeiterfassung

Führungskräfte arbeiten noch mehr als andere Mitarbeiter auf der Basis von Vertrauen. Das Vertrauen der Unternehmensleitung in ihre Führungskräfte ist zwingende Voraussetzung für das offene Arbeitszeitmodell. Die freie Gestaltung der Arbeitszeit ermöglicht es diesen Mitarbeitern, jederzeit private Interessen in den Vordergrund zu stellen. Das muss die Unternehmensleitung aushalten können und wollen, solange die betrieblichen Abläufe sichergestellt sind und die vereinbarten Ziele erreicht oder übertroffen werden.

Diese Freiheit in der Gestaltung der eigenen Arbeitszeit führt bei den weitaus meisten Mitarbeitern/Führungskräften zu einer deutlichen Stärkung ihrer Motivation und ihres Verantwortungsbewusstseins. Sie gehen nicht leichtfertig mit dieser Freiheit um, sondern werden sich noch mehr als bisher für die Belange des Unternehmens engagieren.

20.6.3 Schichtmodelle

Immer wenn betriebliche Anforderungen einen Zeitbedarf erforderlich machen, der mit der normalen Arbeitszeit der Mitarbeiter nicht mehr abgedeckt werden kann, sind Schichtmodelle erforderlich. Sie führen zu einer Erweiterung der Betriebszeiten, ohne dass sich die Arbeitszeiten der einzelnen Mitarbeiter erhöhen. Trotzdem führen Schichtpläne zu Belas-

Erweiterung der Betriebszeiten, ohne dass sich die Arbeitszeiten der einzelnen Mitarbeiter erhöhen

tungen bei den Mitarbeitern, die sich auf Motivation und Leistungsfähigkeit auswirken können.

Bei der Schichtplangestaltung sollten Sie insbesondere beachten:

Die Frühschicht sollte nicht zu früh beginnen
- Sofern betrieblich möglich, sollte die Frühschicht nicht zu früh beginnen, sondern zwischen 6.00 und 7.00 Uhr. Die Zeit von 22.00 bis 6.00 Uhr gilt als besonders leistungsschwach, was viele Untersuchungen bewiesen haben. Mit der körperlich reduzierten Leistungsfähigkeit einher geht ein erhöhtes Unfallrisiko.

Länge der Schichten den Anforderungen und Belastungen der Arbeit anpassen
- Passen Sie die Länge der Schichten den Anforderungen und Belastungen der Arbeit an. Es ist durchaus praktikabel, an Arbeitsplätzen mit abwechslungsreicher Tätigkeit ohne besondere Erschwernisse oder Umwelteinflüsse eine etwas längere Arbeitszeit einzuplanen als an sehr eintönigen oder belastenden Arbeitsplätzen. Ein Wechsel zwischen diesen Tätigkeiten schafft den Ausgleich, der zur Erreichung der vertraglichen Arbeitszeit notwendig ist und gleichzeitig Unzufriedenheit über nicht so attraktive Arbeitsinhalte verringert.

Ein regelmäßiger Schichtwechsel beugt einseitigen Belastungen vor
- Wechselschicht ist besser als dauernde Früh-, Spät- und Nachtschicht. Auch wenn es immer wieder Mitarbeiter gibt, die z.B. lieber in einer Dauer-Nachtschicht arbeiten wollen, ist dies für die große Mehrheit aller Mitarbeiter eine erhebliche Belastung. Bereits nach einigen Monaten ist eine permanente Übermüdung erkennbar, die die Leistungsfähigkeit reduziert, zu verstärkter Gereiztheit und verminderter Belastbarkeit führt. Die Folge sind eine zunehmende Unzufriedenheit, steigende Ausfälle und Fluktuation. Ein regelmäßiger Schichtwechsel reduziert diese Nachteile.
- Planen Sie im Drei- und Mehrschichtbetrieb immer mit Vorwärtsrotation (Früh-Spät-Nacht). Dieser Rhythmus hat sich als weniger belastend erwiesen als die umgedrehte Reihenfolge. Er führt zudem für die Mitarbeiter zu attraktiveren Blöcken bei den Freizeitphasen.
- Probieren Sie im Zwei-, Drei- und Mehrschichtbetrieb Schichtwechsel bereits nach zwei, drei oder vier Tagen. Die Gewohnheit klassischer Schichtmodelle mit Schichtwechsel am Wochenende spricht zwar dagegen, doch viele Betriebe haben mit den kurzen Wechseln positive Erfahrungen gemacht. Sie sind für die Mitarbeiter weniger belastend.

Gestaltungsfreiräume durch Freischichttage
- Geben Sie Ihren Mitarbeitern Gestaltungsfreiräume durch Freischichttage, über die sie selbst verfügen können. Manche Zwänge oder Belastungen lassen sich besser akzeptieren und aushalten, wenn als Gegengewicht Freiräume bestehen.

Blockfreizeiten über zwei, drei und vier Tage
- Ermöglichen Sie Ihren Mitarbeitern Blockfreizeiten über zwei, drei und vier Tage. Einzeltage haben nur einen sehr begrenzten Wert.

20.6.4 Arbeitszeitkonten

Schwankungen in der täglichen, wöchentlichen und monatlichen Arbeitszeit werden über Arbeitszeitkonten reguliert. Sie funktionieren wie ein Girokonto bei der Bank: Je nach Umfang der geleisteten und erfassten Arbeitszeit ist sowohl ein Guthaben als auch ein Minus möglich. Anders als bei einem Girokonto werden jedoch auch für das Guthaben Grenzwerte festgelegt, es bestehen „Spielregeln", wie Guthaben und Minusstunden auszugleichen sind und es gibt weder Guthaben- noch Schuldzinsen.

Regulieren von Schwankungen in der täglichen, wöchentlichen und monatlichen Arbeitszeit

Damit Arbeitszeitkonten auch einen Beitrag zur Motivation und Zufriedenheit der Mitarbeiter leisten können, sind folgende Aspekte wichtig:

So dienen Arbeitszeitkonten der Motovation

- Beginnen Sie mit einem Arbeitszeitkonto immer in einer Phase hoher Auslastung. Es ist psychologisch wichtig, dass sich zunächst Guthaben auf dem Konto ansammelt, bevor durch auslastungsschwache Zeiten ein Negativsaldo erscheint.

Mit Guthaben einsteigen

- Lange Ausgleichszeiträume (z.B. ein Jahr) sind besser als kurze. Je kürzer der Zeitraum (z.B. ein Monat) desto mehr zwingen Sie die Mitarbeiter, Monat für Monat die gleiche Arbeitszeit zu leisten und Kapazitätsschwankungen im Laufe des Jahres nicht zu berücksichtigen.

Lange Ausgleichszeiträume sind besser als kurze

- Durch lange Ausgleichszeiträume ermöglichen Sie auch hohe Grenzwerte für Plus- und Minusstunden, die zu wesentlich besserer Flexibilität führen. Die Mitarbeiter begrüßen das in der Regel, denn ihr Gestaltungsspielraum verbessert sich dadurch. Sie sind jetzt nicht mehr gezwungen, auch in auslastungsschwachen Zeiten am Arbeitsplatz zu verharren. Gleichzeitig wissen sie, dass in Zeiten hohen Arbeitsanfalls keine Stunden durch Kappung verloren gehen. Dies fördert sehr deutlich die Bereitschaft zur bedarfsorientierten Arbeitszeit.

- Legen Sie den Grenzwert für Minusstunden nicht zu niedrig. Idealerweise ist er genauso hoch wie der Grenzwert für Plusstunden (Plus 100 Stunden, minus 100 Stunden). Je größer die Abweichung zwischen diesen beiden Werten, umso stärker machen Sie deutlich, dass Minusstunden nicht erwünscht sind. Damit untergraben Sie Ihre Bemühungen und die Bereitschaft der Mitarbeiter zur Flexibilisierung.

Grenzwert für Minusstunden nicht zu niedrig legen

- Geben Sie Ihren Mitarbeitern Verantwortung für die Steuerung ihres Arbeitszeitkontos. Bewährt hat sich das sog. Ampelmodell: Bis zu einem bestimmten Plus- oder Minusvolumen auf dem Konto hat der Mitarbeiter die alleinige Verantwortung über die Verfügung dieser Stunden. Bei der Überschreitung dieses Volumens übernehmen der Vorgesetzte und Mitarbeiter diese Verantwortung gemeinsam und klären, wie das Zeitkonto gesteuert werden soll. Wird ein weiterer Grenzwert überschritten, kann die Arbeitszeit jetzt alleine vom Vorgesetzten oder der Abteilungsleitung solange bestimmt werden, bis weniger kritische Grenzwerte erreicht sind.

Ampelmodell zur Steuerung des Arbeitszeitkontos

- Die Ansammlung hoher oder gar unbegrenzter Zeitguthaben ermöglicht den Mitarbeitern eine geblockte Freizeitphase (bezahlter Langzeiturlaub, Sabbatical), Reduzierung auf Teilzeit bis zum Ausgleich des Arbeitszeitkontos oder eine Verkürzung der Lebensarbeitszeit bzw. einen gleitenden Übergang in den Ruhestand.

Geblockte Freizeitphasen durch Ansammlung hoher oder gar unbegrenzter Zeitguthaben

20.7 Rechtliche Rahmenbedingungen

Bestimmungen des Arbeitszeitgesetzes, von Tarifverträgen, Betriebsvereinbarungen und einzelvertraglichen Regelungen beachten

Die Gestaltung der Arbeitszeit unterliegt den Bestimmungen des Arbeitszeitgesetzes, von Tarifverträgen, Betriebsvereinbarungen und den Regelungen im Einzelarbeitsvertrag.

Entsprechend können die sich daraus ergebenden Möglichkeiten sehr unterschiedlich sein. In Betrieben mit Betriebsrat unterliegt die Regelung der Arbeitszeit der zwingenden Mitbestimmung des Betriebsrates. Dies beginnt bei der Anordnung von Überstunden und schließt die Einführung jeglicher Arbeitszeitmodelle ein.

Eine einseitige Veränderung der Arbeitszeiten im Unternehmen ist unter diesen Bedingungen nicht möglich, wenn man von besonderen Notfällen absieht. Die Notwendigkeit zur Vereinbarung zwischen Mitarbeiter/Betriebsrat und Arbeitgeber und die Art, wie diese Vereinbarung erzielt wird, spiegeln Kultur, Klima und Vertrauensbeziehungen im Betrieb wider. Ein offene und vertrauensvolle Zusammenarbeit ermöglicht eine hohe Flexibilisierung der Arbeitszeit zum Vorteil des Betriebes und seiner Mitarbeiter.

21 Sozialleistungen

Nebenleistungen aus dem Arbeitsverhältnis, die zusätzlich zum vereinbarten Entgelt gewährt werden

Bei den betrieblichen Sozialleistungen handelt es sich um Nebenleistungen aus dem Arbeitsverhältnis, die zusätzlich zum vereinbarten Entgelt gewährt werden. In einigen Unternehmen und Organisationen haben sie jedoch eine Größenordnung erreicht, dass sie beinahe als ein zweites Gehalt gelten können. Dabei sind die freiwilligen Sozialleistungen eine Ergänzung zu den gesetzlichen oder tarifvertraglichen Leistungen. Alle Sozialleistungen, die auf freiem Entschluss des Arbeitgebers beruhen und auch als freiwillige Leistung eindeutig definiert sind, beinhalten grundsätzlich keinen Rechtsanspruch der Arbeitnehmer.

Während z.B. in der Old Economy seit vielen Jahren daran gearbeitet wird, den Umfang dieser Nebenleistungen zu reduzieren, weil sie als nicht mehr zeitgemäß und bezahlbar gelten, war in vielen Unternehmen der New Economy eine gegenteilige Entwicklung zu beobachten: Sportwagen, Segelunterricht, Incentive-Reisen, Gutscheine u.a. Viele Leistungen wurden eingeführt nach dem Motto *„Ein erfolgreiches Unternehmen braucht zufriedene Mitarbeiter – und besondere Sozialleistungen sind wichtig für die Zufriedenheit".*

Doch die Boomjahre sind vorbei und viele aufstrebende Unternehmen haben das Angebot an Sozialleistungen ihrer Kostenstruktur angepasst. Welche Bedeutung haben betriebliche Sozialleistungen nun wirklich?

21.1 Die Bedeutung von Sozialleistungen

Im Gegensatz zu den Großbetrieben wird die Bedeutung von freiwilligen Sozialleistungen in mittelständischen Unternehmen eher niedrig gesehen. Doch gerade durch das gezielte Angebot ausgewählter Leistungen können sich diese Unternehmen positiv im Arbeitsmarkt hervorheben und damit ihre Anziehungskraft auf Leistungsträger verstärken.

Sich durch das gezielte Angebot ausgewählter Leistungen positiv im Arbeitsmarkt hervorheben

Sozialleistungen, die als Privilegien angesehen werden, weil sie nicht in jedem Betrieb vorzufinden sind, fördern nicht nur die Verbundenheit der Mitarbeiter mit ihrem Betrieb. Sie erzeugen darüber hinaus Emotionen wie z.B. Stolz, Zufriedenheit, Loyalität oder Identität. Einige Zusatzleistungen wirken wie ein direkter Leistungsanreiz.

Sozialleistungen können jedoch nur dann eine positive Wirkung entfalten, wenn sie in ein mitarbeiter- und leistungsfreundliches Umfeld eingebettet sind. Entscheidend für dieses Umfeld ist das Verhalten der Führungsspitze im Betrieb: Sie sind die Vorbildgeber und bestimmen, ob sich Leistung lohnt. Art, Umfang und Umsetzung der Sozialleistungen unterstreichen die Ausrichtung. Sie sind Bestandteil der Führungskultur.

Abhängig von der Interessen- und Bedürfnislage jedes einzelnen Mitarbeiters entfalten alle Sozialleistungen eine andere Wirkung.

Die Wirkung der Sozialleistung hängt von den jeweiligen Bedürfnissen des Mitarbeiters ab

Ein Beispiel: Ein Betrieb mit einem größeren Frauenanteil hat sich für die Einrichtung einer Nachmittagsbetreuung für Kinder im Grundschulalter entschieden. Obwohl das Unternehmen nicht besonders gut bezahlt und die Arbeit schwer ist, ist diese Sozialleistung für die allein erziehende Mutter einer sechsjährigen Tochter ein sehr wichtiges Kriterium, allerdings nur, solange die Tochter zur Grundschule geht.

21.1.1 Sozialleistungen decken Bedürfnisse

Damit soziale Leistungen des Betriebes ihre volle Wirkung entfalten können, müssen sie wesentliche Bedürfnisse in der Belegschaft abdecken. Sozialleistungen, die an diesen Bedürfnissen vorbei konzipiert sind, sind nicht nur wirkungslose Geldverschwendung, sondern können sogar demotivierend wirken.

Falsch konzipierte Sozialleistungen können sogar demotivierend wirken

Ein Beispiel: Ein mittelständisches Unternehmen der IT-Industrie befand sich seit einem Jahr in wirtschaftlichen Turbulenzen, 1/4 der Mitarbeiter hatte das Unternehmen bereits verlassen. Zur Aufhellung des Betriebsklimas entschied sich der Vorstand für die Einführung eines Incentive-Programms: In jedem Monat sollten 1 bis 2 Mitarbeiter, die durch besondere Leistungen oder Zuverlässigkeit auffielen, mit einer besonderen Sachleistung prämiert werden. Zu diesen Leistungen zählten ein Wochenende Porsche fahren, eine Ballonfahrt für 2 Personen, ein Tag im Badeland für die ganze Familie etc.

Nach drei Monaten musste die Unternehmensleitung erkennen, dass dieses Programm nicht nur wirkungslos war, sondern von den Mitarbeitern sogar mit Unverständnis betrachtet wurde. Warum? Jeder hatte Angst um seinen Arbeitsplatz, das Überleben des Betriebes war in keiner Form gesichert.

Die Mitarbeiter erwarteten Informationen, wie es weiter ging und was getan werden musste. Dies hätte zur Verbesserung des Betriebsklimas beigetragen und die Motivation gestärkt. Die Incentives wurden dagegen als manipulierender Ablenkungsversuch abgelehnt.

Holen Sie Ihre Mitarbeiter dort ab, wo sie stehen! Wenn sich Mitarbeiter Sorgen um die Sicherheit ihrer Arbeitsplätze und damit um ihre Zukunft machen, sind Sachprämien, Boni-Regelungen, Fitness-Angebote oder Betriebsfeiern deplatziert.

Einzelne Bedürfnisfelder durch Zusatz- oder Sozialleistungen gezielt ansprechen

Die nachfolgende Übersicht gibt eine Orientierung, wie einzelne Bedürfnisfelder durch Zusatz- oder Sozialleistungen gezielt angesprochen werden können, ohne dabei vollständig sein zu können:

- **Bedürfnis nach sozialem Kontakt:** Kantine, Tee-/Kaffeeküche, Pausenraum, Betriebsausflug, Feiern im Kollegenkreis, Betriebsfeste, Betriebssport.
- **Bedürfnis nach Sicherheit:** Weiterbildung, insbesondere Anpassungsfortbildung, Fahrtrainings und Schleuderkurse für Autofahrer, Werksbus, Unfall-, Haftpflicht-, Zusatzkranken- oder Berufsunfähigkeitsversicherung, Direktversicherung oder andere betriebliche Formen der Altersversorgung, Absicherung der Familie im Todesfall des Mitarbeiters, erhöhter Kündigungsschutz, Outplacementberatung und Transfergesellschaften bei Arbeitsplatzverlust.
- **Bedürfnis nach Gesunderhaltung:** ergonomische Arbeitsplätze, Sport- und Fitnessangebote bzw. -gutscheine, regelmäßige medizinische Beratung oder Checks, gesunde Ernährung durch Kantinenangebot.
- **Bedürfnis nach Anerkennung:** eigene Arbeitseinteilung, Prämienregelung, variable Vergütung, Incentives wie Reisen, Gutscheine, befristeter Fahrtkostenzuschuss oder andere Geschenke.
- **Bedürfnis nach Selbstbestimmung:** Teilzeit, freie Zeiteinteilung durch Gleitzeit, Jahres- oder Lebensarbeitszeit, offene Arbeitszeitmodelle, unbezahlte Freistellung (Sabbatical), Abschaffung der Zeiterfassung, Home-Office.
- **Bedürfnis nach Flexibilität und Freizeit:** freie Arbeitszeiteinteilung, Jahres- oder Lebensarbeitszeit, Altersteilzeit, Sabbatical, Sonderurlaub oder mehr Urlaubstage.
- **Bedürfnis nach Berücksichtigung familiärer Interessen:** Teilzeitarbeit speziell vormittags, Arbeitszeitregelungen für die Schulferien, Beihilfen und/oder Sonderurlaub bei Heirat und Geburt, Kindergartenzuschuss, Kinderbetreuung im Betriebskindergarten/-hort, Schulkostenzuschuss.
- **Bedürfnis nach Eigentum:** Firmenwagen, Arbeitgeberdarlehen, Kapitalbeteiligung am Unternehmen.
- **Bedürfnis nach Komfort, Status und Prestige:** attraktiver Firmenwagen, Firmenparkplatz, First-Class-Flüge oder Bahncard 1. Klasse, besondere Clubmitgliedschaften, besondere Büroausstattung oder Bürolage.

- **Bedürfnis nach persönlicher Weiterentwicklung:** Coaching, Förderung persönlicher Weiterbildung, Personalentwicklungs- und Karrierepläne, Möglichkeit von Auslandsaufenthalten, befristete und unbezahlte Freistellung (Sabbatical) aus persönlichen Gründen wie längere Weiterbildung, große Reise oder Kindererziehung, Unterstützung ehrenamtlicher Aufgaben.

21.1.2 Sozialleistungen bewusst machen

Betriebliche Sozialleistungen gelten schnell als Selbstverständlichkeit. Für den Betrieb ein ernst zu nehmender Kostenblock, doch von vielen Mitarbeitern werden sie kaum als besondere Leistung wahrgenommen. Sie erzielen einen Mitnahmeeffekt, ohne dass der Nutzen gewürdigt wird. Was können Sie tun, um dem entgegenzuwirken?

Viele Sozialleistungen werden kaum als besondere Leistung wahrgenommen

- **Stellen Sie Ihre Sozialleistungen den Mitarbeitern bewusst vor!** Viele Betriebe haben eine kleine Broschüre für neu eintretende Mitarbeiter erstellt, in denen auch die Sozialleistungen beschrieben werden. Das ist eine Möglichkeit. Eine andere ist, in wechselnder Reihenfolge monatlich oder quartalsweise gezielt eine Leistung allen Mitarbeitern vorzustellen: Beschreibung der Leistung, Wege der Inanspruchnahme, Nutzen und Vorteile für den Mitarbeiter, Ziel des Unternehmens, Kosten für den Betrieb, Ansprechpartner etc.
- **Befristen Sie das Angebot der Sozialleistungen mit der Möglichkeit, das Angebot immer wieder zu verlängern** (unter Ausschluss eines rechtlichen Anspruchs für die Zukunft!). Immer, wenn sich Menschen anschließend bewusst für die weitere Inanspruchnahme entscheiden, werden sie die Leistung auch bewusst wahrnehmen.
- **Beziffern Sie den durchschnittlichen Wert der einzelnen Sozialleistungen je Mitarbeiter!** Solange der Wert einer Leistung unbekannt oder undeutlich ist, wird sie auch nicht wertgeschätzt, nach dem Motto „Was nichts kostet, taugt nichts". Wirken Sie dem entgegen, indem Sie sich von Ihrem Steuerberater, Buchhalter oder Controller ausrechnen lassen, welchen geldwerten Vorteil jede Sozialleistung für den einzelnen Mitarbeiter bedeutet. Stellen Sie die Ergebnisse Ihren Mitarbeitern vor, z.B. auf einer Betriebsversammlung, als Anhang zur Lohnabrechnung, per E-Mail oder Aushang und sorgen Sie damit für eine bewusste Kenntnisnahme und Diskussion über Ihre Sozialleistungen.

Machen Sie nachvollziehbar, welchen geldwerten Vorteil jede Sozialleistung bedeutet

- Einige große Unternehmen sind den Weg des sog. **Cafeteria-Systems** gegangen. Das heißt, wichtige oder auch alle Sozialleistungen werden wie in einer Cafeteria den Mitarbeitern zur Auswahl angeboten. Jede Einzelleistung ist nach den Kosten bewertet, die sie dem Betrieb personenbezogen verursachen. Jeder Mitarbeiter kann über ein bestimmtes Kostenvolumen nach eigenem Ermessen verfügen. Damit hat jeder Mitarbeiter die Möglichkeit, sich die Sozialleistungen auszusuchen, die ihm am wichtigsten sind, wobei einige Leistungen jährlich neu ge-

Im Cafeteria-System können Sozialleistungen bewusst ausgewählt werden

wählt werden können, andere jedoch (z.B. ein Firmen-PKW) eine langfristige Bindung bedeuten.

Königsweg, um Sozialleistungen begreifbar und bewusst zu machen

Der fachliche Anspruch in der Umsetzung und der organisatorische Aufwand, der mit diesem System verbunden ist, hält mittelständische Unternehmen oftmals davon ab, ein Cafetaria-System einzuführen. Allerdings ist es der Königsweg, um Ihre Sozialleistungen begreifbar und bewusst zu machen, sodass sie aktiv zur individuellen Zufriedenheit im Unternehmen beitragen und als gehaltsergänzende Bestandteile wahrgenommen werden.

21.1.3 Sozialleistungen altersbezogen

Unterschiedliche Bedürfnisschwerpunkte je nach Lebensalter

Die Bedeutung einzelner Sozialleistungen steht in besonderer Abhängigkeit zum Alter eines Mitarbeiters. So lassen sich nachfolgende Bedürfnisschwerpunkte immer wieder erkennen:

Gute Verdienstchancen und sofort nutzbare Vorteile für junge Mitarbeiter

- Besonders für **junge Mitarbeiter (zirka 25 bis 30 Jahre)** sind gute Verdienstchancen und sofort nutzbare Vorteile oder Leistungen von größerer Wichtigkeit. Hierzu zählen insbesondere gute Verdienstmöglichkeiten durch variable Vergütung, Gewinnbeteiligung, Weiterbildung als Grundlage für eine Karriere, flexible Zeiteinteilung zum Aufbau eines sozialen Umfeldes sowie vorzeigbare Sachleistungen wie Dienstwagen oder Incentive-Reisen.

Karriereentwicklung, Fragen der Lebensplanung und Absicherung

- Viele **Mitarbeiter im Alter von 25 bis 40 Jahren** haben eine Familie gegründet, möglicherweise fällt der Partner zur Sicherstellung des Lebensunterhaltes zumindest zeitweise aus. Leistungen zur Förderung der Familie sowie ein sicherer und regelmäßiger Verdienst bekommen eine zentrale Bedeutung. Fragen der Lebensplanung und Absicherung rücken in den Vordergrund, sodass Leistungen zur Altersvorsorge, Unfall- und Krankenversicherung besonders wichtig und beachtet werden.

   Andererseits werden in dieser Phase Karrieren entwickelt, die Bereitschaft zum Arbeitgeberwechsel ist in dieser Zeit noch ausgeprägt vorhanden. Sofern es die privaten Verhältnisse zulassen, wird auf Personalentwicklung mit Weiterbildung und Coaching sowie auf die freie Einteilung der Arbeitszeit großer Wert gelegt. Spätestens jetzt sollte der Einstieg in Regelungen zur Jahresarbeitszeit, Lebensarbeitszeit oder demografischen Arbeitszeit erfolgen.

Bewahren, Stabilisieren und Ausbauen des bisher Erreichten

- Die meisten **Mitarbeiter im Alter von zirka 40 bis 55 Jahren** haben die Zielposition ihrer beruflichen Laufbahn erreicht oder stehen kurz davor. Die Zeit für risikoreiche berufliche Experimente ist vorbei, im Vordergrund steht das Bewahren, Stabilisieren und Ausbauen des bisher Erreichten. Leistungen wie Dienstwagen, regelmäßigere Arbeitszeit, Altersversorgung, Unfall- und Krankenversicherung, Kantine, Gesundheitsförderung und emotionale Belohnungen sind besonders wichtig.

- Die vierte und **letzte Phase im Arbeitsleben** vor dem Übergang in den Ruhestand ist nicht so eindeutig wie die ersten drei Phasen.

Die wohl überwiegende Mehrzahl der Mitarbeiter wird stärker als bisher darauf achten, das Erreichte zu bewahren. Das Verhalten wird immer sicherheitsorientierter. Dies betrifft die Sicherheit des Arbeitsplatzes und die Bedeutung von Jubiläen und Ehrentagen genauso wie die finanzielle Absicherung des nahenden Ruhestandes. Die Möglichkeit eines gleitenden Übergangs in den Ruhestand, wie es derzeit durch Altersteilzeit möglich ist, wird sehr geschätzt.

Das Verhalten wird immer sicherheitsorientierter

Die andere Gruppe der älteren Mitarbeiter wird eher geleitet von dem Gedanken „*Das soll alles gewesen sein?*". Diese Mitarbeiter wollen noch einmal richtig gefordert werden, um sich und anderen zu beweisen, dass sie nicht zum „alten Eisen" gehören. Natürlich haben auch hier Fragen der Alterssicherung, Kranken- und Unfallversicherung eine hohe Bedeutung, doch daneben stehen genauso wichtig freie Zeiteinteilung, emotionale Belohnungen und Gesundheitsförderung.

Freie Zeiteinteilung, emotionale Belohnungen und Gesundheitsförderung

Ein anderer, doch sehr zentraler Aspekt wird, dass diese Mitarbeiter selber zum Bestandteil von Sozialleistungen für jüngere Mitarbeiter werden. Sie übernehmen Aufgaben als interne Coachs oder Mentoren, sie tragen den Know-how-Transfer auf jüngere Mitarbeiter durch Weiterbildung und interne Beratung. Gefragt und nicht abgeschoben zu werden ist eine immaterielle Sozialleistung mit sehr hoher Signalwirkung auch für jüngere Mitarbeiter. Doch auch diese Mitarbeiter schätzen dann den gleitenden Übergang in den Ruhestand.

Aufgaben als interne Coachs oder Mentoren

21.1.4 Cafeteriasystem

Wie in einer Cafeteria werden den Mitarbeitern bestimmte Sozialleistungen zur Auswahl angeboten. Mit diesem System wird eine Brücke geschlagen zwischen dem althergebrachten Sozial- und Fürsorgeprinzip betrieblicher Sozialleistungen nach dem Gießkannenverfahren und dem Erfolgs- und Leistungsprinzip entsprechend individueller Bedürfnisse der Mitarbeiter. Der Mitarbeiter wählt im Rahmen des ihm zur Verfügung stehenden Budgets sein Wunschleistungspaket aus und legt sich damit für einen definierten Zeitraum fest.

Brücke zwischen dem Sozial- und Fürsorgeprinzip und dem Leistungsprinzip

Voraussetzung für die Auswahl ist die Bewertung der einzelnen Leistungen aus betrieblicher Sicht. Dabei ist sicherzustellen, dass die Auswahlpakete in ihrer Zusammenstellung und in ihrem Wert passen. Die Bewertung ist gleichzeitig auch ein großer Nachteil dieses Systems, da sie nicht immer einfach vorzunehmen ist und regelmäßig aktualisiert werden muss. Dazu kommt die Notwendigkeit der individuellen Beratung der Mitarbeiter, ob und welche Vorteile das jeweilige Leistungspaket für den Einzelnen hat. Ein Beispiel mit drei alternativen Angeboten verdeutlicht dies:

Problematisch: Bewertung der einzelnen Leistungen aus betrieblicher Sicht

Paket 1: Firmen-PKW zur privaten Nutzung

Mit der Leasingrate ist der monatliche Kostenblock für das Unternehmen im Wesentlichen umrissen. Verbrauchskosten durch betrieblich veranlasste Dienstfahrten bleiben in der Kalkulation außen vor.

Der finanzielle Nutzen für den Mitarbeiter: Er trägt keine Anschaffungskosten oder Leasingrate, keine Reparaturkosten, Reifenwechsel, Versicherung und Steuern, hat derzeit jedoch 1 Prozent des Brutto-Listenpreises sowie die Km-Pauschale zwischen Wohnung und Arbeitsplatz als geldwerten Vorteil zu versteuern. Der verbleibende finanzielle Effekt wird die Entscheidung des Mitarbeiter beeinflussen.

Das Angebot eines Dienstwagens können Sie für die Dauer des Leasingvertrages befristen, danach kann neu entschieden werden.

Paket 2: Direktversicherung, vom Arbeitgeber finanziert

Die Höhe dieser Leistung können Sie bis zu einem gesetzlich festgelegten Maximalbetrag individuell bestimmen.

Der finanzielle Nutzen für den Mitarbeiter: Der Arbeitgeber zahlt den Beitrag zur Direktversicherung sowie die Pauschalsteuer. Sie bieten damit eine voll arbeitgeberfinanzierte Altersvorsorge.

Die Laufzeit dieser Leistung können Sie ebenfalls befristen und anschließend als Versicherung durch Entgeltumwandlung weiterführen.

Paket 3: Familien- und Gesundheitsförderung

Die Palette reicht vom arbeitgeberfinanzierten Kindergartenzuschuss, Kinderbetreuung im Betrieb, Zusatzurlaub für Eltern mit Kindern bis zum x-ten Lebensjahr, betrieblich finanzierte Fitness- und Sportangebote, Kuren oder Zusatz-Krankenversicherungen. Die vielen Möglichkeiten und die Schwierigkeiten der Kostenermittlung machen die Zusammenstellung eines geeigneten Paketes etwas aufwändiger als in den vorgenannten Fällen.

Der finanzielle Nutzen für den Mitarbeiter: Je nach Inhalt des Paketes eine direkte Kostenentlastung oder Einkommensverbesserung. Dazu kommt, sicherlich schwerer zu bewerten, der ideelle Nutzen.

Auch die Laufzeit dieser Leistung können Sie eindeutig befristen.

Hoher Aufwand   Die Nachteile bei der Einführung eines Cafeteriasystems liegen in seinem Aufwand. Großunternehmen, die ein solches System eingeführt haben, veranschlagen für die Konzeption und Einführung einen Betrag von zirka 2 Prozent der Entgeltsumme der einbezogenen Mitarbeiter, als laufenden Verwaltungsaufwand zirka 0,2 Prozent dieser Entgeltsumme. Für mittelständische Betriebe werden diese Prozentsätze nicht reichen, denn der Einführungs- und Aktualisierungsaufwand ist unabhängig von der Mitarbeiterzahl.

Diesen Nachteilen stehen aber erhebliche Vorteile gegenüber.
- Vorteile für die Unternehmen:
    - Förderung des Kostenbewusstseins
    - Größere Transparenz der Sozialleistungen
    - Förderung der Zufriedenheit bei den Mitarbeitern

- Verbesserung des Image intern, extern und gegenüber Bewerbern
- Optimierung des Personalkostenbudgets
• Vorteile für die Mitarbeiter:
  - Höherer Netto-Entgelt-Effekt
  - Anpassung an persönliche Bedürfnisse
  - Stärkere Mitbestimmung
  - Wiederkehrende Wahlmöglichkeit

Bitte beachten Sie, dass bei Unternehmen mit Betriebsrat die Ausgestaltung und Veränderung von Sozialleistungen der Mitbestimmung gemäß § 87 Betriebsverfassungsgesetz unterliegt.

21.2 Sozialleistungen von A bis Z

Arbeitgeberdarlehen

Immer wieder geraten Mitarbeiter in finanzielle Not. Dies ist der Hauptgrund, weshalb Arbeitgeber um Gewährung eines Darlehens gebeten werden. Viele Betriebe kommen dieser Bitte meistens nach. Dabei sollten nachfolgende Punkte beachtet werden:
- Vereinbaren Sie ein Darlehen immer schriftlich vor der Auszahlung.
- Legen Sie in der Darlehensvereinbarung den Auszahlungsbetrag, den Auszahlungstermin und die Rückzahlungsmodalitäten mit Fälligkeitstermin fest.
- Die Rückzahlung erfolgt üblicherweise durch monatliche Ratenzahlung. Diese Raten werden mit der Entgeltabrechnung vom monatlichen Netto einbehalten. Beachten Sie, dass die Pfändungsfreigrenze nicht unterschritten werden darf.

Die Raten werden mit der Entgeltabrechnung vom monatlichen Netto einbehalten

- Vereinbaren Sie die Darlehensrückzahlung so, dass die Raten nicht durch Pfändungen nach hinten gedrängt werden können. Ihr Steuerberater ist Ihnen hier sicherlich behilflich.
- Legen Sie fest, wie und wann das Darlehen bei einem Ausscheiden des Mitarbeiters zurückzuzahlen ist.

Die Gewährung eines Darlehens wird, wenn überhaupt, nur eine kurzfristige Steigerung der Motivation zur Folge haben. Doch dies ist auch nicht das Ziel. Vielmehr vermitteln Sie Ihrem Arbeitnehmer ein Gefühl von Sicherheit, Zuverlässigkeit und Hilfsbereitschaft. Dies sind Werte, die heute nicht mehr selbstverständlich sind und vom Mitarbeiter in den allermeisten Fällen mit Loyalität beantwortet werden. Die Tatsache, dass Ihr Mitarbeiter durch das Darlehen eine Sorge weniger hat, hilft ihm zudem, sich wieder stärker auf die Arbeit konzentrieren zu können.

Nur kurzfristige Motivationssteigerung, aber Loyalitätszuwachs

Bahncard

Die Bahncard kann vom Arbeitgeber (noch) steuerfrei übernommen werden. Mit der Bahncard 50 z.B. werden sowohl Privat- als auch Dienstreisen des Mitarbeiters um die Hälfte günstiger.

Betriebliche Altersversorgung

Für den Arbeitgeber kostenneutrale Entgeltumwandlung

Sie ist seit dem 1.01.2002 im Gesetz zur Betrieblichen Altersversorgung (BetrAVG) neu und umfassend geregelt worden und basiert im Wesentlichen auf einer für den Arbeitgeber kostenneutralen Entgeltumwandlung. Durch den Abschluss eines Gruppenvertrages mit einem Versicherungsunternehmen können Sie Ihren Mitarbeitern einen echten Vorteil durch eventuell verbesserte Versicherungsbedingungen aufzeigen.

Bieten Sie Ihren Mitarbeitern zusätzlich die Möglichkeit der neutralen Beratung durch einen Experten dieser Versicherung. Es erhöht Ihre Glaubwürdigkeit und die Akzeptanz der Leistung.

Betriebliches Vorschlagswesen (Ideenmanagement)

Der einreichende Mitarbeiter erhält eine vom Nutzen seines Vorschlags abhängige Prämie

Jeder Mitarbeiter wird ermuntert, Vorschläge zur Verbesserung des betrieblichen Ablaufs, der Qualität und zur Kosteneinsparung einzureichen. Beinhalten diese Vorschläge einen konkreten Vorteil für das Unternehmen, erhält der einreichende Mitarbeiter eine vom Nutzen abhängige Prämie. Um die Attraktivität für die Mitarbeiter zu erhöhen, sind Betriebe zum Teil dazu übergegangen, generell eine kleine Prämie für jeden eingereichten Vorschlag zu zahlen, sofern er nicht offensichtlicher Unfug ist.

Direkter Leistungsanreiz, betrieblich mitzudenken und Potenziale aufzuzeigen

Die zu erreichenden Prämien sind ein direkter Leistungsanreiz, betrieblich mitzudenken und Potenziale aufzuzeigen. Wichtiger noch erscheint das Signal, dass Ideen und Vorschläge ausdrücklich erwünscht sind. Dieses Signal ist es, dass die Mitarbeiter motiviert, sich über Verbesserungspotenziale Gedanken zu machen und über den „Tellerrand" zu gucken. Dies fördert die Identifikation mit dem Unternehmen.

In vielen Betrieben Deutschlands hat das Vorschlagswesen eine völlig untergeordnete Bedeutung. Führungskräfte und Fachleute, die Vorschläge von Mitarbeitern als Angriff auf ihre fachliche Autorität betrachten, durchschnittliche Bearbeitungszeiten von einigen Monaten und mehr, unattraktive Prämien, die Abqualifizierung von Vorschlägen oder der Aufwand für deren Prüfung sind einige mögliche Ursachen, die zum Mauerblümchendasein des Vorschlagswesens beitragen. Es ist wesentlich eine Frage der Führungs- und Unternehmenskultur, ob Ideen und Vorschläge Ihrer Mitarbeiter erwünscht sind und gefördert werden.

Cafeteria: siehe Kantine.

Coaching

Individuelle Beratung, vorwiegend von Führungskräften, um Selbsthilfekräfte zu aktivieren

Coaching ist eine individuelle Beratung, die dem Beratenen (Klienten) hilft, eigene Lösungen zu finden in Situationen oder bei Problemen, in denen er sich in einer Sackgasse fühlt. Diese Leistung hat besonders für Führungs- und Führungsnachwuchskräfte eine große Bedeutung, denn unzureichend oder ungelöste Probleme wirken sich auch auf das gesamte Umfeld aus. Gerade Führungskräften fehlt oftmals ein Gesprächspartner, mit dem sie auf Augenhöhe und gleichzeitig ohne Angst vor An-

nensverlust über Probleme reden können. Diese Aufgabe übernimmt
r Coach. Meistens ist dies eine externe Person.
Professionelles Coaching erfolgt immer in einem interaktiven Prozess
f der Basis von Freiwilligkeit, Vertrauen und gegenseitiger Aktzeptanz
r beiden Beteiligten, für einen begrenzten Zeitraum und durch speziell
sgebildete Coachs. Die Gründe können vielfältig sein: Probleme in der
sammenarbeit mit Mitarbeitern, Kollegen oder Vorgesetzten, private
obleme, Gefühl des Ausgebranntseins (Burn-out-Syndrom), schwie-
e Entscheidungen, innere Konflikte etc. Das Ziel ist immer gleich: Hil-
zur Selbsthilfe.

Mit einem Coaching sorgen Sie sehr schnell und direkt für die Wie- *Unmittelbare Wiederher-*
rherstellung oder Verbesserung der Leistungsfähigkeit und Motivati- *stellung oder Verbesserung*
. Ihrer Führungskraft. Coachingprozesse dauern meistens nur wenige *von Leistungsfähigkeit und*
onate. Ihre betriebliche Leistung beschränkt sich auf die Übernahme *Motivation*
r Kosten und eventuell die Vermittlung geeigneter Coachs.

eferred Compensation (Verschobene Vergütung)

erbei handelt es sich in erster Linie um die Umwidmung einer betrieb- *Umwidmung einer betrieb-*
hen Erfolgsbeteiligung in eine mitarbeiterfinanzierte Altersversorgung. *lichen Erfolgsbeteiligung in*
raussetzung ist, dass der Mitarbeiter auf die sofortige Auszahlung sei- *eine mitarbeiterfinanzierte*
r Prämie oder Erfolgsbeteiligung verzichtet. Der Betrag bleibt als zu ver- *Altersversorgung*
sendes Guthaben beim Arbeitgeber stehen und kann jährlich durch
itere, nicht ausgeschüttete Erfolgsbeteiligungen erhöht werden. Die
szahlung erfolgt erst nach dem Übergang in den Ruhestand. Diese Ver-
ndung als Teil der Altersvorsorge beinhaltet drei große Vorteile:
Erst mit der Auszahlung wird der Betrag steuerpflichtig; der Steuersatz
wird im Rentenalter erheblich niedriger sein als im Erwerbsleben.
Da der Bruttobetrag im Unternehmen verbleibt, wird auch der Bruttobetrag verzinst. Privat könnte der Mitarbeiter nur einen Nettobetrag
anlegen.
Bis zur Fälligkeit der Kapitalzusage (Direktzusage) im Rentenalter des
Mitarbeiters verfügt das Unternehmen über eine erhöhte Liquidität.
ese Verbindung von Erfolgsbeteiligung und Altersvorsorge beinhaltet
erseits einen Anreizfaktor für den Mitarbeiter, möglichst hohe Er-
gsbeträge zu erwirtschaften, andererseits verbessert sie die Mitarbei-
bindung durch das Konzept der Altersvorsorge. Demgegenüber steht
r Aufwand für die Gestaltung und Einführung dieses Konzeptes, dass
ch im Insolvenzfall nicht wackeln darf.

enstwagen: Siehe: Firmen-PKW

rektversicherung

ist der Klassiker der privaten Altersvorsorge, die jedoch nur mit be- *Klassiker der privaten*
eblicher Unterstützung möglich ist. Folgende Alternativen sind ver- *Altersvorsorge mit betrieb-*
itet: *licher Unterstützung*

- Arbeitnehmer trägt den Versicherungsbeitrag und die Pauschalsteuer.
- Arbeitnehmer trägt den Versicherungsbeitrag, der Arbeitgeber übernimmt die Pauschalsteuer.
- Arbeitgeber übernimmt Versicherungsbeitrag und Pauschalsteuer.

Der Versicherungsbeitrag ist bis zu seinem Höchstsatz pauschal mit zurzeit 20 Prozent zu versteuern. Aufgrund dieses Steuersatzes können nur Einkommen mit einem Spitzensteuersatz von deutlich über 20 Prozent den gewünschten Steuerspareffekt erzielen, sofern der Arbeitnehmer den Beitrag trägt. Darüber hinaus ist zu beachten, dass Beiträge zur Direktversicherung rentenmindernd sind, solange das Einkommen nicht die Beitragsbemessungsgrenze zur Rentenversicherung übersteigt.

Effekte:
- Wichtiger Beitrag zur Zukunftssicherung im Rentenalter.
- Steuerersparnis und damit mehr Netto gegenüber der kapitalbildenden Lebensversicherung: attraktive Kostenersparnis für den Mitarbeiter.
- Leichte Erhöhung der Mitarbeiterbindung an das Unternehmen.

Emotional Rewards (Emotionale Belohnungen)

Rechte und Vorteile und weniger Sozialleistungen im materiellen Sinne

Bei diesen Leistungen handelt es sich mehr um Rechte und Vorteile und weniger um Sozialleistungen im materiellen Sinne. Beispielhaft sind hier zu nennen:
- der eigene Parkplatz
- die Einfahrgenehmigung auf das Betriebsgelände
- die Berechtigung, ohne Betätigung der Zeiterfassung zu kommen und zu gehen
- die Möglichkeit, in kleinen Diskussionsrunden, bei Kamingesprächen oder beim Stammtisch mit der Unternehmensleitung zu diskutieren
- der Einblick in vertrauliche Informationen, auch wenn diese nicht zum unmittelbaren Aufgabengebiet gehören

Rein emotionale Auswirkung

Diese Leistungen bzw. Belohnungen wirken rein emotional und haben keine materielle Auswirkung. Es ist die Geste, die wirkt. Sie bewirkt oder verstärkt das Gefühl, etwas Besonderes zu sein. Dieses Gefühl vermittelt innere Zufriedenheit und fördert die Loyalität zum Unternehmen. Mehr noch, das Bewusstsein, die besondere Anerkennung durch die Unternehmensleitung zu genießen, verstärkt die innere Verpflichtung, sich mehr als andere zu engagieren. Und genau das ist es, was erreicht werden kann und soll. Damit werden emotionale Belohnungen, anders als die meisten materiellen Sozialleistungen, zu einem echten Motivationsfaktor.

Die Praxiserfahrung zeigt jedoch, dass einige Voraussetzungen erfüllt sein müssen, damit emotionale Belohnungen diese Wirkung auch tatsächlich entfalten können:

Erst hat der Mitarbeiter besonders anerkennenswerte Leistung und Engagement erbracht, dann erfolgt die Belohnung. Alles andere gerät in den Ruch von Vetternwirtschaft oder anderweitiger Anspruchsregelungen und würde die Belohnung wert- und wirkungslos machen. Sie müssen eine Besonderheit darstellen, nur ausgewählte Mitarbeiter dürfen davon profitieren.
Sie stellen ein nach innen und außen wirkendes Privileg dar, d.h., andere Mitarbeiter werden die Vergabe dieses Privilegs wahrnehmen.
Die Belohnungen gelten nur so lange, wie sie auch begründet sind. Besitzstandswahrungen führen zum jähen Ende ihrer Wirksamkeit.
Leistung, Einsatzbereitschaft, Selbstständigkeit, Mitdenken und Kritikbewusstsein sollten in Ihrem Betrieb als positive Eigenschaften gelten. Ansonsten besteht die Gefahr, dass solche Belohnungen Neid und Missgunst fördern.

Voraussetzungen, damit emotionale Belohnungen ihre Wirkung entfalten können

Fahrsicherheitstraining

Diese freiwillige Leistung zielt auf alle Auto- und Motorradfahrer unter Ihren Mitarbeitern; es dürfte die große Mehrheit sein. Ob einmalig für jeden Mitarbeiter oder ob wiederholt in regelmäßigen Abständen z.B. alle 3 bis 5 Jahre: Von diesem Training profitieren alle,
- weil ein Fahrsicherheitstraining für die meisten Mitarbeiter neu ist und alleine dadurch ein attraktives Erlebnis darstellt,
- weil ein Fahrsicherheitstraining im Kollegenkreis eine betriebliche Veranstaltung ist, die Gemeinsamkeit fördert und Spaß bringt,
- weil Sie einen aktiven und attraktiven Beitrag zur Unfallverhütung und damit zur Reduzierung von Wegeunfällen leisten.

Von dieser Leistung profitieren die meisten Mitarbeiter

Diese Trainings werden auf einem Verkehrsübungsplatz unter fachlicher Anleitung durchgeführt. Die Kosten eines Fahrsicherheitstrainings sind überschaubar, die Durchführung erfolgt meistens in der Freizeit der Mitarbeiter. Trotzdem wird das Gros der Mitarbeiter sagen oder denken: „Finde ich gut!"
Als Alternative bietet sich ein sog. Fahrsimulator an, der für einige Tage evtl. über die Berufsgenossenschaft gemietet werden kann. Natürlich ist hier ein wenig der reale Fahrspaß und das Erlebnis in der Gruppe nicht mehr vorhanden, doch die Wirkung in Bezug auf Fahrtraining ist vergleichbar gut. Auch hier signalisieren Sie Ihren Mitarbeitern: Ihr seid mir wichtig! Dieses Signal verschafft Ihnen Anerkennung, Loyalität und ein gutes Betriebsklima, die besten Voraussetzungen für Engagement.

Familienförderung

Die Förderung der Familie gilt heute als eine Sozialleistung, die Ihren Betrieb von vielen anderen positiv abhebt. Einige Beispiele der Umsetzung wurden bereits weiter vorne aufgeführt. Ein familienfreundlicher Betrieb zeichnet sich dabei weniger durch seine finanzielle Unterstützung

Organisatorische Flexibilität für Eltern (durch Geburtsbeihilfen, Kinderzulagen etc.) aus, als vielmehr durch seine organisatorische Flexibilität:
- Kinder werden manchmal dann krank, wenn es allen Beteiligten am ungelegensten ist.
- Gerade kleine Kinder können sich nicht selbst versorgen; die spontane und unbegrenzte Überstundenbereitschaft ist diesen Eltern verwehrt. Doch wollen Sie aus diesen Gründen auf das Know-how, die Erfahrung und die Leistungsfähigkeit von z.T. gut ausgebildeten und fachlich versierten Müttern und Vätern verzichten?

In unserer Gesellschaft sind nach wie vor die Frauen die Hauptträger der Kindererziehung und -betreuung. Und es ist immer wieder zu beobachten, dass gerade Frauen mit Kindern eine Leistungsfähigkeit entwickeln und ein Arbeitspensum bewältigen, das beeindruckend ist. Was für Kinder gilt, gilt auch bei der Pflege von Angehörigen. Nutzen Sie diese Leistungsfähigkeit! Sie gewinnen in aller Regel motivierte, belastbare und loyale Mitarbeiterinnen. Ganz nebenbei verbessern Sie das Image Ihres Betriebes im regionalen Arbeitsmarkt.

Firmen-PKW

Abschluss eines Kfz-Überlassungsvertrags erforderlich

Jedes größere Unternehmen hat ein Regelwerk zur Vergabe und dem Umgang mit Firmen-PKWs. In mittelständischen Betrieben ist das nicht unbedingt nötig. Unverzichtbar ist jedoch, einen Kfz-Überlassungsvertrag abzuschließen. In diesem Vertrag werden alle wichtigen Details wie private Nutzung, Versicherung, Verantwortung für Betrieb und Pflege, Instandhaltung, Sicherheit, Haftung bei Unfall, Bezahlung von Bußgeldern u.a. festgelegt.

Statussymbol und Kostenersparnis für den Mitarbeiter

Der auch zur privaten Nutzung freigegebene Firmenwagen ist aber mehr als eine einfache Sozialleistung. Er bedeutet für die Mitarbeiter ein Statussymbol und eine Kostenersparnis. Einen Firmen-PKW zu erhalten ist gleichsam ein Leistungsanreiz.

Wichtige Details, wenn Sie Firmen-PKWs zur privaten Nutzung anbieten:
- Klären Sie vorab die Vergaberichtlinien der PKWs: Wer hat Anspruch? Viele Unternehmen verknüpfen den Anspruch mit einer gewissen Position oder Hierarchieebene im Betrieb. Dies schafft sicherlich eine gewisse Klarheit im Vorgehen, führt oft aber auch zu dem Effekt der selbstverständlichen PKW-Überlassung wie bei einer Regelbeförderung. Abhilfe schaffen hier andere Vorgehensweisen. Jede Regelung ist jedoch vertraglich exakt festzulegen, denn sonst wird ein PKW zum festen Gehaltsbestandteil. Nachfolgend vier Alternativen:

Die private Nutzung eines Dienstwagens mit dem beruflichen Bedarf verknüpfen

- Verknüpfen Sie die private Nutzung eines Dienstwagens mit dem beruflichen Bedarf. Solange ein Mitarbeiter z.B. im Vertriebsaußendienst oder im Kundendienst arbeitet, hat er einen Wagen, wechselt er in den Innendienst, braucht er keinen Firmenwagen mehr und gibt ihn ab.

- Überlassen Sie den Firmen-PKW nur für einen befristeten Zeitraum von ein, zwei oder drei Jahren oder für die Dauer einer wichtigen Projektaufgabe. Nach Ablauf der Zeit wird der Wagen zurückgegeben oder man findet eine neue Lösung. *Befristete Überlassung*
- Verknüpfen Sie die Leistung Ihrer Mitarbeiter mit der Überlassung eines Firmenwagens. Dies ist insbesondere möglich, wenn Sie die Leistung ansonsten mit variabler Vergütung honorieren oder eine größere Prämie ausgeschüttet hätten. Der Firmenwagen bietet da einen besseren Nettoeffekt. Legen Sie fest, wie lange die Regelung gilt. *Firmenwagen mit einer Leistung verknüpfen*
- Sie bieten jedem Mitarbeiter die Möglichkeit eines Firmenwagens als Alternative zur Entgelterhöhung oder im Rahmen der Entgeltumwandlung an. Einige mittelständische Betriebe haben damit gute Erfahrungen gemacht. Warum soll nicht auch ein normaler Sachbearbeiter oder Schlosser einen Firmenwagen haben, wenn ihm das privat wichtig ist. Gerade für Mitarbeiter, die nicht im betrieblichen Rampenlicht stehen, wäre ein Firmenwagen ein außerordentlich bedeutender Faktor, um Zufriedenheit und Loyalität zu fördern. *Als Alternative zur Entgelterhöhung oder im Rahmen der Entgeltumwandlung*
- Gewähren Sie den Mitarbeitern Entscheidungsfreiheit besonders bei Farbe und Ausstattung der PKWs, eventuell auch in der Modellpalette.
- Bieten Sie Kfz-Budgets statt Modellklassen zur Auswahl an. Manche Mitarbeiter bevorzugen einen umfassend ausgestatteten sportlichen Kleinwagen, während für andere das geräumige Familienauto mit Grundausstattung richtig wäre.
- Stellen Sie Ihren Mitarbeitern den finanziellen Vorteil eines Dienstwagens gegenüber einer Gehaltserhöhung regelmäßig dar, z.B. jährlich. *Regelmäßig den finanziellen Vorteil eines Dienstwagens gegenüber einer Gehaltserhöhung darstellen*
- Bitte unbedingt beachten: Legen Sie immer vorab fest, was passieren soll, wenn der Grund für die Überlassung eines Firmenwagens entfällt. Möglichkeiten sind die ersatzlose Rückgabe des PKWs, Kauf durch den Mitarbeiter, die Weiternutzung auf eigene Kosten oder die Verrechnung des geldwerten Vorteils mit anstehenden Entgelterhöhungen oder Einmalzahlungen. Eine Reduzierung des festen Monatsentgeltes als Ausgleich zur weiteren Nutzung dürfte dagegen nur in seltenen Ausnahmefällen und nur auf Wunsch des Mitarbeiters infrage kommen.
- Wichtig außerdem: Beraten Sie Ihre Mitarbeiter, welche Kosten und Verantwortung sie tragen, wie sich die Nutzung eines Firmen-PKWs steuerlich auswirkt und ob ihnen daraus finanziell wirklich Vorteile entstehen. Ihre Mitarbeiter werden es gerne registrieren, wenn Sie spüren, dass Ihnen die Zufriedenheit Ihrer Beschäftigten wichtig ist.

Effekte:
- Für viele höher qualifizierte Bewerber bei der Suche nach einem neuen Arbeitsplatz ein wichtiger Bestandteil.

- Jeden Morgen und jeden Abend kommt ein kleiner Zufriedenheitskick, wenn der Mitarbeiter in den Firmenwagen steigt und denkt: *„Und den hat die Firma bezahlt, Steuern und Versicherungen dazu ..."*
- Technisch aktuelle und regelmäßig gewartete PKWs machen die tägliche Fahrt zwischen Wohnung und Arbeitsplatz sicherer, komfortabler und entspannender.
- Die Kehrseite: Firmen-PKWs bedeuten ein Mehr an Verantwortung und organisatorischem Aufwand als eine Entgelterhöhung.

Freie Zeiteinteilung

Kostenneutrale Sozialleistung

Die Möglichkeit der freien Einteilung der Arbeitszeit ist eine kostenneutrale Sozialleistung. Mehr noch, die Praxis zeigt immer wieder, dass die Mitarbeiter von dieser Möglichkeit natürlich Gebrauch machen, doch insgesamt dem Betrieb mehr Arbeitszeit zur Verfügung stellen als bei einer festen Arbeitszeitregelung. Die freie Zeiteinteilung wird von den meisten Mitarbeitern als ein Privileg verstanden und sie gehen damit verantwortungsvoll um.

Deutliche Steigerung der Bereitschaft, auch aus betrieblichen Gründen flexibel zu arbeiten

Durch die Reduzierung oder Abschaffung starrer Arbeitszeit zugunsten eigenverantwortlicher Entscheidung bei Beginn und Ende der täglichen Anwesenheit achten die meisten Mitarbeiter mehr als bisher darauf, dass sie ihre Arbeitszeit sinnvoll und umfassend leisten. Die Möglichkeit, kurzfristig und ohne Genehmigung, sondern lediglich in kollegialer Abstimmung, aus privaten Gründen später zu kommen, früher zu gehen oder zwischendurch abwesend zu sein, führt zu einer deutlichen Steigerung der Bereitschaft, auch aus betrieblichen Gründen flexibel zu arbeiten.

Bei der Gewährung einer freien Zeiteinteilung beachten Sie bitte,
- dass die betrieblichen Abläufe nicht zu einem Spannungsfeld bei der Inanspruchnahme führen dürfen. Es ist daher notwendig, ein paar Spielregeln klipp und klar zu vereinbaren,
- dass Sie diese Regelung wieder rückgängig machen können,
- dass Sie den Anspruch verlieren, einen bestimmten Mitarbeiter zu einer bestimmten Zeit im Unternehmen anzutreffen, sofern Sie dies nicht vorher abgestimmt haben.

Gesundheitsförderung

Hierzu zählen vorrangig Betriebssport, Fitnessangebote, Gesundheitschecks, Rückenschule, Massage oder auch Entspannungsmöglichkeiten. Als Effekte dieser Sozialleistungen gelten:

Verbesserung der körperlichen und mentalen Leistungsfähigkeit

- Förderung der Gesundheit. Dies führt zwar weniger zu einer Verbesserung der Motivation, doch es stärkt die körperliche und mentale Leistungsfähigkeit und kann zu einer Senkung der Fehlzeiten beitragen.
- Förderung der Gemeinschaft quer über Hierarchieebenen und Fachbereiche hinweg. Initiative, Einsatzbereitschaft, Teamgeist, Kommu-

nikation und das gemeinsame Erleben von sportlichen Erfolgen oder Niederlagen beim Training oder Wettkampf sind wichtige Elemente des Gemeinschaftssports, die ihren positiven Einfluss auf die betriebliche Zusammenarbeit entfalten.
- Kostenersparnis für den Mitarbeiter durch die betriebliche Organisation oder (Teil-)Finanzierung. Die betrieblich-unterstützte Organisation der Aktivitäten ist wichtig, um die Teilnehmerzahlen zu verbessern, denn trotz aller Attraktivität und vorheriger verbaler Interessenbekundungen seitens der Mitarbeiter ist immer mit einer gewissen Trägheit und Hemmschwelle zu rechnen. Die betriebliche Übernahme von Kosten hat weniger Bedeutung und führt eher zu einem Mitnahmeeffekt.
- Kostenersparnis für den Betrieb, die sich sowohl in der Senkung der krankheitsbedingten Fehlzeiten als auch in einer höheren Produktivität durch leistungsfähigere und engagiertere Mitarbeiter zeigt.

Senkung krankheitsbedingter Fehlzeiten, höhere Produktivität

Gewinnbeteiligung

Abhängig vom Erfolg des Unternehmens erhalten die Mitarbeiter eine Gewinnbeteiligung. Bei Aktiengesellschaften orientiert sich diese Beteiligung oftmals an der Dividende, bei anderen Unternehmen liegt eine Entscheidung der Gesellschafterversammlung oder der Geschäftsführung zugrunde.

Auch wenn der Unternehmenserfolg durch den einzelnen Mitarbeiter nicht direkt zu beeinflussen ist, verstärken Sie mit einer Gewinnbeteiligung die Erfolgs- und Leistungsorientierung im Betrieb. Ebenso verbessern Sie Ihre Anziehungskraft auf leistungsorientierte Bewerber. Weitere wichtige Informationen hierzu finden Sie in den Kapiteln 18 „Entgeltpolitik" und 19 „Variable Vergütung".

Verstärkung der Erfolgs- und Leistungsorientierung

Hinterbliebenenversorgung

In einigen Tarifverträgen ist die Versorgung der nächsten Angehörigen beim Todesfall des Arbeitnehmers geregelt. Allerdings hat nur ein Teil der Mitarbeiter privat z.B. mit Lebens- oder Unfallversicherungen ausreichend vorgesorgt. Somit bieten sich verschiedene Alternativen an, um für den extremen Notfall der Familie des verstorbenen Mitarbeiters ein Stück finanzieller Absicherung zu gewähren:
- Weiterzahlung des bisherigen Entgeltes für einen definierten Zeitraum. In den meisten Fällen werden dafür 3 Monate zugrunde gelegt. Dies ist wegen der niedrigen Eintrittswahrscheinlichkeit sicherlich die günstigste aller Alternativen.
- Der Abschluss einer Risiko-Lebensversicherung zugunsten des Mitarbeiters hat im Führungskräftebereich seine stärkste Verbreitung.
- Abschluss einer Unfallversicherung zugunsten des Mitarbeiters. Diese Absicherung erfolgt meist im Rahmen einer Gruppen-Unfallversicherung für Mitarbeiter, die aufgrund ihrer Tätigkeit einem erhöhten Unfallrisiko ausgesetzt sind (Außendienst, Montage, Bau etc.).

Weiterzahlung des bisherigen Entgeltes für einen definierten Zeitraum

Risiko-Lebensversicherung zugunsten des Mitarbeiters

Gruppen-Unfallversicherung für Mitarbeiter

Die betriebliche Hinterbliebenenversorgung ist sicherlich kein Motivator im eigentlichen Sinne. Doch sie ist für einen neuen Mitarbeiter ein Mosaikstein, der bei Vertragsabschluss ein gutes Gefühl und Zufriedenheit vermittelt.

Wollen Sie diese Sozialleistung Mitarbeitern anbieten, die bereits länger im Unternehmen tätig sind, sollten Sie sehr frühzeitig mit Ihren Mitarbeitern darüber sprechen und deren Bedürfnislage beachten. Praxisbeispiele belegen ansonsten, dass der Wert Ihrer Leistung kaum oder gar nicht geschätzt und beachtet wird.

Ideenmanagement: siehe betriebliches Vorschlagswesen

Jubiläum

Ausdruck der Wertschätzung

Geschenke oder Sonderzahlungen aus Anlass einer bestimmten Dauer der Betriebszugehörigkeit (meist 10, 25 und 40 Jahre) entfalten nur dann eine Wirksamkeit, wenn das Jubiläum ansteht. Allerdings erreichen Sie keine Motivation im Sinne einer Leistungssteigerung, sondern eher Vorfreude, Zufriedenheit und Stolz, schon so lange im Betrieb zu sein. Für die allermeisten Mitarbeiter sind Jubiläen auch ohne Geschenke ein wichtiges Ereignis; mit einer Jubiläumszuwendung unterstreichen Sie, dass eine langjährige Betriebszugehörigkeit auch von Ihnen wertgeschätzt wird.

Kantine

Eine der aufwändigsten und gleichzeitig nachhaltigsten betrieblichen Sozialleistungen

Sie ist eine der aufwändigsten und gleichzeitig nachhaltigsten betrieblichen Sozialleistungen. Je nach Größenordnung des Betriebes bzw. der zu erwartenden Zahl von Nutzern werden Kantinen in unterschiedlichster Form betrieben. Beispiele sind:
- Täglich frische Essenzubereitung für einen Betrieb mit 250 Mitarbeitern bzw. durchschnittlich 50 verkauften Menüs täglich. Kosten: Je nach Angebotsvielfalt und Menüpreisen bewegt sich der jährliche Zuschuss im mittleren, fünfstelligen Euro-Bereich oder auch höher.
- Anlieferung von tiefgefrorenen Fertigmenüs für einen Betrieb mit 90 Mitarbeitern bzw. durchschnittlich 25 verkauften Menüs täglich. Kosten: Je nach Service, Angebotsvielfalt und Menüpreise bewegt sich der jährliche Zuschuss im vier- bis fünfstelligen Euro-Bereich.
- Zwei Mikrowellen in der Küche eines Betriebes mit 22 Mitarbeitern, um den Beschäftigten das Erwärmen mitgebrachter Speisen zu ermöglichen. Laufende Kosten können vernachlässigt werden.

Effekte:
- Beitrag zur gesunden und regelmäßigen Ernährung Ihrer Mitarbeiter.
- Gezielte, regelmäßige und bewusste Mittagspause zur Verbesserung der Leistungsfähigkeit am Nachmittag (statt Pausenbrot am Schreibtisch oder an der Werkbank).

- Kürzere Mittagspause gegenüber außerbetrieblicher Mittagsversorgung.
- Kostenersparnis bei den Mitarbeitern.
- Wichtig: Verbesserung der informellen Kommunikation quer durch alle Fachbereiche und über Hierarchieebenen hinweg. Gerade auch für die Unternehmensleitung bietet das gemeinsame Essen in der Kantine die großartige Chance der lockeren Kommunikation mit vielen Mitarbeitern und die Möglichkeit, Stimmungen aus der Belegschaft aufzufangen.

Verbesserung der informellen Kommunikation

- Wichtig: Befriedigung des Bedürfnisses nach Gemeinschaft und sozialer Zugehörigkeit, dadurch stärkere Identifikation mit dem Betrieb. Sich regelmäßig in der Kantine zu treffen ist ein verbindendes Element mit hoher sozialer Bedeutung.
- Wichtig: Positiver Beitrag zum Betriebsklima. Die Kantine ist eines der besten Ventile, um regelmäßig aufgestauten Ärger und Stress abzubauen. Nirgendwo im Betrieb lässt es sich so schön schimpfen, lästern oder einfach nur abschalten wie in der Kantine. Gönnen Sie Ihren Mitarbeitern diese Möglichkeit; Ihr Betrieb profitiert davon.
- Kosten- und Zeitersparnis für den Betrieb bei der Versorgung von Gästen, auch außerhalb der Mittagszeit.

Der Gesetzgeber ermöglicht steuerfreie Verpflegungskostenzuschüsse innerhalb bestimmter Grenzen. Für einen Mitarbeiter, der regelmäßig die betriebliche Verpflegung in Anspruch nimmt, kann sich dadurch sehr schnell ein monatlicher geldwerter Vorteil von 60 bis 100 € und mehr addieren.

Steuerfreie Verpflegungskostenzuschüsse innerhalb bestimmter Grenzen

Kaffee-/Teeküche

Was für die Kantine gilt, gilt im eingeschränkten Umfang auch für die Kaffee- und Teeküche. Ihr Hauptzweck ist jedoch die schnelle Zwischendurch-Versorgung mit einem günstigen oder kostenlosen Angebot von Kalt- und Warmgetränken, dazu eventuell Obst und Süßwaren.

Kapitalbeteiligung

„Machen Sie Ihre Mitarbeiter zu Mitunternehmern!" Dieses Motto wird immer wieder als Königsweg oder Patentrezept zur Mitarbeiterbindung und -motivation herausgestellt. Besonders gefördert wird dieses Konzept von der AGP Arbeitsgemeinschaft Partnerschaft in der Wirtschaft e.V.

Bei der Kapitalbeteiligung sind im Wesentlichen vier Grundformen zu unterscheiden:
- Beteiligung am Eigenkapital durch Aktien oder GmbH-Anteile. Bei dieser Form werden die Mitarbeiter zu gleichberechtigten Mitgesellschaftern, mit allen Rechten, Pflichten und Risiken. Ein solches Modell ist interessant für Mitarbeiter, die im Betrieb Schlüsselfunktionen einnehmen und langfristig an das Unternehmen gebunden werden sollen. Entsprechend ist auch die motivierende Wirkung,

Beteiligung am Eigenkapital durch Aktien oder GmbH-Anteile

denn diese Mitarbeiter werden sich als Miteigentümer besonders engagieren.

- Beteiligung am Eigenkapital, steuerlich jedoch Fremdkapital durch *Stille Beteiligung* stille Beteiligung oder Genussrechte. Die unternehmerischen Rechte *oder Genussrechte* und Risiken sind eingeschränkt. Trotzdem wird ein Gefühl der unternehmerischen Beteiligung vermittelt.
- Fremdkapital durch Darlehen. Mit diesem Modell wird eine eher geringe Bindung zum Arbeitgeber erreicht, denn die unternehmerischen Rechte und Risiken sind weitestgehend ausgeschlossen. Dieses Modell ist geeignet für Betriebe und Mitarbeiter, wenn lediglich ein vorsichtiger Einstieg in die Kapitalbeteiligung gewollt ist und die Unternehmensleitung in ihren Entscheidungen völlig frei bleiben will.
- Kaufrechte zum Vorzugspreis z.B. durch Aktienoptionen. Vor wenigen Jahren noch galten Aktienoption (Stock options) als wichtigste Zusatzleistung bei der Anwerbung und Bindung neuer Mitarbeiter, besonders bei den Start-up-Unternehmen der IT-, Biotechnologie- und Medienbranche. Der Wertverfall dieser Kaufrechte in nahezu allen Unternehmen hat viele Mitarbeiter inzwischen desillusioniert und demotiviert. Das eigentliche Ziel, der intensiv motivierende Leistungsanreiz, wurde nur in der Hochphase dieser Unternehmen erreicht.

Fremdkapital durch Darlehen

Kaufrechte zum Vorzugspreis z.B. durch Aktienoptionen

Bevor Sie überlegen, wie Sie Ihre Mitarbeiter am Unternehmenskapital beteiligen, sollten Sie die Ziele und Voraussetzungen genau klären. Als wichtigste Ziele werden immer wieder genannt: Motivation der Mitarbeiter, große finanzielle Attraktivität und Bindungswirkung für Leistungsträger sowie Verbesserung der Kapitalstruktur und Liquidität. Transparenz, Offenheit und partnerschaftliche Zusammenarbeit sind wichtige Voraussetzungen. Patriarchalische Führungsstrukturen oder Allein-Entscheidungsansprüche würden dagegen schnell zu Konflikten führen.

Spürbar höhere Motivation und Treue der Mitarbeiter

Für das erfolgreiche Funktionieren dieser Modelle gibt es eine Vielzahl von Beispielen. Abgestimmt zwischen Unternehmenszielen, Unternehmenskultur, wirtschaftlicher Situation, Marktlage und den Vorstellungen der Mitarbeiter können Sie eine spürbar höhere Motivation und Treue Ihrer Mitarbeiter erreichen.

Kindergartenzuschuss

Zeitlich befristete und sachgebundene Sozialleistung

Nur bei einer anstehenden Erhöhung des Entgeltes hat der Arbeitgeber die Möglichkeit, statt dieser Entgelterhöhung die Kosten für den Kindergarten zu übernehmen. Damit handelt es sich um eine zeitlich befristete und sachgebundene Sozialleistung. Der Zuschuss wird als steuerfreier Betrag auf der monatlichen Entgeltabrechnung ausgewiesen. Die Bezahlung des Kindergartens erfolgt durch den Mitarbeiter direkt.

Informieren Sie offen alle Mitarbeiter, dass und solange der Gesetzgeber diese Steuerersparnis anbietet.

Effekte:
- Der Kindergartenzuschuss ist steuer- und sozialversicherungsfrei und trägt damit zur finanziellen Entlastung des familiären Haushalts bei. Für die Dauer dieser Leistung erhöhen Sie die Mitarbeiterbindung.
- Der Arbeitgeber leistet einen kleinen Beitrag zur Förderung der Familie. Nicht nur von Eltern mit kleinen Kindern wird dies positiv wahrgenommen. Es stärkt die Loyalität zum Unternehmen und verbessert das Image des Unternehmens.

Lohnfortzahlung im Krankheitsfall

Die Lohnfortzahlung ist üblicherweise tariflich oder gesetzlich geregelt: In den ersten sechs Wochen zahlt der Arbeitgeber, danach springt die gesetzliche Krankenkasse ein. Privat versicherte Mitarbeiter müssen ihre Lohnfortzahlung nach sechs Wochen gesondert versichern. Die Zusage einer Verlängerung der betrieblichen Lohnfortzahlung auf z.B. acht oder zehn Wochen führt beim privat versicherten Mitarbeiter zu einer direkt wirksamen, monatlichen Kostenersparnis und verbessert die finanzielle Absicherung im Krankheitsfall.

Eine verbesserte Lohnfortzahlung gegenüber gesetzlichen und privaten Regelungen wird vom Mitarbeiter als echte Netto-Entgeltverbesserung bewertet und ist damit ein finanzieller Baustein zur Erhöhung der Bindung an das Unternehmen. Die finanziellen Risiken für den Betrieb können Sie sehr schnell anhand der konkreten Krankheitsfälle der letzten Jahre hochrechnen.

Wird vom Mitarbeiter als echte Netto-Entgeltverbesserung bewertet

Pausenraum

Wenn Sie keine Kantine haben, ist ein Pausenraum zweckmäßig, um sich abseits des Arbeitsplatzes zu erholen, etwas zu trinken oder mitgebrachtes Essen einzunehmen. Nach Phasen der Anspannung durch konzentrierte Arbeit müssen (kurze) Phasen der Entspannung folgen; eine dauerhafte Anspannung geht immer zulasten der Konzentration und Arbeitsqualität. Ein wenig Abstand zur Arbeit tut da gut.

Personaleinkauf (Rabatt auf Werksprodukte)

Der begünstigte Bezug von Werksprodukten hat einen hohen Stellenwert bei den Mitarbeitern, solange die Produkte attraktiv sind und einen Kaufreiz auslösen und solange Sonderangebote im freien Handel nicht günstiger sind. Viele Unternehmen der Automobilindustrie, Ernährungswirtschaft und Kaufhäuser z.B. nutzen dieses Instrument umfassend, denn
- sie fördern damit die Identifikation ihrer Mitarbeiter mit den Produkten und damit mit dem Unternehmen,
- sie bieten den Mitarbeitern einen finanziellen Vorteil,
- sie erhöhen ohne Marketing- und Vertriebskosten Ihren Umsatz.

Betriebe, deren Produktpalette für den Endverbraucher und damit für die eigenen Mitarbeiter nicht attraktiv ist, haben die Möglichkeit, einen

Identifikation der Mitarbeiter mit den Produkten und damit mit dem Unternehmen

ähnlichen Effekt über Produkte von Lieferanten und Dienstleistern zu erreichen. Voraussetzung ist, dass Sie eine Vereinbarung mit Ihren Lieferanten über den begünstigten Bezug von deren Waren abschließen. Dies kann z.B. über so genannte Bonus-Cards geregelt werden.

Schuldnerberatung

Die Zahl der privaten Insolvenzen nimmt laufend zu. Betroffen sind zunehmend auch Arbeitnehmer. Die Zahl und die Höhe von Pfändungen sind für jedes Lohn- und Gehaltsbüro ein Indiz, dass ein Mitarbeiter in der Schuldenfalle hängt. Natürlich gibt es Personen, denen die eigene Überschuldung recht gleichgültig zu sein scheint, doch es gibt viele, für die sie eine große psychische Belastung bedeutet. Diesen Mitarbeitern zu helfen, sich aus dieser Belastung zu befreien, heißt auch, dass sie sich bald wieder besser auf ihre Arbeit konzentrieren können. Sprechen Sie diese Mitarbeiter an und helfen Sie ihnen beim Gang zum Schuldenberater. Mehr können Sie nicht tun, doch das ist schon viel.

Den Mitarbeitern helfen, sich aus einer großen Belastung zu befreien

Sonderurlaub

In den meisten Fällen ist Sonderurlaub tariflich geregelt: Zum Beispiel bei Heirat, Geburt eines Kindes, Todesfall naher Angehöriger, Umzug oder Jubiläum werden dem Mitarbeiter ein bis drei freie Tage zusätzlich gewährt. Diese zusätzlichen Urlaubstage werden von den Mitarbeitern als angenehme Sonderleistung oder zur Erledigung behördlicher Formalitäten gerne in Anspruch genommen, ohne dass sie eine motivierende oder fluktuationssenkende Wirkung erzielen. Fehlen sie jedoch gänzlich, wird dies in der jeweiligen Situation zu einer Unzufriedenheit führen.

Minderung der Unzufriedenheit im Bedarfsfall

Telefonkosten

Drei Alternativen bieten sich an:
- Die Übernahme der Anschlussgebühren eines Zweitanschlusses im Home-Office.
- Die pauschale oder exakte Beteiligung an den Telefongebühren des Privatanschlusses entsprechend der betrieblich veranlassten Nutzung. Üblicherweise ist dafür der Einzelgesprächsnachweis zugrunde zu legen.
- Die Nutzung eines betrieblichen Mobiltelefons auch zu privaten Zwecken. Der Anteil der privaten Nutzung darf allerdings einen bestimmten Prozentsatz nicht übersteigen, da ansonsten der geldwerte Vorteil zu versteuern ist.

Beteiligung an den Kosten dienstlich veranlasster Telefonate vom Privatanschluss

Sobald eine betriebliche Veranlassung gegeben ist, dass der Mitarbeiter auch außerhalb der regulären Arbeitszeit dienstliche Telefonate von seinem Privatanschluss zu führen hat, wächst mit dem Umfang die Erwartungshaltung, dass sich der Arbeitgeber an den monatlichen Telefonkosten beteiligt. Macht er dies nicht oder nicht ausreichend, führt das bald zu einer deutlichen Unzufriedenheit bis zu einer für den Betrieb sehr nachteiligen Nichterreichbarkeit dieses Mitarbeiters.

Die Freigabe des betrieblichen Mobiltelefons auch für private Gespräche sollte mit Bedacht erfolgen und klar geregelt sein. Bei allzu großzügigen Regelungen müssen Sie auch mit einer großzügigen privaten Inanspruchnahme rechnen, die schnell Verärgerung Ihrerseits verursacht, während sehr restriktive Nutzungsbedingungen zu einer Unzufriedenheit beim Mitarbeiter führen. Die Zeiten, in denen ein Mobiltelefon als Statussymbol galt, sind jedoch vorbei.

Umzugsunterstützung

Dies ist eine einmalige Sozialleistung, die nur bei neuen Mitarbeitern zum Tragen kommt, die Sie überregional gefunden haben und die aus Anlass des neuen Arbeitsplatzes in die Nähe Ihres Betriebes umziehen. Mehrere Alternativen haben sich etabliert:

- Der für das Unternehmen kostengünstigste Weg ist die Hilfe bei der Suche nach einer neuen Unterkunft. Dies reicht vom Auswerten von Vermietungsanzeigen über das Schalten einer Wohnungssuchanzeige bis zur aktiven Vorselektion der Angebote.
- Die vorübergehende Unterbringung des neuen Mitarbeiters in einem Hotel, Pension oder einer befristet vermieteten möblierten Privatunterkunft auf Kosten des Unternehmens, bis dieser dann vor Ort alleine eine neue und dauerhafte Unterkunft gefunden hat. Gerade Vermietung auf Zeit gewinnt an Attraktivität und wird von Vermittlungsagenturen professionell vorbereitet und begleitet.
- Die Übernahme aller oder eines Teils der eigentlichen Umzugskosten.
- Die Einschaltung eines Relocation-Services. Diese Agenturen sind meist nur in Großstädten ansässig und bieten eine sehr umfassende Leistung, damit sich der neue Mitarbeiter und seine Familie in der neuen Umgebung schnellstmöglich zu Hause fühlen. Eine besondere Bedeutung hat der Relocation-Service im Top-Managementbereich und bei der Einstellung von Mitarbeitern aus dem Ausland, wenn auch die Familie vom Umzug betroffen ist. Auch wenn das Kostenvolumen dieser Leistung nicht unerheblich ist, sorgen Sie dafür, dass sich der neue Mitarbeiter sofort und motiviert auf seine neue Arbeit voll konzentrieren kann. Sie schonen sämtliche betriebliche Leistungskapazitäten.

Jede der aufgeführten Alternativen wirkt, abgestuft in ihrer Ausprägung, auf die Motivation des Mitarbeiters zu Beginn seines neuen Arbeitsverhältnisses. Auch wenn für Bewerber der Druck im Arbeitsmarkt zurzeit recht groß und damit für die Unternehmen die Notwendigkeit gering erscheint, vermeintlich unnötige Kosten zu investieren: Es ist wie beim ersten Eindruck, eine zweite Chance haben Sie nicht. Geben Sie Ihren neuen Mitarbeitern die Möglichkeit, sich mit Begeisterung und vollem Engagement auf die neue Arbeit zu stürzen. Ihre organisatorische als auch Ihre finanzielle Leistung bleibt länger im Gedächtnis, als Sie denken.

Einmalige Sozialleistung für neue Mitarbeiter, die an den Standort des Unternehmens ziehen

Steigert die Motivation zu Beginn des neuen Arbeitsverhältnisses

Urlaub

Im Bundesurlaubsgesetz sind jährlich 24 Werktage = vier Wochen bezahlter Erholungsurlaub als Minimum festgelegt. Viele Tarifverträge schreiben einen Urlaubsanspruch von zirka sechs Wochen fest; Alter und Betriebszugehörigkeit können Gründe für eine geringere oder höhere Urlaubsdauer sein.

Erst als besondere Leistung anerkannt, wenn die tariflichen Regelungen deutlich überschritten werden

Urlaub wird erst dann in den Augen der Mitarbeiter zu einer freiwilligen und besonderen Sozialleistung, wenn die tariflich üblichen Regelungen verbessert werden. Eine Verbesserung der Motivation und/oder Leistungsfähigkeit ist in den meisten Fällen aber kaum zu erreichen, eher ein Mitnahmeeffekt durch die Arbeitnehmer, denn von dieser Urlaubsverlängerung profitiert jeder. Damit ist sie für den Einzelnen nichts Besonderes mehr. Auch ein Tausch von mehr Urlaub gegen weniger Monatsentgelt verfehlt seine Wirkung, da Urlaub sehr schnell als eigenständiger Anspruch angesehen wird und dann das reduzierte Monatsentgelt nur Unzufriedenheit verursacht.

Den Urlaub einzelfallbezogen durch unbezahlte Tage zu verlängern

Das Arbeitsverhältnis für einen definierten Zeitraum ruhen lassen

Interessanter und motivierender ist die Bereitschaft des Arbeitgebers, einzelfallbezogen den Urlaub durch unbezahlte Tage zu verlängern oder gar das Arbeitsverhältnis für einen definierten Zeitraum ruhen zu lassen (Sabbatical). Mitarbeiter, die den Wunsch nach unbezahltem Urlaub äußern, haben meist sehr wichtige und persönliche Gründe. Diesem Wunsch zu entsprechen führt immer wieder zu einer großen Signalwirkung Richtung Loyalität, Engagement und Zufriedenheit. Für den Arbeitgeber ist diese Großzügigkeit völlig kostenneutral, der organisatorische Aufwand kleiner als bei einem krankheitsbedingten Ausfall, denn der Ausfall durch unbezahlten Urlaub kann geplant werden. Die Ablehnung eines solchen Wunsches wird deshalb von den Mitarbeitern meistens mit Unverständnis und Unzufriedenheit zur Kenntnis genommen.

Nach der heutigen Gesetzeslage ist der in einer gesetzlichen Kasse versicherte Mitarbeiter bei unbezahltem Urlaub von bis zu einem Monat weiterhin krankenversichert; danach muss er sich privat versichern.

Urlaubsgeld

Das Urlaubsgeld ist eine zusätzliche Leistung des Arbeitgebers, meistens tariflich geregelt. Lediglich Urlaubsgeld, das zusätzlich zum Tarif oder ohne tarifliche Grundlage gezahlt wird, ist eine freiwillige Sozialleistung, die vom Arbeitgeber einseitig festgelegt werden kann. Einzelvertragliche Vereinbarungen zum Urlaubsgeld, die sog. betriebliche Übung aufgrund wiederholter freiwilliger Zahlung oder Betriebsvereinbarungen setzen dem Gestaltungsspielraum des Arbeitgebers weitere Grenzen.

Wird bei regelmäßiger Zahlung als normaler Entgeltbestandteil gesehen

Sobald Urlaubsgeld als feste und regelmäßig wiederkehrende Zahlung vom Mitarbeiter eingeplant werden kann, wird es als normaler Entgeltbestandteil gesehen. Es löst beim Mitarbeiter kurzzeitige Zufriedenheit aus, weil im Monat der Überweisung ein größerer finanzieller Spielraum besteht. Motivation ist damit nicht zu erreichen. Im Gegenteil, wenn das

Urlaubsgeld nur wenige hundert Euro beträgt, besteht die Gefahr, dass es wegen Geringfügigkeit kaum wahrgenommen oder gar belächelt wird.

Sofern Sie Gestaltungsspielraum bei Urlaubsgeld haben, können Sie z.B. folgende Alternativen in Erwägung ziehen:
- Die Einmalzahlung ist so hoch, dass sie auch als Nettobetrag beim Mitarbeiter positiv auffällt.
- Sie lösen das Urlaubsgeld auf und erhöhen proportional die monatliche Vergütung. Diese Vorgehensweise findet meistens nur bei AT-Mitarbeitern und leitenden Angestellten Zustimmung.
- Sie legen Urlaubs- und Weihnachtsgeld zusammen und machen daraus eine attraktivere Gratifikation, die im Monat der Auszahlung jedoch zu einem höheren Steuersatz führt.
- Sie stellen die Zahlung des Urlaubsgeldes in Abhängigkeit zur wirtschaftlichen Situation des Betriebes und machen es so zu einem (kleinen) Anreizfaktor.

Gleichgültig, welche Alternative Sie wählen: Sie berühren rechtliche und unternehmenspolitische Fragestellungen mit all ihren Auswirkungen auf das Betriebsklima. Wägen Sie mögliche Vor- und Nachteile bei einer Veränderung im Urlaubsgeld daher sorgfältig ab.

Vermögenswirksame Leistungen

Vermögenswirksame Leistungen (VWL) sind freiwillige Sozialleistungen des Arbeitgebers. Sie werden zusätzlich zum Lohn oder Gehalt gezahlt und können derzeit bis zu zirka 33 Euro monatlich betragen. Vielfach sind VWL tariflich geregelt und betragen monatlich zirka 27 Euro bei Vollzeitkräften.

VWL sind eine steuer- und sozialversicherungswirksame Brutto-Entgelterhöhung. Da sie nur bei Vorlage eines privat vom Mitarbeiter abgeschlossenen Vertrages zur Vermögensbildung gezahlt werden dürfen, gelten sie als Beitrag zur Vorsorge. Mit VWL unterstützen Sie damit die Bestrebungen der Mitarbeiter, durch Wohneigentum oder Altersvorsorge eine größere finanzielle Sicherheit zu erreichen.

Steuer- und sozialversicherungswirksame Brutto-Entgelterhöhung

Auch wenn VWL keinerlei Einfluss auf die Leistungsbereitschaft der Mitarbeiter hat, so darf ihre emotionale Bedeutung nicht unterschätzt werden. Es wird schlicht erwartet, dass der Arbeitgeber VWL gewährt. Macht er es nicht, verursacht dies zu Beginn des neuen Arbeitsverhältnisses eine kleine Enttäuschung.

Weihnachtsgeld

Weihnachtsgeld ist eine Einmalzahlung, die üblicherweise mit dem Novemberentgelt gewährt wird. Stärker als das Urlaubsgeld hat es eine emotionale Bedeutung, die sich nur mit der vorweihnachtlichen Stimmung und den allgemein üblichen Weihnachtseinkäufen erklären lässt.

Die Zahlung von Weihnachtsgeld hat wie das Urlaubsgeld keinerlei Auswirkungen auf die Motivation im Sinne einer Leistungssteigerung.

Keinerlei Auswirkungen auf die Motivation im Sinne einer Leistungssteigerung

Einschnitte dagegen führen immer wieder zu einer nachlassenden Leistungsbereitschaft der Mitarbeiter. Sie sind deswegen sorgfältig vorzubereiten und sollten durch eine offene und vertrauensbildende Informationspolitik begleitet werden. Ergänzend gelten sinngemäß die gleichen Erläuterungen wie beim Urlaubsgeld.

Weiterbildung

Jede Kompetenz ist ein innerer Motivator

Jede Kompetenz ist ein innerer Motivator! Jeder Führungskraft und jedem Mitarbeiter ist daran gelegen, seine Stärken und Fähigkeiten möglichst umfassend einzusetzen. Etwas machen zu können, was man gelernt hat und gut kann, bringt nicht nur innere Zufriedenheit, sondern die erzielten Erfolge sind ein erneuter Motivationsschub. Diesen Kreislauf steuern und fördern Sie mit Weiterbildung. Hierzu gehören:

- fachliche Weiterbildung zur Auffrischung oder Aktualisierung des Wissens,
- fachliche Weiterbildung zur Vorbereitung auf neue Aufgaben,
- Unterstützung von Qualifizierungsinitiativen der Mitarbeiter zum Erreichen eines höherwertigen Abschlusses (Meister, Techniker, Fachkaufmann, Diplom etc.),
- überfachliche Weiterbildung zur Verbesserung der Kompetenz in Fremdsprachen, EDV-Anwendung, Moderation, Präsentation etc.,
- persönliche Weiterbildung zur Verbesserung von Zeitmanagement, Teamentwicklung, Benimm-Regeln, Wagnisbereitschaft etc.

Weiterbildung vermittelt Verlässlichkeit und Zukunftssicherheit

Solange Sie in die Weiterbildung Ihrer Mitarbeiter investieren, vermitteln Sie Verlässlichkeit und Zukunftssicherheit.

Zeitungen/Zeitschriften

Sicherung eines Informationsstandards, der über den eigentlichen Fachbereich hinausgeht

Einige Unternehmen haben für ihre Führungskräfte eine überregionale Tages- oder Wochenzeitung abonniert, die auch privat zugestellt wird. Ziel dieser Leistung ist, dass die begünstigten Mitarbeiter über einen gewissen Informationsstandard verfügen sollen, der auch über ihren eigentlichen Fachbereich hinausgeht. Diese Mitarbeiter sollen einfach in der Lage sein, jederzeit als gut informierte und allgemein gebildete Vertreter ihres Unternehmens auftreten zu können. Motivations- oder Kosteneffekte sind dabei nebensächlich.

Fachzeitschriften gehören frei zugänglich in jeden Betrieb, auch wenn nur ein kleiner Teil der Mitarbeiter dieses Angebot nutzt. Doch diejenigen, die das Angebot nutzen, sind es wert, denn diese Mitarbeiter wollen über aktuelle Entwicklungen und Erfahrungen außerhalb des Unternehmens informiert sein. Diese Mitarbeiter sind es meistens auch, die wichtige Fragen stellen und Ihnen wertvolle Impulse liefern. Fehlen Fachzeitschriften im Betrieb, so ist das sicher nicht entscheidend, aber ein Mosaikstein in der Erkenntnis motivierter Mitarbeiter, dass sie in diesem Betrieb wenig Förderung zu erwarten haben, wenn es zugleich auch an anderen Angeboten deutlich mangelt.

21.3 So finden Sie die richtigen Sozialleistungen

Klären Sie als erstes Ihre Zielsetzung: *Zielsetzung klären*
- Wollen Sie die Mitarbeiterbindung stärken und Fluktuation reduzieren?
- Wollen Sie das Image Ihres Unternehmens verbessern?
- Wollen Sie Ihren Mitarbeitern mehr Sicherheit vermitteln?
- Wollen Sie durch Leistungsanreize die Motivation fördern?
- Wollen Sie die Zusammenarbeit und den Teamgeist stärken?
- Wollen Sie die Leistungsfähigkeit und Produktivität erhöhen?
- Wollen Sie die Fehlzeiten oder Unfallquote reduzieren?

Nicht jedes dieser Ziele lässt sich durch Sozialleistungen errreichen! Beachten Sie ebenso Ihre Rahmenbedingungen! Wichtig sind immer: *Rahmenbedingungen beachten*
- Was sind die bestimmenden Faktoren Ihrer Unternehmenskultur? Ein inhabergeführtes Unternehmen in der zweiten Generation wird von völlig anderen Werten getragen als eine große Aktiengesellschaft oder ein Start-up-Unternehmen.
- Welche Bedürfnislage ist aufgrund des Alters und der familiären Situation Ihrer Mitarbeiter vorrangig zu erwarten?
- Welches Betriebsklima herrscht bei Ihnen? Ängste der Mitarbeiter um die Zukunft des Betriebes und/oder die Sicherheit der eigenen Arbeitsplätze sind unbedingt zu beachten.
- Wo liegen die Schwerpunkte Ihrer bestehenden Sozialleistungen? Gibt es da eher eine breite Streuung oder Konzentration auf z. B. langfristig wirkende Leistungen, Förderung der Sicherheit oder finanzielle Zusatzleistungen?
- Welche Zusatzleistungen liegen nach neuesten Erkenntnissen „im Trend"? Wo haben Sie möglicherweise Nachholbedarf, um z. B. für Bewerber attraktiver zu werden?

BETEILIGEN SIE IHRE MITARBEITER! AUF GAR KEINEN FALL SOLLTEN SIE SOZIALLEISTUNGEN EINFÜHREN WIE EIN HEIMLICH GEHALTENES GESCHENK: ÜBERRASCHUNG!

Das Risiko, dass die Freude und damit die Wirkung Ihrer Wohltat begrenzt ist, ist einfach zu groß. Binden Sie Ihre Mitarbeiter daher vorher professionell ein. Dies können Sie durch anonyme oder offene Umfragen, durch Gespräche mit dem Betriebsrat, durch Präsentationen und Abstimmungen auf einer Mitarbeiterversammlung und auf vielen anderen Wegen erreichen. *Binden Sie Ihre Mitarbeiter vorher professionell ein*

Planen und konzipieren Sie eine neue Sozialleistung professionell! Die Einführung ist immer eine Investition, vergleichbar mit der Investition in das Marketing oder in das IT-System. So etwas wird auch nicht nebenbei umgesetzt, sondern wird von Experten vorbereitet und durchgeführt.

Controllen Sie Ihre neue Sozialleistung! Wenn Sie Ihr Ziel kennen und einen Handlungsbedarf sehen, dann haben Sie auch Fakten oder zumindest eine Vorstellung, was sich verbessern muss und wieviel das wert sein könnte. Gleichzeitig wissen Sie über Ihre Einführungsplanung, welche Kosten die neue Zusatzleistung verursachen wird. Durch eine Gegenüberstellung dieser Kosten und der erwarteten Verbesserung haben Sie den Kosten-Nutzen-Effekt als Entscheidungsbasis und ebenso eine Grundlage für die Überprüfung Ihrer Zielerreichung geschaffen.

21.4 Tipps zu Einführung und Änderung von Sozialleistungen

Für Betriebe mit Betriebsrat:

Eine Betriebsvereinbarung ist unerlässlich

Schließen Sie immer eine Betriebsvereinbarung ab, bevor Sie freiwillige Sozialleistungen gewähren, die nicht bereits durch einen für Ihren Betrieb gültigen Tarifvertrag geregelt sind. Nur eine Betriebsvereinbarung gibt Ihnen die Möglichkeit, Inhalt, Umfang und Dauer der Sozialleistung einigermaßen problemlos wieder zu verändern. Alle anderen Sozialleistungen, die ohne besondere Regelung bzw. stillschweigend eingeführt werden, gelten als Ergänzung des Arbeitsvertrages und sind später kaum noch änderbar oder rückgängig zu machen.

Für Betriebe ohne Betriebsrat:

Die Gewährung freiwilliger Sozialleistungen konkret im Arbeitsvertrag regeln

Regeln Sie die Gewährung von freiwilligen Sozialleistungen klipp und klar im Arbeitsvertrag. Insbesondere ist festzulegen, dass auf die Gewährung der Sozialleistungen kein Rechtsanspruch besteht, denn sonst können Sie solche Leistungen nicht ohne weiteres widerrufen. Der Hinweis, es handle sich um eine freiwillige Leistung, reicht nicht aus.

Als tragfähige Formulierung für einen Freiwilligkeitsvorbehalt gilt (ohne Gewähr):

Freiwilligkeitsvorbehalt

Es wird ausdrücklich vereinbart, dass die freiwillig gewährten Leistungen (z.B. Urlaubsgeld, Weihnachtsgeld, Gratifikation, Gewinnbeteiligung, Verpflegungskostenzuschuss etc.) eine freiwillige, widerrufliche und jederzeit anrechenbare Leistung des Arbeitgebers ist, auf die auch nach wiederholter Zahlung kein Rechtsanspruch besteht.

Ohne einen rechtswirksamen Freiwilligkeitsvorbehalt, der sich ausdrücklich auf klar benannte Sozialleistungen beziehen muss, können Sie diese später nur durch einvernehmliche Änderung des Arbeitsvertrages mit jedem einzelnen Mitarbeiter ändern. Die andere Möglichkeit, die Sozialleistung durch Änderungskündigung des Arbeitsvertrages zu beseitigen, wird sich in den meisten Fällen als rechtlich sehr schwierig oder nicht durchführbar erweisen. Dazu kommen vielfältige Auswirkungen, die sich im Betriebsklima und manchmal auch in der Leistungsbereitschaft direkt widerspiegeln können.

Für alle Betriebe:

Früher galt bei den Sozialleistungen das Sozial- und Fürsorgeprinzip, heute gilt vorrangig das Erfolgs- und Leistungsprinzip. Prüfen Sie vor der Einführung von freiwilligen Sozialleistungen daher immer,

Für Sozialleistungen gilt das Erfolgs- und Leistungsprinzip

- ob die angedachte Leistung die gewünschte Unternehmenskultur unterstützt,
- für wen und wie viele Mitarbeiter diese Leistung eine Bedeutung hat,
- ob Sie allen Mitarbeitern, die nicht davon profitieren, eine Alternative anbieten sollten,
- ob es eine geeignetere oder günstigere Leistung mit vergleichbarer Wirkung geben könnte,
- wie Sie diese Leistung später anpassen, reduzieren oder streichen können.

Führen Sie freiwillige Sozialleistungen immer bewusst ein, verbinden Sie dies mit einem internen Marketing. Nur dann erreichen Sie die Aufmerksamkeit und Anerkennung durch Ihre Mitarbeiter.

Vermeiden Sie unter allen Umständen die Einführung, ohne dass Sie dies vorher einzelvertraglich oder per Betriebsvereinbarung geregelt haben. Der bloße Aushang mit den Worten „*Wir freuen uns, Ihnen hiermit bekannt geben zu dürfen, dass wir ... gewähren*" ist eine rechtswirksame Zusage, die Sie nicht mehr ohne weiteres rückgängig machen können.

Sofern möglich und sinnvoll, befristen Sie die Zusage, sodass sie im Bedarfsfall zu einem festgelegten Termin ersatzlos ausläuft. Idealerweise holen Sie sich in allen Fällen der Einführung, Änderung oder Beendigung von Sozialleistungen fachlichen Rat ein.

Teil C

Förderung der Motivation im Praxisalltag

Die Kunst des Motivierens zeigt sich im personellen Einzelfall –
und in schwierigen Unternehmensphasen

22 Wie erkenne ich die Motivation meiner Mitarbeiter?

Das Spektrum der Motivation reicht vom Workaholic auf der einen bis zur inneren Kündigung auf der anderen Seite. Die meisten Mitarbeiter liegen irgendwo dazwischen. Zu wissen, wo die eigenen Mitarbeiter in etwa stehen, insbesondere, ob sie sich auf dem Weg zur inneren Kündigung befinden oder nicht, ist für die Führung von erheblicher Bedeutung. Genauso wichtig ist das Erkennen und Betreuen der Workaholics, denn es ist nur eine Frage der Zeit, wann diese Mitarbeiter seelisch und körperlich ausgezehrt sind und zu einer Belastung werden. Der Zustand des Workaholics wurde einmal beschrieben als *„eine Kerze, die an beiden Enden zugleich brennt"*.

Zwischen Workaholic und innerer Kündigung

22.1 Gründe der Mitarbeit und der Zusammenarbeit

Mit der Beantwortung folgender Fragen durch Sie persönlich und auch durch Ihre Mitarbeiter erhalten Sie einen ersten Hinweis zu Ihrer eigenen inneren Motivation sowie der Ihrer Mitarbeiter.
- *Weshalb arbeiten Sie?*
- *Weshalb arbeiten Sie in diesem Unternehmen?*
- *Weshalb arbeiten Sie in dieser Funktion?*

Die Kenntnis dieser Grundmotivation oder zumindest eine Ahnung davon erscheint immer dann wichtig, wenn alle anderen motivierenden Aspekte oder Anreize beeinträchtigt oder nicht mehr gegeben sind: In der Krise. Dann müssen Sie sich auf die Motivation und Loyalität Ihrer Mitarbeiter mehr als nur einhundertprozentig verlassen können, spätestens dann brauchen Sie die volle Leistungsbereitschaft.

Die Antworten zu den eingangs gestellten drei Fragen geben Ihnen Hinweise, was die Zusammenarbeit der Mitarbeiter in Ihrem Betrieb besonders prägt: Karrierestreben, Reiz der Aufgabe oder Sicherheit.

Karrierestreben, Reiz der Aufgabe oder Sicherheit

Bei der Karriere geht es um die Möglichkeiten der Weiterentwicklung, bei der Aufgabe um die Tätigkeit selbst und bei der Sicherheit um die Rahmenbedingungen. Beispiele dafür sind:
- **Karriere:** Geld, Macht, Aufstieg, Verantwortung, Status ...
- **Aufgabe:** Inhalt, Abwechslung, Spezialisierung, Neuartigkeit der Tätigkeit, des Produktes oder der Dienstleistung ...
- **Sicherheit:** Sicherheit des Arbeitsplatzes, Vertrauen in die Führung, Teamgeist, Betriebsklima, finanzielle Absicherung, Gewohnheit ...

Die Entscheidung, eine bestimmte Arbeit aufzunehmen, unterliegt bei jedem Menschen anderen Prioritäten. Was zu diesen Prioritäten geführt hat, kann aus betrieblicher Sicht vernachlässigt werden. Welcher Punkt in der Priorität gerade oben steht, ist jedoch wichtig für eine erfolgreiche

Führung der Mitarbeiter. Dabei ist zu beachten, dass sich die Prioritäten im Laufe der Zeit ändern können.

Ein Beispiel: Als junger Mensch stand für Frau Ahrens die Karriere im Vordergrund, sie wollte viel Geld verdienen und Führungsverantwortung übernehmen. Später, in der Mitte ihres Berufslebens, nachdem sie ihre Karriereziele erreicht hatte, wurde die Aufgabenstellung für sie immer wichtiger. Ihre Berufserfahrung und ihre Erfolge hatten Erwartungshaltungen und Ansprüche geprägt. Gegen Ende des Berufslebens wurde der Sicherheitsaspekt immer stärker. Das Gefühl, nicht täglich Angst um den Arbeitsplatz haben zu müssen und bei Kollegen und Führungskräften Vertrauen und Anerkennung zu genießen, waren ihre wichtigsten Motivatoren.

22.2 Die Rolle der Führungskraft

Mitarbeitermotivation ist immer auch im Zusammenhang mit dem Führungsverhalten zu beurteilen

Der Grad der Mitarbeitermotivation hängt immer auch von der Führungskraft ab, auch ohne dass diese bewusst darauf Einfluss nimmt. Die Persönlichkeit, das Verhalten und die zwischenmenschliche Beziehung der Führungskraft zum Mitarbeiter prägen in besonderem Maße die Leistungsbereitschaft. Nur so ist es zu erklären, dass Mitarbeiter bei einem Vorgesetzten förmlich aufblühen, während sie bei einem anderen vor der inneren Kündigung stehen. Die Leistungsbereitschaft von Mitarbeitern darf daher nie isoliert betrachtet werden, sondern immer nur im Zusammenhang mit der Führung und evtl. auch mit den Kollegen.

Wichtig erscheint zudem, ob sich die Führungskraft ihrer Persönlichkeit und des daraus resultierenden Verhaltens bewusst ist. Nur dann hat sie die Chance, ihr Verhalten im Sinne professioneller Führung anzupassen und damit mehr über die Motivation der Mitarbeiter zu erfahren.

Einstellungen oder Verhalten der Führungskraft beinflussen das Mitarbeiterverhalten

Drei Beispiele sollen deutlich machen, wie Einstellungen oder Verhalten der Führungskraft das Mitarbeiterverhalten beinflussen:

- **Dominanz:** Autoritäre Führungskräfte lassen ihren Mitarbeitern nur zwei Verhaltensalternativen: Unterordnung oder Widerstand. Unterordnung erstickt langfristig jede Mitarbeitermotivation oder führt zu einer deutlichen Verhaltensanpassung, Widerstand führt meist zu Eskalation, Fluktuation oder Resignation. Beim Ja-Sager kann sich die Führungskraft bezüglich dessen Motivation nie sicher sein, der Nein-Sager jedoch schöpft seine Kraft aus innerer Motivation und Überzeugung.
- **Ordnungssinn:** Ein augenscheinlich unaufgeräumter Arbeitsplatz kann Schlamperei oder geniale Struktur bedeuten, ein nahezu leerer Arbeitsplatz akribische Ordnungsliebe oder Faulheit. Hängt die Führungskraft einem der Extreme an und vertritt sie die Überzeugung, dass jede abweichende Ordnung schlecht ist, werden sich die Mitarbeiter dem anpassen, auch wenn es nicht sinnvoll ist – oder gehen.
- **Verlässlichkeit:** Mitarbeiter wollen und müssen sich auf ihre Führungskraft verlassen können. Enttäuschungen durch Drumherum-

Gerede, Entscheidungen mit Hintertür, inkonsequentes Verhalten, Halbinformationen und anderes haben auch beim engagiertesten Mitarbeiter einen negativen Einfluss auf seine Motivation.

22.3 Wie wahr sind Eigenaussagen zur Motivation?

Bekannt geworden ist der Begriff der „sozialen Erwünschtheit": Es wird das gesagt, von dem man glaubt, dass der andere es hören will.

Ein Beispiel: Frau Liebig hat ihren Arbeitsvertrag gekündigt und erklärt ihrem Vorgesetzten Herrn Raudig, der sie nach den Gründen fragt, dass sie bei dem neuen Arbeitgeber deutlich mehr Geld verdienen und dort bald Führungsverantwortung übernehmen kann, dass das Unternehmen näher an ihrem Wohnort liegt etc. Solche unverfänglichen Begründungen können der Wahrheit entsprechen oder auch nicht. Da sie noch ein gutes Zeugnis haben will und auch ansonsten in Frieden aus dem Unternehmen ausscheiden möchte, verschweigt Frau Liebig ihrem Vorgesetzten, dass die eigentlichen Gründe für ihre Kündigung sein cholerisches Verhalten und seine Stimmungsschwankungen sind. Mit den genannten Gründen kann Herr Raudig gut leben, doch damit hat er nichts über die wahre Motivation zur Kündigung erfahren.

Aussagen im Rahmen sozialer Erwünschtheit prägen in besonderer Form die Bewerbung um einen neuen Arbeitsplatz, denn da geht es um Marketing in eigener Sache. Gut zu erkennen ist dies, wenn Sie durch eine Verwechslung des Absenders eine Bewerbung mit einem Anschreiben erhalten, das gar nicht für Sie bestimmt war, sondern sich auf eine ganz andere Stelle in einem anderen Unternehmen bezieht. Darüber hinaus ist es elementarer Bestandteil von Bewerbungstrainings und in Ratgebern, dass jede Bewerbung mit dem Anschreiben auf den Empfänger abgestimmt sein soll.

Besonders Bewerber legen Motivation und Beweggründe nicht unmittelbar offen

Es wird auch von den Entscheidern im Unternehmen erwartet, dass sich der Bewerber mit der vakanten Position und dem Unternehmen auseinander gesetzt hat. Mit anderen Worten: Er soll das schreiben, was zur Position passt, sonst hat der Bewerber seine Aufgabe verfehlt. Damit kommt dem weiteren Auswahlverfahren und besonders dem Bewerbungsinterview eine besondere Bedeutung zu. Nur geübte Interviewer werden es schaffen, Aussagen zu erhalten, die von sozialer Erwünschtheit wenig geprägt sind.

Nur geübte Interviewer werden Aussagen erhalten, die den wahren Motiven des Bewerbers entsprechen

Doch nicht immer sind den Mitarbeitern die wahren Gründe ihres Verhaltens bewusst. Voraussetzung für Bewusstsein ist, dass Ursachen und Zusammenhänge erkannt und sich selbst gegenüber eingestanden werden. Doch unangenehme Erlebnisse werden manchmal verdrängt oder es fehlen einfach die Kenntnisse, die eigentlichen Ursachen zu erkennen. In all diesen Fällen werden vom Mitarbeiter Motive genannt, die er sich eingeredet hat oder von denen er glaubt, dass sie zutreffend seien.

22.4 Wege, Motivation zu erkennen

Die Motivation von Mitarbeitern klar und einwandfrei zu erkennen, ist selbst für die Wissenschaft sehr schwierig. Trotzdem braucht der Praktiker in den Betrieben Hinweise, die ihm im Führungsalltag helfen. Die Erfahrung zeigt, dass die parallele Anwendung verschiedener Wege zum Erkennen der Motivation die größte Gewähr bietet, der Wahrheit einigermaßen nahe zu kommen. Nur eine der nachfolgend dargestellten Methoden alleine zu nutzen, kann zu völlig falschen Erkenntnissen führen. Wenig hilfreich ist auch der Versuch von Rückschlüssen aus dem Körperbau, Merkmalen im Gesicht, Haarfarbe, Bartwuchs und anderen Äußerlichkeiten.

22.4.1 Beobachtung von Verhalten

Folgende beobachtbare Verhaltensweisen von Mitarbeitern können Indikatoren für deren Motivation sein.

Freude und Einsatzbereitschaft bei der Arbeit sind ein Indiz für Motivation

- **Freude an der Arbeit:** Es sind immer wieder Mitarbeiter zu erleben, die unabhängig von ihrer Position im Unternehmen mit Begeisterung und großer Überzeugung ihre Arbeit erledigen. Dass sie motiviert sind, ist offensichtlich, warum sie es sind, bleibt offen. Sobald Sie das *„Leuchten in den Augen"* dieser Mitarbeiter nicht mehr erkennen können, wird es Zeit, die Ursachen zu erfahren und ein Mitarbeitergespräch zu führen.

Bereitschaft Verantwortung zu übernehmen oder nicht

- **Entscheidungsbereitschaft:** Die Bereitschaft, Verantwortung zu übernehmen bzw. die Neigung, Entscheidungen rückzudelegieren, kann ein Zeichen der Motivation des Mitarbeiters sein. Es kann jedoch z.B. auch sein, dass dem Mitarbeiter die Fachkenntnisse fehlen, dass er keine Entscheidungsbefugnis hat, dass er schlechte oder besonders gute Erfahrungen mit seinen Entscheidungen gemacht hat oder dass er aus Verantwortung vor der Tragweite bestimmte Entscheidungen nicht trifft bzw. wie ein Glücksspieler verantwortungslos entscheidet.

- **Überstunden/Mehrarbeit:** Die Bereitschaft, über die vertraglich vereinbarte Arbeitszeit hinaus zu arbeiten, kann ein Indiz für Arbeitsmotivation sein. Viele Überstunden können aber auch auf schlechtes Zeitmanagement, Arbeitsüberlastung oder Angst vor Arbeitsplatzverlust hindeuten. Ebenso denkbar ist, dass bessere Verkehrsverbindungen, weniger Staus, eine Fahrgemeinschaft oder sehr persönlich-private Gründe der Anlass sind, nicht so früh Feierabend zu machen.

- **Freiwillige Teilnahme an betrieblichen Veranstaltungen:** Im Einzelfall kann es immer Gründe geben, weshalb Mitarbeiter nicht an diesen Veranstaltungen teilnehmen können oder wollen. Fehlen allerdings ein Drittel und mehr der Belegschaft, ist dies meist ein Signal an die Führung, eine Abstimmung mit den Füßen über die Stimmung im Betrieb. Über die Motivation im Einzelfall erfahren Sie damit nichts.

22.4.2 Das Mitarbeitergespräch

Das Mitarbeitergespräch ist ein breit einsetzbares Instrument, situationsbezogen ganz gezielt etwas über die Motivation der Mitarbeiter zu erfahren.

- **Einstellungsinterview:** Verbunden mit einer professionellen Fragetechnik und Beobachtungsgabe bietet das Einstellungsinterview eine gute Möglichkeit, aus den Antworten und Reaktionen der Bewerber Aufschluss über deren Motivation zu gewinnen. Der Vergleich mit dem später tatsächlich gezeigten Mitarbeiterverhalten bestätigt oder widerlegt diese ersten Erkenntnisse und bietet die Grundlage weiterer Gespräche mit dem neuen Mitarbeiter. *Professionelle Fragetechnik und Beobachtungsgabe bieten Aufschluss über die Motivation eines Bewerbers*
- **Beurteilungsgespräch:** Die Beurteilung der Leistung des Mitarbeiters durch seinen Vorgesetzten bietet einen guten Ausgangspunkt, um über die Gründe von guter oder schwacher Leistung oder Verhaltensweisen zu sprechen. Voraussetzung für möglichst wahrheitsgemäße und zutreffende Antworten ist, dass sich die Führungskraft ehrlich für diese Gründe interessiert und den Mitarbeiter fördern will.
- **Kritik- oder Anerkennungsgespräch** (siehe auch Kap. 11.2 und 11.3): Beide Anlässe, gerade auch die Anerkennung, bieten die Chance, Hintergründe zum Verhalten des Mitarbeiters zu erfahren. Genaues Zuhören ist wichtig. Beim Kritikgespräch ist zu beachten, dass Emotionen des Vorgesetzten meistens zu einem „Dichtmachen" oder Aussagen nach sozialer Erwünschtheit seitens des Mitarbeiter führen. *Hintergründe zum Verhalten des Mitarbeiters erfahren*
- **Konfliktgespräch:** Um die Ursache und damit die Motive eines Konfliktes zu erkennen, sollten Sie genau zuhören. Versuchen Sie, die Argumente und Bedürfnisse des Mitarbeiters zu verstehen. Das ist nicht nur aufschlussreich und sachlich wichtig, sondern steigert auch seine Akzeptanz und Wertschätzung Ihnen gegenüber. *Die Argumente und Bedürfnisse des Mitarbeiters nachvollziehen*
- **Zielvereinbarungsgespräch:** Nicht die Vorgabe, jedoch die Vereinbarung von Zielen mit dem Mitarbeiter vermittelt einen Eindruck insbesondere über Leistungsbereitschaft, Leistungsfähigkeit, Ehrgeiz und Risikobewusstsein dieses Mitarbeiters. Vergewissern Sie sich bitte, ob auch der Mitarbeiter die Ziele für wirklich erreichbar hält und dass es nicht zu einer Scheinvereinbarung kommt, der sich der Mitarbeiter resigniert unterwirft. *Eindruck über Leistungsbereitschaft, Leistungsfähigkeit, Ehrgeiz und Risikobewusstsein des Mitarbeiters*
- **Das Austrittsinterview:** Das Gespräch oder alternativ ein Fragebogen über die Gründe der Kündigung sind eine nachträgliche Methode, vom ausscheidenden Mitarbeiter etwas über seine Motivation und die von ihm erlebten Arbeitsumstände zu erfahren. Das hilft zwar im Fall des ausscheidenden Mitarbeiters nicht mehr, kann aber wertvolle Hinweise auf die Führungsarbeit mit den verbleibenden Mitarbeitern geben. Ehrliche Aussagen wird die direkte Führungskraft jedoch nur bekommen, wenn der Mitarbeiter nichts zu befürchten hat. Ansonsten ist es ratsam, eine neutrale Person mit der Befragung zu beauftragen.

22.4.3 Das offene Ohr

Schon Luther hat erkannt, dass es den Horizont erweitert, „dem Volk aufs Maul zu schauen". Tun Sie das ebenfalls, um ein unmittelbares und unverfälschtes Bild der Stimmungslage im Betrieb zu bekommen.

Gerüchte spiegeln die aktuelle Stimmungslage

- **Gerüchte:** Gerüchte sagen nichts über die Motivation einer einzelnen Person, doch sie sind ein Spiegelbild dessen, was viele oder alle Mitarbeiter gerade bewegt und eventuell auch von der Arbeit abhält. Fragen Sie Ihre Sekretärin, was gerade die Gemüter bewegt; viele Sekretärinnen haben dafür einen siebten Sinn.
- **Offene Tür:** Eigentlich ist es selbstverständlich, dass eine Führungskraft ihren Mitarbeitern, wann immer es geht, für Gespräche, Sorgen und Nöte zur Verfügung steht. Gelebt wird dieses Prinzip der offenen Tür, wenn Vertrauen und nicht Autorität die Zusammenarbeit prägt.
- **Kantine, Kaffeeküche und Raucherecken:** Diese Orte sind wichtige Ventile für Ärger, Frust und Freude. Je häufiger Sie sich dort wie selbstverständlich aufhalten, desto eher ist das aus Sicht der Mitarbeiter normal, macht Sie ansprechbar und mindert die Hemmschwelle, auch in Ihrer Anwesenheit kritische Themen anzusprechen. Wird in Ihrer Anwesenheit nur Smalltalk gesprochen, sollte Ihnen das zu denken geben.

22.4.4 Die Mitarbeiterbefragung

Rätseln Sie nicht, sondern befragen Sie Ihre Mitarbeiter direkt.

Chance auf realistische und unverfälschte Antworten bei übergeordneten Fragestellungen

- **Anonyme Befragung:** Mit einem Fragebogen werden die Mitarbeiter, meistens im Ankreuzverfahren, zu bestimmten Themen um eine Aussage gebeten. Solche Fragebögen können mehrere Seiten umfassen und sollten nur unter fachlicher Leitung vorbereitet und ausgewertet werden. Für kleinere Unternehmen nur bedingt geeignet, bieten anonyme Befragungen die Chance auf einigermaßen realistische und unverfälschte Antworten bei übergeordneten Fragestellungen.

Vertraulichkeit muss sichergestellt sein

- **Namentliche Befragung:** Nur, wenn eine sehr vertrauenswürdige oder externe Stelle diese Fragebögen auswertet und die Vertraulichkeit sicherstellt, besteht die Aussicht auf einen nennenswerten Rücklauf mit ehrlichen Antworten. Das Verfahren wird selten genutzt, sofern es nicht um konkrete, personenbezogene Bedarfsabfragen geht.
- **Persönliche Befragung:** Neutrale, meist externe Fachleute, führen standardisierte Interviews mit ausgewählten oder allen Mitarbeitern durch. Entscheidend ist die Sicherstellung der Vertraulichkeit aus Sicht des Mitarbeiters. Durch das Gespräch können Schwerpunkte gesetzt und Details hinterfragt werden, die für eine Verbesserung der Zusammenarbeit und der Abläufe im Betrieb wichtig sind.

22.4.5 Die sichtbare Leistung

Unmittelbarer Ausdruck der Motivation ist die Leistung eines Mitarbeiters, die deshalb Rückschlüsse auf seine Befindlichkeit erlaubt.

- **Arbeitsvolumen:** Zu der Beurteilung, ob ein großes, normales oder kleines Arbeitsvolumen von Ihrem Mitarbeiter bewältigt wurde, gehört die Kenntnis, welche Probleme zu bewältigen waren und welcher Aufwand hinter der Arbeit gesteckt hat. Hohes Arbeitsvolumen kann ein Indikator für hohe Motivation, einfache Routineabwicklung, gute Arbeitsorganisation oder hohen Druck von außen sein, niedriges Arbeitsvolumen für niedrige Motivation, Überforderung oder schlicht zu wenig Arbeit. Die spürbare Zufriedenheit des Mitarbeiters über ein gutes Arbeitsergebnis ist ein besseres Anzeichen seiner Motivation.

  Die Umfeldbedingungen der zu beurteilenden Leistung klären

- **Fehler, Reklamationen:** Drei Gründe können allgemein die Ursache sein, wenn Fehler und Reklamationen verstärkt auftreten:
    - Der Mitarbeiter hat wirklich kein Interesse und erledigt lustlos seine Arbeit, ohne sich für Ergebnis und Folgen zu interessieren.
    - Trotz aller Motivation, der Mitarbeiter ist fachlich nicht oder noch nicht in der Lage, eine bessere Arbeit zu leisten.
    - Umfeldbedingungen wie schlechtes Werkzeug, unzureichende Unterlagen oder minderwertiges Material, fehlende oder zu späte Informationen etc. verhindern ein besseres Arbeitsergebnis.
- **Kundenzufriedenheit:** Wirkliche Zufriedenheit des Kunden ist keine Selbstverständlichkeit. Doch wenn ein Kunde wirklich zufrieden mit der Arbeit Ihres Unternehmens ist, dann hat das immer auch etwas mit der Motivation der beteiligten Mitarbeiter direkt zu tun. Eine Kundenbefragung ist zwar aufwändig, kann Ihnen jedoch wertvolle Hinweise nicht nur über die Motivation Ihrer Mitarbeiter geben.

  Kundenzufriedenheit hat immer auch etwas mit Mitarbeitermotivation zu tun

- **Verbesserungsvorschläge:** Sie werden immer noch in vielen Unternehmen als störend empfunden oder zumindest stiefmütterlich behandelt. Völlig zu Unrecht, denn ein Mitarbeiter, der Vorschläge formuliert, zeigt seine Motivation zumindest in diesem Bereich. Das ist ein positives Zeichen und eine Basis zur Stärkung der Motivation auch in anderen Tätigkeitsbereichen.

  Nur motivierte Mitarbeiter machen Verbesserungsvorschläge

23 Motivation in Zeiten der Veränderung

„Nichts ist so stetig wie der Wandel."
„Stillstand ist Rückschritt."

Nahezu jeder Mensch kennt diese Sätze und trotzdem sind Organisationen von einem hohen Beharrungsvermögen geprägt. Dies betrifft nicht nur die Mitarbeiter in den ausführenden Ebenen, sondern auch Führungskräfte. So sah sich z.B. der Personalleiter eines großen, traditionsreichen Unternehmens als *„Gralshüter der Werte und Errungen-*

Organisationen sind von einem hohen Beharrungsvermögen geprägt schaften im Unternehmen". Aussagen wie *„Das haben wir schon immer so gemacht"* oder *„Bei uns ist es nicht üblich, dass ..."* sind vergleichbare Hinweise darauf, dass Veränderungsideen mit Argwohn und Ablehnung betrachtet werden.

23.1 Was sind Veränderungen?

Alles, was die bestehenden und gewohnten Abläufe, Strukturen, Rituale, Beziehungen, Ordnungen, Werte, Standards, Machtverhältnisse und Besitzstände in Frage stellt, ist Zeichen einer Veränderung. Veränderungen werden auch als Change Prozesse bezeichnet. Beispiele sind:

Beispiele für Veränderugen

- Die Entwicklung eines neuen Produktes
- Die Schließung/Eröffnung einer Niederlassung
- Die neue Parkplatzordnung
- Der neue Informationsverteiler
- Die Neugestaltung der Büroräume
- Die Einführung einer neuen Software oder Technologie
- Die Ablösung des Abteilungsleiters durch eine neue Führungskraft
- Die Einführung variabler Vergütung
- Die Fusion mit einem anderen Unternehmen
- Die Zusammenlegung von zwei Abteilungen
- Die Einführung von Teamarbeit
- Entlassungen.

Jedes Beispiel in dieser unvollständigen Aufzählung hat Auswirkungen auf einzelne oder viele Arbeitsplätze. Sie führen zu einer Betroffenheit bei den Mitarbeitern, je nach Mentalität des Einzelnen mehr oder weniger ausgeprägt. Manchmal sind es sogar die ganz kleinen Veränderungen, welche die größten Probleme und Emotionen auslösen.

Es scheint unerheblich, ob Veränderungen innere oder äußere Ursachen haben

Beinahe unerheblich erscheint, ob Veränderungen durch eine Entscheidung im Unternehmen ausgelöst oder durch Entwicklungen von außen in das Unternehmen hineingetragen werden. Je nach Unternehmenskultur und Führungspolitik wird bei Entscheidungen oft vorrangig das Negative, Kritische oder Nachteilige gesehen oder unterstellt, selbst wenn die Vorteile klar überwiegen. Dieses Phänomen begegnet uns im Privatleben genauso wie in der Politik.

Werden die Veränderungen von außen in das Unternehmen getragen, gibt es zwar niemanden, der dafür kritisiert werden könnte, doch das Beharrungsvermögen ist meistens gleich. Warum? Weil jede Veränderung das Risiko eines Nachteils für die einzelne Person bedeuten kann. Die meisten Mitarbeiter und Führungskräfte mögen kein Risiko bezogen auf ihre Person und Situation. Veränderungen von außen sind zum Beispiel:

- Größere Transparenz durch Internet
- Rabattgier und Schnäppchenmentalität der Kunden
- Bessere Service- oder Beratungserwartung der Kunden

- Trends und Modeerscheinungen
- Verbreitung von E-Mail und Mobiltelefon
- Immer mehr und besser qualifizierte Frauen
- Internationalität des Wettbewerbs

23.2 Auswirkungen von Veränderungen

Um Veränderungen im Unternehmen erfolgreich umzusetzen, sollten die Auswirkungen auf die Mitarbeiter genauer betrachtet werden. Nur, wenn diese Auswirkungen aus der Sicht der Mitarbeiter gesehen und bewertet werden, besteht eine gute Chance, negative Reaktionen frühzeitig auf ein unvermeidbares Minimum zu begrenzen. Gerade mittelständische Unternehmen verfügen durch ihre Überschaubarkeit, Transparenz und oft auch familiäre Struktur hier über ganz besondere Stärken.

Veränderungen aus der Sicht der Mitarbeiter bewerten

Meistens geht es nicht um das „Ob" von Veränderungen, sondern um das „Wie" der Umsetzung. Veränderungen sind normal. Prüfen Sie, wie sich Ihre Veränderungsvorhaben auf die Mitarbeiter auswirken könnten und ob bzw. welche positiven Gesichtspunkte aus Sicht der Mitarbeiter damit verbunden sind. Überwiegen die negativen Gesichtspunkte, bleiben Ihnen zwei Fragen:
- Ist die Veränderung notwendig?
- Was wäre zu tun, um negative Auswirkungen auf die Motivation möglichst gering zu halten?

Die nachfolgende, unvollständige Aufzählung gibt eine Übersicht, wie sich betriebliche Veränderungen auswirken können.

- **Versetzung oder Verlust des Arbeitsplatzes:** Die Versetzung, eventuell an einen anderen Standort, oder gar der Verlust des Arbeitsplatzes sind der GAU (größter anzunehmender Unfall) aus Sicht des Mitarbeiters. Er wird mit allen Mitteln versuchen, diese Situation zu verhindern.

Beispielhafte Übersicht über mögliche Auswirkungen von Veränderungen aus Mitarbeitersicht

- **Einarbeitung in eine neue Technologie oder Software:** Die Einführung völlig neuartiger Software, EDV-gesteuerter Maschinen und Anlagen oder der Einsatz gänzlich neuer Technologien führen zu neuen Anforderungsschwerpunkten oder -profilen.
- **Veränderte Arbeitsabläufe:** Die gewohnte Routine gilt nicht mehr, Umdenken, Anpassung und Flexibilität sind gefordert.
- **Veränderte Arbeitszeiten:** Flexible Arbeitszeit oder neue Schichtsysteme werden zunächst oft abgelehnt, weil sie eine Änderung der langjährigen Abstimmung von Berufs- und Privatleben bedeuten.
- **Änderungen im Kollegenkreis:** Neue Kollegen oder der Verlust bisheriger Kollegen führen besonders dann zu Reibungsverlusten, wenn langjährige Beziehungen verändert werden.
- **Verändertes Entgelt:** Auswirkungen im Lebensstandard nach oben küren die Gewinner von Veränderungen. Entgeltreduzierung, sofern möglich, ist mit größter Sensibilität vorzubereiten und umzusetzen.

- **Transparenz von Leistung:** Ein wichtiger Punkt für Interessenvertreter und Datenschutzbeauftragte, ein wichtiger Punkt für das Unternehmen, aber auch ein wichtiger Punkt für Mitarbeiter und Führungskräfte, die Transparenz in ihrem Arbeitsbereich fürchten.

Bitte beachten Sie Ihre Vorbildfunktion. Alle Veränderungen gelten immer auch für die Führungskräfte und die Unternehmensleitung.

23.3 Reaktionen der Mitarbeiter

Veränderungen beinhalten die Chancen des Erfolges und die Risiken des Scheiterns. Je größer die objektive Erfolgswahrscheinlichkeit ist, desto größer ist die Bereitschaft, die Veränderung zu tolerieren, akzeptieren oder zu fördern. *„Der Erfolg hat viele Väter, die Niederlage einen Schuldigen"* ist eine Weisheit, die viel mit der betrieblichen Praxis zu tun hat.

Mögliche Reaktionen der Mitarbeiter auf Veränderungen

Risiko und Chance bedeutet auch: Was für den einen ein Vorteil sein kann, bedeutet für den anderen möglicherweise einen Nachteil. Doch diese Auswirkungen sind nicht sicher, es besteht Ungewissheit und Irritation an vielen Stellen. Die Folgen spiegeln sich in unterschiedlichen Reaktionen und Verhaltensweisen wider:

- **Angst:** Menschen, die etwas verlieren könnten, haben Angst vor dieser Situation. Je nach der Bedeutung dessen, was sie verlieren könnten oder wo sie Nachteile befürchten, werden sie verdrängen, resignieren, Gegenvorschläge machen oder sich mit aller Kraft an die bestehenden Verhältnisse klammern.
- **Widerstand:** Mitarbeiter, die mit großer Sicherheit wissen, dass sie etwas verlieren werden, haben nur zwei Möglichkeiten: Akzeptieren oder Widerstand leisten. Widerstand wird nicht immer offen geleistet, für manche liegt er in dem Weg in die innere Kündigung.
- **Pessimismus:** Egal, was Sie tun oder planen, der Blick richtet sich stets auf die Nachteile. Pessimisten suchen das „Haar in der Suppe".
- **Freude:** Mitarbeiter, die bereits durch den Beginn des Veränderungsprozesses Vorteile erwarten, werden mit Freude die Veränderungen begleiten.
- **Erleichterung:** *„Endlich passiert etwas",* werden einige Mitarbeiter sagen. Auch wenn diese Mitarbeiter nicht wissen, was am Ende des Veränderungsprozesses stehen wird, so sind sie erleichtert, dass der alte Zustand endlich abgelöst werden soll.

Konflikte sind in der Regel unvermeidbar

- **Konflikte:** Wenn unterschiedliche Interessen aufeinander stoßen, sind Konflikte unvermeidbar. Diese Konflikte können in einer einzelnen Person liegen *(„Einerseits würde ich gerne dies, anderseits will ich unbedingt jenes..."),* doch oft entstehen sie zwischen zwei und mehr Personen, Gruppen oder den betrieblichen Interessenvertretungen.
- **Neugier:** Optimisten und Mitarbeiter, die sich keine grauen Haare wachsen lassen, weil *„immer etwas geht",* gehen unvoreingenommen

und unverkrampft in einen Veränderungsprozess. Sie machen sich im Vorfeld wenig Gedanken, ob das spätere Ergebnis für sie Vorteile oder Nachteile bringen wird.

Verschaffen Sie sich eine ungefähre Vorstellung, mit welchen Reaktionen Ihrer Mitarbeiter zu rechnen ist und wie Sie damit umgehen können. Je klarer dieses Bild ist, desto besser sind Sie vorbereitet. Sie vermeiden bzw. minimieren spätere Korrekturen, die von den Mitarbeitern als Einknicken, Zurückrudern oder stümperhafte Planung bewertet werden.

Verschaffen Sie sich eine ungefähre Vorstellung, mit welchen Reaktionen Ihrer Mitarbeiter zu rechnen ist

23.4 Barrieren für Veränderungen

Veränderungen rufen in der Regel aus unterschiedlichsten Motiven Widerstände in Form von Beharrungskräften und Besitzstandswahrung hervor. Folgende Faktoren sind zu beachten.

- **Macht:** Die größte Barriere für Veränderungen ist der mögliche oder tatsächliche Verlust von Macht. Als Macht gelten Einfluss, Herrschaft, Verantwortung, Position, Anweisungsbefugnis, unterstellte Mitarbeiter. Das Machtproblem stellt sich fast immer im Führungskräftebereich. Führungskräfte haben meistens sehr hart gearbeitet, Entbehrungen in Kauf genommen und lange gebraucht, um ihre Position und damit ihre Macht zu erreichen. Sie wissen, wie man zu Macht kommt und sie wissen damit auch, wie man sie verteidigt. Nicht der objektive Machtverlust ist entscheidend, sondern der von der Führungskraft subjektiv empfundene.

   Angst vor Machtverlust im Führungskräftebereich

- **Status:** Die Positionsbezeichnung, eine Visitenkarte, auf einem bestimmten Parkplatz parken zu dürfen, das Büro in einer bevorzugten Lage, ein etwas größeres oder besser ausgestattetes Büro, ein besonderer Dienstwagen – es bestehen viele große und kleine Alternativen, einen Mitarbeiter nach außen hin sichtbar hervorzuheben. Das, was als kostengünstiger Anreiz zur Förderung der Motivation geplant war, erweist sich bei einer Veränderung als mögliche Barriere. Menschen klammern sich erfahrungsgemäß an den erreichten Status, um in den Augen der Mitarbeiter, Kollegen, Kunden und Lieferanten ihr Ansehen zu behalten. Je wichtiger diese Äußerlichkeiten einem Mitarbeiter oder einer Führungskraft sind, desto mehr wird sich daran geklammert und versucht, den Verlust zu verhindern.

   Menschen klammern sich erfahrungsgemäß an den erreichten Status

- **Geld:** Wie viel Entgelt ein Mitarbeiter oder eine Führungskraft für die Tätigkeit bekommt, ist in den meisten Fällen nach außen nicht sichtbar. Eine besondere Entgeltsteigerung wird selten im Kollegenkreis kundgetan, da Neid und Missgunst befürchtet wird. Über Entgeltreduzierung wird eher gesprochen, vor allem, wenn sie als ungerecht, unangemessen oder existenzbedrohend empfunden wird. Das erfolgreiche Reduzieren von Entgeltbestandteilen im Rahmen von Veränderungen ist immer ein schwieriges Unterfangen. Einschnitte in die

Machtposition oder im Status der Mitarbeiter oder Führungskräfte erweisen sich oft als noch schwieriger und erfordern eine hohe soziale Kompetenz, wenn kein Scherbenhaufen hinterlassen werden soll.

Eingefahrene Strukturen bringen den Verlust der Lernfähigkeit mit sich

- **Lernfähigkeit:** Wenn über viele Jahre und Jahrzehnte Organisationsform, Abläufe und eingesetzte Technologie im Wesentlichen konstant geblieben sind, konnte in diesen Betrieben eine hohe Professionalität und Routine im Tagesgeschäft erreicht werden. Mitarbeiter, die jahrzehntelang im gleichen Tätigkeitsfeld arbeiten, kennen dies in- und auswendig. Schulungen waren schon lange nicht mehr nötig, weil sich das Aufgabengebiet nicht geändert hat. Alles lief seinen gewohnten Gang. Diese Mitarbeiter haben verlernt zu lernen und sich zu verändern, denn es ist ihnen nie ernsthaft abverlangt worden. Manchmal wurde Schulungsbedarf seitens der Vorgesetzten als unnötig oder überflüssig abgelehnt, aus Angst, daraus könnten Ansprüche und Veränderungsgedanken seitens der Mitarbeiter erwachsen.

Wenn es über Jahre und Jahrzehnte bequem, wirtschaftlich und einfach war, Arbeitsplätze unverändert zu lassen, bedarf es einer Riesenanstrengung, Veränderungsbereitschaft und Veränderungsfähigkeit neu zu entwickeln. Bei vielen Mitarbeitern und Führungskräften fangen Sie bei Null an und nicht jeder Entwicklungsversuch wird erfolgreich sein.

23.5 Aufgaben und Verantwortung der Führung

Sicherstellung des Tagesgeschäftes im Zuständigkeitsbereich der Führungskraft

Die Sicherstellung des Tagesgeschäftes im Zuständigkeitsbereich der Führungskraft ist die erste Verantwortung einer Führungskraft. Vor der Erkenntnis, dass Veränderungen normal sind, haben sich auch die Inhalte des Tagesgeschäftes deutlich gewandelt. Nicht fachliche Routine, sondern das Management von Projekten und Ressourcen sowie ständig neuer Überraschungen, Krisen und Konflikte sind die Hauptaufgaben erfolgreicher Führungskräfte. Auch wenn viele Führungskräfte für diese Aufgaben gar nicht ausgebildet sind, werden sie trotzdem daran gemessen, ob sie diesen Aufgaben gerecht werden.

Management von Veränderungen

Das Management von Veränderungen ist eine Aufgabenerweiterung, die mit großer Verantwortung verbunden ist. Es geht um:

23.5.1 Unternehmenspolitik

Die Unternehmensleitung trägt die größte Verantwortung in einer Organisation und daher verfügt sie auch über die besten und stärksten Möglichkeiten der Steuerung. Auch wenn gesetzliche Vorgaben, z.B. das Betriebsverfassungsgesetz, oft nicht ganz einfache Hürden darstellen, ändert dies nichts an der Gesamtverantwortung. Die unternehmerische Entscheidung ist gerade im rechtlichen Sinne fast unantastbar.

Wachstum und Innovation, der Aufbau der Organisation, die Besetzung der Führungspositionen, die Informations- und Personalpolitik sind Beispiele für unternehmerische Entscheidungen strategischer Bedeutung. Es ist auch Ihre strategische Verantwortung, ob Sie planen, was Sie planen und wie Sie es planen. Alle Ihre Mitarbeiter, ob Führungskräfte oder nicht, werden sich danach richten und sich entsprechend verhalten.

Sehr deutlich wird Unternehmenspolitik im Verhalten gegenüber den Mitarbeitern. Von einem bekannten deutschen Organisationspsychologen stammt der provokante Satz: *„Der Mensch ist Mittel. Punkt."*

Das Verhalten gegenüber den Mitarbeitern ist der Prüfstein der Unternehmenspolitik

Ob aktiv oder passiv, in jedem Unternehmen wird Politik gemacht. Zwischen Betrieben, die stolz auf eine vierzigjährige Betriebszugehörigkeit der Mitarbeiter sind und Unternehmen, in denen Vierzigjährige bereits als alt gelten, liegen Welten der Unternehmenspolitik. Die Politik ist sichtbares Zeichen der Strategie, die von der Unternehmensleitung verfolgt wird. Die Strategie legt Eckpunkte und Rahmen fest, in denen sich alle Entwicklungen im Unternehmen bewegen.

Die strategische Vorwegnahme und Planung von Veränderungen und Krisen ist die Kernverantwortung der Unternehmensleitung. Alles andere ist dem untergeordnet.

23.5.2 Unternehmenskultur

Sind Statik oder Dynamik die beherrschenden Elemente Ihrer Kultur? In welchem Gleichgewicht stehen Tradition und Fortschritt, Chaos und Ordnung? Je mehr Ihr Unternehmen von klarer Ordnung und Hierarchie, Zentralismus, Prinzipien und festen Ritualen geprägt ist, umso eingefahrener sind auch die Gleise, in denen sich alle bewegen.

Die wichtigste Aufgabe der Führung ist heute allerdings, die Mitarbeiter und sich selbst auf Veränderungen vorzubereiten. Diese Vorbereitung findet im Kopf statt. Die innere Einstellung und Überzeugung, dass Veränderungen normal und alltäglich sind, dass sie jung und flexibel halten und immer auch Chancen bedeuten, ist einer der wichtigsten Werte in der Unternehmenskultur, die das Überleben einer Organisation sichern. Es ist Ihre Aufgabe als Führungskraft, für diesen Wert zu kämpfen. Ihre Vorbildfunktion prägt Ihre Erfolgschance.

Die wichtigste Aufgabe der Führung ist heute Veränderungen vorzubereiten

23.5.3 Loyalität

Veränderungen zu gestalten ist nur möglich mit Menschen, die diese Veränderungen auch wollen. Kernvoraussetzung für das Wollen ist Loyalität. Wer innerlich mit dem Unternehmen weitgehend abgeschlossen hat, wird Veränderungen passiv und desinteressiert wahrnehmen. Erst, wenn eine ganz persönliche Betroffenheit besteht, wenn individuelle Vor- oder Nachteile gesehen werden, fühlen sich diese Mitarbeiter angesprochen und zeigen Reaktion. Doch das ist nicht Loyalität, sondern Egoismus.

Loyalität dagegen ist Ausdruck von Zugehörigkeit, emotionaler Nähe und Motivation. Loyalen Mitarbeitern ist es eben nicht gleichgültig, was

Ausdruck von Zugehörigkeit, emotionaler Nähe und Motivation

in ihrem Umfeld passiert. Sie zeigen stillschweigende oder offene Zustimmung bzw. Widerstand zu den Veränderungen.

Loyalität zu fördern ist eine wichtige Führungsaufgabe

Loyalität zu fördern, auch wenn sie sich in Form von Widerstand zeigt, ist eine wichtige Führungsaufgabe. Gerade beim Widerstand muss genau differenziert werden und das zu schreiben ist einfacher als das Erkennen in der Praxis: Geht es um Widerstand aus Prinzip nach dem Motto von Uli Stein: „Ich bin dagegen!", geht es um Widerstand aus egoistischen Motiven oder geht es darum, Fehler zu vermeiden und den besten Weg zu finden?

Loyale Mitarbeiter zeigen Widerstand nicht aus egoistischen Gründen, sondern im Sinne des Unternehmens

Mitarbeiter, die mit Ihnen ringen, den besten Weg bei Veränderungen zu finden, weil sie keine Ja-Sager sind oder den Kopf nicht in den Sand stecken, sind ein wertvolles Kapital Ihres Unternehmens. Fördern Sie die Motivation und Entwicklung dieser Menschen. Dabei ist es unerheblich, ob diese Personen eine Führungsaufgabe wahrnehmen oder einfache Routinearbeiten erledigen.

23.5.4 Vorbereitung

Jeder Veränderungs- bzw. Change Prozess beginnt mit der Vorbereitung, Ihrer Vorbereitung. Sie steuern den Veränderungsprozess bereits, bevor andere überhaupt spüren, dass an einer Veränderung gearbeitet wird. Gemeint sind damit fünf Phasen der Vorbereitung:

Veränderungs- und Innovationsbedarf rechtzeitig identifizieren

- **Erkennen des Veränderungsbedarfs:** Es erscheint von immenser Bedeutung, Veränderungs- und Innovationsbedarf rechtzeitig zu identifizieren. Das Problem liegt in der Unterscheidung zwischen vorübergehenden Moden und Situationen und langfristigen Trends. Oft sind beide Erscheinungen miteinander verwoben und die Art oder Häufigkeit kurzfristiger Erscheinungen sind ein Signal für eine tief greifende Veränderung.

    Ein Beispiel: In den Neunzigerjahren war die Einführung variabler Vergütung als Entgeltbestandteil im Wesentlichen auf Führungskräfte und Vertriebsaußendienst beschränkt. Heute geht man davon aus, dass in einigen Jahren auch für den Großteil aller Tarifmitarbeiter variable Vergütung völlig normal ist. Leistungsstarke und selbstbewusste Bewerber und Mitarbeiter verstärken heute diesen Trend durch aktives Nachfragen oder Fordern. Unternehmen, die sich frühzeitig darauf einstellen, haben einen Wettbewerbsvorteil. Moden kann man überstehen, Trends nicht.

    Wie erkennen Sie diese Trends? Marktbeobachtung, Branchenvergleiche, eigene Kennziffern, interne Analysen und ein gutes Gespür für den Markt sind wichtige Bestandteile des internen Frühwarnsystems.

Ermittlung eines Stimmungsbildes

- **Meinungen, Erfahrungen und Stimmungen:** Wie sind Ihre Mitarbeiter, wie ist Ihr Betrieb auf die geplante Veränderung eingestimmt? Ist das Thema auch in Ihrem Unternehmen reif? Ob in Einzelgesprächen, Sitzungen oder Workshops, ob durch direkte Fragen oder beiläufiges Erwähnen – Sie sollten einen Weg finden, um einen ersten Eindruck von den Meinungen, Erfahrungen und Stimmungen zum Thema zu

erhalten. Dieser erste Eindruck wird Ihre weitere Vorgehensweise zum Vorteil des Unternehmens beeinflussen.
- **Zielfindung:** Was genau wollen Sie erreichen? Wie wichtig sind Ihnen die Ziele und unterstützen sie Ihre Unternehmensstrategie? Die Festlegung der Strategie und die daraus abgeleiteten Ziele gehören zu den Kernaufgaben der Unternehmensführung. Die Verantwortung für den Inhalt und die Priorität der Ziele ist nicht delegierbar.
- **Ressourcenplanung:** Veränderungsprozesse kosten Zeit, Geld und Kapazität. Sie beeinträchtigen das Tagesgeschäft und werden bis zum Abschluss für alle Beteiligten eine zusätzliche Belastung sein. So, wie Sie einen Neubau planen, die Anschaffung einer neuen Maschine oder die Gewinnung eines wichtigen Auftrages, so verschlingt auch jeder andere Veränderungsprozess Ressourcen in Ihrem Betrieb. Je stärker die Befindlichkeiten der Mitarbeiter und Führungskräfte betroffen sind oder sein könnten, desto mehr Zeit und Geld wird es Sie kosten, diese Veränderungen umzusetzen. Verschaffen Sie sich daher frühzeitig einen Überblick, was auf Sie zukommen wird. Die Angebote externer Berater helfen Ihnen dabei.

Veränderungsprozesse binden Ressourcen

- **Auftakt:** Geht es um Projekte, so starten diese meist mit einer Einführungsveranstaltung oder neudeutsch „Kick-Off-Meeting". Ursache, Ziele und wesentliche Rahmenbedingungen des Projektes werden besprochen, bekannt gegeben oder festgelegt. Sinn dieser Veranstaltungen ist meistens, Transparenz herzustellen und allen zu zeigen: *„Es geht los".*

Alle Beteiligten auf das Projekt einschwören

Es ist von erheblicher Bedeutung, wie Sie diesen Projektstart vorbereitet haben. Ihr Ziel und Ihr Wille, dieses Ziel erreichen zu wollen, dürfen niemals in Frage stehen. Wenn Ihre Führungskräfte und Mitarbeiter darüber in Zweifel geraten, halbieren Sie deren Motivation, in dem Projekt mitzuarbeiten. Wenn Sie Unsicherheit zeigen, wie sollen dann die Mitarbeiter Sicherheit, Zuversicht und Motivation entwickeln?

23.5.5 Prozessbegleitung

Bis hierher lief das Pflichtprogramm, jetzt kommt die Kür: Die parallele Steuerung von Tagesgeschäft und Veränderungsprozess. Die Steuerung des Tagesgeschäftes mit all seinen fachlichen Anforderungen ist Routine, da ist jede Führungskraft Profi. Veränderungen professionell zu begleiten haben dagegen die wenigsten Führungskräfte gelernt. Aus dem Bauch heraus wird einiges richtig und auch vieles falsch gemacht: Veränderungsbarrieren werden nicht bedacht, Zeit- und Geldbedarf werden unterschätzt, Informationen vergessen, Termine werden verschoben, Ziele vernachlässigt. Das Beherrschen der Methoden im Projektmanagement, Sensibilität für Belastungsgrenzen und die Fähigkeit, Tagesgeschäft und Veränderungsprozess zeitgleich zu steuern, sind Voraussetzungen erfolgreicher Zielerreichung im Prozess.

Parallele Steuerung von Tagesgeschäft und Veränderungsprozess

23.6 Anforderungen an die Führung

Veränderungsprozesse stellen besondere Anforderungen an die Führung. Vornehmliche Aufgaben sind:

- **Angst nehmen:** Veränderungen sind von Unsicherheit geprägt, doch Angst entsteht nur, wenn diese Unsicherheiten existenziell erscheinen. Seien Sie sensibel für solche Ängste und lassen Sie deren Ausbreitung nicht zu, denn Angst lähmt jede Veränderungs- und Risikobereitschaft.

Angst lähmt jede Veränderungs- und Risikobereitschaft

- **Auf Macht verzichten:** Jede Veränderung bedeutet eine Veränderung im Machtgefüge des Unternehmens. Nur wer bereit ist, auf Macht zu verzichten, fördert Veränderungen.
- **Begeisterung entwickeln:** Begeisterung ist eine treibende Kraft, die aus dem Inneren kommt. Sie wird getragen von Träumen, Visionen oder schlicht der Vorstellung, wie es ist, wenn das Ziel erreicht wird. Nur wer diese Begeisterung in sich trägt, kann sie auf andere übertragen.

Begeisterung ist eine treibende Kraft

- **Beharrlichkeit zeigen:** Bleiben Sie Ihrem Ziel treu, wenn es Bestandteil der Unternehmensstrategie ist. Wankelmut irritiert Ihr gesamtes Umfeld. Nutzen Sie Rückschläge und Widerstände, um den Weg der Zielerreichung zu verbessern.
- **Eigendynamik zulassen:** Gute und von vielen Mitarbeitern getragene Veränderungsprozesse entwickeln ihre Eigendynamik. Führungskräfte, die das aushalten können und sich auf die Zielerreichung konzentrieren, sind die erfolgreichsten.
- **Freiräume nutzen:** Oft viel zu früh werden Alternativen vernachlässigt oder abgelehnt, weil vermeintliche Hindernisse gesehen oder vermutet werden. Der Gedanke „Das geht nicht" ist eine Blockade im Kopf, der Gedanke „Wie könnte es gehen?" fördert und fordert Lösungswege.
- **Informationen geben:** Je mehr Informationen Ihre Mitarbeiter erhalten, desto weniger Raum besteht für Gerüchte, sofern die Informationen klar sind und sich nicht widersprechen.

Rechtzeitige und eindeutige Informationen

- **Ketten sprengen:** Je länger Strukturen, Abläufe, Beziehungen, Rituale und Gewohnheiten bestehen, desto stärker sind sie in Ketten gelegt, mit Stacheldraht umwickelt und betoniert. Für Veränderungen brauchen Sie Sensibilität, ein klare Linie, Kraft, Durchsetzung, Härte und manchmal auch Geld für eine Abfindung.
- **Konflikte aushalten:** Konflikte mit sich selbst wie auch Konflikte mit anderen können die Handlungsfähigkeit zum Erliegen bringen. Keine vorschnellen oder faulen Kompromisse, sondern echte Klärungen führen zum Ziel.
- **Nein sagen:** Wer etwas ändern will, muss Nein sagen können, ohne zum Diktator zu werden.
- **Rückschläge verkraften:** Jede Veränderung ist von Rückschlägen geprägt. Ihr Wille, Ihre Kraft, ein gutes Team und Kreativität sorgen dafür, dass es trotzdem vorangeht.

- **Souverän bleiben:** Gerade in schwierigen Phasen und in Situationen, in denen Sie angegriffen werden, sollten Sie menschliche Souveränität zeigen. Stehen Sie zu Ihren Fehlern, zeigen Sie Enttäuschung oder Freude, aber „verlieren Sie nie den Kopf". *Menschliche Souveränität zeigen*
- **Stärken fördern:** Veränderungsprozesse sind Entwicklungsprozesse für jeden Beteiligten. Wer die Potenziale seiner Mitarbeiter erkennt und fördert, entwickelt sich selbst.
- **Vorangehen:** Fordern und erwarten Sie nur das von Ihren Mitarbeitern, was Sie selbst bereit sind, zu leisten. Mit jedem ersten Schritt unterstreichen Sie Ihre Glaubwürdigkeit.
- **Vorbild sein:** Sie setzen das Ziel, Sie machen den ersten Schritt, Sie tragen die Verantwortung. Ihre Arbeitseinstellung prägt das Tempo und die Qualität der Umsetzung. *Ihre Arbeitseinstellung prägt das Tempo und die Qualität der Umsetzung*
- **Ziele setzen:** Können Sie verzichten? Ein Ziel zu verfolgen heißt, auf andere Ziele zu verzichten, wenn diese nicht unabhängig von einander sind. Ihnen selbst muss deshalb klar sein, was Sie wollen.

23.7 Veränderungen steuern und verstärken

Veränderungsprozesse müssen kanalisiert und gesteuert werden, wenn sie nicht aus dem Ruder laufen sollen.

- **Jede Veränderung beginnt bei dem, der sie fordert.** Worte, Papier und Appelle reichen nicht aus. Veränderungen müssen (vor)gelebt werden. Sie sind Vorbild. Machen Sie den ersten Schritt, der für andere erkennbar ist und deutlich macht: *„Es muss sich etwas ändern und ich habe bereits damit angefangen".* *Veränderungen müssen vorgelebt werden*
- **Bereiten Sie Ihre Mitarbeiter und Führungskräfte auf Veränderungen vor.** Es ist eine permanente und sehr anspruchsvolle Aufgabe, dafür zu sorgen, dass Routine nicht überhand nimmt. Eingefahrene Gleise können irgendwann nur noch gesprengt werden – dies ist mit großen Schmerzen und hohen Risiken verbunden.
- **Trainieren Sie Veränderungen.** Das beginnt mit einfachsten Beispielen: Geben Sie die feste Sitzordnung in einer Besprechung auf. Sie werden selbst merken, wie ungewohnt diese Minimalveränderung ist.
- **Werben Sie für den Änderungsbedarf.** Informieren Sie Ihre Mitarbeiter, weshalb Veränderungen notwendig sind. Schaffen Sie Transparenz und Betroffenheit. Wenn die Mitarbeiter verstehen, dass Veränderungen auch für sie wichtig sind, werden sie sich damit engagierter auseinander setzen. *Erklären Sie die Hintergründe des Veränderungsbedarfs*
- **Sorgen Sie für klare Ziele.** Was mit einer Veränderung erreicht werden soll, legen Sie fest. Das oberste Ziel kommt von Ihnen, denn es ist ein Bestandteil Ihrer Unternehmensstrategie und muss hundertzentig dazu passen. Teilziele erarbeiten Sie gemeinsam oder sie kommen als Vorschläge von Ihren Mitarbeitern.

- Ziehen Sie einige Mitarbeiter ins Vertrauen oder installieren Sie ein kleines Projektteam. Sie teilen sich die anstehenden Aufgaben und sie treffen gemeinsam Entscheidungen. Es wird zwar nicht einfacher, aber Erfolg versprechender, wenn unterschiedliche Kompetenzen und Meinungen in dieser Projektgruppe vertreten sind.
- Tragen Sie Verantwortung. Sie sind der Motor der Veränderung und alles, was Sie anstoßen oder unterlassen, unterliegt Ihrer Verantwortung. Sie fördern Veränderungsbereitschaft, wenn Sie aktiv leben, dass für den Gesamterfolg niemand anders als Sie verantwortlich ist.
- Ändern Sie Rituale und alte Strukturen. Art, Häufigkeit, Teilnehmer und Ablauf von Besprechungen sind ein Spiegel für Strukturen und Rituale. Postverteilung, Dienstweg für Informationen und Entscheidungen, Parkplatzordnung, Raumplan, Unterschriftenregelung und andere Formvorschriften sind Beispiele, an denen Sie Veränderungen trainieren und bereits auf erhebliche Widerstände stoßen können, besonders in größeren Betrieben.

Schon kleinere Veränderungen können erhebliche Widerstände hervorrufen

24 Motivation in der Krise

Gerade in Krisen sind Sie auf Ihre Mitarbeiter angewiesen

Krisen sind die Situationen, in denen Sie stärker als sonst auf die Motivation und Leistung Ihrer Mitarbeiter angewiesen sind.

24.1 Mitarbeiterverhalten in Zeiten der Krise

Die Krise wird für immer mehr Unternehmen allgegenwärtig. Sie scheint beinahe der Normalzustand zu werden, mit dem sich jede Unternehmensleitung permanent auseinander zu setzen hat. Krise aus Arbeitnehmersicht heißt in zugespitzter Form Angst vor Verlust des eigenen Arbeitsplatzes. Angesichts von über vier Millionen Arbeitslosen und einer weiterhin hohen Zahl an wegfallenden Arbeitsplätzen durch Insolvenzen, Personalabbau und Verlagerung von Betriebsteilen sind viele Arbeitnehmer bereit, Abstriche in ihrem Arbeitsverhältnis in Kauf zu nehmen, um den Arbeitsplatz zu erhalten. Sicherheit geht vor Risiko, zumindest für die meisten. Doch wie steht es um die Motivation dieser Mitarbeiter?

Hoher Druck = hohe Leistung?

In Kapitel 4.7 wurde unter dem Stichwort „Angstmaximum" bereits erläutert, dass in Phasen hohen Drucks auf die Mitarbeiter auch eine hohe Leistung erreicht werden kann. Unzählige Praxisbeispiele belegen das. Doch die Probleme entstehen an anderer Stelle – und das meistens schleichend:

Leistungsträger sehen sich nach Alternativen um

- Leistungsträger, die von ihrer inneren Einstellung her eine hohe Motivation mitbringen, werden sich nach Alternativen in anderen Un-

ternehmen umsehen, wenn die Einschnitte ihre persönliche Entwicklung beeinträchtigen.
- Die Bereitschaft, Verantwortung für Entscheidungen zu übernehmen, sinkt unaufhaltsam, denn mit jeder Fehlentscheidung steigt das persönliche Risiko des Arbeitsplatzverlustes. Delegation nach oben und eine Überlastung der Führungskräfte sind Kennzeichen dieser Entwicklung.

Mit jeder Fehlentscheidung steigt das persönliche Risiko des Arbeitsplatzverlustes

- Hält der Druck zu lange an oder wird er zu intensiv, reagieren immer mehr Mitarbeiter mit Resignation, Abschottung oder Widerstand.
- Sobald der Druck nachlässt, werden sich viele Mitarbeiter drei Fragen stellen:
  - „Wie groß ist das Risiko, dass diese Situation noch einmal auftritt und meinen Arbeitsplatz kostet?"
  - „Wie viel Vertrauen habe ich noch in die Führung?"
  - „Fühle ich mich in diesem Betrieb noch wohl?"

Sobald der Arbeitsmarkt Alternativen bietet, werden engagierte, aber unzufriedene Mitarbeiter Ihr Unternehmen verlassen. Alle anderen bleiben.

Engagierte, aber unzufriedene Mitarbeiter verlassen das Unternehmen

24.2 Krisenmanagement

Eine typische Ausgangslage: In Ihrem Betrieb bestehen Gerüchte über eine schwierige wirtschaftliche Situation. Die Angst vor Entlassungen ist spürbar. Mit dieser Angst einher gehen Produktivitätsverluste durch schlechte Stimmung, Verunsicherung, Diskussionen mit Kollegen und Führungskräften und eventuell auch Protestkundgebungen. Was ist zu tun?

24.2.1 Planung und Vorbereitung

Situationen werden immer dann schwer beherrschbar, wenn sie zu spät wahrgenommen werden oder zu spät angemessen reagiert wurde. „Hinterher ist man immer schlauer", sagt der Volksmund. Doch genau da ist der Ansatz: Krisenmanagement beginnt vor der Krise. Konkret heißt das, auf die drei nachfolgenden Fragen Antworten zu finden, bevor der Krisenfall eintritt:

Krisenmanagement beginnt vor der Krise

- „Auf welche Indikatoren muss ich achten, um frühzeitig Anzeichen einer möglichen Krise zu erkennen?"
- „Welche Möglichkeiten habe ich, auf Krisensituationen zu reagieren? Welche Alternativen zur Kostensenkung oder Umsatzsteigerung stehen heute konkret zur Verfügung? Wieviel kostet die Umsetzung?"
- „Welche Mitarbeiter sind im Krisenmanagement besonders wichtig und wie halte ich sie im Unternehmen?"

Diese Fragen werden im kleinsten Führungskreis bearbeitet und jährlich aktualisiert. Es ist nicht notwendig, meistens auch nicht sinnvoll, darüber irgendeine Öffentlichkeit herzustellen. Entscheidend ist, dass die Mitarbeiter Vertrauen in die Führung ihres Betriebes haben. Dieses Vertrauen erzielen Sie durch gutes Krisenmanagement im konkreten Fall – eben weil Sie vorbereitet sind.

24.2.2 Information

Angemessene und zeitgerechte Information der Mitarbeiter

Die angemessene und zeitgerechte Information der Mitarbeiter gehört zu den besonders schwierigen und sensiblen Aufgaben bei einem möglichen Personalabbau. Oftmals dominieren Gerüchte oder auch Informationen aus der Zeitung das Stimmungsbild und beeinträchtigen eine vertrauensvolle Zusammenarbeit. Hierzu ein paar Tipps:

- Krisen sind normal. Bereiten Sie Ihre Mitarbeiter mental darauf vor, dass es nicht immer nur aufwärts gehen kann. Sie sind Vorbild.
- Entwickeln Sie einen Plan, wie und worüber Sie Ihre Mitarbeiter und das Umfeld informieren. Konkret geht es um Zeitpunkt, Ablauf und Inhalte der Information für Aufsichtsgremien, Geldgeber, Wirtschaftsausschuss, Betriebsrat, Führungskräfte, die gesamte Belegschaft, Kunden, Lieferanten und eventuell Öffentlichkeit.
- Auch wenn zunächst nur ausgewählte Personen oder Personengruppen informiert werden, bleiben die Informationen selten lange vertraulich. Informieren Sie daher möglichst in einer schnellen Abfolge.
- Bitte stellen Sie immer sicher, dass Ihre Mitarbeiter informiert sind, bevor sie die betrieblichen Neuigkeiten in der Tagespresse lesen oder von Lieferanten, Kunden oder Nachbarn erfahren.
- Die Mitarbeiter müssen sicher nicht über jedes Detail informiert sein. Doch jeder sollte so gut informiert sein, dass er in Gesprächen mit Dritten nicht uninformiert und dumm dasteht. Jeder, der sich so fühlt, wird empfänglich für Gerüchte, Spekulationen und Angstszenarien.

Auch über Maßnahmen zur Problemlösung informieren

- Informieren Sie über das Problem, seine Ursachen und seine Auswirkungen. Aber informieren Sie unbedingt auch über die eingeleiteten Maßnahmen zur Problemlösung, die Ziele, absehbare oder auch erreichte Erfolge. Auch kleine Erfolge sind wichtig.

24.3 Alternativen zum Personalabbau

Personalabbau erst, wenn alle anderen Möglichkeiten ausgeschöpft sind

Sach- und Fremdkosten aller Art auf ihre Notwendigkeit und Höhe zu prüfen und, soweit möglich, zu reduzieren, gehört zu den ersten Tätigkeiten einer Kostenreduzierung. Das zweite große Maßnahmenpaket umfasst die Reduzierung der Personalkosten, ohne dass es zu Entlassungen kommt. Erst im dritten Schritt wird Personalabbau unvermeidbar sein. Die konsequente Beachtung dieser Reihenfolge der Maßnahmen ist arbeitsrechtlich sinnvoll und hilft, die Loyalität und Motivation der Mitarbeiter besser aufrechtzuerhalten.

24.3.1 Abbau von Überstunden

Mit dem Abbau von Überstunden (bzw. Mehrarbeit) ist hier die Reduzierung bezahlter Stunden gemeint. Unabhängig von allen politischen Diskussionen stellen bezahlte Überstunden in manchen Unternehmen einen großen Kostenblock dar. Mit den Mitarbeitern bzw. dem Betriebsrat zu einer Regelung zu kommen, die zumindest vorübergehend die Bezahlung von Überstunden aussetzt, bedeutet für viele oder alle Mitarbeiter einen mehr oder weniger kleinen Einkommensverlust, für einige jedoch den Erhalt des Arbeitsplatzes. In einem Unternehmen der IT-Industrie mit zirka 250 Beschäftigten konnten so zirka 500.000 € pro Jahr eingespart werden.

Bezahlte Überstunden stellen in manchen Unternehmen einen großen Kostenblock dar

24.3.2 Reduzierung von Arbeitszeit

Flexible Arbeitszeit (siehe Kap. 20) hilft, Kapazitätsschwankungen auszugleichen und damit Krisen zu entschärfen. Ist der Krisenfall jedoch eingetreten, ohne dass bisher flexible Arbeitszeitmodelle zum Unternehmenskonzept gehörten, gibt es noch zwei sinnvolle Maßnahmen:
- Abbau von Arbeitszeitguthaben durch aufgelaufene Überstunden nicht durch Auszahlung, sondern durch „Abbummeln" oder wöchentliche Arbeitszeitreduzierung.
- (Vorübergehende) Reduzierung der wöchentlichen Arbeitszeit mit entsprechender Entgeltkürzung. Jede Stunde pro Person und Woche, die weniger gearbeitet und bezahlt wird, entlastet das Kostenbudget unmittelbar. Doch die beiden herausragenden Vorteile sind:
  - Sie kommen zu einer spürbaren Kostenreduzierung ohne die rechtlich, organisatorisch und klimatisch großen Nachteile und Probleme, die immer mit Personalabbau verbunden sind.
  - Wenn Ihre Mitarbeiter ihr Einverständnis zu einer allgemeinen Arbeitszeitreduzierung geben, um damit Entlassungen zu verhindern, ist dies ein Zeichen großer Solidarität untereinander und von Loyalität und Motivation gegenüber dem Unternehmen. Diese Werte im Vorfeld aufzubauen und jetzt zu erhalten lohnt sich.

Die Umsetzung ist nur durch einvernehmliche Regelung möglich.

Unentgeltlicher Abbau von Arbeitszeitguthaben

Reduzierung der wöchentlichen Arbeitszeit mit entsprechender Entgeltkürzung

24.3.3 Erhöhung von Arbeitszeit

Nicht immer ist Auftragsmangel die Ursache einer wirtschaftlichen Krise des Unternehmens. Gerade im Mittelstand liegt das Problem oftmals in der Liquidität: Es ist jede Menge Arbeit da, doch es fehlt an Geld, um diese Arbeit zu bezahlen. Als Ausweg steht eine (vorübergehende) Erhöhung der Arbeitszeit durch unbezahlte Überstunden zur Verfügung. Doch auch dieser Weg funktioniert nur im Einvernehmen mit den Mitarbeitern. Die Mitarbeiter werden nur dann bereit sein, unentgeltlich ein gewisses Maß an Überstunden zu leisten, wenn sie Vertrauen in die Führung haben und die Notwendigkeit des Zugeständnisses nachvollziehen können.

Erhöhung der Arbeitszeit durch unbezahlte Überstunden bei Liquiditätsproblemen

24.3.4 Förderung von Teilzeit

Ohne in Klischees abgleiten zu wollen: In Betrieben mit einem höheren Frauenanteil wird die Bereitschaft zur Teilzeit höher sein als in anderen Unternehmen. Doch es muss nicht gleich die 20-Stdunden-Woche sein.

Fünf Mitarbeiter teilen sich vier Arbeitsplätze, um einen Arbeitsplatz zu erhalten

Als Konzept zur Vermeidung von Entlassungen praktikabel ist z.B. die 5:4-Regelung: Fünf Mitarbeiter teilen sich vier Arbeitsplätze. In der direkten Umsetzung kann das für jeden der Beteiligten eine 4-Tage-Woche mit rollierenden freien Tagen bedeuten. Auch jede andere Konstellation ist denkbar. Wichtig ist, den beteiligten Mitarbeitern die Rückkehr zur Vollzeit zu ermöglichen. Bitte klären Sie mit der Bundesagentur für Arbeit, wie sich die Teilzeitvergütung auf das Arbeitslosengeld auswirken würde, falls später Entlassungen doch nicht vermeidbar sind.

Vorteile von Teilzeit

Die Förderung von Teilzeit bietet drei große Vorteile:
- Sie reduzieren Ihre Personalkapazität und behalten trotzdem Ihre eingearbeiteten Mitarbeiter. Sie sparen Prozesskosten, Abfindungsrisiken und die manchmal lange Zeit bis zum Ablauf der Kündigungsfrist.
- Sie können schneller und effektiver Ihre Kapazität wieder vergrößern, als dies durch Neueinstellungen möglich wäre, wenn es dem Unternehmen wieder besser geht.
- Mitarbeiter können zum Vorteil des Betriebes ihre Arbeitszeit reduzieren und eigene Interessen verfolgen, ohne den Arbeitgeber wechseln zu müssen.

Nicht jeder Arbeitsplatz ist teilzeitgeeignet

Eines ist jedoch zu bedenken: Nicht jeder Arbeitsplatz ist teilzeitgeeignet. Vier Arbeitsplätze auf fünf Mitarbeiter aufzuteilen erfordert zudem fünf vergleichbar ausgebildete und einsetzbare Personen.

Teilzeit ist eine Frage der Organisation und der Unternehmenskultur. Solange von der Unternehmensleitung keine ernsthaften und ehrlichen Signale gesendet werden, dass Teilzeit eine akzeptierte oder gewünschte Arbeitszeitvariante ist, solange wird Teilzeit ein Schattendasein führen. Dann wird auch in der Krisensituation wenig Teilzeitbereitschaft bestehen. Dies musste z.B. auch der Betriebsrat in einem Unternehmen der IT-Branche leidvoll zur Kenntnis nehmen: Von zirka 300 Mitarbeitern erklärten gerade einmal ein halbes Dutzend ihr Interesse an Teilzeit zur Vermeidung von Entlassungen.

Teilzeit als Arbeitszeitmodell nicht erst in der Krise entdecken

Wichtig erscheint daher, Teilzeit als Arbeitszeitmodell nicht erst in der Krise zu entdecken und dieses Instrument flexibel zu handhaben. Das Teilzeit- und Befristungsgesetz ist zu beachten.

24.3.5 Förderung von Altersteilzeit

Grundlage ist das noch bis 2009 geltende Altersteilzeitgesetz. Es ermöglicht Arbeitnehmern, die mindestens 55 Jahre alt sind, die Zeit bis zum Übergang in die Altersrente in Teilzeit zu arbeiten. Zu beachten ist, dass am Ende der Altersteilzeit nur 50 Prozent der bisherigen Arbeitszeit geleistet wurde. Dabei ist es den Betrieben überlassen, wie sie die Arbeitszeit verteilen. Damit Altersteilzeit für die Mitarbeiter attraktiv ist, wird sie vom Staat finanziell gefördert. Diese Förderung ist jedoch mit Auflagen zur Neueinstellung eines Mitarbeiters verbunden.

Seinen ganz besonderen Charme hat dieses Gesetz für Kleinbetriebe, nach der Definition des Gesetzes Betriebe mit bis zu 50 Beschäftigten. Sie erfüllen die Fördervoraussetzungen auch durch die Einstellung eines Auszubildenden. Die genauen Bedingungen sind dem Gesetz zu entnehmen. In vielen Branchen bestehen zudem Tarifverträge.

24.3.6 Kurzarbeit

Immer dann, wenn Sie alle Möglichkeiten der Arbeitszeitreduzierung ausgeschöpft haben und trotzdem noch vorübergehend zu viel Personalkapazität haben, bietet sich Kurzarbeit an. Ansprechpartner hierfür ist die Agentur für Arbeit. Auch Ihr Tarifvertrag kann Hinweise zur Umsetzung von Kurzarbeit enthalten.

24.4 Trennung von Mitarbeitern

Betriebsbedingte Entlassungen gehören zu den schwierigsten und unangenehmsten Aufgaben einer Führungskraft, die immer wieder zu Unruhe und Widerstand bei allen Beteiligten und im Umfeld führen. Neben der Beachtung der rechtlichen Anforderungen sollte es das Ziel sein, die Persönlichkeit der Betroffenen nicht zu verletzen und das Image des Unternehmens nicht zu belasten. Dieses Ziel erreichen Sie am besten mit einer sachlich-konsequenten Vorbereitung und einer fairen und zukunftsorientierten Umsetzung.

Schwierigste und unangenehmste Aufgabe einer Führungskraft

24.4.1 Kündigungsgespräche richtig führen

Der Ausspruch einer Kündigung ist immer Aufgabe des direkten Vorgesetzten und nicht delegierbar. Damit dieses Gespräch professionell und möglichst ohne Eskalation verläuft, die auch anderen Mitarbeitern nie verborgen bleibt, ist die Beachtung der nachfolgenden Punkte hilfreich:

Der Ausspruch einer Kündigung ist eine nicht delegierbare Aufgabe des direkten Vorgesetzten

24.4.1.1 Vorbereitung

Bereiten Sie sich sachlich und mental auf das Gespräch intensiv vor. Eine gute Vorbereitung ist unverzichtbar. Sie beinhaltet:
- **Kenntnis der Inhalte der Personalakte.** Sie sollten wissen, wie alt Ihr Mitarbeiter ist, wann er in das Unternehmen eingetreten ist, wie er sich entwickelt und welche Positionen er bekleidet hat, wie viel er verdient, wie hoch sein Arbeitseinsatz ist (Überstunden), ob es Abmahnungen gegeben hat, auffällige Fehlzeiten, Prämien oder Anerkennungen.
- Sofern Ihnen die **private Situation des Mitarbeiters** nicht in etwa bekannt ist, können Sie der Steuerkarte wichtige Informationen ent-

nehmen wie z. B., ob Sie einen Alleinverdiener mit Familie oder eine ledige Person treffen. Ein Gefühl für die private Situation des Betroffenen hilft Ihnen, sich auf mögliche Reaktionen im Gespräch vorzubereiten, um dann nicht überrascht und hilflos dazusitzen.

Ein Gefühl für die private Situation des Betroffenen entwickeln

- Selbstverständlich ist die **sichere Kenntnis des Arbeitsvertrages** und insbesondere der richtigen Kündigungsfrist. Gerade hier passieren immer wieder Fehler, da neben dem Arbeitsvertrag das Bürgerliche Gesetzbuch und eventuell Tarifrecht und Sonderkündigungsschutz zu beachten sind.
- **Kenntnis des Kündigungsgrundes:** Abhängig von der Persönlichkeit des Betroffenen ist immer wieder zu beobachten, dass sofort die Frage *„Warum und warum ich?"* gestellt wird. Sie sollten unbedingt in der Lage sein, diese Frage mit wenigen Sätzen klar zu beantworten. Ihre Souveränität in diesem Punkt ist sowohl wichtig für den Betroffenen als auch für alle nicht beteiligten Mitarbeiter.
- **Raum:** Selbstverständlich ist, das Kündigungsgespräch in einem geschlossenen und nicht einsehbaren Raum durchzuführen. Idealerweise ist das Ihr Büro. Störungen durch andere Personen, Telefon oder anderes sollten unbedingt ausgeschlossen sein. Bei Bedarf sollten Sie ein kaltes Getränk (Wasser oder Saft) und Taschentücher anbieten können.
- **Zeit:** Der Ausspruch einer Kündigung dauert meistens nur 10 Minuten. Doch wenn Ihr Mitarbeiter Gesprächs- und Erklärungsbedarf hat, sollten Sie mehr Zeit zur Verfügung haben. Für jede Kündigung eine halbe Stunde einzuplanen ist erfahrungsgemäß sinnvoll. Auch Sie selber werden bis zum nächsten Termin etwas Abstand benötigen.

Etwa eine halbe Stunde Zeit einplanen

- **Zeitpunkt:** Sprechen Sie eine Kündigung immer so aus, dass am nächsten Tag die Möglichkeit besteht, eine Folgegespräch zu führen. Direkt vor einem Feiertag oder vor dem Wochenende die Kündigung auszusprechen, ist stillos und wird auch von den verbleibenden Mitarbeitern entsprechend registriert. Das Gleiche gilt für Kündigungen am letzten Tag der Probezeit oder zum letztmöglichen Zeitpunkt bei längeren Kündigungsfristen.

Am nächsten Tag sollte ein Folgegespräch möglich sein

- **Kündigungsschreiben:** Nach herrschender Gesetzeslage ist nur eine schriftlich ausgesprochene Kündigung rechtswirksam. Stellen Sie sicher, dass Sie ein formell richtiges und angemessen formuliertes Kündigungsschreiben haben, wenn Sie mit Ihrem Mitarbeiter sprechen.

Nur eine schriftlich ausgesprochene Kündigung ist rechtswirksam

- **Gesprächsinhalt:** Was wollen Sie Ihrem Mitarbeiter wie sagen? Überlegen Sie sich oder schreiben Sie auf, was Sie den Betroffenen mitteilen wollen. Die ersten Sätze sind bekanntlich die schwierigsten. Dafür kann es auch hilfreich sein, mit einer Person Ihres Vertrauens oder einfach vor dem Spiegel das Kündigungsgespräch zu üben.

Es ist völlig normal, dass derjenige, der zum ersten Mal eine Kündigung aussprechen muss, diese Situation äußerst belastend empfindet. Nicht nur der Gekündigte, auch der Kündigende erlebt das Gespräch in einem

Ausnahmezustand. Eine gute Vorbereitung auf diese Situation, eventuell mit professioneller Hilfe, ist ein Aufwand, der sich rechnet und allen hilft.

Belastung auch für den Kündigenden

24.4.1.2 Beteiligte Personen

Idealerweise wird die Kündigung in einem Vier-Augen-Gespräch ausgesprochen, doch auch ein Sechs-Augen-Gespräch ist gängig. Dann ist als dritte Person entweder ein Mitglied des Betriebsrates, ein Mitarbeiter der Personalabteilung oder der nächst höhere Vorgesetzte anwesend.

24.4.1.3 Gesprächsverlauf

Ein Kündigungsgespräch besteht im Wesentlichen aus vier Phasen:
- **Kurze Einleitung:** Kein Smalltalk, keine netten Sätze oder Fragen. Sie kommen sofort zum Thema: Die Situation Ihres Betriebes. In wenigen Sätzen, in zwei bis drei Minuten maximal, erklären Sie die Situation des Betriebes und die Auswirkungen auf die Beschäftigung.

  Kein einleitender Smalltalk

- **Die Botschaft:** Nach der kurzen Einleitung kommt klar und eindeutig die Kündigungserklärung: „ ... muss ich Ihnen zu meinem Bedauern zum ... die Kündigung aussprechen." Die Erklärung der Kündigung ist eine rein sachliche Information von hoher rechtlicher, psychologischer und existenzieller Bedeutung. Eine sachlich klare Formulierung, mit Einfühlungsvermögen, jedoch ohne Härte oder Emotionen ausgesprochen, erscheint als der einzige Weg, diesen kritischen Moment angemessen zu bewältigen. Vergessen Sie nicht das Kündigungsschreiben zu überreichen.

  Eine sachlich klare Formulierung, mit Einfühlungsvermögen, ohne Härte oder Emotionen ausgesprochen

- **Zeit zum Verarbeiten lassen:** Bevor Sie jetzt weiterreden, lassen Sie bitte der gekündigten Person einen Moment Zeit, diese Nachricht aufzunehmen. Einige der Betroffenen werden die Kündigung geahnt oder erwartet haben, für andere ist sie wie ein Schock. Dabei kann es um Fragen gehen, Wut, Verzweiflung, Enttäuschung, Angst oder auch den sofortigen Einstieg in die Verhandlung einer Abfindung. Gerade jetzt müssen Sie Einfühlungsvermögen zeigen, ohne die Kündigung infrage zu stellen. Es gibt kein Patentrezept, wie Sie nun am besten reagieren. Seien Sie sachlich und mental auf alles vorbereitet, mit Geduld, Ruhe, Zeit und Taschentüchern. Mitleid wäre jedoch falsch, eine Distanzierung oder Aufweichung der Kündigung auch, erst recht Gereiztheit oder Verärgerung bei einem Wutausbruch des Gekündigten. Wenn Sie jetzt Sorge haben, das Gespräch nicht mehr kontrollieren zu können, ist es besser, sehr schnell für den nächsten Tag ein neues Gespräch zu vereinbaren.

  Einfühlungsvermögen zeigen, ohne die Kündigung infrage zu stellen

- **Weiteres Vorgehen und Gesprächsausklang:** Hierzu gehört, wie Sie sich die weitere Zusammenarbeit bis zum Ablauf der Kündigungsfrist und wie Sie sich die Abwicklung des Arbeitsvertrages vorstellen. Sie sollten noch nicht in Details gehen; das wäre zu früh nach der Kündigungsbotschaft. Doch wenn Sie dem Gekündigten ein Angebot zu einer einvernehmlichen Beendigung des Arbeitsverhältnisses unterbreiten wollen, sollte er das jetzt erfahren. Die Details dazu werden in einem weiteren Gespräch ein oder maximal zwei Tage später besprochen. Den Termin sollten Sie jetzt festlegen. Geben Sie dem Gekündigten für den Rest des Tages frei.

24.4.1.4 Folgetermin

Die weitere Vorgehensweise und Zusammenarbeit klären

Blockieren Sie frühzeitig nicht nur den Termin für das Kündigungsgespräch, sondern auch mindestens eine Stunde für den Folgetermin am nächsten Tag. Auch dieser Termin gehört zu der Aufgabe des direkten Vorgesetzten, denn erneut kann die Frage „*Warum und warum ich?*" zur Diskussion stehen. Darüber hinaus gilt es, die weitere Vorgehensweise und Zusammenarbeit zu klären:
- Gibt es ein Abfindungsangebot? Was regelt ein eventuell bestehender Sozialplan?
- Gibt es eine Unterstützung bei der Suche nach einem neuen Arbeitsplatz (Bewerbungsberatung, Outplacementberatung) oder für eine Existenzgründung?
- Wird der Mitarbeiter bis zum Ablauf der Kündigungsfrist freigestellt?
- Wie werden Resturlaub, Einmalzahlungen und sonstige Ansprüche geregelt?
- Wie und wann erfolgt die Übergabe von Firmen-PKW und anderem Eigentum des Unternehmens?
- Wann und an wen erfolgt die Übergabe am Arbeitsplatz?
- Wann und wie werden Mitarbeiter und Kollegen informiert?

24.4.2 Bewerbungstraining, Outplacementberatung

Unterstützung bei der Suche nach einer neuen Aufgabe

Ausscheidende Mitarbeiter bei der Suche nach einer neuen Aufgabe zu unterstützen ist eine zukunftsweisende Alternative zu den bekannten Austrittsregelungen. Diese Unterstützung reicht von der Schulung zur Erstellung zeitgemäßer und überzeugender Bewerbungsunterlagen über die Vorbereitung auf das Vorstellungsgespräch bis zur individuellen Beratung über berufliche Alternativen und deren Realisierung. Die Teilnahme der Gekündigten sollte freiwillig sein, um den Erfolg der Aktivitäten sicherzustellen. Als Ziele dieser Unterstützung werden häufig genannt:
- Mitarbeitern, die viele Jahre im Betrieb tätig waren, fehlt die Kenntnis und Erfahrung für zeitgemäße Bewerbungen. Da hat sich in den letzten 10 Jahren viel verändert. Die Mitarbeiter benötigen deshalb eine faire Chance, sich möglichst schnell wieder in den Arbeitsmarkt integrieren zu können. Der Verlust des Arbeitsplatzes soll dadurch abgemildert werden.

Die verbleibenden Mitarbeiter sehen, dass der Betrieb auch bei einer Trennung verantwortlich handelt

- Die verbleibenden Mitarbeiter sehen, dass der Betrieb auch bei einer Trennung zu seiner Verantwortung steht und die Gekündigten nicht alleine lässt. Diese Erfahrung ist sehr wichtig für das soziale Klima und die Motivation gerade in Zeiten der Krise.

- Ausscheidende Mitarbeiter, denen diese Unterstützung angeboten wird, sind eher zu einer einvernehmlichen Trennung bereit als andere Gekündigte. Eine für den Mitarbeiter nachvollziehbare Kündigung und ein faires Angebot mindern das Risiko und die Belastungen eines streitigen Kündigungsschutzprozesses.

In den Großunternehmen und Konzernen ist die Unterstützung in der beruflichen Neuorientierung weit verbreitet, im Mittelstand steckt sie noch in den Kinderschuhen. Doch auch im Mittelstand ist diese Leistung je nach Umfang organisatorisch und finanziell gut vertretbar, zumal die Bundesagentur für Arbeit auf der Basis des SGB III eventuell eine finanzielle Förderung anbieten kann. Voraussetzung für die Förderung ist in der Regel ein Sozialplan.

Finanzielle Förderung auf der Basis eines Sozialplans möglich

Die Durchführung erfolgt am besten durch externe Fachleute zu einem Tages- oder Festpreis. Fachleute aus dem eigenen Unternehmen genießen wegen der fehlenden Neutralität meistens nicht die Akzeptanz der Gekündigten, auch wenn sie das notwendige Know-how vorweisen können.

Die nachfolgende Übersicht gibt einen Einblick in die unterschiedlichen Formen zur Unterstützung der beruflichen Neuorientierung:

Maßnahmen zur Unterstützung der beruflichen Neuorientierung

- **Bewerbungstraining:** In einer ein- bis zweitägigen Schulung werden bis zu 12 Personen informiert und trainiert, um ein Anschreiben auf eine Stellenanzeige, den Lebenslauf, die Darstellung des Know-hows und die Zusammenstellung der gesamten Bewerbungsmappe nach neuesten Standards umsetzen zu können. Je nach Vorkenntnissen in den Gruppen und Tempo in der Schulung kann auch die Erstellung einer Initiativbewerbung oder ein Interviewtraining Bestandteil eines zwei- bis dreitägigen Bewerbungstrainings sein.
- **Bewerbungsberatung:** Dieses Konzept zielt auf Einzelpersonen ab. Sie erhalten eine individuelle und bedarfsgerechte Unterstützung bei der Erstellung ihrer Bewerbung. Je nach Bedarf kann auch ein Interviewtraining Bestandteil dieser Beratung sein.
- **Interviewtraining:** Viele Menschen können für andere Werbung machen, deren Leistung überzeugend vertreten und Produkte verkaufen, doch scheitern, wenn sie sich selbst mit ihren Leistungen und Fähigkeiten präsentieren müssen. Dieses Phänomen gilt für einfache Mitarbeiter wie für Führungskräfte und Manager gleichermaßen. Ein ein- bis zweitägiges Interviewtraining, ob als Einzeltraining oder in Gruppen mit bis zu 12 Personen, dient zur besseren Vorbereitung auf Vorstellungsgespräche.
- **Outplacement- bzw. Newplacementberatung:** Für viele Mitarbeiter und Führungskräfte, besonders wenn sie schon lange im Unternehmen tätig sind, ist die Kündigung ein Schock und ein Ereignis, das die gesamte Lebensplanung in Frage stellen kann. Ihnen fehlt zunächst Halt und Orientierung. Outplacementberatung hilft aktiv, diesen Schock schnell zu überwinden und diese Situation als Chance zu nut-

Hilfe berufliche Alternativen zu entwickeln und umzusetzen

zen, sich auf die eigenen Stärken zu konzentrieren. Daraus abgeleitet werden berufliche Alternativen und ein Konzept, wie diese zu realisieren sind. Dazu gehört auch das konkrete Erarbeiten von Aufgabenfeldern, Branchen und Unternehmen, in denen das Know-how des Gekündigten gefragt sein könnte. Wichtiges Element ist die individuelle Beratung bei der Umsetzung der beruflichen Alternativen. Die Unterstützung bei der Erstellung professioneller Bewerbungsunterlagen und ein Interviewtraining runden diese Beratung ab.

Outplacementberatung ist für gehobene Führungskräfte als Einzelberatung üblich, ansonsten auch als Gruppenberatung mit bis zu 10 Teilnehmern möglich. Der Erfolg wird gemessen an der Anzahl derjenigen, die dadurch einen neuen Arbeitsplatz gefunden haben.

Alle Angebote werden in der Regel von externen Fachleuten zu einen Tages- oder Festpreis durchgeführt, der oft deutlich unter den zu erwartenden Abfindungskosten liegt.

24.4.3 Unterstützung bei der Vermittlung

Das Ziel aller Schulungs- und Beratungsaktivitäten ist aus Sicht des gekündigten Mitarbeiters der Abschluss eines neuen Arbeitsvertrages. Erst dieser Vertrag gibt dem Arbeit suchenden Mitarbeiter wieder Zuversicht und Perspektive. Probleme und Spannungen, die das Arbeitsverhältnis und das direkte Umfeld seit Ausspruch der Kündigung belastet haben, rücken wieder in den Hintergrund.

Suche nach einem neuen Arbeitsplatz im Unternehmensumfeld

Sie können Ihren gekündigten Mitarbeitern auf diesem Weg helfen, indem Sie z.B.

- die Augen und Ohren offen halten, ob bei Kunden, Lieferanten oder anderen befreundeten Unternehmen Personalbedarf besteht,
- bei Kunden, Lieferanten und befreundeten Unternehmen gezielt nachfragen, ob Personalbedarf besteht,
- Kontakt zu Ihren Fachverbänden und Arbeitgeberverbänden aufnehmen, da dort oft ein guter Überblick über die Personalsituation in Mitgliedsunternehmen besteht,
- Ihnen bekannte Personalvermittler, Personalberater, Unternehmensberater und Zeitarbeitsunternehmen ansprechen und, bei Interesse und Bedarf, Kontakt zu Ihren Mitarbeitern vermitteln.

24.4.4 Unterstützung einer Existenzgründung

Der Aufbau einer eigenen Existenz ist für einige der Gekündigten eine zukunftsweisende Alternative. Unabhängig von den öffentlichen Förderungsmöglichkeiten wie z.B. Überbrückungsgeld oder Ich-AG ist die Unterstützung durch den letzten Arbeitgeber eine außerordentlich wertvolle Starthilfe. Damit gemeint sind Möglichkeiten wie

Kostengünstige oder kostenlose Überlassung von Geschäftsausstattung

- Kostengünstige oder kostenlose Überlassung von Mobiliar, EDV, PKW oder Werkzeug, wenn es aufgrund des Personalabbaus sowieso nicht mehr gebraucht wird.

- Zusage des Erstauftrages oder einiger Startaufträge, sodass der bisherige Arbeitgeber zum ersten Kunden wird und dem Jungunternehmer die Existenzgründung erleichtert.
- Outsourcing eines Teilbereiches an den Existenzgründer. Gerade dieser Weg hilft beiden Beteiligten, da das Unternehmen weiterhin auf das Know-how des ehemaligen Mitarbeiters zugreifen kann. Für den Existenzgründer bedeutet Outsourcing meist eine hohe Sicherheit durch längerfristige Verträge.

Vermittlung von Startaufträgen

Outsourcing eines Teilbereiches an den Existenzgründer

24.5 Die Zeit nach den Kündigungen

Die Phase vom Ausspruch der Kündigung bis zum letzten Arbeitstag des Gekündigten kann für alle Seiten, auch für die unbeteiligten Mitarbeiter, recht problembehaftet sein. Eine abgestimmte und klare Informationspolitik, Sensibilität für Stimmungen und Offenheit für Fragen sind die besten Voraussetzungen, um die Eskalation von Problemen zu vermeiden. Gekündigte wie verbleibende Mitarbeiter erwarten Professionalität in der Führung. Insbesondere geht es um folgende Punkte.

Gekündigte wie verbleibende Mitarbeiter erwarten Professionalität in der Führung

- Auch der gekündigte Mitarbeiter ist bis zum letzten Tag des Vertrages Mitarbeiter Ihres Unternehmens.
- Wenn Sie vom gekündigten Mitarbeiter erwarten, dass er bis zum letzten Tag seine Leistung bringt, müssen auch Sie ihn so behandeln, als wäre er nicht gekündigt. Dies gilt besonders auch für Informationen, Meetings und Entscheidungen.
- Versuchen Sie auch dann normal und fair mit den gekündigten Mitarbeitern umzugehen, wenn diese sich gegen eine Kündigung wehren. Professionelle Führungskräfte wissen, dass eine Kündigungsschutzklage nicht gegen die Führungskraft gerichtet ist, sondern dem Erhalt des Arbeitsplatzes oder dem Erstreiten einer Abfindung dient. Bei allem Ärger, der damit verbunden ist: Mit der täglichen Zusammenarbeit muss das nicht verknüpft werden.
- Üblich und betriebswirtschaftlich begründet ist, gekündigte Mitarbeiter nicht mehr an Schulungen teilnehmen zu lassen, auch wenn sie schon angemeldet waren. Sie sollten im Einzelfall entscheiden, ob das auch sinnvoll ist.
- Eine Umorganisation sollte erst dann umgesetzt werden, wenn die Gekündigten nicht mehr im Betrieb sind. Sie fühlen sich sonst allzu leicht brüskiert, übergangen und missachtet und stören den Veränderungsprozess.
- Wenn Sie das Gefühl oder die Erkenntnis haben, dass eine weitere Zusammenarbeit bis zum Schluss nicht möglich oder ratsam ist, sollten Sie die sofortige und bezahlte Freistellung des Mitarbeiters in Erwägung ziehen. Ein über Wochen oder Monate von Misstrauen, Ärger und schlechter Stimmung geprägtes Arbeitsverhältnis ist eine Belas-

Umorganisationen erst, wenn der Gekündigte das Unternehmen verlassen hat

Sofortige und bezahlte Freistellung des Mitarbeiters bei zu erwartenden Problemen

tung für alle Personen im Umfeld und bleibt meist auch den Kunden und Lieferanten nicht verborgen. Es ist hier ratsamer, die Kosten einer Freistellung in Kauf zu nehmen.

24.6 Die Motivation der Ungekündigten

Die verbleibenden Mitarbeiter registrieren genau, wie Kündigungen umgesetzt werden

Bei der Kündigung von Mitarbeitern geht es nicht nur um die betroffenen Personen, sondern immer auch um die verbleibenden Mitarbeiter. Es scheint manchmal, als würden alle Mitarbeiter unsichtbar mit am Tisch sitzen, wenn Sie eine Kündigung aussprechen. Sehr genau wird registriert,
- wie Sie eine Kündigung aussprechen,
- welche Gründe Sie für die Kündigung heranziehen,
- wie Sie mit dem gekündigten Mitarbeiter anschließend umgehen und
- wie Sie sich um die verbleibenden Mitarbeiter kümmern.

Vordergründig ist die zügige, erfolgreiche und möglichst kostengünstige Trennung das wichtigste Ziel einer Kündigung, damit sich alle möglichst schnell wieder ihrem Tagesgeschäft zuwenden können. Diese Abwicklung ist in erster Linie die Aufgabe von Personalprofis.

Auf die Motivation der verbleibenden Mitarbeiter kommt es an

Betrieblich noch bedeutsamer erscheint der Umgang mit den verbleibenden Mitarbeitern. Dies sind die Mitarbeiter, mit denen Sie die Krise meistern wollen, auf deren Motivation und Leistungskraft Sie sich stützen. Mit aller Kraft müssen Sie verhindern, dass sich bei den Verbleibenden Resignation, Frustration, Überforderung, Wut oder ähnliche Gefühle aufstauen und ausbreiten. Diese Mitarbeiter brauchen jetzt Ihre Unterstützung, um möglichst schnell mit Zuversicht und Vertrauen die anstehenden Aufgaben anpacken zu können. Das ist eine wesentliche Aufgabe der Führung.

Es gibt sehr interessante Untersuchungen, die in amerikanischen Unternehmen während und nach einem Personalabbau durchgeführt wurden. Zwei Jahre nach den Entlassungen waren viele der gekündigten Mitarbeiter froh, dass der enorme Druck im Betrieb, die Verunsicherung und die Angst um den Arbeitsplatz vorbei waren. Dem gegenüber fühlten sich die verbliebenen Mitarbeiter beinahe wie Verlierer. Sie standen weiterhin unter großem Erfolgsdruck, hatten die Arbeit der gekündigten Kollegen mit zu erledigen, litten unter einem angespannten Betriebsklima und der Angst des nächsten Personalabbaus. Anscheinend war es nicht gelungen, den verbleibenden Mitarbeitern Perspektive und Zuversicht als Grundlage für motiviertes Arbeiten zu vermitteln.

Organisation und Aufgabenverteilung nach einem Personalabbau kritisch prüfen und neuordnen

Nicht nur aus arbeitsrechtlichen Notwendigkeiten scheint es für die Unternehmensleitung von übergeordneter Bedeutung zu sein, die Organisation und Aufgabenverteilung nach einem Personalabbau kritisch zu prüfen und neu zu ordnen. Wenn es irgendwie geht, sollten die verbleibenden Mitarbeiter immer das Gefühl bekommen, dass es um einen Neuanfang geht, der Aufbruchstimmung und Perspektive bedeutet. Dies wird mit der alten Organisationsstruktur, unveränderten Abläufen und den bisherigen Führungsrezepten meist nicht möglich sein. Das heißt konkret:

- Verändern Sie Ihre Organisationsstruktur zumindest an einigen Stellen. Gerade Personalabbau beinhaltet die Chance und Notwendigkeit, Gruppen bzw. Abteilungen zusammenzulegen oder neu zu gliedern, weil sich Arbeitsabläufe geändert haben.
- Prüfen Sie, welche Arbeiten wirklich notwendig sind und wo Abläufe gestrafft werden können. Oft werden Ihre Mitarbeiter alleine wissen, was vereinfacht, geändert oder abgeschafft werden könnte, manchmal kann es hilfreich sein, einen Berater in Anspruch zu nehmen.
- Stellen Sie Ihre Führungsstrategie auf den Prüfstand. Es liegt selten an der Führung allein, aber immer mit an der Führung, ob Krisen erfolgreich bewältigt werden. Alle Führungskräfte müssen sich fragen lassen, ob sie das Richtige getan haben, um die Krise zu vermeiden bzw. sie zu managen. Die Unternehmensleitung muss sich fragen lassen, ob sie die richtigen Konzepte und Werkzeuge nutzt. Mutige Änderungen ohne Tabus sind wichtige Signale für die Mitarbeiter.

Bewusst Neuanfang setzen, Aufbruchstimmung verbreiten und Perspektiven bieten

Mutige Änderungen ohne Tabus sind wichtige Signale für die Mitarbeiter

24.7 Zusammenfassung: Tipps zur Krisenbewältigung

Im Krisenfall agieren, nicht reagieren:
- Nutzen Sie Flexibilisierung zur Vermeidung von Kündigungen.
- Informieren Sie offen, klar und zeitgerecht.
- Helfen Sie den Gekündigten, eine neue Perspektive zu finden.
- Kümmern Sie sich unbedingt um die verbleibenden Mitarbeiter.
- Nutzen Sie die Krise als Chance und zeigen Sie Perspektiven auf.
- Informieren Sie über erste Erfolge. Auch kleine Erfolge zählen.
- Bleiben Sie auch in der Krise souverän. Sie sind Vorbild.

25 Motivation im personenbezogenen Einzelfall

Kein Führungsstil, kein Leistungsanreiz und kein Personal- oder Motivationskonzept wird alle Mitarbeiter Ihres Betriebes gleichermaßen erreichen. Zu unterschiedlich sind die Persönlichkeiten, die Leistungsbereitschaft, die Verhaltensweisen und Leistungsniveaus der Einzelnen.

Motivation ist vorwiegend ein individuelles Phänomen

Leistungsträger sind anders zu führen als die so genannten Schwachleister.

„Motivieren Sie die Motivierten. Und vergessen Sie den Rest!" war Titel in einer Werbebroschüre für einen Führungsratgeber. Die Verbreitung solch schlichter Konzepte ist zwar aktuell, doch diese Konzepte sind populistisch so vereinfacht, dass sie für die Praxis falsche Vorstellungen erwecken.

Nicht motivierte oder leistungsschwache Mitarbeiter zu ignorieren heißt, ihnen nichts mehr zuzutrauen, sie nicht mehr zu fördern und zu fordern und sie eventuell noch stärker als bisher zu kontrollieren. Jedes Verhalten in diese Richtung führt dazu, dass sie sich noch mehr zurückziehen, dass sie noch unsicherer werden und weiter an Selbstvertrauen verlieren. Die Angst vor Fehlern steigt. Der Leitgedanke *„Wer weniger arbeitet, macht weniger Fehler"* wird unbeabsichtigt von der Führungskraft verstärkt und verhindert Leistung und Engagement.

Sich individuell mit den Mitarbeitern, ihrem Verhalten und ihrer Leistung befassen

Es scheint der einzige Weg zu sein, sich individuell mit den Mitarbeitern, ihrem Verhalten und ihrer Leistung zu befassen. Die nachfolgende Auseinandersetzung soll Anregungen und Hilfestellung im Einzelfall geben.

25.1 Schwierige Mitarbeiter

Subjektive Einschätzung, ob ein Mitarbeiter als schwierig gilt oder nicht

Es ist eine sehr subjektive Einschätzung, ob ein Mitarbeiter als schwierig gilt oder nicht. Viele Genies galten als schwierig, solange ihre Begabung nicht erkannt oder diese als hinderlich angesehen wurde. In der modernen Schule werden heute aus schwierigen Kindern plötzlich Hochbegabte, weil sie ihren tatsächlichen Fähigkeiten entsprechend gefördert und gefordert werden. Vorher waren sie schlicht unterfordert, haben sich gelangweilt und deswegen z.B. im Unterricht gestört. Nicht mehr Aufgaben, sondern anspruchsvollere Aufgaben helfen weiter.

Probleme mit einigen Mitarbeitern (und Führungskräften) erwachsen aus einem bestimmten Umfeld. Die Arbeitsbedingungen, der Spagat zwischen beruflichen und privaten Anforderungen, fehlendes Vertrauen oder völlig andere Denk- und Verhaltensmuster als der Vorgesetzte lassen einzelne Mitarbeiter als schwierig erscheinen. Eine einschneidende Änderung im Umfeld kann aus einem subjektiv schwierigen einen hochmotivierten Mitarbeiter machen – manchmal erlebbar nach einem Vorgesetztenwechsel.

Natürlich gibt es auch Personen, die objektiv schwierig zu sein scheinen, weil keine Veränderung im Umfeld zu einer Verhaltensänderung führt und ihnen ein großer Personenkreis das Prädikat „schwierig" verleiht. Hier ist genau abzuwägen, ob der Schwierige einfach nur unbequem oder tatsächlich destruktiv ist und in welchem Maße die anderen Mitarbeiter als Kollegen auf den Schwierigen eingehen können und wollen. Es gibt jedoch Situationen, in denen die Motivation und Leistungsfähigkeit der Gruppe über der Fürsorge für den Einzelnen steht. Eine Trennung erscheint dann unausweichlich.

Bereitschaft des Umfelds auf die Probleme einzugehen oder nicht

25.2 Suchtkranke

Kleine Betriebe, Handwerksunternehmen, Mittelstand – sie alle neigen dazu, bei Suchterkrankungen wegzusehen und machen damit die Situation nur noch schlimmer. Es ist auch sicher nicht einfach, wenn der oder die Vorgesetzte erkennen muss, dass ein Mitarbeiter Alkohol-, Drogen- oder Tablettenprobleme hat. Externe Hilfe, allen voran ein Suchtberater, ist notwendig, um dem Teufelskreis ein Ende bereiten zu können.

Suchterkrankungen dürfen nicht ignoriert werden

Der Genuss insbesondere von Alkohol gilt gesellschaftlich als normal, akzeptiert, erwartet, schick oder stimmungsaufhellend. Das Bier auf dem Bau ist üblich und ein guter Durstlöscher. Doch wo ist die Grenze? In einigen süddeutschen Betrieben gilt Bier immer noch als Lebensmittel und nicht als Alkohol mit der Folge, dass Bier im Betrieb verkauft wird.

Solange ein Alkoholverbot nicht möglich ist und solange in der Führungsebene zu bestimmten Anlässen Alkohol ausgeschenkt wird, sind gerade Alkoholprobleme im Betrieb kaum beherrschbar. Es gibt jedoch viele Praxisbeispiele, bei denen der Arbeitgeber einen wichtigen Anteil hatte, dass sich der Mitarbeiter von der Alkoholsucht befreien konnte. Solche Erfolge fördern die Leistungsfähigkeit, Loyalität und Motivation sowohl des Einzelnen als auch des direkten Umfeldes im Betrieb.

Führungskräfte, die nicht wegsehen, sondern aktiv werden, sind in der Lage, den Suchtkreislauf zu unterbrechen, als Vorbild, mithilfe externer Beratung und mit Konsequenz. Geschieht dies nicht, bleibt Alkohol ein eigenständiger Motivator, der unberechenbar seine Blüten treibt.

Als Vorbild und mit Hilfe externer Beratung den Suchtkreislauf konsequent unterbrechen

25.3 Ältere

Die Ausgrenzung und Demotivation älterer Menschen treibt immer seltsamere Blüten. Waren es vor 10 Jahren noch 55- und 60-jährige, denen man ausreichende Leistungsfähigkeit, Flexibilität und Motivation absprach, so liegt diese Grenze inzwischen bei 40 bis 45 Jahren. Gemeint ist dabei das Alter nach der Geburtsurkunde. Die Realität zeigt jedoch, dass es 55- und 60-Jährige gibt, die neben einer Unmenge von Lebens- und Berufserfahrung eine Vitalität, Flexibilität, Belastbarkeit, Einsatzbereitschaft und Leistungsorientierung aufweisen, die von vielen 20 bis 30-Jährigen nicht im Ansatz erreicht wird.

Die pauschale Abqualifizierung und Ausgrenzung Älterer ist ein großer Irrtum vieler Unternehmen. Der Fachkräftemangel wird sich in den nächsten 10 Jahren deutlich verschärfen, weil nachwachsende jun-

Verschärfter Fachkräftemangel in den nächsten 10 Jahren

ge Mitarbeiter fehlen. Gleichzeitig sind die Signale an die älteren Mitarbeiter in den Unternehmen eindeutig: „*Wir trauen euch nichts mehr zu, ihr seid unflexibel geworden, euer Wissen ist veraltet, ihr seid überflüssig, ihr seid eine Belastung im Wettbewerb.*" Wem so vor Augen geführt wird, dass er nicht mehr zu den Leistungsträgern zählt, wird seine Leistung und seine Motivation reduzieren.

Es wird ein Kreislauf der sich selbst erfüllenden Prophezeiung: Der Mitarbeiter passt sich dem Druck und der allgemeinen Einstellung „zu alt und unflexibel" an, so gut es ihm möglich ist. Der Vorgesetzte fühlt sich in seiner Erwartung bestätigt und wird dem Älteren noch weniger zutrauen. Der Kreislauf hat seinen Anfang genommen.

Gründe für die geringe Wertschätzung älterer Mitarbeiter

Es sind meistens drei Gründe, die zu dieser Situation führen und jeder Grund bedarf aus betrieblicher Sicht eines anderen Lösungsansatzes:

- **Verlust an Lernfähigkeit:** Wer Jahrzehnte das Gleiche gemacht hat und machen musste, tut sich mit Veränderungen schwer, je älter er wird. Das gilt für jeden. Verändern Sie langsam, aber beharrlich die Anforderungen und Inhalte am Arbeitsplatz. Lernen zu lernen ist der erste Schritt. Dies geht am besten durch andere Aufgaben auf gleichem Niveau. Anspruchsvollere Arbeiten kommen in diesem Fall erst später.

- **Körperlicher oder geistiger Abbau:** Während bei geistig dominierter Arbeit die körperliche Fitness noch nie das entscheidende Leistungskriterium war, ist das in Bau- und anderen handwerklichen Berufen oft anders. Der Altgeselle, der nicht mehr in fünf Metern Höhe auf einer Leiter arbeiten kann, der Lagerarbeiter, der keine schweren Lasten mehr heben kann, der Zahntechniker, dem für bestimmte Filigranarbeiten die Sehschärfe oder die ruhige Hand fehlt. Versuchen Sie, die Arbeitsplätze zu verändern, technische Hilfsmittel einzuführen, körperlich schwere Arbeiten auf Jüngere zu verlagern, Versetzungen auf körperlich weniger anstrengende oder gefährliche Arbeitsplätze durchzuführen, Erfahrung für organisatorisch-logistische Aufgaben, in der Schulung, Einarbeitung oder Reklamationsbearbeitung zu nutzen.

Know-how und Erfahrung Älterer sind ein großer Wert für den Betrieb und für die Jüngeren

Es gibt keine Rezepte und Allheilmittel zur Erhaltung der Motivation Älterer, doch deren Know-how und die Erfahrung sind ein großer Wert für den Betrieb und für die Jüngeren. Es muss nur an den richtigen Stellen eingesetzt werden. Dieses Know-how zu erhalten, Jüngere davon profitieren zu lassen und es weiterzuentwickeln, motiviert und nimmt die Angst, bei einem Verlust des Arbeitsplatzes zu den Unvermittelbaren zu gehören. Wer von dieser Angst geprägt ist, stellt Sicherheit in den Vordergrund – und nicht Eigenverantwortung, Entscheidungsfreude und Veränderungsbereitschaft.

- **Falsche Führung:** Wer Mitarbeiter langjährig auf dem gleichen Arbeitsplatz einsetzt und es versäumt, für die Weiterentwicklung dieser Mitarbeiter zu sorgen, macht einen schweren Führungsfehler. So, wie Sie sich auf neue Kundenanforderungen einstellen, wie Sie sich mit technologischen Veränderungen auseinanderzusetzen und wie Sie

Produktentwicklung betreiben, so ist auch Personalentwicklung ein Kernbestandteil der Unternehmensführung. Älteren die Weiterentwicklung z.B. durch Schulungen nicht mehr zu ermöglichen, weil sie ja erfahren sind, stellt sie auf ein Abstellgleis, von dem sie alleine nicht mehr wegkommen. Die Folgen: Sie fördern Egoismus, das Streben nach Sicherheit, das Denken in Besitzständen und Know-how-Stillstand.

Weiterentwicklung der Mitarbeiter fördern

Die Führung älterer Mitarbeiter mag nicht immer einfach sein, denn gerade wegen ihrer Erfahrung übernehmen sie nicht jede Aufgabe unbedarft und mit offener Begeisterung. Doch gerade das hilft, Risiken zu erkennen und Fehler zu vermeiden. Ein guter Altersmix im Betrieb sollte das Ziel sein.

Einen guten Altersmix im Betrieb anstreben

25.4 Jugendliche und Berufseinsteiger

So falsch es ist, Ältere über einen Kamm zu scheren, so falsch ist es auch, dies bei jungen Menschen zu tun. Deutlich stärker als bei Älteren scheint die Bandbreite vom Leistungsverweigerer bis zum „beruflichen Hochleistungsathleten mit scheinbar unbegrenzten Energiereserven" zu reichen. Dazu kommen im Einzelfall Verspieltheit, Spaßorientierung, Anspruchsdenken, Konsumorientierung, Theoriewissen, Karriereerwartungen, Familienplanung und die fehlende Erfahrung, wie Berufsleben funktioniert. Es zeigt sich, dass unterschiedlichste Führung nötig ist, um die Motivation und Leistungsfähigkeit dieser Mitarbeiter weiterzuentwickeln.

Große Führungsbandbreite erforderlich

Das Selbstbewusstsein und Selbstwertgefühl junger Menschen ist schnell und nachhaltig verletzbar, auch wenn sie den Eindruck vermitteln wollen, dass es robust und grenzenlos sei. Jeder professionelle Ausbilder kennt die Schutzwälle und Blockaden junger Menschen, die nur durch Vertrauen und Akzeptanz überwunden werden können. Bei aller Hektik und Ungeduld im Berufsleben: Dies ist kein Prozess weniger Wochen und trotzdem von allergrößter Bedeutung. Jetzt legen Sie mit fest, wie sich der Mitarbeiter gegen Ende des Berufslebens verhalten wird, denn die erste Berufserfahrung wird ihn am stärksten prägen.

Grundsätzlich ist davon auszugehen, dass ein Mindestmaß an Motivation und Leistungsfähigkeit vorhanden ist, denn sonst hätten Sie bei der Einstellung in Ihrem Auswahlverfahren einen schwer korrigierbaren Fehler gemacht. Doch diese Motivation ist genauso wie das fachliche Wissen zu entwickeln und zu fördern:

Grundsätzlich ist von einem Mindestmaß an Motivation und Leistungsfähigkeit auszugehen

- Die Motivation karriereorientierter und selbstbewusster junger Menschen muss nicht forciert, sondern vor allem stabilisiert werden. Sie müssen lernen, Rückschläge zu verkraften und aus ihnen neue Motivation zu ziehen. Sie brauchen immer wieder neue und schwierige Aufgaben, an denen sie sich beweisen können. Sie brauchen Vertrau-

Motivation karriereorientierter junger Menschen stabilisieren

en, auch wenn sie Fehler machen. Enge Kontrolle und eng abgesteckte Aufgaben zerstören das Potenzial dieser Mitarbeiter.
- Die Motivation all derer, denen eher ein Verliererbild zu eigen ist, muss behutsam aufgebaut werden. Das ist sehr anstrengend und kostet viel Zeit. Diese jungen Menschen wurden bisher von einem Umfeld geprägt, das ihnen keine oder wenig Erfolgserlebnisse ermöglicht hat. Mit überschaubaren Aufgaben, Erklärung der Zusammenhänge, Geduld, Beharrlichkeit, klarer Linie, konsequentem Verhalten und einer Mischung aus Verständnis und harter Hand bestehen die besten Chancen, das Vertrauen und die Akzeptanz dieser Mitarbeiter zu erhalten, um ihre Persönlichkeit und Motivation fördern zu können.

25.5 Frauen

Entscheidung zwischen Karriere und Kindern

Trotz aller staatlichen Versuche wird es jungen Menschen und insbesondere den Frauen in vielen Unternehmen noch schwer gemacht, sich für Kinder zu entscheiden. Es wird eine Entscheidung zwischen Karriere und Kindern gefordert, weil eine Vereinbarkeit mit dem Beruf durch flexible Arbeitszeit, Teilzeit oder Home-Office nicht möglich erscheint oder nicht gewollt ist. Der qualifizierte Wiedereinstieg mit 40 oder 45 Jahren scheidet aufgrund des Alters und der fehlenden aktuellen Berufserfahrung vielfach aus.

Immer mehr Paare, immer mehr Frauen entscheiden sich für den Beruf und die Karriere. Wenn Frauen in den „Gebärstreik" treten, wie es der Trendforscher Matthias Horx nennt, um ihren beruflichen Weg nicht aufgeben zu müssen, so verschärft dies nicht nur den Fachkräftemangel der Zukunft, sondern es bleibt auch ein innerer Konflikt. *„Mein Studium wäre umsonst gewesen"* oder *„Wir konnten es uns nicht leisten, Kinder zu bekommen, ich musste Geld verdienen"*, sind Beispiele für entschiedene, aber nicht gelöste Konflikte. Kein Wunder, dass der Wunsch einer Anstellung im öffentlichen Dienst so begehrt ist, denn dort ist die Vereinbarkeit von Familie und Beruf deutlich besser möglich.

Familienfreundliche Unternehmen liegen im Trend

Familienfreundliche Unternehmen liegen im Trend, denn sie ermöglichen Karriere, ohne auf Kinder verzichten zu müssen. Nicht „entweder – oder", sondern „sowohl als auch" sind die Lösungsansätze, die Mut machen, motivieren, Loyalität fördern und es ermöglichen, dass immer mehr qualifizierte Frauen ihr Unternehmen als attraktiven Arbeitgeber empfinden.

25.6 Chefs

Führungskräfte stecken permanent in dem Dilemma, die Anforderungen und Motivation ihrer Chefs zu spüren und aushalten zu müssen und die Motivation der Mitarbeiter fördern zu sollen. Doch Motivation zu fördern ist keine Einbahnstraße, sie funktioniert nicht nur von oben nach unten. Jeder Chef reagiert auch auf das Verhalten und die Motivation seiner Mitarbeiter/Führungskräfte. Es liegt daher nahe, auch bewusst auf die Motivation des Vorgesetzten Einfluss zu nehmen. Viele Sekretärinnen haben es dabei zu außerordentlichen Fähigkeiten gebracht.

Bewusst auf die Motivation des Vorgesetzten Einfluss nehmen

- Chefs brauchen ihre Bestätigung genauso wie jeder andere Mitarbeiter. Leider fehlt sie ihm genauso häufig wie jedem anderen Mitarbeiter. Einer muss anfangen, es anders zu machen. Warum nicht Sie?

Ein Beispiel: Herr Kling, der Geschäftsführer eines mittelständischen Metallbetriebes, wurde von einem Mitarbeiter mit den Worten „Den haben Sie sich ehrlich verdient" in den Urlaub verabschiedet. Auf die Nachfrage, weshalb er zu dieser Meinung komme, erläuterte der Mitarbeiter: „Sie haben in den letzten Monaten viele Dinge durchgesetzt, die für jeden von uns hart und unangenehm waren. Aber Sie haben es gut gemacht." Herrn Kling hat das sehr beeindruckt und in seiner Motivation gestärkt.

- Chefs sind oft einem unglaublichen Druck ausgesetzt. Es wird von ihnen verlangt, dass sie alles können, alles überblicken, alles voraussehen, perfekt koordinieren und ihre Ziele erreichen oder übererfüllen. Doch Chefs erreichen ihre Ziele nicht alleine, sie brauchen dazu ihre Mitarbeiter/Führungskräfte. Und so, wie es zur Verantwortung eines Vorgesetzten gehört, seine Mitarbeiter zu fördern und zu fordern, so gehört es zur Verantwortung der Mitarbeiter, ihren Vorgesetzten bei der Zielerreichung zu unterstützen. Wenn ein Chef seine Ziele nicht erreicht, hat das gesamte Team verloren. Schützen Sie Ihren Chef bestmöglich vor unerreichbaren Zielen, aber kämpfen Sie für ihn.

Es gehört zur Verantwortung der Mitarbeiter, ihren Vorgesetzten bei der Zielerreichung zu unterstützen

- Chefs sind meistens überlastet. Die Menge, Vielfalt und Komplexität an Aufgaben, die in immer kürzerer Zeit zu erledigen sind, führen so manchen Manager an die Grenze dessen, was er verkraften kann. Mitarbeiter, die mitdenken, die Probleme lösen, statt darüber zu lamentieren, die auch ohne Aufforderung zupacken, die Ideen entwickeln und Flexibilität zeigen, um nur einige Möglichkeiten zu nennen, werden von den Chefs als wohltuend und entlastend geschätzt. Diese Mitarbeiter helfen ihnen, Zeit zu haben für eine ihrer wichtigsten Aufgaben: Entwicklung, Führung und Motivation seiner Mitarbeiter/Führungskräfte.

25.7 Die schweigende Mehrheit

Der größte Teil aller Mitarbeiter arbeitet unauffällig, zuverlässig und kontinuierlich. Sie sind die schweigende Mehrheit, die ihren Job macht, so gut sie kann. Sie streben keine Karriere an, sondern wollen mit ihrer Arbeit ein ordentliches Auskommen erreichen. Von diesen Mitarbeitern kommen wenig Impulse, schon gar keine spektakulären. Sie suchen Ori-

Der größte Teil aller Mitarbeiter arbeitet unauffällig, zuverlässig und kontinuierlich

entierung beim Vorgesetzten und wollen ansonsten in Ruhe ihre Arbeit erledigen.

Der schweigenden Mehrheit Perspektive und Orientierung geben

Schafft es der Vorgesetzte nicht, diese Orientierung zu geben und Veränderungsabsichten verständlich und akzeptierbar zu vermitteln, suchen sich diese Mitarbeiter andere Leitfiguren. Quertreiber, Intriganten, Stars, Freche – diese Charaktere treten jetzt in Aktion, unabhängig von ihrer Stellung im Betrieb, und polarisieren die Mehrheit. Solche Situationen sind nur noch mit größten Anstrengungen in den Griff zu bekommen und meist auch nur, wenn die neuen Leitfiguren daran beteiligt werden. Spätestens jetzt haben sich aus den neuen Leitfiguren inoffizielle Führungspersönlichkeiten entwickelt, die auch zukünftig ihre Rolle wahrnehmen werden.

Gerade unauffällige Mitarbeiter benötigen Aufmerksamkeit

Gerade weil die meisten Mitarbeiter still und loyal ihre Arbeit machen, wird ihnen oft zu wenig Aufmerksamkeit geschenkt. Doch Motivation, Loyalität, Fleiß und Zuverlässigkeit sind eben nicht selbstverständlich, sondern besondere Werte und sollten ständig gepflegt und gefördert werden. Der tägliche Gang durch den Betrieb, der Gruß, ein paar persönliche Worte nicht nur zum Geburtstag, das Interesse für die Arbeit, ein offenes Ohr für Sorgen und Probleme – es sind viele Kleinigkeiten, die Vertrauen schaffen und aus einer Fachkraft eine Führungskraft machen. Die Mitarbeiter sind es, die darüber entscheiden, ob sie Ihnen Vertrauen schenken oder nicht.

Natürlich reicht Vertrauen alleine nicht, um die Mitarbeiter zu führen und zu motivieren, doch ohne Vertrauen erreichen Sie keine Motivation – als Alternative bleibt Ihnen dann nur noch Druck.

25.8 Motivation bei Verhaltensauffälligkeiten

In jedem Betrieb, in jedem Team sind unterschiedlichste Charaktere mit ihren Verhaltensauffälligkeiten vertreten. Kein Charakter ist an sich gut oder schlecht, möglicherweise ist er jedoch falsch geführt, im falschen Team tätig oder mit der falschen Aufgabe betraut. Werden einzelne Personen in ihrem Verhalten zunehmend als negativ empfunden, ist nach den Ursachen und möglichen Problemlösungen zu suchen. Auch hier gilt: Es gibt keine Patentrezepte! Die folgenden Hinweise geben Anregungen:

- **Der Außenseiter:** Ermutigen Sie diesen Mitarbeiter, seine Ecke zu verlassen. Überstürzen Sie nichts, gehen Sie in kleinen Schritten vor, doch machen Sie den Anfang und gehen Sie auf den Außenseiter zu, bevor Leistungsprobleme auftreten.

Für den sozialen Zusammenhalt und das emotionale Gleichgewicht unverzichtbar

- **Der Beliebte:** In jedem Betrieb gibt es Personen, die für den sozialen Zusammenhalt und das emotionale Gleichgewicht unverzichtbar sind. Diese Mitarbeiter entlasten Sie in Ihrer Führungsarbeit. Ehrliche Wertschätzung und Anerkennung sind für diese Mitarbeiter sehr wichtig.

- **Der Besserwisser:** Jemand, der auf alles eine Antwort hat und immer das letzte Wort haben muss, sollte auf sein Verhalten aufmerksam gemacht werden. Fragen Sie konkret nach, fordern Sie ihn, fordern Sie aktuelle Beispiele, bitten Sie um Lösungsansätze, übertragen Sie konkrete Aufgaben und Verantwortung. *Konkrete Aufgaben und Verantwortung übertragen*
- **Der Dickfellige:** Offenes Desinteresse und die „Ich-mache-sowieso-was-ich-will-Einstellung" schlagen Ihnen entgegen. Sie fragen sich, ob es am Thema, an Ihnen oder Ihrem Mitarbeiter liegt. Fragen Sie diese Mitarbeiter gezielt nach ihrer Meinung und Erfahrung. Vereinbaren Sie klare Ziele, die eine Umdeutung nicht zulassen. Kontrollieren Sie die Zielerreichung und bleiben Sie absolut konsequent, wenn Vereinbarungen nicht erreicht oder gebrochen werden. *Klare Ziele und konsequente Kontrolle der Zielerreichung*
- **Der Faulenzer:** Die so genannte Faulheit kann unterschiedlichste Gründe für sein Verhalten haben. Sie kann eine Lebenseinstellung sein, aber auch ein Zeichen für Resignation, Depression, Protest oder Desinteresse. Bei Depression ist medizinische oder therapeutische Hilfe nötig, bei Resignation eventuell auch. Bei Protest und Desinteresse kann eine Aussprache mit möglichen Änderungen bei den Arbeitsbedingungen weiterhelfen, in Bezug auf eine grundsätzliche Lebenseinstellung können Druck oder der Appell an das Ehrgefühl helfen.
- **Der Freche:** Er testet immer wieder, wie weit er gehen kann und lotet seine Grenzen bei Führungskräften und Kollegen ständig aus. Nehmen Sie ihn beim Wort, fordern Sie ihn mit immer neuen und schwierigeren Aufgaben, damit er seine Grenzen kennen lernt. *An Grenzen führen*
- **Der Intrigant:** Mit der Lust am Abdrängen und den Niederlagen anderer werden Gerüchte gestreut, Arbeiten manipuliert und Konflikte geschürt. Wegsehen und inkonsequentes Verhalten fördert Intrigantentum. Klare Ansprache und Thematisierung, eventuell schon bei begründetem Verdacht ohne Beweise, sind die Grundlage, um Intriganten das Aktionsfeld einzuengen.
- **Der Problembeladene:** Es scheint Personen zu geben, die Probleme förmlich anziehen. Eine Klärung der Aufgaben und Ihrer Erwartungen, das Vereinbaren von Regeln und Zielen sowie das unterstützende Setzen von Anreizen sind gute Möglichkeiten, die Leistungsbereitschaft dieser Mitarbeiter zu verbessern.
- **Der Quertreiber:** Sie sind die unbequemen Mitarbeiter, die Neinsager, Blockierer oder Betonköpfe. Das Ignorieren dieser Mitarbeiter ist eine Möglichkeit, aber keine Lösung. Den Ehrgeiz dieser Menschen zu wecken, ihr Know-how und ihre Erfahrung anzuerkennen und sie aktiv an Problemlösungen mitarbeiten zu lassen, ist vielleicht anstrengend, doch am ehesten Erfolg versprechend. Sonst bleibt nur die Trennung. *Einbinden und aktiv an Problemlösungen mitarbeiten lassen*
- **Der Schüchterne:** Er traut sich nicht, hält sich für unbedeutend, hat Angst, die falschen Fragen zu stellen oder lächerliche Wortbeiträge zu

leisten. All das hat nichts mit der fachlichen Kompetenz zu tun. Akzeptieren Sie sein Verhalten, coachen Sie ihn und vermeiden Sie Bloßstellungen in der Gruppe. Konzentrieren Sie sich vor allem auf seine wirklichen Stärken.

Aufbau von Vertrauen, Schulungen, andere Aufgaben, Versetzung, Coaching

- **Der Schwachleister:** Die Ursachen von Leistungsstörungen oder Low Performance können im Privaten, im Persönlichen und auch im Betrieb liegen. Sie zu erkennen ist der erste Schritt zur Bewältigung. Der Aufbau von Vertrauen, Schulungen, andere Aufgaben, Versetzung, Coaching oder auch die Trennung können geeignete Maßnahmen sein.

Wettbewerb und weniger Sicherheit

- **Der Selbstzufriedene:** Wenn Mitarbeiter satt und selbstzufrieden sind, sind ihre Bedürfnisse gestillt und sie fühlen sich sicher. So lange dieser Zustand bleibt, werden keine Anstrengungen unternommen, die über den Erhalt des Erreichten hinausgehen. Nicht mehr Geld, bessere Arbeitsbedingungen oder Zielvereinbarungen sind Motivatoren, sondern Wettbewerb und weniger Sicherheit.

- **Der Spaßmacher:** Ablenkung und eine Prise Lebenslust helfen immer dann weiter, wenn die Anspannung zu groß wird. Diese Fähigkeit verdient Anerkennung. Tritt der Spaßmacher allerdings zu häufig in Aktion und behindert den Arbeitsablauf und die Zielerreichung, ist er möglicherweise nicht ausgelastet oder hat einen Grund, um auf sich aufmerksam zu machen. Reden Sie mit ihm.

Mit neuen und schwierigeren Aufgaben fordern

- **Der Star:** Er hält sich für den Besten und will die Anerkennung. Seien Sie nicht kleinlich, geben Sie ihm diese Anerkennung und fordern Sie ihn mit neuen und schwierigeren Aufgaben. Doch helfen Sie ihm auch, das Team zu sehen und an seiner sozialen Kompetenz zu arbeiten.

- **Der Streitsüchtige:** Kampf und Widerstand sind das Lebensmotto. Geben Sie ihm Aufgaben, bei denen diese Eigenschaften hilfreich sind. Achten Sie darauf, dass die Teamkollegen über die nötige Gelassenheit, Dickfälligkeit, Schläue oder Souveränität verfügen, um Eskalationen vorzubeugen. Ist das nicht möglich, hilft möglicherweise nur ignorieren, isolieren oder auch Trennung.

- **Der Überforderte:** Wenn jemand überfordert ist, hat sich diese Person entweder selbst falsch eingeschätzt oder Sie haben es und der Mitarbeiter wollte es Ihnen gegenüber nicht eingestehen. Nehmen Sie etwas Druck aus dem Arbeitsverhältnis, klären Sie den Grund der Überforderung und vereinbaren Sie mit Ihrem Mitarbeiter einen Weg, wie zukünftig Überforderungen vermieden werden können.

Teil D

Motivation und Betriebswirtschaft

Ohne motivierte Mitarbeiter gibt es keine zufriedenen Kunden.
Ohne zufriedene Kunden entsteht kein positives Betriebsergebnis.

26 Was kostet und was bringt die Förderung von Motivation?

26.1 Investition in die Mitarbeiter

Förderung der Mitarbeitermotivation ist eine Maßnahme wie die Investition in materielle Unternehmenswerte

In Bezug auf die Förderung der Mitarbeitermotivation von Kosten zu sprechen ist eigentlich falsch, denn es handelt sich vom Charakter her um Investitionen, auch wenn Controller und Wirtschaftsprüfer dies anders sehen mögen. Es sind Investitionen in Ihr Unternehmen genauso wie der Bau eines Gebäudes. Die folgenden Überlegungen unterstreichen dies:

- Sie sind der festen Überzeugung, dass Sie mit dem jetzigen Zustand den veränderten Anforderungen nicht mehr gerecht werden.
- Sie benötigen zusätzliche Kapazität.
- Sie haben ausreichend Grund und Boden und damit brachliegende Ressourcen.
- Sie erhoffen sich von dem neuen Gebäude weitere Impulse, die die Attraktivität und Leistungsfähigkeit Ihres Betriebes verbessern.
- Sie investieren in die Zukunft des Unternehmens.
- Sie erwarten eine Amortisation in zirka 5 bis 10 Jahren.
- Sie sehen in der Investition eine große Chance zur Weiterentwicklung des Unternehmens.
- Sie ahnen, dass mit einer Fehlinvestition die Stabilität Ihres Betriebes bedroht ist. Sie wissen aber auch, dass, wenn Sie nichts tun, die Wettbewerbsfähigkeit Ihres Unternehmens noch stärker gefährdet ist.

Jeder der vorgenannten Punkte trifft nicht nur für den Bau eines Gebäudes, sondern auch für Investitionen in die Produktentwicklung und für die Förderung Ihrer Mitarbeiter zu. Doch es gibt einen entscheidenden Unterschied:

INVESTITIONEN IN EIN GEBÄUDE KOSTEN VIEL GELD, INVESTITIONEN IN DIE MOTIVATION DER MITARBEITER KOSTEN MUT, WILLEN UND KRAFT.

Vielleicht ist gerade dieser Unterschied der wesentliche Grund, weshalb sich Finanzchefs und Controller in den Betrieben mit Investitionen in die Mitarbeiter so schwer tun, denn diese Investitionen sind nicht so einfach zu greifen.

26.2 Der Beweiswert von Zahlen

Der Bau eines Gebäudes, der Kauf einer Maschine, die Gründung einer Niederlassung sind sichtbar und im wörtlichen Sinne anfassbar, greifbar. Für alle diese materiellen Vorgänge in den Unternehmen gibt es Konten, die sich deutlich in einem Betriebsabrechnungsbogen, einer GuV oder einer Bilanz widerspiegeln. Die Weiterentwicklung von Mitarbeitern steht auf keinem Konto.

Wie viele Unternehmen mussten liquidiert werden, weil finanzielle Investitionen falsch oder viel zu optimistisch geplant waren, aber immer auf der Basis harter Zahlen. Bestimmt ebenso viele Unternehmen mussten bereits liquidiert werden, weil es versäumt wurde, rechtzeitig und konsequent in die Entwicklung der Mitarbeiter und der Organisation zu investieren. Sämtliche Investitionen gelingen immer nur mit motivierten Mitarbeitern, ohne entsprechend engagierte Mitarbeiter sind sie wertlos. Sie können ein Unternehmen nur mit seinen Mitarbeitern entwickeln, niemals gegen sie.

Sämtliche Investitionen gelingen nur mit motivierten Mitarbeitern

Trotz aller Argumente wird es auch zukünftig nur schwer möglich sein, gegen die Zahlengläubigkeit anzukommen. *„Wir konnten eine Kostensenkung von 15 Prozent erreichen"*, hört sich einfach besser an als *„Unsere Mitarbeiter engagieren sich jetzt stärker"*. Doch genau genommen ist beides nicht im Detail überprüfbar, von Außenstehenden schon gar nicht, denn:
- Worauf bezieht sich die Kostensenkung?
- Was wurde einfach nur anders bewertet?
- Wo wurden Kosten gesenkt, die an anderer Stelle wieder auftauchen?
- Welche Ausgaben wurden lediglich zeitlich verschoben?
- Wie viel Positives wurde zerstört, um die Kosten zu senken?

Je professioneller die Finanzverantwortlichen in den Betrieben und die Kapitalgeber sind, umso mehr scheinbar harte Sachargumente und Beweise werden zur Erhärtung der Zahlen genannt. Solange materielles, quantitatives Denken oberste Priorität genießt, gibt es keine andere Möglichkeit als den Versuch, qualitative Arbeit, Leistung und Ergebnisse ebenfalls in Zahlen und Fakten zu verdeutlichen. Doch genau da liegt die Schwäche quantifizierbarer Werte; sie können nur sehr unzulänglich Potenziale und Qualitäten ausdrücken, wie sie in motivierten Mitarbeitern liegen.

Qualitative Werte sind schwer objektivierbar

26.3 Der Wert von Mitarbeitern

Um die Verbesserung der Mitarbeitermotivation, um die Entwicklung der Mitarbeiter zu messen, bedarf es einer Ausgangsbasis. Eine Veränderung kann nur dann gemessen werden, wenn die Ausgangsbasis definiert und präzise ist. Der Wert der Mitarbeiter müsste greifbar und transparent sein. Transparent sind jedoch nur die Kosten – und deswegen gelten in vielen Betrieben die Mitarbeiter als Einsparungspotenzial und nicht als Wert.

Die Ermittlung des Mitarbeiterwertes (Human Capital) ist noch wenig entwickelt. Erste Ansätze, gestützt auf Erfahrungen in Konzernunter-

Die Ermittlung des Mitarbeiterwertes (Human Capital) ist noch wenig entwickelt

nehmen, sind inzwischen bekannt, aber noch sehr wenig verbreitet. Diese Ansätze scheinen auf mittelständische Organisationen noch nicht übertragbar zu sein. Es ist somit notwendig, den Status und die Veränderung qualitativer Werte der Personalarbeit mit Kennzahlen zu messen, die einfach und nachvollziehbar aufgebaut und ermittelbar sind.

Kennzahlen, die einfach und nachvollziehbar aufgebaut und ermittelbar sind

Konzepte wie Balanced Scorecard (BSC) oder Rating

In Konzepten wie Balanced Scorecard (BSC) oder Rating werden Kennzahlen zur Führung, Entwicklung und Qualifikation der Mitarbeiter, Fluktuation, Betriebsklima und Organisation genauso berücksichtigt wie finanz-, produkt- oder vertriebsorientierte Kennzahlen. Verschiedenste Einzelwerte fließen am Ende zu einer Gesamtaussage zusammen. Unter der Erkenntnis, dass alle Zahlen nur eine begrenzt objektive Aussagekraft haben, erscheint dies als der aktuell geeignetste Weg, den Wert und die Entwicklung der Mitarbeiter im Unternehmen, ihre Leistungsfähigkeit und ihre Leistungsbereitschaft darzustellen.

26.4 Kosten und Nutzen von Personal und Personalarbeit

Mitarbeiter, Personalarbeit, Führungsarbeit und Personalentwicklung vorrangig unter dem Gesichtspunkt der Kosten zu bewerten, hilft nicht weiter. Dieser Ansatz ist destruktiv, rückwärtsgerichtet, eine reine Verteidigungsstrategie. Dieses Vorgehen kann bei den Mitarbeitern keine Motivation aufbauen, sondern nur zerstören. Mit der Frage nach den Kosten wird indirekt auch die Frage nach der Existenzberechtigung gestellt. Das zermürbt auf die Dauer auch den motiviertesten Mitarbeiter. Ohne eine Perspektive für die Zukunft verlieren die Mitarbeiter mit dem Glauben an den Arbeitgeber auch die Motivation, für ihn volle Leistung zu bringen.

Mit der Frage nach den Kosten wird indirekt auch die Frage nach der Existenzberechtigung gestellt

Vorwärtsgerichtet, konstruktiv und wachstumsorientiert ist dagegen die Frage nach dem Nutzen von mitarbeiterbezogenen Aktivitäten. Diese Nutzenorientierung unterstellt, dass die Förderung der Mitarbeiter zu einer Verbesserung des Betriebsergebnisses führt. Die Praxis bestätigt, dass ohne motivierte Mitarbeiter langfristig kein positives Unternehmensergebnis möglich ist.

Statt Kosten- besser Nutzenorientierung

Mit diesem konstruktiven Ansatz steht die Frage nach dem richtigen Weg und den richtigen Maßnahmen zur Förderung und Entwicklung der Mitarbeiter im Vordergrund:

WOMIT ERREICHEN WIR DEN GRÖSSTEN NUTZEN? WAS KÖNNEN WIR TUN, UM BESSER ZU SEIN?

Damit die Antworten auf diese Fragen auch vor den Augen von Controllern Bestand haben können, helfen Kennzahlen und Messkriterien. Diese Kennzahlen geben Auskunft über den Erfolg von Investitionen in die Mitarbeiter.

26.5 Kennzahlen zur Messung von Motivation

Leider gibt es nicht *die* eine Kennzahl, die Mitarbeitermotivation wirklich darstellen kann. Eine einzige Kennzahl als alleiniges Kriterium zur Messung der Motivation kann sogar sehr irreführend oder falsch sein. Erst die Kombination mehrerer Kennzahlen führt zu einer soliden Aussagekraft. Bei allen nachfolgenden Beispielen geht es nie um eine personenbezogene Aussage, sondern immer um den ganzen Betrieb oder zumindest größere Personengruppen. Je kleiner die Gruppe ist, die bei der Ermittlung einer Kennzahl zugrunde liegt, desto größer ist die Gefahr einer irreführenden oder gar falschen Aussage.

Erst die Kombination mehrerer Kennzahlen führt zu einer soliden Aussagekraft

26.5.1 Abwesenheit wegen Arbeitsunfähigkeit

Eine Fehlzeitenquote durch krankheitsbedingte Arbeitsunfähigkeit von 2 bis 3 Prozent gilt als objektiv medizinisch begründet. Darüber hinaus gibt es eine Faustregel: zirka ein Drittel aller krankheitsbedingten Abwesenheiten sind motivationsbedingt.

Zirka ein Drittel aller krankheitsbedingten Abwesenheiten sind motivationsbedingt

Motivationsbedingte Arbeitsunfähigkeit kann verschiedene Ursachen haben: Unzufriedenheit mit dem Vorgesetzten, mit der Aufgabe, mit den Arbeitsbedingungen, Mobbing, fehlende Anerkennung, unberechtigte oder massive Kritik, Desinteresse oder Gleichgültigkeit des Vorgesetzten gegenüber dem Mitarbeiter, enttäuschte Erwartungen etc.

Krankheitsbedingte Fehlzeiten werden durch ein aktives Personal- und Gesundheitsmanagement gesenkt, nicht durch Kündigungen. Auch wenn die Kündigung wegen Krankheit möglich und manchmal auch unvermeidbar ist, sollte sie immer das allerletzte Mittel sein. Entscheidend ist, die Ursachen für erhöhte Fehlzeiten zu erkennen und diese zu beseitigen. Das schafft eine nachhaltige Reduzierung Ihrer Fehlzeitenquote, die messbar ist.

Ursachen für erhöhte Fehlzeiten erkennen und beseitigen

Eines der erfolgreichsten Mittel auf dem Weg zu reduzierten Fehlzeiten ist das Rückkehrgespräch. Direkt, am besten am ersten Tag nach dem Ende der Arbeitsunfähigkeit eines Mitarbeiters, führt der direkte Vorgesetze ein Mitarbeitergespräch. Ziele dieses Gespräches sind:

Ziele des Rückkehrgesprächs

- Information des Mitarbeiters über wichtige Änderungen und Vorkommnisse während seiner Abwesenheit sowie über anstehende Aufgaben.
- Erlangung von Kenntnissen über die möglichen Ursachen der Abwesenheit mit besonderem Augenmerk auf betriebliche Ursachen.
- Signal der Wertschätzung an den Mitarbeiter, weil er als Arbeitskraft und als Mensch vermisst wurde.

Sinn dieses Gespräches ist die Kommunikation, besonders der beiderseitige Austausch von Informationen, damit sowohl der Vorgesetzte als auch der Mitarbeiter Handlungsbedarf erkennen können. Auf gar keinen Fall sind Drohungen, Andeutung von Konsequenzen, Suggestivfragen oder Ironie Bestandteile eines Rückkehrgespräches.

Alleine die Tatsache, dass Sie von jetzt an diese Gespräche führen, kann zu einer ersten Senkung der Fehlzeiten führen. Nachhaltig werden sich die Fehlzeiten jedoch nur verändern, wenn Sie aus den gewonnenen Erkenntnissen Maßnahmen ableiten und umsetzen. Sich den Mitarbeitern zuzuwenden, ihnen zuzuhören und ihre Vorschläge anzunehmen ist keine Schwäche, sondern Führungsstärke. Durch dieses Führungsverhalten in Verbindung mit dem Abbau fehlzeitenrelevanter Missstände werden Sie mit hoher Wahrscheinlichkeit in 9 bis 12 Monaten zu einer lohnenden Senkung der Fehlzeiten im Betrieb kommen.

26.5.2 Arbeitszeitflexibilität

„Ich sehe doch überhaupt nicht ein, weshalb ich anders arbeiten soll. Ich habe eine feste Arbeitszeit, die halte ich ein und alles andere interessiert mich nicht." Mitarbeiter mit dieser Einstellung sind für jeden Betrieb ein echtes Problem. Jedes Problem hat jedoch eine Ursache und die liegt nicht immer, aber manchmal auch im Betrieb:

- in der Angst von Führungskräften vor eigenständigen Entscheidungen der Mitarbeiter,
- in der erdrückenden Vielfalt oder Detailliertheit von Anweisungen, Vorschriften und Ablaufbeschreibungen,
- in der Weigerung der Organisation, flexibel auf Bedürfnisse und Änderungswünsche einzugehen (Motto: *„Gibst du was, kriegst du Ärger!"*),
- in der Weigerung der Organisation, sich selbst zu verändern.

Fehlende Bereitschaft der Mitarbeiter flexibel zu arbeiten, kann Gründe in der Organisation haben

Jedes der vorgenannten Beispiele prägt die Mitarbeiter und reduziert ihre Bereitschaft, flexibel zu sein. Alles geht nach Schema F und wenn selbst die Führungskraft nur flexibel ist, wenn sie einen persönlichen Nutzen oder Vorteil hat, werden sich die Mitarbeiter nicht anders verhalten. Am deutlichsten erkennbar ist fehlende Flexibilität am Arbeitszeitverhalten:

- Die Bereitschaft, die Pause nicht gerade dann zu machen, wenn ein Kunde in der Tür oder vor dem Schalter steht,
- die Bereitschaft, länger oder auch am Samstag zu arbeiten, weil Auftragslage und Termindruck keine Alternative lassen,
- die Bereitschaft, kurzfristig eine andere Arbeitszeit zu leisten, weil es die Situation erfordert,

weiß jeder zu schätzen, der schon einmal Kunde solcher Mitarbeiter war. Je nachdem, wo bei Ihnen mehr Arbeitszeitflexibilität nötig wäre: Notieren Sie die Anzahl der Personen (nicht die Namen, die sind dabei nicht wichtig!), die Art und den Umfang der heute gezeigten Flexibilität. Fin-

Finden Sie heraus, was die Flexibilität Ihrer Mitarbeiter erhöhen könnte

den Sie durch Gespräche heraus, was die Flexibilität Ihrer Mitarbeiter erhöhen könnte und wo Sie selber erkennbar flexibler sein sollten. Setzen Sie Ihre Erkenntnisse um und vergleichen Sie die Bereitschaft zur individuellen Arbeitszeitflexibilität mit den Werten in 12 Monaten; in einem kürzeren Zeitraum werden Veränderungen kaum sichtbar sein. Beachten Sie jedoch die manchmal motivationsunabhängig reduzierte Flexibilität von voll berufstätigen Eltern mit kleinen Kindern.

26.5.3 Fehlerquote

Ob Ihre Fehlerquote hoch oder niedrig ist, erfahren Sie durch Betriebsvergleiche und Benchmarking, z.B. mithilfe der Fachverbände. Fehler und in der Folge Reklamationen haben in der Regel drei Ursachen:

Ursachen von Fehlern und Reklamationen

- **Sie sind systembedingt**, das heißt, es liegen Planungs-, Entwicklungs-, Herstellungs-, Ablauf- oder Prüffehler vor, die bisher nicht als solche identifiziert wurden. Hierzu zählt auch die fehlende fachliche Qualifikation der eingesetzten Mitarbeiter.
- **Sie sind technisch bedingt.** Fehlende, veraltete, falsche oder mangelhafte Werkzeuge oder Materialien lassen eine höhere Qualität nicht zu.
- **Sie sind motivationsbedingt.** Die Arbeit wird nach Schema F erledigt, die Qualität ist den Mitarbeitern und oft auch den Vorgesetzten ziemlich gleichgültig; Hauptsache, die Arbeit ist fertig und der mögliche Ärger hält sich in Grenzen.

Die Praxis zeigt, dass system- oder technisch bedingte Fehler langfristig dazu führen, dass die Motivation sinkt. Wenn die beteiligten Mitarbeiter das Gefühl haben, dass nichts oder nur wenig getan wird, die Fehlerursache zu beheben, entwickelt sich unbewusst auch eine Einstellung, dass es gleichgültig ist, wie gut die Arbeit verrichtet wird.

System- oder technisch bedingte Fehler verringern langfristig die Motivation

Es ist davon auszugehen, dass eine erhöhte Fehlerquote zu einem erheblichen Teil motivationsbedingt ist, dass der Schlüssel zur Reduzierung im Wesentlichen jedoch im System oder im technischen Umfeld zu suchen ist. Der einzelne Mitarbeiter kann Ihnen jedoch helfen, die Fehlerursache zu ergründen.

26.5.4 Fluktuation

Die durchschnittliche ungeplante und nicht gewollte Fluktuation von Mitarbeitern liegt branchenabhängig und regional unterschiedlich meist zwischen 3 bis 8 Prozent. Bei dieser Fluktuationsquote werden alle Eigenkündigungen von Mitarbeitern berücksichtigt, die nicht vom Arbeitgeber veranlasst wurden. Kündigungen durch den Arbeitgeber, insbesondere betriebsbedingte Kündigungen, können die Quote der Gesamtfluktuation deutlich erhöhen.

Die Gründe für eine Eigenkündigung lassen sich in fünf Kategorien zusammen fassen:

Gründe für eine Eigenkündigung

- **Tatsächlich private oder persönliche Gründe.** Hierzu zählen eine Veränderung in den privaten Lebensumständen wie z.B. der Umzug in eine andere Region, dauerhafter Wegfall der einzigen Transportmöglichkeit zum Arbeitsplatz, die Übernahme einer Erziehungs- oder Pflegeverantwortung und eine veränderte Lebensplanung genauso wie das Erreichen der Altersrente oder gesundheitliche Gründe. Typisch für diese Gründe ist, dass der Arbeitgeber keine Einflussmöglichkeit hat.
- **Vorgeschobene private oder persönliche Gründe.** Der Mitarbeiter hat möglicherweise einen in der Person oder dem Verhalten des Vor-

Keine Einflussmöglichkeit für den Arbeitgeber

gesetzten liegenden Grund, den er zur Vermeidung von Unannehmlichkeiten nicht nennen will. Er zieht es vor, den einfachen Weg zu gehen und Gründe zu nennen, mit denen der Vorgesetzte gut leben kann. Meist sind dies Gründe, die mit dem Arbeitsverhältnis in Verbindung stehen, wie ein kürzerer Arbeitsweg, höheres Entgelt, ein größeres Unternehmen, geregeltere Arbeitszeit, soziale Leistungen, sichererer Arbeitsplatz.

Die wahre Motivation zur Kündigung wird verschleiert

Aussagen wie „*Es war schon immer mein Traum oder Wunsch ...*" oder „*Ich will etwas völlig Neues machen*" können auch vorgeschobene Gründe sein, um die wahre Motivation zur Kündigung zu verschleiern. Typisch für diese Gründe ist, dass sie durchaus zutreffen, zumindest glaubwürdig sind, obwohl sie eigentlich nicht ausschlaggebend für die Kündigungsentscheidung waren.

- **Vorgeschobene betriebliche Gründe.** In jedem Betrieb gibt es Dinge, die einigen oder vielen Mitarbeitern nicht gefallen, aber vom einzelnen Vorgesetzten nicht zu ändern sind. Schichtdienst, allgemeines Entgeltniveau, Stress, Arbeitsbelastung, Arbeitsumfeld, fehlende Perspektive, veränderte Arbeitsanforderungen, langsame und komplizierte Entscheidungswege oder eine Flut von Vorschriften und Anweisungen können als Grund von den meisten Vorgesetzten akzeptiert und nachvollzogen werden. Diese Gründe erscheinen je nach Einzelfall durchaus glaubwürdig und plausibel. Ob sie der tatsächliche Auslöser einer Kündigung sind, ist damit nicht gesagt.
- **Tatsächliche betriebliche Gründe.** Wirtschaftliche Schwierigkeiten, Personalabbau, Kosteneinsparungen, Outsourcing, drastische Entgeltkürzung, der Wechsel in ein völlig anderes Arbeitszeitsystem oder Änderungskündigungen sind Beispiele für betrieblich veranlasste Einschnitte in oder Risiken für das Arbeitsverhältnis.
- **Persönliche Karriereplanung.** Eine der Ausbildung entsprechende Arbeit, der Wechsel in eine Führungsposition, die Chance durch größere Verantwortung, die Möglichkeit von Projektleitung oder Spezialisierung, die Arbeit im internationalen Umfeld, der Aufbau einer Selbstständigkeit, das nachträgliche Studium oder das Angebot einer Promotion – dies alles sind Beispiele, bei denen mittelständische Betriebe an die Grenzen ihrer Gestaltungsbreite kommen. Meistens ist jedoch schon im Bewerbungsinterview erkennbar, dass ein Mitarbeiter langfristig mehr möchte als ihm mit der zu besetzenden Position geboten werden kann.

Motivationsbedingte Fluktuation ist meistens bei den vorgeschobenen Kündigungsgründen zu suchen

Motivationsbedingte Fluktuation ist fast ausschließlich bei den vorgeschobenen Kündigungsgründen zu suchen. Problematisch an allen vorgeschobenen Gründen ist, sie als solche zu erkennen. Führungskräfte, die sich nicht oder nur oberflächlich für die Kündigungsgründe ihrer Mitarbeiter interessieren, weil sie keine Zeit haben, unter Dauerstress stehen, dem Mitarbeiter sowieso nicht glauben oder ihn nicht ernst nehmen, werden immer nur das hören und verstehen, was sie hören und verstehen wollen. Der kündigende Mitarbeiter weiß dies, denn er kennt seinen Vorgesetzten und will sich zum Schluss jeden Ärger ersparen, indem er unproblematische Gründe nennt.

Der Vorgesetzte will den wahren Grund eigentlich auch gar nicht wissen, denn er könnte mit seinem Verhalten als Führungskraft zu tun haben und für ihn damit sehr unangenehm werden. Instinktiv wird dieser Vorgesetzte alles tun, um eine Konfrontation mit sich selbst und seinen Schwächen zu vermeiden. Sich fehlende Sensibilität und Sozialkompetenz, Willkür, Wankelmut, Launigkeit, Unzuverlässigkeit, nicht eingehaltene Versprechen, autoritäres Verhalten, Entscheidungsschwäche oder andere negative Kritik vorhalten lassen zu müssen, werden schwache Führungskräfte unter allen Umständen vermeiden.

Vorgesetzte mit Führungsfehlern wollen vielfach die wahren Kündigungsgründe gar nicht wissen

In ihrer Persönlichkeit starke Führungskräfte werden dagegen derartige Kritik aushalten und sich mit ihr auseinander setzen, um besser zu werden. All dies scheint unabhängig vom Alter und der Tatsache zu sein, ob jemand erstmals oder schon langjährig als Führungskraft arbeitet.

Eine gewisse motivationsbedingte Fluktuation wird in allen Unternehmen vorhanden sein, denn keine Führungskraft kann es allen Mitarbeitern recht machen; das ist auch nicht das Ziel von Führung.

Haben Sie jedoch eine im regionalen oder Branchenvergleich hohe Fluktuationsquote, wird dies wohl auch mit der Arbeit Ihrer Führungskräfte zusammenhängen und mit der Tatsache, ob und wie betriebliche Probleme angepackt werden. Eine Verbesserung werden Sie nur erreichen, wenn Sie die Kompetenz Ihrer Führungskräfte anheben können. Die Entwicklung Ihrer Fluktuationsquote und der Vergleich mit anderen Betrieben ist ein wichtiger Indikator für Führungskompetenz und Mitarbeitermotivation.

Eine überdurchschnittlich hohe Fluktuationsquote hat immer auch mit der Führungsqualität zu tun

26.5.5 Variable Vergütung

Die Bereitschaft, variable Vergütung als Bestandteil des Gesamtentgeltes zu akzeptieren, ist mit ein Ausdruck der Grundmotivation Ihrer Mitarbeiter. Gerade weil diese Grundmotivation vielen Außeneinflüssen unterliegt, kann es für ein Unternehmen bedeutsam sein, ihren Grad und ihre Entwicklung zu kennen und zu messen.

Die Akzeptanz variabler Vergütung ist mit ein Ausdruck der Grundmotivation Ihrer Mitarbeiter

26.5.5.1 Akzeptanz

Wichtige Einflussfaktoren auf die Akzeptanz variabler Vergütung sind:
- Die Chance bzw. das Risiko, durch variable Vergütung mehr oder weniger zu verdienen: So wird z.B. die Umwandlung bisher fester Entgeltbestandteile in variable nur dann keinen nachhaltig negativen Einfluss haben, wenn dem eine hohe Verdienstchance oder die Sicherheit von Arbeitsplätzen gegenüberstehen. Variable Vergütung als zusätzliche Verdienstmöglichkeit wird die Akzeptanz spürbar anheben.
- Die Beeinflussbarkeit der gemessenen Leistung durch die Mitarbeiter: Ihre Mitarbeiter müssen wissen, welchen Einfluss sie auf die Gesamt-

Einflussfaktoren auf die Akzeptanz variabler Vergütung

leistung nehmen können. Je umfangreicher und klarer dieser Einfluss ist, umso größer ist die Bereitschaft der Akzeptanz und Zustimmung.
- Die Art und Weise, wie die Mitarbeiter über die Einführung der neuen Vergütungsform informiert bzw. an der Erarbeitung beteiligt wurden: Vergütung ist ein sensibles Thema und so ist es auch zu behandeln. Fehlende, unklare oder widersprüchliche Informationen, Drohungen, Geheimniskrämerei, Übertölpelungsversuche oder Druck sind Beispiele für eine wirklich ungünstige Vorgehensweise.

Diese drei Einflussfaktoren liegen durchweg in der Verantwortung des Betriebes. Nicht oder nur sehr wenig ändern können Sie die grundsätzliche Einstellung Ihrer Mitarbeiter, die sich in der Sichtweise „Das Glas ist halb voll oder halb leer" zeigt.

Anonyme Befragung zum Zeitpunkt der Einführung variabler Vergütung als Ausgangswert

Die Ausprägung der Mitarbeitermotivation im Sinne von Akzeptanz variabler Vergütung lässt sich nur durch Vergleiche messen und bewerten. Den ersten Vergleichswert erheben Sie zum Zeitpunkt der Einführung variabler Vergütung am besten durch eine anonyme Befragung. Die Anzahl der Mitarbeiter, die sich dafür, dagegen oder neutral aussprechen sowie die angekreuzten Gründe für oder gegen variable Vergütung geben einen ersten Eindruck über die Mitarbeitermotivation.

Eine zweite, identische Befragung nach sechs oder zwölf Monaten bietet den gewünschten Vergleichswert. Unter der Voraussetzung professioneller Fragestellungen werden Sie zwar kein wissenschaftlich gesichertes Ergebnis erhalten, aber Aussagen und Werte, die Ihre bisherigen Eindrücke bestätigen oder in Frage stellen und damit Einfluss auf Ihre weitere Personalarbeit haben.

26.5.5.2 Leistung

Die Höhe der gezahlten variablen Vergütung ist Ausdruck einer Leistung, die von den Mitarbeitern erbracht wurde. Diese Leistung ist abhängig vom Wollen, Können, Dürfen, Sollen und Vorgesetztenverhalten:

Einflussfaktoren auf das Leistungsverhalten

- Das Wollen entspricht der vorhandenen Motivation.
- Das Können steht für die Fähigkeiten, Fertigkeiten und das Know-how der Mitarbeiter. Auch die Ausprägung der Lernfähigkeit zählt dazu.
- Das Dürfen spiegelt die offiziellen Regelungen und die ungeschriebenen Gesetze im Betrieb wider. Die Einführung variabler Vergütung wird dann einen positiven Einfluss haben, wenn sie keine Insellösung ist bzw. im Widerspruch zu anderen betrieblichen Regelungen steht.
- Das Sollen ist erklärtes Ziel variabler Vergütungssysteme, denn Leistung soll gefördert und erzielt werden.
- Das Vorgesetztenverhalten ist ein häufig unterschätzter und sehr subtiler Einfluss. Der Vorgesetzte kann gezielt oder unbeabsichtigt die Motivation einzelner Mitarbeiter stärken oder schwächen.

Leistung ist als Gradmesser für Motivation nur bedingt geeignet

Diese kurze Darstellung macht deutlich, dass Leistung als Gradmesser für Motivation nur mit großen Bedenken genutzt werden kann. Zahlen können eine sehr trügerische Genauigkeit und Sicherheit vortäuschen.

Nur unter der Bedingung, dass mehrere Mitarbeiter mit vergleichbarem Know-how unter identischen Rahmenbedingungen eine vergleichbare Arbeit durchführen, könnten mit einiger Vorsicht durch einen Leistungsvergleich Rückschlüsse auf die Motivation dieser Mitarbeiter gezogen werden. Besser ist es, sich auf diesen schmalen Grad gar nicht erst zu begeben.

Die Einführung variabler Vergütung hat in aller Regel Leistungssteigerung und damit bessere betriebliche Ergebnisse zum Ziel und auch nur dies wird gemessen. Wie diese besseren Ergebnisse wirklich zustande kommen, welchen Anteil eine höhere Motivation, gezieltere Einarbeitung, Schulung, Verbesserung der Rahmenbedingungen oder verändertes Führungsverhalten daran haben, ist dafür zweitrangig und kaum eindeutig nachweisbar.

26.5.6 Verbesserungsvorschläge

Verbesserungsvorschläge und auch Kritik sind ein Zeichen für Motivation. Solange sich ein Mitarbeiter mit Situationen, Abläufen oder Problemen seines Betriebes auseinander setzt, zeigt er sein Interesse. Für jeden sichtbar macht er deutlich, dass ihm die Arbeit und der Betrieb nicht gleichgültig sind. Es sollte jeden Unternehmer und jede Führungskraft misstrauisch machen, wenn von den Mitarbeitern kaum Ideen, Vorschläge oder Kritik eingebracht werden. Der Schritt zur inneren Kündigung dieser Mitarbeiter könnte nicht mehr weit sein. Von dieser Positivbeschreibung sind folgende Personentypen abzugrenzen.

Verbesserungsvorschläge und auch Kritik sind ein Zeichen für Motivation

- Ja-Sager. Wer immer wieder kritiklos das bestätigt und befürwortet, was andere sagen, will entweder Karriere machen und sich dafür einschmeicheln, seine Ruhe haben oder hat keine Meinung.
- Nein-Sager. Es gibt Menschen, die sind aus Prinzip dagegen, sie sagen Nein, bevor der andere zu Ende gesprochen hat. Dieses Verhalten hat nichts mit Kritik zu tun und ist damit auch kein Zeichen von Interesse oder Motivation.
- Dauernörgler. *„Manche haben immer etwas zu meckern"*, sagt der Volksmund. Egal, ob Sie etwas machen oder nicht machen, was Sie machen und wie Sie es machen – zufrieden sind diese Personen nie.

Alle drei vorgenannten Personentypen zeichnet aus, dass sie aktiv keine eigenen Vorschläge einbringen, sondern lediglich auf Vorschläge, Verhalten oder Entscheidungen anderer reagieren.

Ideen, Verbesserungsvorschläge und Kritik sind manchmal für die Führungskräfte unbequem. Sie durchkreuzen die Routine, widersprechen Entscheidungen oder bestehenden Standards, stellen Gewohntes in Frage, kommen zum völlig ungelegenen Zeitpunkt oder werden ungeschickt vorgebracht. Bitte übersehen Sie jedoch nicht, dass Mitarbeiter, die sich in diesem Sinne äußern, auf Schwachstellen und Probleme im Betrieb hinweisen wollen. Sie sehen Verbesserungs- oder Änderungsbedarf, sie engagieren sich und gucken nicht weg. Neben diesem klaren Zei-

Ideen, Verbesserungsvorschläge und Kritik sind für Führungskräfte oft unbequem chen von Motivation steht der betriebswirtschaftliche Aspekt durch abgestellte Probleme und umgesetzte Verbesserungen.

Unter diesen Gesichtspunkten ist es wenig verständlich, dass die Behandlung und Förderung von Verbesserungsvorschlägen in vielen Unternehmen ein Schattendasein führen. Spitzenunternehmen haben es geschafft, dass durchschnittlich jeder Mitarbeiter im Betrieb jährlich zwei und mehr offizielle Vorschläge einbringt.

26.5.7 Weiterbildung

Es gehört zu den Aufgaben der Unternehmensführung, den Mitarbeitern die Notwendigkeit von Weiterbildung aufzuzeigen und ihnen Möglichkeiten der Weiterbildung anzubieten. Es ist jedoch die Entscheidung des Mitarbeiters, ob er davon Gebrauch macht. Die Bereitschaft, Weiterbildungsangebote des Unternehmens wahrzunehmen, kann ein deutlicher Hinweis auf die Motivation sein. Dies gilt insbesondere, wenn es um Weiterbildungsangebote außerhalb der bezahlten Arbeitszeit geht.

Die Bereitschaft zur Weiterbildung kann ein deutlicher Hinweis auf Motivation sein

Es stimmt schon nachdenklich, wenn ein Schulungsinteresse während der Arbeitszeit besteht, doch wenn private Zeit geopfert werden soll, dieses Interesse auffällig absinkt. Mitarbeiter, die selbst während der Arbeitszeit Schulungen als unnötig ansehen oder Führungskräfte, die ihren Mitarbeitern die Teilnahme an geeigneten Schulungen verweigern, sind noch kritischer zu betrachten.

Weiterbildung ist kein Incentive und kein Selbstzweck. Weiterbildung dient der Weiterentwicklung der Mitarbeiter und damit auch des Betriebes. Qualifikation und Know-how sind starke Motivatoren, denn sie fördern bei den meisten Mitarbeitern den Wunsch, die neuen Erkenntnisse auch anzuwenden und in der Praxis zu erproben. Eine erfolgreiche Anwendung bestärkt und beflügelt sie in ihrer Motivation.

Wer Weiterbildungsinteresse zeigt, will noch etwas erreichen. Diese Mitarbeiter sind nicht abgestumpft und desinteressiert, sondern suchen nach Verbesserungs- und Entwicklungsmöglichkeiten für sich. Es liegt dann an dem Arbeitgeber, ob er dieses Interesse auch für sich nutzt.

Nachstehend lesen Sie einige Möglichkeiten, im Rahmen von Weiterbildung die Motivation von Mitarbeitern zu verdeutlichen und Quoten zu ermitteln:

26.5.7.1 Anzahl der Mitarbeiter und Schulungsstunden innerhalb der Arbeitszeit

Es handelt sich genau genommen um zwei Vergleichszahlen: Die Anzahl der Mitarbeiter, die an Schulungen teilnehmen, im Verhältnis zur Gesamtbelegschaft sowie die Anzahl von Weiterbildungsstunden im Verhältnis zur gesamten Arbeitszeit aller Mitarbeiter. Je größer ihr Unternehmen ist, umso aussagefähiger ist eine Differenzierung der Quoten nach Mitarbeitergruppen wie Gewerbliche – Angestellte oder abteilungsbezogen. Eine Aussagekraft erhalten diese Quoten im Zeitvergleich über mehrere Jahre und insbesondere, wenn Sie einen Zusammenhang mit anderen Kennziffern im Unternehmen feststellen.

Ein klarer Nachteil dieser Quoten ist, dass nur der eingesetzte Aufwand gemessen wird, nicht jedoch, was die Weiterbildung gebracht hat. Jährlich ein bis zwei Weiterbildungstage pro Person im Durchschnitt aller Mitarbeiter gelten als gute Werte.

Jährlich ein bis zwei Weiterbildungstage pro Person im Mitarbeiterdurchschnitt gelten als gute Werte

Dringend zu beachten ist, dass die ermittelten Werte nicht nur die tatsächliche Weiterbildungsbereitschaft widerspiegeln. Pflichtschulungen oder *„Schulungen als Flucht aus dem Arbeitstrott"* verfälschen die Aussagekraft hinsichtlich der Motivation der Mitarbeiter ebenso wie die Meinung, dass Arbeit wichtiger sei als Weiterbildung oder das Gefühl, am Arbeitsplatz unabkömmlich zu sein.

26.5.7.2 Anzahl der Mitarbeiter und Schulungsstunden außerhalb der Arbeitszeit

Die Bereitschaft, sich vor oder nach der Arbeit, also zulasten der Freizeit, betrieblich weiterzubilden, ist nicht bei allen Mitarbeitern und Führungskräften beliebt, auch wenn die Kosten vom Betrieb übernommen werden. Diese Mitarbeiter sehen nur das betriebliche Interesse, sie sehen Weiterbildung als eine Erweiterung ihrer Arbeitszeit und damit als zusätzliche Pflicht. Von Motivation, von Lernbereitschaft, von Interesse an einer besseren Qualifikation, von dem Wunsch, selbst etwas in die Sicherheit des eigenen Arbeitsplatzes oder in den eigenen Wert am Arbeitsmarkt zu investieren, sind diese Mitarbeiter oft weit entfernt. Von dieser Kritik sollen insbesondere allein Erziehende ausdrücklich ausgenommen sein, die im Einzelfall objektive Probleme in der Betreuung ihrer Kinder haben können.

Wer sich in seiner Freizeit weiter qualifiziert ist in der Regel hoch motiviert

Vorab ist präzise festzulegen, was als Weiterbildung gewertet wird: Zählt auch der Besuch von Messen, wie zählen Einarbeitung, Workshops und Unterweisungen, wie wird das Lesen von Fachbüchern gewertet, in welcher Form wird nicht betrieblich initiierte und finanzierte Weiterbildung erfasst und berücksichtigt? Diese Fragen machen die Ermittlung der Quote schwierig und die Aussagekraft damit ungenau. Im Übrigen gelten die Aussagen wie unter 26.5.7.1.

26.5.7.3 Anzahl abgelehnter oder nicht realisierter Schulungsbedarfe

Wenn Sie sich entschließen, Weiterbildungsquoten zu ermitteln, sollten Sie auch im Betrieb abgelehnte oder nicht realisierte Schulungsbedarfe erfassen. Diese absolute Zahl gewinnt jedoch erst an Aussagekraft, wenn sie mit den vorab dargestellten Weiterbildungskennziffern in Verbindung gebracht werden. Folgende Rückschlüsse lassen sich bedingt ziehen und werden umso problematischer, je kleiner der Betrieb ist.

- Eine niedrige Zahl verworfener Weiterbildungswünsche und eine niedrige Weiterbildungsquote lässt auf hohe Routine in eingefahrenen Gleisen mit wenig Veränderungs- und Lernbereitschaft schließen. Jeder macht, was er soll und so gut, wie er es seit Jahren macht. Mit dem Feierabend wird der Job bis zum nächsten Tag an den Nagel gehängt.

- Eine kleine Zahl verworfener Weiterbildungswünsche und eine hohe Weiterbildungsquote lassen auf eine hohe Lern- und Veränderungsbereitschaft und damit auf ein hohes Engagement der Mitarbeiter schließen.
- Eine hohe Zahl verworfener Weiterbildungswünsche und eine niedrige Weiterbildungsquote lassen befürchten, dass neben der Lernbereitschaft auch die Arbeitsmotivation der Mitarbeiter langsam sinken wird. Einige Mitarbeiter werden eventuell das Unternehmen verlassen.
- Eine hohe Zahl verworfener Weiterbildungswünsche und hohe Weiterbildungsquote lassen auf ein ausgeprägtes Interesse an Weiterentwicklung schließen. Nicht jeder Bedarf kann umgesetzt werden, aber jeder weiß, dass Weiterbildung die Motivation fördert, Entwicklungsperspektiven verbessert, Innovation ermöglicht, Produktivität steigert und Fehler reduziert.

26.5.7.4 Know-how-Transfer

Das fachliche Ziel von Weiterbildung in der Vordergrund stellen

Den Nutzen von Weiterbildungsmaßnahmen im Sinne eines Know-how-Tranfers zu messen, stellt das fachliche Ziel von Weiterbildung in der Vordergrund. Möglich ist dies durch den Nachweis von Veränderungen in der Produktivität, Fehlerquote, Qualität, Materialverbrauch u.a. oder auch durch Auditierungen. Bei allen Werten geht es jedoch vorrangig um die Wirkung der Verbesserung fachlicher Fähigkeiten und Fertigkeiten und weniger um Aussagen zur Motivation.

26.5.7.5 Weiterbildungsbedarfsabfragen

Die Abfrage von Weiterbildungsbedarf ist wenig hilfreich, wenn sie unstrukturiert und in Form eines Wunschzettels durchgeführt wird. Die Ergebnisse sind dann nicht aussagekräftig und zudem schwer umsetzbar, Rückschlüsse auf die Motivation sind kaum möglich.

26.5.8 Zufriedenheitsbefragung

Gezielt die Motivation und die sie beeinflussenden Faktoren über Fragebögen ermitteln

Viele große Unternehmen und Konzerne führen gelegentlich oder regelmäßig Zufriedenheitsbefragungen unter den Mitarbeitern durch. Standardisierte Fragebögen werden professionell erstellt, um missverständliche Fragen zur vermeiden, eine möglichst hohe Ehrlichkeit im Antwortverhalten zu erreichen und die Auswertbarkeit der Antworten sicherzustellen. Mit diesen Fragebögen können gezielt die Motivation und die sie beeinflussenden Faktoren abgefragt und ausgewertet werden.

Nach einer solchen Befragung wird von allen Mitarbeitern erwartet, dass die Ergebnisse schnell veröffentlicht und dass bei kritischen Ergebnissen sichtbare Maßnahmen zur Verbesserung eingeleitet werden. Geschieht dies nicht, wird eine Mitarbeiterbefragung demotivierend wirken.

Der hohe Aufwand bei der Erstellung und Auswertung einer Zufriedenheitsbefragung hält viele Mittelständler von der Durchführung ab.

26.6 Fazit

Weiche Faktoren wie die Motivation von Mitarbeitern zu messen, ist schwierig und methodisch angreifbar. Es sollte trotzdem die Praxis nicht davon abhalten, auf diesem Gebiet weiterzumachen und Erfahrungen zu sammeln. Der Erfolg von Unternehmen zeigt sich in Finanz-, Produktions- und Verkaufszahlen – abhängig von der Motivation der Mitarbeiter, gute Zahlen erreichen zu wollen. Ohne motivierte Mitarbeiter ist dauerhaft kein Erfolg möglich. Wer Erfolg und zufriedene Kunden will, muss bei seinen Mitarbeitern anfangen. Dabei werden sich die weichen Faktoren als die eigentlich harten erweisen.

Literaturempfehlungen

- Bay, Rolf H.: Motivation für Profis. Vogel, Würzburg 1998.
  150 Sprüche und Aphorismen zum Thema Motivation, mit Anmerkungen.
- Bühner, Rolf: Mitarbeiter mit Kennzahlen führen. Moderne Industrie, Landsberg/Lech 1996.
  Eine konsequente Darstellung, wie Transparenz in der Führung, Motivation und Leistungsfähigkeit von Mitarbeitern erzielt werden kann.
- Czichos, Reiner: Change Management. Ernst Reinhardt, München 1997.
  Ein Handbuch zum Rumstöbern, voller Erkenntnisse, Grafiken, Stichworte und Checklisten zur Unternehmensführung und Veränderungsprozessen.
- DeMarco, Tom: Der Termin. Hanser, München/Wien 1998.
  Ein Roman über Unternehmensführung, Projektmanagement und Motivation. Spannend, verblüffend und trotz der skurilen Geschichte sehr authentisch.
- Eyer, Eckhard/Haussmann, Thomas: Zielvereinbarung und variable Vergütung. Gabler, Wiesbaden 2001.
  Ein Leitfaden, um Zielvereinbarungen und darauf basierend variable Vergütung einzuführen.
- Hofmann, Eberhardt: Einstellungsgespräche führen. Luchterhand, Neuwied, Kriftel 2000.
  Ein Leitfaden über wirklich professionelle Interviewtechnik im Vorstellungsgespräch.
- Kobi, Jean-Marcel: Personalrisikomanagement. Gabler, Wiesbaden 1999.
  Eine innovative Darstellung von Personalrisiken in Unternehmen und den Möglichkeiten, ihnen zu begegnen. Besonders für größere Unternehmen interessant.
- Lundin, Stephen C.: Fish! Ueberreuter, Wien/Frankfurt 2001.
  Eine ungewöhnliche Geschichte über Motivation, hinreißend und humorvoll geschrieben und trotzdem sehr überzeugend.
- Neuberger, Oswald: Führen und führen lassen. Lucius & Lucius, Stuttgart 2002.
  Ein umfassendes, anspruchsvolles Lehrbuch zum Thema Führung, das sich mit den neuesten Erkenntnissen der Wissenschaft auseinander setzt.
- Niermeyer, Rainer: Motivation. Haufe, Freiburg i.Br. 2001.
  Aus der Beraterpraxis heraus werden Erkenntnisse und Vorschläge zur Eigen- und Fremdmotivation einleuchtend dargestellt.
- Oppermann-Weber, Ursula: Handbuch Führungspraxis. Cornelsen, Berlin 2001.
  Ein umfassendes Handbuch für Führungskräfte, die die Bedeutung der Kommunikation als zentrales Führungsinstrument erkannt haben.
- Sprenger, Reinhard K.: Mythos Motivation. Campus, Frankfurt/Main 1998.
  Sprenger beleuchtet das Thema Motivation aus kritischer Distanz. Provozierend, polarisierend und streitbar.
- von Rosenstiel, Lutz: Mitarbeiterführung in Wirtschaft und Verwaltung. Bayerisches Staatsministerium für Arbeit und Sozialordnung, Familie, Frauen und Gesundheit, München 1994.
  Grundlegendes zur Mitarbeiterführung, mit vielen Beispielen, Grafiken und Zeichnungen sehr anschaulich.
- von Rosenstiel, Lutz: Motivation im Betrieb. Rosenberger, Leonberg 1996.
  Ein Praxislehrbuch, in dem wissenschaftliche Erkenntnisse gut nachvollziehbar dargestellt werden. Mit 15 Fallstudien und möglichen Lösungsansätzen.
- von Rosenstiel, Lutz: Motivation managen. Beltz, Weinheim 2003.
  Die Psychologie der Motivation wird praxisnah aufbereitet. Der Autor stellt wissenschaftliche Erkenntnisse sehr anschaulich dar.

Stichwortverzeichnis

Abmahnung 73 f.
Altersteilzeit 220 f.
Altersversorgung 134,
 betriebliche 178
Ampelmodell 169
Anerkennung 67 ff.,
 öffentliche 70
Anerkennungsgespräch 69, 203
Anforderungsprofil 54, 111
Angstmaximum 28
Anpassungsfortbildung 92
Anspruchsniveau 29 f.
Arbeitgeberdarlehen 177
Arbeitsbedingungen 75 ff.;
 gute 75
Arbeitsinhalt 62
Arbeitsmittel 76 f.
Arbeitsorganisation 61 f.
Arbeitsplatz 78
Arbeitsplatzprofil 53
Arbeitsplatzsicherheit 83 ff.;
 Faktoren 85 ff.
Arbeitsplatzverlust 207
Arbeitstag, erster 120 ff.
Arbeitsumfeld 77 ff.
Arbeitsvertrag 137;
 befristeter 86
Arbeitszeit 124, 134;
 offene 167;
 starre 161
Arbeitszeit, flexible 87, 159 ff.;
 Rahmenbedingungen 164 ff.
Arbeitszeiterhöhung 219
Arbeitszeitflexibilität 244
Arbeitszeitkonto 168 ff.
Arbeitszeitreduzierung 219
Arbeitszeitsystem, richtiges 164
Arbeitszeitveränderung 165
Arbeitszufriedenheit 31
Aufgabenstil 37
Ausbildung 89
Austrittsinterview 203
Auswahlsicherheit 113 f.
Auswahlverfahren 113 f.

Bahncard 177
Basisentgelt 133
Bedürfnis 22
Bedürfnisdeckung 171 ff.
Bedürfnisfeld 22
Bedürfnispyramide 21
Belohnung,
 emotionale 180
Berufseinsteiger 233

Besprechung 60
Betriebsklima 41 ff.;
 gutes 42
Betriebsrat 105, 158, 196
Betriebsverfassungsgesetz 138
Beurteilung 143 ff.
Bewerber, interner 117
Bewerberinterview 115
Bewerbungstraining 224 ff.
Beziehung, vertrauensvolle 35
Beziehungsstil 37

Cafeteriasystem 175
Chef 234 f.
Coaching 89, 178

Deferred Compensation 179
Definition, Motivation 12
Demotivierung 15
Dienstwagen 175, 182 f.
Direktversicherung 179
Dürfen 19 f.

Eigenmotivation 20 ff.
Einarbeitung 60, 119 ff.
Einstellung, innere 24
Einstellungsinterview 203
Emotional Reward 180
Entgeltbestandteil 124 ff.
Entgeltbrief 136
Entgeltdifferenzierung,
 leistungsbezogene 127
Entgelterhöhung 136 ff.
Entgeltgerechtigkeit 130 f.
Entgeltgruppen 131
Entgeltpolitik 48, 124 ff.,
 zukunftsorientierte 125
Entgeltvergleich 133
Erfahrung 23
Erfolgsbeteiligung 126 f., 140
Erfolgsstreben 22
Existenzgründung 226 f.

Fachlaufbahn 92 f.
Fähigkeit 15, 18 f.
Familienförderung 181
Fehlerkultur 43 ff., 145 f.
Fehlerquote 245
Fluktuation 245 ff.;
 Gründe 245 ff.
Fördergespräch 90
Frage, geschlossene 116;
 offene 116
Fragetechnik 116
Führung 31 ff.
Führungskompetenz 35 f.
Führungskraft 200, 214 f.

Führungskräfteentwicklung 92
Führungsstil 36 f.;
 situativer 39 f.
Führungsverantwortung 63 f.
Führungsverhalten 32 f.
Funktions-Entgelt-Raster 132

Gehalt 124
Gesundheitsförderung 184 f.
Gewinnbeteiligung 185
Glaubenssätze 25 f.
Gleitzeit 166 f.
Grundentgelt, fixes 127 f.

Hygienefaktor 46 f.

Incentive 124
Information, negative 81
Informationspolitik 81 ff.
Integrationsstil 38

Job Enlargement 56
Job Enrichment 56
Job Rotation 57

Kantine 186 f.
Kapitalbeteiligung
 128, 135, 187 f.
Kennzahlen 147
Kindergartenzuschuss 188 f.
Know-how-Transfer 98 f.
Konflikt 147 f.
Konfliktgespräch 203
Können 18 f.
Krisenmanagement 217 f.
Krisenmotivation 216 ff.
Krisenverhalten 216 f.
Kritik 67 ff.,
 öffentliche 73;
 versteckte 72
Kritikgespräch, 71 f., 203
Kundenorientierung 163
Kündigung 221
Kündigungsgespräch 221 ff.
Kurzarbeit 221

Leistung 15 f., 27,
 Aspekte der 16 f.,
 sichtbare 204 f.;
 vermögenswirksame 193
Leistungsanreiz 45 ff., 140;
 immaterieller 45, 49;
 materieller 45, 49;
 Wirkungsdauer 49 f.
Leistungsbeurteilung 103
Lernkultur 96 ff.
Lohn 124

Lohnfortzahlung 189
Loyalität 211 f.

Management by Objektives (MBO) 100
Managerial Grid 37
Manipulation 14 f.
Mehrarbeit 161
Mehrarbeitszuschlag 127
Mehrheit, schweigende 235
Menschenbild 16
Mitarbeiter,
  älterer 231;
  jugendlicher 233 f.;
  neuer 110 ff.;
  schwieriger 230 f.;
  suchtkranker 231 f.;
Mitarbeiterauswahl 88 f., 110 ff., Kriterien 11 ff.
Mitarbeiterbefragung 95, 204;
  anonyme 204;
  namentliche 204;
  persönliche 204
Mitarbeiterförderung 88 ff.
Mitarbeitergespräch 94 f., 203
Mitarbeiterpotenzial 112
Mitarbeiterprofil 53
Mitarbeiterverhalten 33
Mitarbeiterwert 241 f.
Mittelverteilung 155
Mittelverwendung 157
Motiv 15, 20 f., 25
Motivation,
  extrinsische 15;
  individuelle 229 ff.;
  intrinsische 15;
  organisationale 41 ff.
Motivationserkennung 199 ff.
Motivationsmessung 243 ff., Kennzahlen 243 ff.
Motivator 46 f.

Nebenleistung 135

Outplacementberatung 224 ff.

Pate 121
Pausengestaltung 80
Pausenraum 189
Personalabbau 218 ff.
Personalarbeit 242 f.
Personaleinkauf 189 f.
Personalentwicklung 88 ff., Instrumente 89 ff.; Schwerpunkte 91 ff.
Personalplanung, qualifizierte 94
Prämie 127

Probezeit 123
Projekt 58
Prozess, informeller 42

Qualifikationsprofil 54
Qualitätszirkel 59 f.

Rahmenbedingungen, materielle 124 ff.
Rückkehrgespräch 243

Sachbearbeiter 132
Sachleistung 124
Sachziel 106
Schichtmodell 167 f.
Schulung 90
Selbsterhaltung 22
Selbstständigkeit 56
Selbstverantwortung 20
Selbstverwirklichung 22
Sicherheit 22,
  formale 84;
  inhaltliche 84;
  materielle 84;
  durch Vertrauen 84
Sollen 19
Sonderurlaub 190
Sozialleistung 170 ff., altersbezogene 174 f.
Sozialraum 79 f.
Spezialist 132
Streitkultur 148
Stundenlohn 126

Tarifvertrag 138
Teeküche 187
Teilzeit 220
Telefonkosten 190

Überstunden 126, 161
Überstundenabbau 219
Umfeldfaktoren 75 ff.
Umorganisation 227
Umzugsunterstützung 191
Unternehmenskultur 43, 211; offene 103
Unternehmenspolitik 210
Unternehmensziel 102, 104
Urlaub 192
Urlaubsgeld 192 f.

Veränderung 205 ff.;
  Barrieren 209 f.;
  Steuerung 215 f.
Veränderungsbedarf 212
Verantwortung 55, 63 ff., 148 f.; Delegation 55, 64 ff.

Verantwortungszulage 134
Verbesserungsvorschlag 58 f., 97, 249 f.
Verfahrensstil 37
Vergütung, Anforderungen 143;
  Einführung 139 ff.;
  erfolgsorientierte 152;
  ertragsorientierte 152;
  leistungsorientierte 152;
  Rahmenbedingungen 143 ff.;
  variable 126 ff., 135, 139 ff., 247 ff.;
Vergütungskonzept, modernes 133 ff.
Vergütungsstruktur, transparente 131 ff.
Verhaltensänderung, nachhaltige 13
Verhaltensauffälligkeit 236 ff.
Verhaltensbeobachtung 202
Verhaltensgitter 37
Versicherungsleistung 124
Vertragsform 158
Vertrauen 34 f., 149 f.
Vertrauenskultur 150
Vertrauensmaximum 29
Vetragsabschluss 119
Vorbildfunktion 32, 97
Vorgesetzter, direkter 17 f.

Weihnachtsgeld 193 f.
Weiterbildung 194, 250 ff.
Wissen 22
Wissensdatenbank 99
Wollen 18
Workshop 90

Zeiterfassung 165 f.
Ziel 99, 150 f.;
  motivierendes 101 f.;
  persönliches 107;
  sachliches 106;
  teambezogenes 107
Zielerreichung, Kriterien 155 ff.
Zielidentifikation 100
Zielklarheit 100
Zielvereinbarung 86, 99 ff., 153;
  Einführung 104 f.;
  Voraussetzungen 102 ff.
Zielvereinbarungsgespräch 108 ff., 203
Zufriedenheit 26 f.
Zufriedenheitsbefragung 252 f.
Zugehörigkeit 22
Zulage, individuelle 134
Zusammenarbeit 151
Zwang, wirtschaftlicher 61
Zweifaktorentheorie 46